高科技纤维概论

GAOKEJI XIANWEI GAILUN

王曙中 王庆瑞 刘兆峰 编著

東華大學出版社

内容提要

本书主要介绍近30年来新发展起的采用高技术新工艺研制生产的，以芳香族纤维、碳纤维为代表的高强、高模、耐高温的高性能纤维（High Perforemence Fibers）[也有人称为超级纤维（Super Fibers）]，在仿真仿生技术的基础上开发的超真纤维、高感性纤维和具有特殊功能（如抗静电、膜分离、医疗保健、光、电、热等功能）的纤维（Function Fibers）。书中叙述了这些纤维的制造工艺技术、结构与性能、大分子高次构造的基础理论、纤维的应用领域和高科技纤维的发展新趋势。

本书可供从事化学纤维、高分子材料、纺织材料以及纤维复合材料等产业部门的有关人员参考，可作为高等院校相关专业师生的参考书，也是一本较为完整的高科技纤维知识的普及读物。

序　一

近年来科学技术发生深刻的变革，微电子技术、通讯技术、有机高分子合成材料及生物工程技术的发展，形成一大批高科技产业群体。纤维科学界把高分子纤维材料的高性能化、多功能化作为纤维技术进步的方向，近25年来新发展的以芳香族高性能纤维、碳纤维为代表的高强高模耐高温的超级纤维(Super Fibers)，也有人称为高性能纤维(High Perfomance Fibres)；以仿真仿生技术为基础的超细纤维、超真纤维以及赋予特殊功能的纤维，称为功能性纤维(Function Fibers)。这些用高技术发展起来的化纤材料，又统称为高科技纤维(High Technology Fibers)。它们广泛地应用在航天航空、高速交通工具、海洋工程、新颖建筑、新能源、环境产业以及国防建设和尖端科学等领域。在运动与休闲、服装时尚、环境和健康等方面都需要适应时代潮流的纤维材料，以提高人们的生活质量。

本书几位作者长期从事高科技纤维方面的教学和科研，自70年代末就承担了高性能纤维和膜分离的科研项目，80年代中开设了“高技术纤维”的课程，在与国外有关大学如日本大阪市立大学、美国奥本大学、阿克隆大学、德国德累斯顿大学等相关专业建立双边学术交流基础上，积累了大量的材料，这次新编写的教材比较系统地反映高科技纤维的发展历史，新工艺和新技术，对于新的学科基础知识如高分子液晶基础、纤维极限强度和模量、凝胶纺丝原理、纤维功能的赋予、仿真和超真技术、纤维膜分离机理等等都有深入浅出地介绍。

在这部教材中引入该校一些高科技纤维的科研新成果，有利于充实教材的内容，也有别于其它同类教材，可培养学生的阅读和思索能力。同时该书收集了近期市场上出现的各种高科技纤维的技术数据和资料，取材新颖、覆盖面广，并详细地介绍它们在各个领域中的应用情况。因此，该书对于我国从事化纤、纺织材料、产业用纺织品和复合材料等行业的生产研究技术人员都有一定参考和使用价值。也是一本介绍新纤维材料的科普读物。

孙晋良

中国工程院院士

序　二

材料是人类生活和生产的物质基础，材料的开发及应用是衡量社会文明的一种尺度。随着新世纪的到来，科学技术的进步，已经形成一大批高新科技产业的群体，纤维科学界也以高分子纤维材料的高性能化、多功能性作为纤维技术的发展方向，开发了以芳香族纤维、碳纤维为代表的高强、高模、耐高温的高性能纤维（High Performence Fibers）[也有人称为超级纤维（Super Fibers）]，在仿真仿生技术的基础上发展了超真纤维、高感性纤维以及具有特殊功能（如抗静电、膜分离、医疗保健、光、电、热等功能）的纤维（Function Fibers）。

世界合成纤维年产量已经超过 2 000 万吨，在服用、装饰、产业用三大领域迅速发展。以碳纤维和芳纶为代表的又轻又强的纤维材料，在航天航空、新型建筑、高速交通工具、海洋开发、体育器械及防护用具等行业作为增强材料得到广泛的应用。面向 21 世纪正在兴起的高新产业，都需要高性能、轻量化的纤维材料。

社会生产水平的高度发展，社会物质的极大丰富，使人们开始要求高质量的生活方式、美好舒适的生活环境，更加关心时装和感性，在运动和休闲时追求宽松、透气、富裕的高品位感觉。社会的老龄化和信息时代的到来，也需要能够适应时代要求的功能性纤维。这就促进了高感性和功能性纤维的发展。随着聚合物纤维基础理论的深入研究，已经发现和制造了一系列高性能和多功能性的新颖高科技纤维。可以预计，随着新技术的发展，今后高科技纤维还将不断地发展。同时，在纤维高性能和功能化原理、基本规律、纺丝工艺技术等方面还有许多问题需要继续研究，现有纤维的一些弱点需要进行改进。我们期望本书的出版将会对我国的高科技纤维发展和应用起到一定的作用。

本书介绍了高性能、功能性纤维的制造方法，它们的结构和性能关系以及在衣料、产业领域中的应用，还指出了高科技纤维的发展趋势。本书第1、9至11章及第15章由王曙中编写，第2、4、5、7章由王庆瑞编写，第12至14章由刘兆峰编写，第3、6章由关桂荷编写，第8章由吴清基编写。

孙晋良院士和梁伯润教授对全书进行了认真的审阅，并由孙晋良院士作了序。在此谨表衷心的感谢。

由于高科技纤维发展非常迅速，有的还在不断地开发更新，因此书中难免有疏漏及错误之处，恳请读者多提宝贵意见予以指正。本书中少数学术用语保留了习惯用法，如浓度、g/d等。本书的编写和出版过程得到许多人士提供的资料和帮助，谨借此机会表示衷心感谢。

编　者

目　　录

第1章　绪　论

1.1　前　言

近年，纤维科学界把高分子纤维材料的高性能化、高功能化作为重要的研究方向，开发了一大批具有高性能（高强度、高模量、耐高温性等），高功能（高感性、高吸湿、透湿防水性、抗静电及导电性、离子交换性和抗菌性等）的新一代化学纤维，形成纤维行业的高新产业体系，引人注目。

纤维与橡胶、塑料是高分子材料的三大形态，而纤维是高分子最主要的用途之一，纤维不仅作为衣料还在装饰、产业用纺织品方面有广泛的应用。纤维与人类的密切关系可追溯到5 000年以前，在亚洲，棉和丝绸起源于中国和印度，在中亚首先实际使用羊毛。而人造纤维的发明始于19世纪末。到20世纪30年代美国Carothers发明尼龙之后，又开发了涤纶和腈纶构成三大合成纤维品种，促进了现代纤维科学的进步。随着纤维技术的发展和积累，新技术与新的基础理论相结合，开始形成新纤维品种的诞生，尤其是近年来随着宇宙开发、航空、新能源、海洋及通讯信息等高新产业的发展，需要多种高科技纤维的支持，从而推进新纤维的研制与开发。依靠高技术和纤维学科最新的基础理论概念研制成功的具有高性能和高功能性的一系列新纤维材料称为高科技纤维（High Technology Fibers）。

对于高科技纤维而言，纤维的“性能”和“功能”是相当重要的材料属性，它们是密切相关特性中的两个方面，不仅是纤维，所有的材料都具有某种性能和功能。一般说来，所谓“性能”是指材料对于来自外部的应力、热、光与电等物理作用或化学药品的化学作用的抵抗能力。避免材料遭到破坏失去使用价值的能力称为材料的性能(Performence)，如强度、弹性模量等力学性能，在水及普通溶剂中不溶解性，一定温度下的耐热性等等。而纤维的功能(Function)，是指纤维受到外部作用时，使这些作用发生质的转变或量的变化，使纤维产生导电、传递、储存、光电及生物相溶性等方面的能力。在纤维的一般形态功能上赋予新的特殊的功能，所以有时更广义地也包括超高性能纤维。然而“性能”与“功能”两词的用法还是有些区别的，因此在本书中高科技纤维包括了高性能纤维、高功能纤维及高感性纤维。

早期的纤维主要用于衣服，其性能满足一般的服用要求，没有什么特别的功能要求。随着社会生产的发展和科技的进步，生产水平和人们生活水平的提高，尤其是高科技产业的兴起，对纤维产业提出了更高的要求。在强度、模量、耐温性方面，在不同环境下的适应性方面，石油化工、电子等特殊产业都对纤维材料提出了许多新的性能和功能的要求。例如：航空航天、海洋工程、原子能及新型土木建筑等行业需要高强度、高模量的高性能纤维，耐热防火、耐腐蚀耐辐射的耐环境性纤维；化工电子等特殊产业需要具有导电性、抗静电性、光电性及光导性等功能的纤维；在生命科学领域，需要具有满足人体适应性、血液相容性和分离渗透性等生物医用功能的纤维。同样，人们生活水平的提高也要求衣料更加柔软舒适，颜色更加鲜明，风格更加特殊，不仅漂亮而且还要有保健卫生功能、体育休闲防水透气功能，从而满足不同生活层次人们的需要。

1.2 化学纤维发展的历史及现状

回顾纤维的发展历史可以看到，人类最初应用的纤维是天然纤维，亚麻、毛很早就被利用来手工纺纱织布。至少大约 5 000 年前，在亚洲，在中国已经使用麻、毛、棉和丝绸四大天然纤维了，中国的丝绸之路促进了世界纤维产业的交流。在古代欧洲，丝绸是比黄金还要贵重的物品，因此仿制丝绸一直是欧洲人追求的目标，直到 19 世纪 80 年代法国人获得从硝酸纤维素制取人造丝的专利，开始了人造纤维的发展历史，其中粘胶人造丝延续到现在还在生产。20 世纪 20 年代有机合成化学和高分子合成化学的发展，使美国科学家发明锦纶合成纤维，完全人工合成的方法，引起工业界极大的兴趣。不久涤纶、腈纶相继问世，作为合成纤维的品种还有维纶、丙纶、氨纶等许多产品，但由于涤纶、锦纶和腈纶的生产量比其它合成纤维高得多，所以叫做三大合成纤维。

纤维的产量 1990 年达到 3 846 万吨，其中化学纤维为 1 772 万吨，而三大合成纤维占化纤总量的 85%。到 1995 年世界的化学纤维产量上升为 2 137 万吨，其中以涤纶为主的三大合成纤维达到 1 829 万吨。合成纤维的产量迅速增加，预示着纤维技术将会得到进一步的发展。从分子结构看，传统纤维的性能仍处于相当低的水平，纤维科学的基础理论计算表明，纤维大分子的高次结构和大分子的理想分子结构模型相差甚远。因此，通过控制原料高分子的化学结构、基团的组成以及纤维加工成形技术的进步，使新纤维的大分子结构向理想分子模型靠拢，从而研究开发了一系列高性能化、高功能化的高科技纤维，如图 1-1 所示。

高科技纤维技术的发展覆盖了许多领域，例如新的成纤高分子物合成技术，新的干一湿法纺丝纤维成形技术，微细(Micro)和随机(Random)的微纤化技术以及在高新产业上的应用。这些技术的发展对于纤维的高性能化和高功能化发挥了巨大的作用,并向着更高水平、更加复杂以及跨学科的领域发展,运用高新技术的纤维行业会不断地创造出新的纤维产品,迎接21世纪的到来。

天然纤维(Natural Fibers)公元前5 000年
　　麻、羊毛、丝、棉
人造纤维(Regenerated Fibers)19世纪80年代
　　硝化纤维素、粘胶纤维、醋酸纤维
合成纤维(Synthetic Fibers)1935年,Carothers发明锦纶
　　锦纶、涤纶、腈纶
　　维纶、丙纶、氨纶等等
高功能性纤维(High Function)
　　仿真丝1965～　,仿羊毛
　　抗静电,吸水性,阻燃性,抗起球性
　　耐污性,渗透性,拒水性,抗菌防臭性
　　高感性(新合纤)1988～
高性能纤维(High Performence)
　　碳纤维:人造丝基1960～　,PAN基1970～
　　芳纶:间位芳纶1962～　,对位芳纶1966～
　　高强聚乙烯1979,公开第一个专利

图1-1　纤维发展的历史

1.3　高性能纤维的特点

1.3.1　高性能纤维的分类

高性能纤维目前还没有共同的定义,一般是指强度大于17.6 cN/dtex,模量440 cN/dtex以上的纤维,在日本这类纤维也称为超纤维(Super Fibers)。当初研究的背景是基于军事装备和宇宙开发等尖端科学的需要,致力于高强度、高弹性模量(以后简称高模

量)和耐高温等高性能、轻量化的研究为目标。到了80年代高科技产业的兴起,大型航空器材、海洋开发、超高层建筑、医疗及环境保护、体育和休闲业的发展,这些新的产业领域需要多种高性能纤维材料,可以说高科技产业的发展,促进了高性能纤维的发展。现在高性能纤维中有代表性的是有机刚性链的对位芳纶、有机柔性链的高强聚乙烯纤维,无机类的是碳纤维,可以分成几大类如图1-2所示。高性能纤维的生产目前只有美国、欧洲、日本及俄罗斯等少数几个国家能够掌握。我国对高性能纤维的开发也相当重视,组织高校、科研单位和工厂进行碳纤维、芳纶(PPTA和MPIA)、高强聚乙烯纤维等品种的研制,已经完成小试及中试,并设计安装小型设备投入小批量生产,一些纤维产品已供用户应用试验。但从总体来说,我国的高科技纤维还处在开发阶段,今后有少数品种将达到产业化水平。

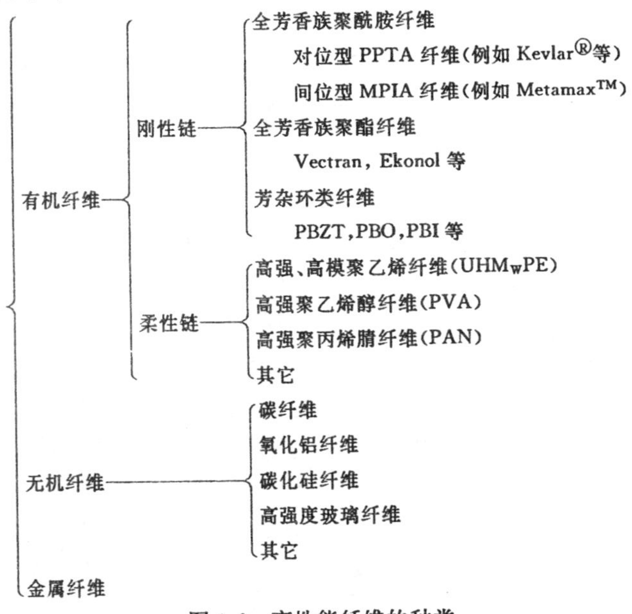

图1-2 高性能纤维的种类

1.3.2 高性能纤维的特点

如前所述高性能纤维具有普通纤维没有的特殊性能，应用于高科技产业中的各个领域。随着科技的进步，有些纤维品种的性能还在不断地改进提高，新的市场不断地在开拓和扩大，已经形成具有特色的新的一代纤维材料。和无机、金属材料相比，有机高分子纤维材料具有质量轻、加工简便、容易成型和不会锈蚀等优点。但普通的高分子材料强度、耐热性、尺寸稳定性相对比较差。美国杜邦公司纤维科学家从 1936 年发明第一个高分子聚酰胺 66 纤维(尼龙 66)开始，就致力于提高纤维的强度、模量和耐热性的研究工作。因为纤维材料只有具备高强度、高模量和耐高温的特点，同时又保持它的原有优势，才能作为金属和无机材料的替代品，在产业和工程上拓展它的应用范围。近年来高科技纤维的开发成功，用它增强的复合材料性能特别优异，对位芳酰胺纤维(Kevlar®)及碳纤维等高性能纤维增强的复合材料被称为先进复合材料(Advanced Composite Materials, ACM)。纤维材料的技术进步特别显著。弹性模量是衡量材料的一个重要指标，工程中常用的钢纤维是 200 GPa，制造飞机的钛合金是 106 GPa，铝合金 71 GPa，而 PPTA 纤维的模量是 132 GPa，PBO 纤维更高达 280 GPa，大大高于上述金属材料。现在许多纤维，如聚芳酯纤维、高强聚乙烯纤维和高强聚乙烯醇纤维等的模量都在 100 GPa 以上，它们的强度也都超过这些金属材料(参见表 1-1)。同时耐热性有了很大的提高，刚直性高分子纤维 PBO 的热分解温度为 650℃，对位芳纶(PPTA)的热分解温度为 560℃。耐热性更高的是碳纤维，原料是聚丙烯腈高分子，原丝先在空气中预氧化，再在没有氧气的隋性气体保护下，作 1 200℃以上的高温炭化热处理，形成碳环梯形分子结构。它在空气中的热分解温度可达 700℃以上，在隋性气体中可耐 1 500℃的高温,碳纤维的模量为 200～600 GPa,它的力学性能优异,有良好的导电性。

芳香族聚合物纤维除了耐热温度高外,高温下的尺寸稳定性高,热收缩率很低,分子结构的芳香性起着骨架效应,有很高的阻燃性,与火焰接触时不会收缩,可以有较长的时间保留纤维的物理性能,能够承受短时间的更高温度,这样在耐热防护材料上就有特殊的作用。

芳香族聚合物纤维的耐热性接近无机纤维,具有柔软特性,不会弯曲而折断,也不会因受热变脆,和普通纤维一样可以纺纱织布,做成各种纺织制品。

另外,高性能纤维的最大特点是密度低。表 1-1 中的各种高强度、高模量纤维的密度都比金属材料要低,所以比强度和比模量要高于钢纤维好几倍,因此作为结构材料代替钢铁及钛合金等金属材料,应用于汽车、飞机、车辆和船舶等交通工具时,轻量化特别明显,这对于节省燃料,小型化,高速化带来很多有利条件。

表 1-1 所示的纤维大部分在市场上可以购买,它们种类繁多,性能相差很大,价格上差异也相当大。因此希望使用者能够掌握它们的特性,在考虑它们强度、模量等力学性能同时,还要根据最终用途所要求的特性,使选择的产品性能/价格比适当。市场上高科技纤维的价格都比普通纤维的价格高得多,在应用时要从附加值高的产品着手,按照不同的需求,可以单独采用某种高科技纤维,也可和其它纤维混合使用,总之要最大限度发挥高科技纤维的特点。

近年来高性能纤维在强度、模量和耐热性上虽然取得很大成果,但对宇宙空间这样的严峻环境,如温度的急剧变化、真空下耐放射性辐照、耐超低温性等苛刻条件下的适应性,还没有完全做到。今后开发更高性能的高科技纤维是一个重要的研究课题,现有纤维的进一步提高和改良也有许多工作可研究, 因此从高分子的

表 1-1　各种高科技纤维的性能

纤维种类	商品名	强度 (GPa)	伸长 (%)	模量 (GPa)	密度 ($g \cdot cm^{-3}$)	熔点 (℃)
对位芳香族聚酰胺	Kevlar®	2.8	2.4	132	1.44	560(d)
间位芳香族聚酰胺	Metamax™	0.5～0.8	35～50	6.7～9.8	1.38	430(d)
芳香族聚酯	Ekonol	4.1	3.1	134	1.40	380
	Vectran	2.8	3.7	69	1.40	270
芳杂环类纤维	PBZT	4.2	1.4	250	1.58	600(d)
	PBO	5.5	2.5	280	1.59	650(d)
	PBI	0.38	25～30	5.7	1.43	450(d)
高强聚乙烯	Dyneema	3.4	2.0	160	0.98	140
	Spectra	3.5	2.5	156	0.97	140
高强聚乙烯醇	Kuraion #7901	2.1	4.9	46	1.32	245(d)
高强聚丙烯腈		2.4	7.8	28	1.18	230(d)
碳纤维	Pyrofil	1.9～3.5	0.4～1.2	300～500	1.80	
	Torayca	3～7	1.5～2.4	200～300	1.80	
氧化铝纤维		1.5～2.9	1.5	250	4.0	
玻璃纤维	Gevetex	2～3.5	2.0～3.5	70～90	2.5	825
钢纤维		2.8		200	7.8	1 600
钛合金纤维		1.2		106	4.5	
铝合金纤维		0.6		71	2.7	

注：(d)分解温度。

化学构造设计开始，制造特定性能的高科技纤维，满足不同应用领域的要求，是纤维领域科学家的目标。

1.3.3　高性能纤维的分子构造

高分子纤维是由众多具有某个分子构造(化学结构)的线性大分子链的聚集体形成的，在这个聚集体里有结晶、取向及非晶等结构组成大分子的高次形态结构。高分子的相对分子质量及相对分子质量分布、结晶度、取向度以及非晶构造等参数的变化，主要依赖于高分子的分子构造和加工成形过程中高次形态结构的控制条件(纺丝工艺、拉伸条件及热处理参数等)。

高分子纤维大多数由 C、N、S、O 和 H 等少数几种元素组成，通过共价键连接起来，大分子主链中 C—C 键组成最多，不同的元素组成的共价键有不同的键能，如表 1-2 所示。

表 1-2 共价键的键能 (kJ/mol)

C—H	410	C=C	607
C—N	373	C=N	615
C—O	352	C=O	724
C—S	272	C≡C	825
C—C	348	C≡N	888
N—H	389	C=S	536
O—H	460		

如果链状大分子的排列是理想的结构，大分子链完全伸展成直线形，规则取向堆砌成晶体状态，这样分子链结晶的长轴方向的强度和模量可以理论计算，当一个力 F 加到一原始长为 L_0 的大分子链时，其长度变为 L，则形变 $\triangle L=L-L_0$，设定分子的横截面积为 S，则

强度　$\sigma=F/S$

伸长率　$\varepsilon=\triangle L/L$

模量　$E=\sigma/\varepsilon=(F/S)/(\triangle L/L)$　(1-1)

分子断裂时的理论强度

$$\sigma_b=F_{max}/S=(k\ D/8)^{1/2}/S \quad (1\text{-}2)$$

上式中 F_{max} 是应力最大值，D 是共价键能，k 是弹性常数。由于大分子主链中 C—C 键能较弱，决定大分子链断裂的地方是这个最薄弱的连接键，因此共价键能可以从表 1-2 中得到，分子链的横截面积可从晶胞参数计算，所以用式(1-1)，(1-2)计算理论模量和理论强度，同时高分子的结晶模量也可用 X-射线衍射的方法实验求得，理论计算值和实验值相当的对应，见表 1-3 所示。

一个分子链占据的横截面积越小，每个单位纤维横截面积上

所包含的分子链数量就越多，那么纤维的抗张强度就越大，从式(1-2)和表1-3中也看到纤维的横截面积小的，强度比较大。因此要想得到高性能的纤维，作为成纤高分子的构象应尽量接近线性化，具有伸直链结构，分子链横截面具有对称性，排列紧密，理想分子构造模型如图1-3。

表1-3 纤维的结晶模量 E_c 及理论强度 σ_b

	$S(nm^2)$	E_c(GPa)		σ_b(GPa)	
		理论值	实验值	理论值	实验值
PPTA纤维	0.202	183	156	30	2.9
MPIA纤维	0.238	90	88	—	—
芳族聚酯	—	—	130	—	—
PBZT纤维	0.208	605	385	55	3.0
PBO纤维	0.194	730	475	59	5.5
PVA纤维	0.216	287	250	26	—
PAN纤维	0.304	86	—	20	—
UHMW-PE	0.182	362	281	32	4.0
PET纤维	0.217	122	108	28	—

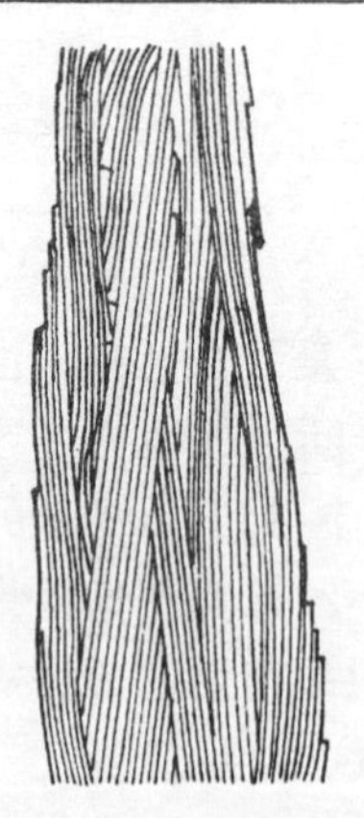
图1-3 理想构造模型

实际上高分子有柔性链和刚性链等分子形态，1972年美国杜邦公司的Kwolek公开的聚对苯二甲酰对苯二胺纤维(Kevlar®)，是首先合成的刚直性大分子链，通过高分子液晶纺丝技术，获得高强度、高模量和耐高温的纤维，Kevlar®纤维的分子结构十分接近图1-3所示的理想模型(详细内容请参阅后面第9章)，它的成功是高分子理论和实践发展的结果，鼓舞着科学工作者进一步研究，从柔性链大分子是否可以做到类似理想模型的分子构造。普通柔性链大分子如聚乙烯、聚酰胺和聚酯等，在非晶态时大分子链呈无规线团缠结在一起，结晶态时容易形成折叠链晶片结构，这类纤维用非晶区和结晶区的多相模型来描述，片晶堆砌构成的晶区，晶区和晶区，晶区和非晶区之间通过少数缚结分子(Tie Molecule)连接，如果沿着纤维轴向施加外力，力传递到大分子链时，缚结分子周围发生应力集中而使纤维断裂。

柔性链中分子构造最简单的是聚乙烯纤维。1979 年荷兰 DSM 公司的 Smith、Lemstra 对超高相对分子质量的聚乙烯($UHM_{W}PE$)，采用凝胶纺丝和高倍拉伸技术，使柔性大分子链在强力的剪切作用下转变为伸直链，几乎没有折叠分子的存在，纤维的强度和模量大幅度的提高。它的研制成功是高科技纤维领域又一个革命性的突破。上述从刚性链和柔性链大分子制造高强度、高模量纤维的方法归纳为如图 1-4 所示的 4 条路线。

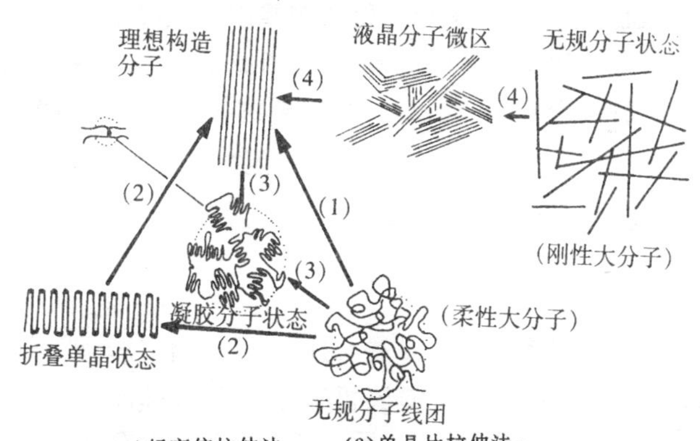

图 1-4　至理想分子构造的 4 条路线

从上面的分析可以知道，要制造高强高模纤维，其大分子结构必须符合下面条件：

①构成高分子主链的共价键，键能越大越好；

②高分子链的构象越近似直线形越好；

③高分子链的横截面积越小越好；

④高分子链的键角形变和键的内旋转受到的阻力越大越好；

⑤高分子的相对分子质量尽量的大，减少大分子链中的末端数。

最近开发成功的PBO纤维，从分子结构上大部分能够满足上述条件，它的结晶模量实测值高达475 GPa（实验室样品），而纤维样品的实测模量也达到350 GPa，两者非常接近，PBO的分子结构如下图所示：

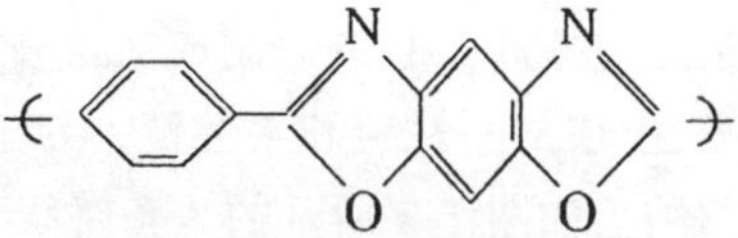

它具有刚直性分子构象，大分子链的横截面积也很小，是目前高科技纤维中强度和模量最高的纤维，被认为是21世纪代表性的高科技纤维，也是继PPTA纤维成功以来，纤维技术上的又一次飞跃。

1.4 功能性纤维的特点

随着社会和生产技术的发展，物质生产丰富多彩，人们开始追求舒适、美好的生活空间，对时装和流行、运动和休闲、环境和健康的高质量要求日益迫切，希望今天的纤维材料接近自然，赋予真丝般柔软感和纤细感，光泽优雅，在功能上要求纤维材料适合电气、电子、热、光学及生体等各种使用目的，适应人口老龄化和社会信息化发展的需要。因此，除了高性能纤维以外，还需要能满足上述各种功能的高感性纤维材料及高功能性纤维材料。

纤维材料大多数可以从构成它们的高分子物的化学结构和基团组成的特异性、高分子聚集态的物理形态特异性来发挥其性能和功能的效果。所以功能性纤维的技术特点就从高分子物原料的合成、反应、结构及聚集态，到纤维成形的物理加工，高次结构的控制等方面研究出发，采用新的工艺技术和后加工技术，使纤维达到高感性化和高功能化的要求。

1.4.1 纤维高功能化的分类

功能性纤维按其功能的属性可分为如下四大类。

1. 物理性功能

电气、电子性功能：如导电性、抗静电性、高绝缘性、光电性、热电性以及信息记忆性等等。

热学功能：如耐高温性、绝热性、防火阻燃性、热敏性、蓄热性以及耐低温性等等。

光学功能：如光导性、光折射性、光干涉性、光致变色性、耐光耐候性、光吸收性以及偏光性。

物理形态功能：如异型截面形状、超极细纤度、表面微细加工性（细孔、凹凸形）等等。

2. 化学性功能

光化学功能：如光降解性、光交联性等等。

化学反应功能：如消臭功能、催化活性功能等等。

3. 物质分离性功能

分离性功能：如中空分离性、微孔分离性、反渗透性等等。

吸附交换功能：如离子交换性、高吸水性、选择吸附性等等。

4. 生物适应性功能

医疗保健功能：如抗菌性、芳香性、生体适应性等等。

生体功能：如人工透析性、生物吸收性、生物相容性等等。

如前所述，现在纤维的发展正由衣料用途扩大到非衣料领域，如产业用、装饰用以及医用等多种用途，所以功能性纤维也可按用途来分类，例如可分为衣料用功能纤维、装饰用功能纤维、产业用功能纤维。在衣料用功能纤维中，有一个专用新名词是日本创造的"新合纤"，在欧美称为"Shin-Gosen"。应用高分子物改性、特殊异形截面化、超细纤维化、混纤化、表面处理及染整后处理等综合的纤维制造高技术，从最初仿真丝技术，到目前超真丝的高感性功能水平，这就是所谓的"新合纤"纤维。

1.4.2 纤维高功能化的技术特点

纤维的功能化要求，随各种不同使用的目的而不同，采用的方法也有各种各样，其中纤维技术的进步、基础理论的发展和应用技术的开发是最根本的技术特点，具体体现在下面的四个阶段。

1. 成纤高分子物合成阶段

成纤高分子物是制造纤维的原料，根据使用所要求的功能，对高分子的结构引入要求的特定化学基团，如主链中引进芳香环、杂环基团，就提高了纤维的耐热性；引入导电的分子结构（共轭 π 电子系），使纤维具有导电性等等；还有用共聚或共混的技术，引入亲水性、阻燃性、易染性等的基团，赋予纤维新功能的方法也是大家所熟悉的技术。

2. 纤维成形阶段

纺丝成形时采用异型截面、中空、复合等纺丝工艺和设备，使纤维异形化、中空化、细旦化而获得相应的各种功能，例如三角型截面的纤维，特别有光泽，八叶形的比五边形的光散射较大，同时截面还会影响纤维的手感、蓬松性和织物的风格。纺丝成形时的不同拉伸、热处理工艺，也能形成纤维的收缩性、卷曲性等变化。

3. 纤维的后加工阶段

对纤维进行树脂整理，或者化学物理加工的方法，可以使纤维具有耐久性、阻燃性等功能。

4. 纤维的纺织和染整加工阶段

这是纤维集合形态的加工改变，如变形纱、膨体纱和混纤纱等可以使织物具有不同风格，有的纤维进一步炭化处理，会变成碳纤维，如粘胶纤维和聚丙烯腈纤维可以作为碳纤维的原丝。

从上所述可以看出，纤维材料的功能化主要是在原料高分子物合成阶段和纤维成形阶段，今后高功能纤维的技术开发，将会集中在高分子的分子、结构设计上和新的纤维成形技术上，不断地创造出新产品，使纤维具有多功能和高功能，适应世界潮流的发展。

1.5 高性能和功能性纤维的发展

高性能和功能性纤维的出现与发展只有 30 多年的时间，但是以芳纶及碳纤维为代表的高性能纤维，人们已经相当熟悉，知道防弹背心、太空宇宙服、光纤电缆等尖端产品都离不开高性能纤维，就是体育比赛用品，如高尔夫球杆、方程级赛车、防护头盔也是用高性能纤维的复合材料制造。而功能性纤维的出现更是与人类的生活密切相关，如工业生产中需要耐热阻燃的工作服、抗静电及至导电的服装，在衣料方面已经不满足单一功能改进的纤维面料，新合纤的出现就迎合了今天多姿多彩的生活。所以，高新产业的兴起和人们追求高质量的生活水平，对高性能和功能性纤维的发展产生了巨大影响。

纤维科学与技术的发展将会向着更先进纤维(High-Grade Advanced Fibers)的方向发展。高性能和高功能性纤维的开发及其加工技术正日益趋向更高的水平、更加复杂，并将与计算机和生物技术相结合。应用分子虚拟技术和基因工程，用化学的、物理的或复合的科学方法，控制纤维大分子链的高次构造，先从纤维的使用目的出发，预定所要求的纤维性能和功能，通过计算机进行大分子基团和结构的设计，确认最佳组分和配比，然后进行高分子物的合成，选择合适的纺丝成形技术，制造出高性能或高功能性的纤维。这种先进的科研生产开发体系将是下个世纪纤维产业的发展方向。

除了合成纤维的发展，天然纤维的充分利用和改进，也是人们关注的目标。工业生产的高度增长，能源的大量消耗，地球资源和环境的保护已经提到议事日程上来，因此重新认识和评价天然纤维也是今天的研究发展的重大课题。长期来天然纤维主要作为衣料使用，棉麻丝毛的产品特性是自然生长的，由其复杂多相结构所决定的，所以采用过去传统的技术，几乎无法改进它们的性能。但是近年生物技术和基因工程的兴起，可以提供有效的高技术手段对天然纤维进行品种改良的研究，现在正在进行蚕丝和棉花的改良工程，并取得了可喜的成果。

在高性能纤维方面主要以产业应用为中心，在芳纶、聚芳酯和高强聚乙烯纤维等高性能纤维开发成功的基础上，提高普通合成纤维的强度和模量。它们目前的水平还不到理论强度的 1/10，纤维的模量也只有理论模量的 1/3，因此大有提高的余地。使涤纶大分子折叠链模型向伸直链分子模型转变，是众多研究者追求的目标。另一方面，现有的高性能纤维的强度和模量与它们的理论值相比也有一段差距，如何做到纤维的强度和模量向理论极限值靠拢，是高性能纤维今后发展的重要课题。

参考文献

［1］ 功刀利夫，太田利彦，矢吹和之．高强度高弹性率纤维．东京:共立，1988

［2］ 罗益峰．高科技纤维与应用，1998 (1) ：5

［3］ 高田忠彦．纤维机械学会志，1995 (48) ：455

［4］ 王曙中．合成纤维工业，1998 (21) ：24

［5］ 村濑泰弘．高分子加工，1989 (38) ：549

［6］ Pauling L，小泉正夫译．化学键论入门．东京:共立，1968

［7］ 西野孝．海外高分子研究，1996 ：70

［8］ Wierschke. S.G. MRS Symp. Proc.，1989，134 ：313

［9］ 伊藤泰辅．高分子加工，1983 (32) ：540

［10］ 伊藤泰辅．纤维机械学会志，1995 (48) ：409

［11］ 白井汪芳．纤维学会志，1997 (53) ：374

［12］ 田代孝二．机能材料，1998 (18) ：30

［13］ 矢吹和之．高分子，1998 (47) ：118

［14］ 王曙中．高科技纤维与应用，1998 (3) ：23

［15］ Shosaburo Hiratsuka. The First Conference of Asian Chemical Fiber Industries. JTN Monthly-July，1996 ：56

第2章 高感性纤维

2.1 前 言

随着化学纤维产量的大幅度增长，人们穿着的服装除要求美观大方外，越来越追求舒适性，因此合纤的改性便成为目前的主要方向，新品种层出不穷，产量不断增加。据不完全统计，俗称的差别化纤维已占世界合纤总产量的30%以上，日本已占50%以上，并且品种还在迅速扩大，改性的手段也越来越多。

高感性纤维在日本称为“新合纤”，是改性纤维中的一类重要品种，对这类纤维还难下严格的定义。所谓高感性(Hightouch)纤维是指风格、质感、触感、外观等感觉方面性能优良的服用纤维。高感性纤维最主要用途是以妇女裙子、衬衫为中心的薄型织物；以套装、女裤、女裙、外套、礼服、便服、运动服为中心的薄型至中厚型织物。

高感性纤维的技术核心是仿天然纤维，特别是仿真丝技术。化纤的发展史在某种意义上就是模仿与取代天然纤维的历史。人们要求合成纤维保留原有的良好性能外，还追求纺织品的仿天然和超天然性能。即除具有优秀的力学性能和耐热性能外，并要求织物有良好的柔软性、舒适感和独特的风格，在服用纤维方面向高技术和多种加工技术方向发展，并出现超天然的纤维和织物。涤纶仿真丝织物集细特、三异(异截面形状、异纤度、异收缩)和阳离子可染于一身，加之高超的印染、后加工技术，使织物发色性好、色彩鲜艳、美观舒适而风靡丝织物市场；又如以穿着舒适为特色的双层或双面效应针织物，里层一般为细特或微细特的合纤（多为丙纶或涤纶），外层为吸湿性好的棉纱、粘胶纤维、毛或真丝，以这种面料作内衣、运动衫裤有很好的透湿导汗功能，穿着者经剧烈运动后、休息时无闷热或湿冷感，感觉舒适、良好；此外，还有一些在外观、结构等方面的仿真技术，如仿毛、仿麻、仿麂皮织物等，其服用性能可与天然纤维比美，甚至超过天然纤维。

作为服用纤维，除美观性、舒适性、卫生性外，还要求安全性（如阻燃或抗静电）、方便性（如耐脏、易洗）等。这些都可通过物理改性或化学改性获得：物理改性包括细特化、异形断面、混纤、交络、三维卷曲、多孔性、经低温等离子体或各种射线对纤维进行表面处理，在成形时加入添加剂进行共混纺丝，使纤维具有抗静电、阻燃、抗菌、亲水等；化学改性包括接枝、共聚、改变聚合物的分子量、各种化学处理等。

2.2 仿真丝纤维

2.2.1 蚕丝的结构及性能

蚕丝被誉为纤维中的女王，说明它具有很多优秀的性能。仿真丝纤维的目标，就是用人工手段使纤维具有真丝的优良特性。

蚕丝是一种蛋白质纤维，由蚕茧缫制而成，它是天然纤维中唯一的长纤维。蚕丝有家蚕、柞蚕、蓖麻蚕丝等，其中以家蚕丝的产量最大，质量最优。本章所谈“真丝”或“蚕丝”，如无特别说明均指家蚕丝。

蚕丝的主要结构特性分述如下：

1. 蚕丝的截面形状

家蚕吐丝时同时吐出两根呈圆角三边形的单丝，两根单丝被丝胶包覆成一根茧丝。中间的单丝呈透明状，外围的丝胶不透明。单丝和丝胶均由氨基酸组成。丝胶经碱煮后溶解而去除，单丝则被分成两根平行的纤维。蚕丝截面的形状还与其在蚕茧中所处的层数有关，由外至内，茧丝的截面暂趋扁平状，蚕丝的纵表面呈不平滑的树枝状。蚕丝的柔和光泽和纤细质感，主要来源于它的截面形状。

2. 纤　度

丝的平均纤度约为 1～1.5 dtex。丝的粗细度并不均匀，茧的外层丝较粗，越到内层，丝的纤度越小。纤细的蚕丝使其具有优良的悬垂性和柔软感。

3. 卷曲性

蚕在吐丝时边呈 8 字形摆动边吐丝，故蚕丝呈不规则卷曲，使丝具有独特的外观、丰满的手感和温暖感。

4. 力学性能

蚕丝具有良好的力学性能，强度达 3.0～3.5 cN/dtex，伸长 15%～25%，其杨氏模量高达 700～1 000 kg/mm^2，在天然纤维中仅次于麻，3%伸长的弹性回复率为 86%～88%，摩擦系数 0.27，蚕丝含有较多的亲水基和缩氨酸键，故其吸湿率为 10%～12%。

5. 染色性

蚕丝存在较多的染色活性基，加上无定形区存在众多易被染料侵入的间隙，故染色性较好，色彩鲜明，色调匀称，文静，具有深层的色感。

6. 光　泽

蚕丝具有优雅柔和的光泽，这是因为蚕丝具有多层的层状结构，光线在其中经多次反射、互相干涉的结果。

7. 缺　点

丝虽具有一系列优点，但也存在较严重的缺点，蚕丝的耐光性较差，在日光照射下易泛黄，并使强度下降，在保存过程中易霉变和虫蛀，穿着过程中易起皱和产生汗渍、水印。

2.2.2　仿真丝原料的发展

以往人们获得纤维主要依靠种植业和养殖业，用人工方法大规模工业化生产纤维是人们渴求已久的愿望。而真丝手感柔软、风格爽滑、丝鸣优雅，其织物外观华丽，有珍珠般的光泽，穿着舒适，更是人们仿效的榜样。人们曾先后制成如下几类化纤产品：

1. 粘胶纤维

1905 年在英国开始了粘胶纤维的工业化生产。粘胶纤维色泽鲜艳、手感柔软、吸湿性好、穿着舒适，长丝常与真丝交织作丝绸织品或被面，短纤可纯纺或与其他纤维混纺作衣料。

2. 醋酯纤维

1921 年英国试制成功并工业化生产。醋酯纤维具有柔和的光泽，手感滑爽柔软，真丝感强，有良好的悬垂性，适于制作内衣，儿童和妇女服装。

3. 尼龙纤维

1939 年在美国开始了尼龙 66 纤维的工业化生产，这也是合成纤维生产的开端，1941 年又在德国开始生产尼龙 6 纤维。尼龙纤维手感柔软、染色鲜艳、光泽良好、耐磨性和抗弯曲疲劳特别优秀，多用作袜子及产业用丝。

4. 聚丙烯腈纤维

1950 年首先在美国投产。它更类似羊毛，具有良好的蓬松性和保暖性，手感柔软，防蛀、防霉，并有非常优秀的耐光性和耐辐射性。目前其产量在合纤中仅次于涤纶和尼龙纤维。

5. 维　纶

1950 年由日本首先生产。短纤维性能类似棉花，而长丝接近蚕丝，吸湿性(4.5%～5.0%)在几大合成纤维中名列第一，有较好的耐日光性和耐腐蚀性，但染色性和耐热水性较差，服用性能也较差，目前多用作产业和装饰纤维。

6. 涤　纶

英国于 1955 年首先开始聚酯纤维的生产。涤纶的密度和杨氏模量与蚕丝相似。1960 年以来开始了仿真丝的研究，是化纤品种中仿真丝最有成就的一个品种。涤纶能经受强捻，仿真丝织物挺括、耐穿，服装经一次定型后不需再熨烫，花色丰富、价格适中，在现有的仿真丝产品中，涤纶仿丝产品的产量最大。

7. 聚丙烯纤维

1957 年在意大利首先实现了聚丙烯纤维的工业化生产。聚丙烯细特丝的织物柔软，又具有芯吸效应，穿着舒适，可作内衣织物，还可与真丝、粘胶长丝交织作丝绸被面。

2.2.3　仿真丝技术的发展

仿真丝的发展过程如表 2-1 所示。

第一代仿真丝技术始于 1960 年，首先从纤维截面的异形化开始，开发出具有真丝般光泽和挺括感的三角形截面纤维；随后又模仿蚕丝用碱溶解除去丝胶的精练工艺，聚酯织物通过碱减量(减去重量的 25%左右)处理，使织物产生柔软感和悬垂性；通过复合纺丝的方法，使纤维具有三维卷曲，增加织物的蓬松感和弹性。由于从纤维制造、织造、染整等工序全面的仿真丝加工，使织物具有挺括、免烫、光滑凉爽感、蓬松感、抗皱性良好的仿真丝绸。

1971 年开始了第二代的仿真丝技术，主要追求真丝的细腻感、蓬松感、温暖感、柔软性等风格。从技术上开发出细特丝、异收

表 2-1　仿真丝技术的发展历程

起始年代	主要仿真丝技术	效　果	市场动向
1960 年	三角截面	真丝光泽、凉爽感	针织热
	碱减量	悬垂性	
	永久卷曲	蓬松度	
1971 年	超细化	细腻感、柔软感	乔其纱热
	异收缩混纤	蓬松性	
1976 年	表面形状改性	粗糙效果	天然纤维热
	不均匀拉伸	自然竹节效果	
	仿短纤纱	仿绢丝绉	
	中空、异形化	温暖感、滑爽感	
1986 年	多段热收缩	超蓬松	新合纤热
	超细纤维化	超柔软	
	添加无机物	超悬垂	
	多重混纤、复合化	干燥感	
	高次功能加工	清凉感	

缩混纤和复丝，抗静电、防污染，还开发出阳离子可染涤纶。获得的仿真丝绸在发色性、色泽鲜艳度、抗静电性、亲水性、悬垂性、柔软性、细腻感、蓬松性等各方面都超过第一代仿真丝绸。

第三代仿真丝纤维自 1976 年开始，随着社会需求的提高，向多样化和高级化发展，追求自然的外观和触感，而开发出真丝所特有的复杂又不均匀的多沟槽纤维、花色纤维、不定形截面纤维，使合纤所特有的均质性人造风格和外观得到改善。与第二代产品比较，第三代产品具有很强的个性特点，即以仿真丝概念为本，又表现出合纤独有的个性。

第四代仿真丝纤维始于 1986 年，致力于超过真丝的性能，既有真丝的优点，又有合纤特有的风格、色彩和功能。全力发展超细特化、超异形化、改善深染性能，进一步发展不同纤度的混纤丝，并进行高层次的功能加工，着重解决穿着舒适感，使其具有真丝般的丝鸣和光泽，良好的吸湿性和防污性，并具有合纤原有的力学特性。

第四代仿真丝纤维可分为如下几类：多重、多形混纤丝；多组分异收缩复合丝、特殊截面异收缩混纤丝；超极细纤度和截面变化的细特丝；丝质粗糙、截面形状多变、条干不匀的混纤或复合丝。它们可通过多段热收缩，超细纤化，添加无机物，多重混纤，复合化，高次功能加工等手段，以获得超蓬松、超柔软、超悬垂、干燥感和清凉感的高级仿真丝纤维。

2.2.4 仿真丝技术加工

1. 截面异形化

熔融法纺制的合成纤维中，纤维截面都为圆形，使纤维具有蜡状感，而且存在着易脏、易起球、吸水性差、覆盖性小、保暖性差等缺点。通过非圆形喷丝孔或中空喷丝孔纺制的纤维统称为异形纤维。异形化的纤维，在产品的光泽性、吸湿性、蓬松性、保暖性、弹性、抗起毛、起球性、耐污性、硬挺度、手感等都得到不同程度的改善。

蚕丝的截面形状为带圆角的三角形截面，它能透过一部分光线，同时反射一部分光，具有高的内部反射和较低的表面反射，加上反射角大小的变化，因而构成一明一暗的闪烁效果，能在一定程度上获得真丝的光泽。

在仿真丝截面中，通常采用三角、三叶、T型、Y型等截面的喷丝头，有时为达到非闪光目的，也采用五叶、六叶、八叶形喷丝头，还可在纤维表面赋予微细孔，或微细沟槽等，也有非闪光的效果，同时使纤维具有干涩手感、深层显色性，并使衣物在摩擦时有一种丝鸣音。

2. 碱减量加工

仿照蚕丝的精练溶去丝胶的方法，涤纶通过碱减量处理，纤维表面因水解而使纤维变细并形成众多的微孔和沟槽，由此使织物中的纤维间产生适度的空隙，而有类似丝的特有风格和微妙的手感，并具有良好的悬垂性。

碱减量于60年代被开发，现已成为涤纶织物的基本加工方法，它能赋予纤维众多的微孔。为获得真丝那样的风格，需有15%的减量率，如要有更柔软的手感，则要作30%以上的减量。

碱减量的速度与多种因素有关：如常规涤纶和改性涤纶的碱减量速度有很大的差别，特别是阳离子可染涤纶的碱减量速度更大；纤维越细，比表面积越大，减量速度也越快；异形截面比圆形截面有更大的比表面，减量速度也较快；消光丝的减量速度较有光丝的速度快。

3. 细特化

蚕丝的纤度为1.1 dtex左右，使其具有柔软的手感。而普通涤纶的纤度一般在2 dtex以上，加上涤纶的模量较高，使织物手感僵硬，仿真效果较差。如把涤纶的纤度降至0.5～1.0 dtex，则丝条更柔软，有深层的真丝光泽，降低纤维的抗弯刚度，改善织物的手感。用细特型的聚酯复丝织成强捻薄织物的外观、风格等完全能与真丝强捻织物相比美。

4. 混纤丝

混纤丝是由两种或两种以上有不同性能、不同规格的长丝混合而成。模仿蚕丝在长度方向的粗细和横截面形状不一致的特点，把不同纤度、不同截面形状的涤纶进行混纤加工，制得具有蚕丝自然感的混纤丝。

异收缩混纤丝是把不同收缩率的纤维加以混纤，通过染色加工时的热处理，使高收缩丝收缩，而将低收缩丝浮起。异收缩混纤丝与蚕丝织物相同，单丝间产生适度的紊乱，形成近似天然丝织物的风格，织物的组织结构疏松，手感柔软而蓬松。

异收缩混纤丝在仿真丝的开发过程中，与异形截面和碱减量同属一种技术上的革新，在第一代仿真丝中，实现了真丝的光泽和悬垂性，但在手感上还存在相当的距离。第二代仿真丝开发出来的异收缩混纤丝，才实现了近似真丝的手感，使仿真丝性能出现了飞跃性的提高。

初期混纤丝的收缩率差一般为5%或更低，使收缩率差增至8%～10%，可得到绕丝，而增加蓬松性；使收缩率差增至20%时，可得到非常大的绕丝，增加了蓬松感、柔软性、轻量感，具有真丝所没有的合纤所独有的风格。

此外，使用两种不同染色性能的纤维进行混纤，能获得似色织产品的效果；采用涤丝与粘胶丝、醋酯丝等混纤，可改善仿真丝织物的穿着舒适性；还可采用三角形与三叶形截面混纤，可获得似真丝的光泽；采用超细纤维、微多孔纤维、密纹纤维进行混纤，可提高柔软性和干涩性。

5. 复合丝

把性能不同的两种或两种以上聚合物熔体或溶液，利用组分、配比、粘度或品种的差异，分别输入同一纺丝组件，在组件中的适当部位汇合，在同一喷丝孔中喷出而成为一根纤维，即在同一根无限长的纤维上同时存在着两种或两种以上的聚合体，称为复合纤维。

复合丝经热处理后产生不同的收缩而形成自然卷曲，使织物蓬松柔软，也有助于光泽的改善。

6. 改善显色性

聚酯纤维不能用酸性染料或碱性染料染色，一般使用分散染料染色，故在色调鲜明度上不及真丝。可通过聚酯纤维的表面改性，或加入阳离子可染物质进行共聚，以改善纤维的显色性。

聚酯纤维表面对光的反射率大，使其染色织物的色调发白，缺乏色彩的深层感。为此，可在纤维表面造成众多的微细孔隙，以减少正反射光，而形成多次反射，增加吸收光，使内部反射光增多，从而增加了视觉上的深层色调。

此外，在蓬松丝上也可获得类似微细孔隙纤维的光反射特性，因为蓬松丝表面覆盖着微细的卷曲，从而减少正反射光，而增多扩散光，而显现深层的色调。

为提高聚酯纤维的显色性，还可把阳离子可染物质（如间苯二甲酸磺酸钠）作为第三单体一起进行共聚。所得纤维不仅可用阳离子染料染色，而且进行分散染料染色时，其温度可较常规丝低。

7. 改变表面状态

由于蚕丝是一种长丝，故对仿真丝的探索工作也以长丝为主。为了充分显现野蚕和真丝的风格，使丝条更具天然感，使长丝表面变化也是仿真丝的措施之一。如通过假捻、气流交织赋予微卷曲，通过特殊拉伸的方法制成粗细节花色丝、竹节花色丝、起圈花色丝等等。

2.3 超细纤维

2.3.1 引　言

纤维越细、手感越柔软，这已成为世人的共识。但是，按照目前的纺丝设备，在尽可能地降低喷丝头的吐出量，并尽可能地加大拉伸倍数，也很难纺制 1.1 dtex（直径约 10 μm）以下的细丝。如 PET 纺丝时，如喷丝孔的吐出量低于 0.15 g/min 时，就容易产生熔体破裂，因此，很难制得 3.3 dtex 以下的未拉伸纤维。由此可见，必须用“超细纤维化技术”来实现这一目标。如今制造万分之一分特的纤维也已成为现实，这意味着重 3.844 g 的超细丝，可把地球和月球（38.44 万公里）联接起来。

关于细旦、微细旦、超细旦纤维的定义，国际上尚无统一的标准。我国一般把 0.9～1.4 dtex 的纤维称为细旦丝；0.55～1.1 dtex 为微细旦丝；而 0.55 dtex 以下的纤维称超细旦丝。纤维品种不同细度的定义也有差别，如丝绸行业习惯上把小于 1.2 dtex 的聚酯长丝、低于 1.0 dtex 的尼龙长丝、1.5 dtex 以下的聚丙烯长丝称为细旦丝。

纤维的超细化可上溯到本世纪的 40 年代，当时受羊毛二相结构的启发，而纺制出双组分的复合粘胶纤维。该纤维具有三维卷曲，而且卷曲性能较稳定，故称为“永久卷曲粘胶纤维”。美国杜邦公司首先纺制出并列复合型合成纤维，并先后于 1959 和 1963 年

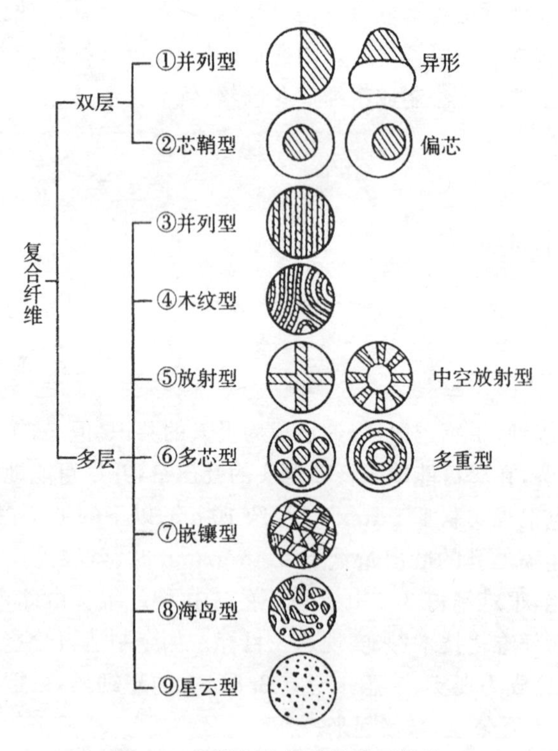

图 2-1　多种复合纤维的截面结构

分别开发出聚丙烯腈复合纤维(Orlon Sayelle)、聚酰胺复合纤维(Cantrece)。

进入60年代以后,日本的东丽、钟纺、帝人、可乐丽等公司分别利用各自的方法,开发出多层结构化的特殊纺丝法和剥离法,成功地制造出各具特色的超细纤维。图2-1列出多种复合纤维的截面结构。

2.3.2 超细长丝的制造

超细长丝的纺丝方法通常有:直接纺丝改良法;高分子相互并列纺丝法;剥离型复合纺丝法;多层型复合纺丝法等多种。

1. 直接纺丝改良法

采用熔纺法纺制超细长丝的工艺条件如表2-2所示。与常规纺丝法比较,PET超细长丝的纺丝方法作如下改进:

(1)适当降低聚合物粘度。可通过降低聚合物分子量或提高纺丝温度来达到目的,这些措施可防止因液滴型挤出而断丝。

(2)喷丝板上的喷丝孔应呈同心圆均匀排列,使丝条均匀冷却。

表2-2 直接纺丝法制PET超细纤维的最佳纺丝条件

纤度(dtex)	<0.33	<0.165
喷丝孔截面积($\times10^{-4}cm^2$)	<3.5	<1.5
喷丝板孔数	>140	>300
聚合物熔融粘度(泊)	<950	<300
喷丝板下方1~3 cm处环境温度(℃)	<200	<150
单丝集束位置(喷丝板下方cm)	10~20	20~70
拉伸条件	常规方法	常规方法
纤维强度(cN/dtex)	2.7~4.5	2.7~4.5
延伸度(%)	20~40	20~40

(3)降低喷丝板下方的环境温度，使丝条迅速冷却，并在喷丝板下方20～70 cm处集束、卷绕，以获得未拉伸丝。

(4)使纤维经受4～6倍的后拉伸。在特定的条件下可进行10～20倍的拉伸，但技术条件不稳定，而且范围较窄，故未获得应用。

(5)通过高精度过滤以提高纺丝熔体的纯净度。

(6)减少熔体的挤出量。

湿纺法超细纤维的纺制应注意如下要点：以丙烯腈：醋酸乙烯酯：甲基丙烯磺酸钠＝92.5：7.0：0.5为例：

(1)适当降低原液的粘度。聚合物比粘度为0.17～0.19，原液浓度降至16%～19%。

(2)采用二甲基乙酰胺或二甲基甲酰胺为溶剂。

(3)提高过滤精度，过滤材料一般使用10 μm以下的烧结材料。

(4)喷丝板孔数为40 000～80 000，喷丝孔直径为20～30 μm。

(5)凝固浴采用溶剂的水溶液，进行湿法纺丝。

(6)拉伸条件：在沸水中拉伸3～4倍，再在175℃左右干热拉伸1.5～2.5倍。

所得聚丙烯腈超细纤维的细度为0.066～0.44 dtex，强度为2.7 cN/dtex，延伸度26%。

利用直接纺丝方法获得的单一聚合物超细纤维，无需像复合纺丝那样，除去另一组分的烦琐工艺。缺点是纺丝时易毛丝或断头，缺少超细纤维的某些独特风格。

2. 海岛型复合纤维纺丝法

或称高分子相互并列纺丝法。以海岛型复合纤维的纺丝法，所得纤维截面为海组分的皮层包围岛组分的芯层，溶解除去海组分后，即可得到岛组分的芯层。

如以聚酯为岛组分、聚苯乙烯为海组分，制得超细聚酯纤维的纤度为 0.001 dtex，截面呈圆形，直径为 0.1 μm。

也可以整个复合丝的形态加工成织物，在后加工时除去海组分，在纤维间出现微孔隙而容易相互滑移，作人造革特别合适。此外，制造眼镜洁净布的超多岛技术、岛组分表面的凹凸化、岛组分异纤化混合排列、岛组分混合不同聚合物的技术等都已得到实际应用。

3. 剥离型复合纤维纺丝法

剥离型纺丝方法的关键是如何提高两组分的分割数，以达到超细化的要求。该方法可把两组分复合成米字型、中空型或层状型，纺丝技术的重点在于喷丝板。

剥离型复合纤维可用化学药剂处理，使一组分收缩而剥出纤度为 0.22 dtex 的单丝。单丝的剥离无需溶解除去特定成分，因而聚合物不受损失，通过剥离后可形成扁平形或楔形的纤维截面。

使尼龙和聚酯制成剥离型复合纤维，然后用苯甲酸处理使尼龙组分收缩而剥离，所得 PET 纤维具有较好的染色牢度。复合纤维可用作防水织物、人造麂皮、仿真丝织物、眼镜洁净布等。

4. 多层型复合纤维

多层型复合纤维的截面扁平，纵横向的弯曲刚性差别很大，薄的一方柔软，厚的一方硬挺。由聚酯和尼龙交互复合的纤维，可在染色加工时进行剥离，纤度为 0.22～0.33 dtex，剥离还可在制成织物后进行，还可在退浆精练工序中进行。

2.3.3 超细短纤的制造

1. 喷射纺丝法(熔喷法)

该法是从刀口状喷丝板端开出一排小孔，使熔融的聚合物从众多的微小喷丝孔中喷出，并用热风吹散的方法制成纤维。

这一方法通常用于聚丙烯超细纤维的非织造布制造。所用聚合物粘度比常规纺低得多，冷却技术也是其中的关键。由细纤维和粗纤维同时喷出的混纤丝，可制得蓬松性和保暖性良好的纤维和薄片。

2. 闪蒸纺丝法

把聚合物溶解于低沸点的溶剂中，加热、加压，使溶液从喷丝板喷出，溶剂瞬间气化而制得纤维的方法，称为闪蒸纺丝法。聚合物呈网状喷射，纤维离散度高，平均纤度约为0.016 5～0.1 dtex，纤维呈异形截面，单丝内部含有微小气泡。如把聚乙烯溶解于烃类或氯甲烷类溶剂中，经加热、加压，从喷孔中爆发性地喷出呈微细网络状的网状纤维，并一次形成片状化。

闪蒸纺丝法在非织造布方面的需求迅速增长，可用于装饰材料和信封等各种包装材料。

3. 聚合物共混法

把两种聚合物进行共混，经纺丝拉伸后，用溶解法除去量多的组分或基质组分，可制得长短、粗细不一致、有较大离散度的不均一纤维。

4. 其他方法

1)离心纺丝法

与棉花糖同一原理生产细纤度纤维。

2)湍流成形法

把高分子溶液投入呈湍流状的凝固剂中，而制得纤维。

3)爆发法

在聚合物溶液或熔体中注入发泡剂或气体，使其剧烈膨胀而喷出的方法。

4)原纤化法

把易原纤化的纤维或薄膜经打浆细化的方法。

5)表面溶解减量法

用碱使 PET 等纤维溶解而细化的方法。

2.4 独特风格和特殊性能纤维

从独特风格看，有超蓬松材料、超柔软材料、超悬垂性材料等三类，也可以三类性能相混合。特殊性能纤维包括：感温变色纤维；紫外线变色纤维；抗菌纤维；消臭纤维；芳香纤维；吸水纤维；拒水纤维；蓄热纤维；导电纤维；难燃纤维等等。本节将择要介绍其中一二。

2.4.1 超蓬松纤维

利用异收缩混纤丝技术，可以开发出超蓬松纤维，而且使纤维的丰满感超过真丝。

把两种不同收缩率的纤维进行混纤，经纺纱织造后，在染色整理工序中进行热处理时，高收缩的纤维进行较大的收缩，而使低收缩纤维松弛，从而形成具有丰满感的织物。蓬松程度可根据收缩差而任意改变。

一般而论，织物越蓬松，其悬垂性和回弹性就越低，但超蓬松纤维却具有高悬垂性和回弹性。

2.4.2 超柔软纤维

超细纤维加工成织物具有柔软的手感，但织物的回弹性差。如与回弹性优良的纤维进行混纤或交织，则该织物既有超柔软感，又有良好的回弹性。

2.4.3 超悬垂纤维

使纤维表面形成大量的微坑，可降低纤维间的相互摩擦，而具有超悬垂性。通常把无机粒子混入聚酯切片中，经纺丝、织造后，在染整工序中进行碱减量加工时，无机粒子被除去，而在纤维表面形成众多的微坑，使其具有超悬垂性，还有干燥的手感。

2.4.4 变色纤维

把显色材料封入微胶囊，并分散于聚氨脂液中再涂于织物表面，从而获得变色织物。当外部刺激源分别为光、热、电、压力等时，则分别称为光致变色、热致变色、电致变色、压致变色材料等。

光致变色材料在信息通讯领域；热致变色材料在染料、涂料、油墨等领域；电致变色材料在电子、电气领域都有重要的用途。用光致变色或热致变色材料涂于纤维或织物上，经感光或感温后即能产生可逆变色，所谓的视觉纤维已经商品化。最近还开发出在－40℃～＋85℃范围内，温度每差 10℃即能瞬时变色的深色型和浅色型的热致变色纤维制品。

2.4.5 吸水、吸湿纤维

对疏水性纤维进行亲水加工一般有物理方法和化学法两类，通常采用如下方法：使纤维多孔化和中空化；纤维截面异形化；与亲水性单体共聚或接枝；与亲水性化合物共混；用亲水性物质覆盖纤维表面。

2.4.6 防水透湿纤维

普通雨衣能防止外来雨水的渗透，但不利于排除内部的汗水或水蒸汽。透湿、防水纤维材料可克服上述缺点，达到防水、透湿、穿着舒服的目的。

获得防水、透湿的原理是利用水蒸汽微粒(0.000 4 μm)和雨滴或水珠(10～3 000 μm)大小的极大差距，在织物表面形成孔径小于雨珠、大于蒸汽微粒的多孔结构，即能达到目的。

防水透湿的加工方法有：将超细纤维加工成高密度织物；在织物上复以微孔膜；用透湿、防水性树脂涂于织物上。

2.5 异形截面纤维

大多数的高感性纤维截面都是异形(非圆形)，使用非圆形纺丝孔纺丝。纤维截面异形化后可使织物的光泽、硬挺度、弹性、手感、吸湿、蓬松性、抗起毛和起球、耐污性等得到不同程度的改善。

不同的截面形状能赋予纤维的不同性能和风格。如三角形截面给予真丝般的光泽和优良的手感；中空三角形截面有调和的色调和身骨；星形截面有柔和的光泽、干燥感、较好的吸水性；U形截面有柔和的光泽、干燥的手感、有身骨；W形截面具有螺旋卷曲、似毛的蓬松性、粗糙感、干爽感；箭形截面有干燥的触感、自然的表面感、滑溜的清凉感；三山形扁平截面具有丝绒型的深色感、蓬松而有身骨；多重、多形混纤具有干燥触感、自然的表面感、有身骨。

异形截面纤维因具有很多优良特性和风格，故其用途日渐广泛，在服装、地毯、非织造布、工业卫生等领域都有广泛用途。异形纤维因富有弹性、不起球、有高度的蓬松性、覆盖性、耐污性等特点，用于地毯特别合适；异形纤维的附着性比圆形纤维大得多，更适于作非织造布；X、H形纤维制成的毛刷除脏性更良好；中空纤维除作衣被外，还在污水的处理、浓缩、纯化，海水淡化，人工脏器等方面都有广泛的应用。

异形纤维在服装方面主要有如下用途：

1. 丝绸产品

异形截面纤维除具有闪耀的光泽和较好的复盖性外，其印染织物鲜艳明亮、印花清晰，织口耐滑性良好。使用异形丝与圆形截面长丝交织，可改善手感，并有良好的抗滑移性和透气性，可用作衬衫、女裙、和服、夜礼服等高级衣料；三角形、三叶形、四叶形截面纤维因具有较强的闪光性，可作为仿丝绸织物；多叶异形纤维光泽较柔和，适于织造缎类织物；除单纯的异形纤维外，还发展了异形截面、异收缩的“二异”纤维，异形、异纤度、异收缩的“三异”纤维，以及有沟槽的三角形纤维，使产品的仿真丝效果更进一步地提高。

2. 仿毛产品

多叶形截面纤维手感优良、保暖性好，有较强的羊毛感，而且有较强的抗起球和抗起毛，适于制作绒类织物。其绒毛既能相互缠结，又能蓬松竖立，富有立体感和丰满厚实感。

中空纤维具有密度低、弹性优、良好的抗起球性和蓬松性，保暖性优良，其与粘胶纤维的混纺织物有较强的毛型感，可制作高级毛料织物、中厚花呢料等。

3. 针织产品

三叶形截面纤维因耐磨、手感优良、耐穿，多用于织造针织外衣；多叶形变形纱制作的针织外衣有良好的蓬松性、覆盖性、耐磨性，并且光泽柔和。

2.6 仿生纤维

近年来，生物和生物系材料的高功能性被重新认识，基于仿生思路而进行新材料的开发研究，在纤维和其他各领域广泛地开展。

2.6.1 超微坑纤维

模仿生物的精巧结构而开发出超微坑纤维，使纤维具有深色的光泽。

人们发现夜间活动的昆虫的角膜上，整齐地平行排列着微细圆锥状的突起结构，它能防止夜晚微弱光线的反射损失，使光能穿透角膜球晶体。模仿这种结构可制成超微坑纤维。

纤维的色泽除自身发光外，还取决于光的反射、穿透、吸收三要素。如把纤维表面制成微细凹凸结构，从而使光形成散射，增加内部吸收光，如图 2-2 所示。由于减少光的反射率，提高黑色感，使色泽的深色感增强，鲜明度提高。

微坑技术近来已取得较大进展，平均每平方厘米能形成 40～

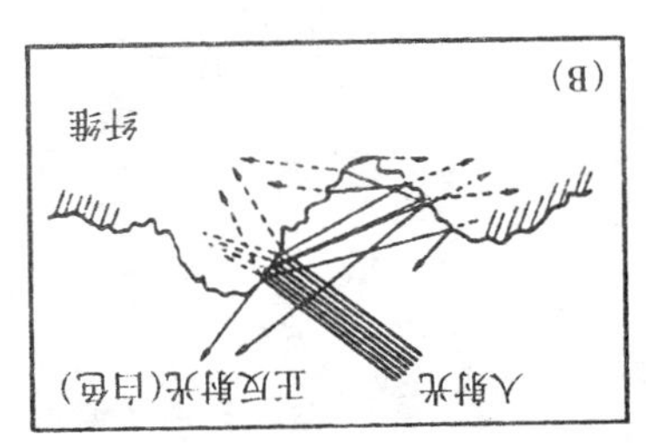

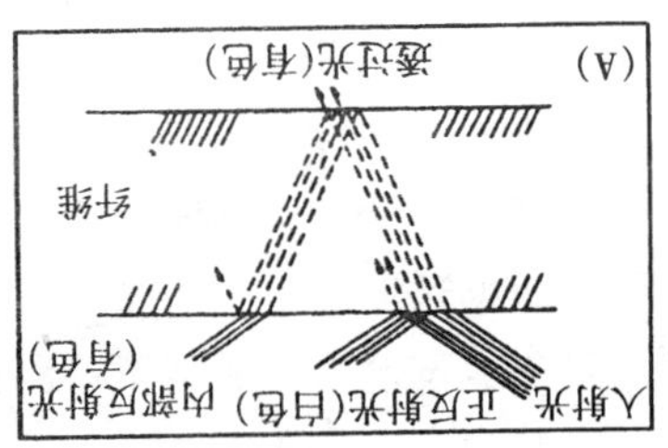

图 2-2 纤维表面的凹凸和光的散射

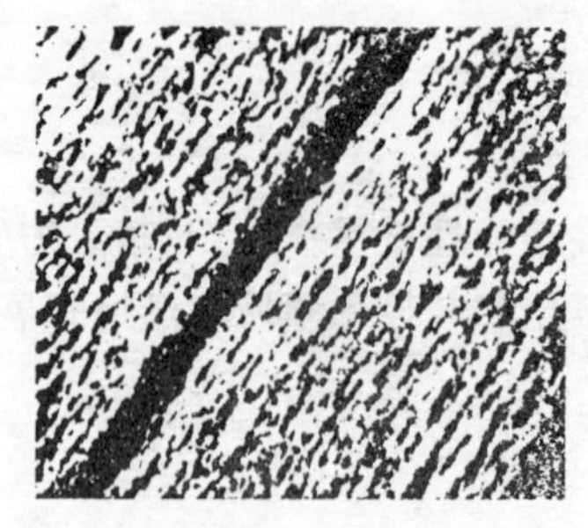

图 2-3　超微孔纤维的表面微细凹凸结构

50 亿个微坑。形成微坑的方法有化学法和物理法。化学法是把与成纤高聚物折射率类似的、平均粒径在 0.1 μm 以下的超微粒子，均匀地分散在高聚物熔体中，纤维成形后，经溶解除去微粒，可获得表面有微细凹凸结构纤维。物理法可利用低温等离子体处理纤维，使纤维表面呈凹凸结构，如图 2-3 所示。

2.6.2　多重螺旋纤维

生息在亚马逊河流域的闪蛱蝶，周身散发钴蓝的色彩，具有金属般的光泽。多重螺旋纤维就是模仿这种闪蛱蝶翅膀上的鳞片结构制成的。

闪蛱蝶翅膀上的鳞片相距约 0.7 μm，整齐平行地排列着板状物，板状物高约 2 μm，两侧有蕨类植物叶状的细小突起。图 2-4 为闪蛱蝶鳞片结构的扫描电镜图。当光线照射在鳞片上时，大部分入射光进入狭缝，在壁内部不断地反射、折射、干涉，并增大幅度，从而产生鲜明的深色光泽。

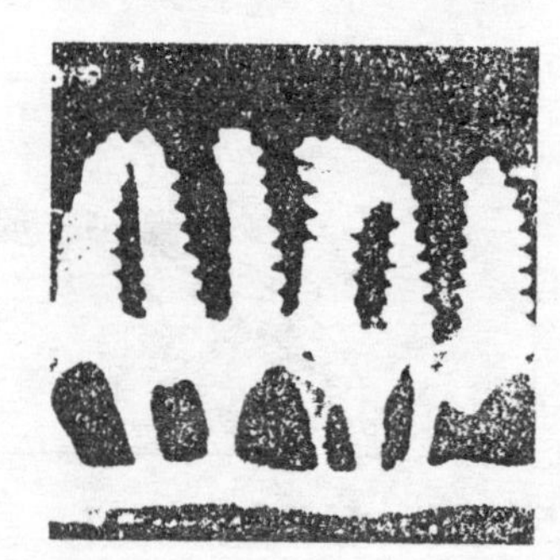

图 2-4　闪蛱蝶的鳞片结构

目前的技术还不能制得这种鳞片状结构，可用两种热收缩率不同的聚酯切片，经混合熔融后纺丝成纤，然后进行热处理，纤维每隔 0.2

～0.3 mm 周期性地形成一个螺旋形扭曲。用该纤维织成的织物，光在纤维的平行部和垂直部来回折射(图 2-5)，产生深色感的光泽。

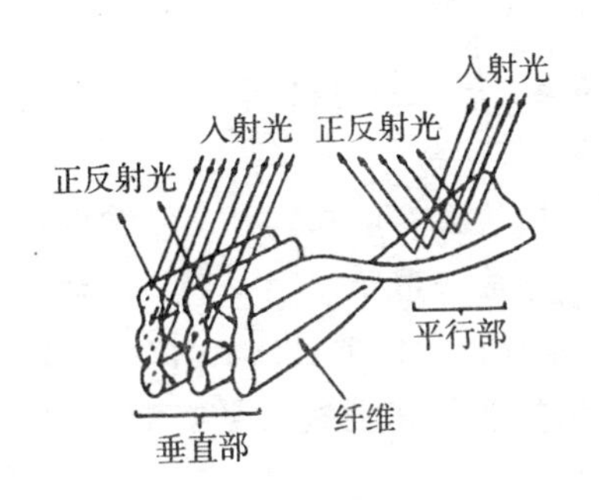

图 2-5　扭曲状聚酯纤维的深色光泽效应

2.6.3　超防水性织物

人们不难发现水珠可在荷叶或芋叶表面滚动，仍能保持珠状，叶面也不被水所润湿。这是由于荷叶表面呈大量微小凹凸状，其表面还覆盖着一层表面张力小的"腊状物质"，使水不能进入叶面内部(如图 2-6 所示)。水在荷叶上形成水珠，并将空气封闭在荷叶表面的凹坑里，腊状物质的凹凸部和空气之间的复合界面起到了支撑水的作用。

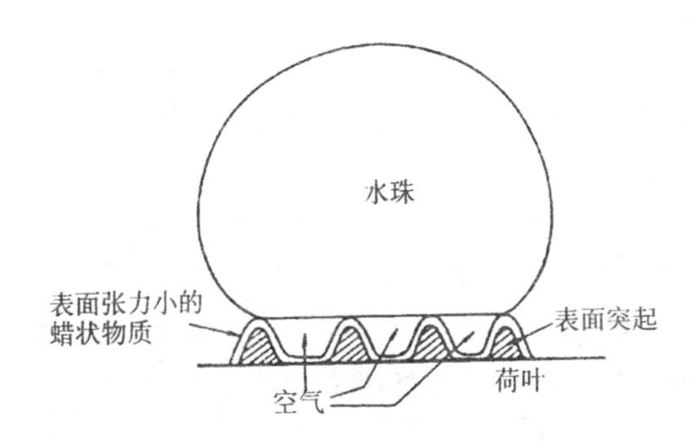

图 2-6　水珠在荷叶表面的形态

日本帝人公司开发的"Microfuto Rekutasu"织物具有类似荷叶的结构，用超细纤维制成织物，再经防水加工。该织物既可防水，还能透湿、透气。作为雨衣或其他防水织物，既轻便、防水性又好。

2.6.4 仿皮革材料

模仿天然皮革的基本结构，研究和开发具有天然皮革优良性能的合成人造革早已开展。人造革的迅速发展与下列原因有关：(1)世界性的保护自然、保护动物的呼声日益高涨；(2)时装和织物结构的变化和消费水平的提高，要求衣着的丰富多采和个性化；(3)衣着以外对皮革的需求日益增多，如汽车内部的装饰物、家具等。

在人造革中首先开发的制品是聚氯乙烯仿皮革，即在底布上涂以聚氯乙烯，作为仿布或皮革代用品。后来使用了压型技术和发泡技术，使这些制品的外观与皮革更接近。这种人造革在触觉、抗寒能力、透气性等方面远不及天然皮革。

1963 年杜邦公司研制成人造麂皮(Corfan)，并投放市场，它以聚酯纤维作底布，以发泡的聚氨脂海绵体作涂层，海绵体的孔径为 0.5～1 μm。粘合剂不布满整个底布而留有孔隙，使其具有良好的透气性和弹性。之后，随着超细纤维的发展，制出 0.45 dtex 以下的超细丝，为人造麂皮的大量开发提供了理想原料。

1978 年日本开发的仿麂皮也大受市场欢迎，而价格仅为一般人造麂皮的 1/5～1/3。

人造麂皮和仿麂皮以其性能优良、服装风格优美、用途广泛等特点而受消费者欢迎。它不仅有白霜感、立体感，同时还具有手感柔软、重量轻、悬垂性好、穿着舒适等优点而畅销市场。

参考文献

[1] 陈稀等．合纤产品的开发与应用．中国石化总公司继续工程教育系列教材（1997）

[2] 王庆瑞，刘兆峰，关桂荷．高技术纤维．中国石化总公司继续工程教育系列教材（1997）

[3] 张树钧等．改性纤维与特种纤维．中国石化出版社，1995

[4] 宫本武明，本宫达也．新纤维材料．日刊工业新闻社，1992

第3章 防护功能纤维

3.1 前 言

随着科学技术的日益进步，人类对大自然、尤其是人类生存环境的认识日益加深。由于现代科学技术的高速发展而带来的弊端，例如辐射、紫外线照射强度增大、静电等，对人类的生活、生产以及生命造成了各种危害。但作为对人体和环境的防护措施，普通纤维已无能为力，因此，促使人类用现代科技手段开发制造一系列在特种环境中有不同功能的防护性纤维。人们利用能吸收或防止中子、X-和 γ-等等射线的物质，制造防止中子、X-和 γ-等射线透过的纤维材料，作为人体对该环境的防护服装和材料。纤维经各种方法进行抗静电处理而制成的织物或服装，可作为超净环境中有静电危害场所的工作服、防静电滤布、防尘服和手术服。为防止过度的紫外线照射对人体和环境造成的不利影响，人们制成了对紫外线有吸收和屏蔽作用的防紫外线纤维，开发了能提高空气的含有率、减少因辐射而产生热扩散的蓄热保温纤维。

除了人体的防护外，对某些制品、特别是一些高技术制品的环境也同样需要防护，包括防火、防水、防尘、抗静电、隔热、绝缘、抗腐蚀等都需要有防护功能的纤维制品，例如为了隐蔽雷达或防止电磁对仪器的干扰需要导电织物的屏蔽，电子和精密仪器工业的净化室必须用防尘材料进行封隔，还需要抗静电无粉尘揩布，以及防尘抗静电工作服等等。总之，在人类涉足到的危害环境中起到防护作用的纤维材料都可称为防护功能纤维。本章拟介绍几种主要的防护性功能纤维的制造方法及性能用途。

3.2 抗静电纤维

3.2.1 抗静电纤维发展现状

天然或纤维素纤维静电现象并不严重,未对纺织加工和织物的使用造成明显影响。但合成纤维,如腈纶、尼龙、涤纶、氯纶等等是吸水性差、绝缘性高的非导电性材料,在加工和使用的摩擦过程中会产生静电(摩擦起电),给合成纤维生产和纺织加工各个工序带来一定困难,使得纺丝、拉伸、纺纱和编、织过程中纤维易缠绕,产生毛丝,工艺不好控制,造成生产速率低,质量差。合纤织物和地毯会由于摩擦造成静电集聚,引起轻微的电击,给人以刺激。静电还会造成合纤服装的相互缠绕、吸尘,影响穿着。为了消除静电,自60年代起开始了开发抗静电纤维的工作。

60年代中期,日本东丽公司最早开发成功并实现工业化的尼龙PAREL,就是最早的抗静电纤维。随着抗静电纤维需求的急剧增长,日本和欧美各大公司纷纷采用与抗静电性聚合物进行共混、复合纺丝的方法,在纤维内部形成导电性的条纹状结构,使其成为一种引人注目的抗静电技术。

70年代末,日本的帝人和东丽公司相继以聚对苯二甲酸乙二酯与聚氧乙烯聚合物共混纺丝,开发成功抗静电涤纶。用这种纤维制成的织物,穿用时不缠贴、不吸尘、不沾污。在表3-1中列出几种有代表性的抗静电合成纤维。

表 3-1　已工业化的几种主要抗静电纤维

锦　纶	涤　纶	腈　纶
尼龙 PAREL[东丽]	帝特纶 PAREL	东丽纶 PAREL
诺泰克(ノンテイック)[旭化成]	(テトロソPAREL)	(トレロン PAREL)
拉皮亚(テピヲ)[帝人]	[东丽]	[东丽]
埃米娜 N(エミナN)[东洋纺]	帝特纶拉皮亚	卡西米纶 A-61
索阿立斯(ソアリス)[钟纺]	(テトロソテピア)	(カシミロン A-61)
Antron III [Du Pont]	[帝人]	[旭化成]
Statoway [Celanese]		依克丝蓝 type823
Body-free [Allied]		(Exlan type 823)
Countarstat [ICI]		[日本 Exlan]
Antistatic Celon [Courtaulds]		
Enkastat [AKZO]		

抗静电纤维的制造方法分为两大类，即使用外部抗静电剂附着在纤维表面的方法和使用内部抗静电剂渗入纤维内部的方法。

使用外部抗静电剂的方法又分为两种。一种是临时性的抗静电处理方法，主要是为了防止合成纤维制造和加工过程中静电干扰，有外部喷洒、浸渍和涂覆等。这些外部抗静电剂多为各种表面活性剂，它们附着在纤维表面上，可以起到消除静电的作用，是最容易、最经济、应用最普遍的方法。但这种方法得到的抗静电纤维耐洗涤和耐久性差，加工过程完成后抗静电性就消失了。另一种使用外部抗静电剂的方法是在纺织、印染工厂对织物进行抗静电表面处理或树脂整理的方法，在纤维表面通过电性相反离子的互相吸引而固着外部抗静电剂；或通过热处理发生交联作用固着外部抗静电剂；也有通过树脂载体而使外部抗静电剂粘附于纤维表面，因而具有一定的耐洗涤、耐磨擦和耐久性。但这种方法使织物的风格和外观受到一定的影响。

为了提高纤维抗静电的耐久性、耐洗涤性，保持原纤维的风格和力学性能，人们进行了大量抗静电剂的开发和研制，改进纺丝成形技术，开发出将抗静电剂渗入纤维内部来制造抗静电纤维的方法，并实现了工业化。其后的开发研究飞速发展，如在聚合阶段用共聚法引入抗静电单体，通过化学法引入吸湿和抗静电基团，采用复合纺丝法在纤维内部生成连续的、含有抗静电剂的条纹结构，采用共混纺丝制备海岛型纤维来达到耐久性抗静电目的，等等。目前开发的抗静电纤维中，使用内部抗静电剂的抗静电方法占绝大部分，而且还在不断创新发展中。

3.2.2 抗静电剂及其作用机理

能消除和减弱合成纤维在生产和使用过程中因摩擦而产生静电的助剂大多是表面活性剂，有永久和暂时性两类。前者可在合纤生产的聚合或纺丝过程中加入，要求耐热性良好，在聚合和纺丝温度下不分解，对纤维的生产和性能无不良影响，能缓慢地渗透到纤维表面形成连续的吸水性薄膜而起抗静电作用；亦可涂布于纤维表面，在纤维表面定向排列，形成不溶于水的永久性皮膜。后者通常复配于化纤油剂中，在纤维表面上均匀涂布，形成定向吸附层，提高纤维的吸湿性，降低电阻，使摩擦产生的电荷易于散逸；但其效果随贮存时间的延长而逐渐衰退，并不耐洗涤。

根据组成和结构分析，合成纤维的抗静电剂绝大多数属表面活性剂，其中有很多属聚醚型的抗静电剂。这种表面活性剂的大分子由两种基团所组成：一种是电子均匀对称分布的无极性的疏水基团；一种是具有极性的亲水基团。疏水基团的构造多与油脂、烃基类的构造相同。而亲水基团则有各种各样的结构，它们的电离能力是不同的，具有强电离基团的高分子化合物和具有密集亲水性基团的高分子化合物有可能成为疏水性合成纤维的抗静电剂。抗静电剂的结构不同，可分为阳离子型、阴离子型、两性型、非离子型以及高分子化合物型、复合型、无机盐型等抗静电剂类型，详细如表 3-2 所示。

表 3-2 抗静电剂的类型及作用

类型	名称	作用
阳离子型抗静电剂（起表面活性作用的是阳离子）	烷基季胺盐 聚乙烯多胺 烷基胺盐 胺基脂肪酸	具有良好的抗静电效果，兼具柔软、平滑、杀菌防霉作用，价值较贵，可用作外部及内部抗静电剂，但不能与阴离子型抗静电剂混用
阴离子型抗静电剂（起表面活性作用的是阴离子）	脂肪酸铵盐 烷基磺酸盐 烷基硫酸酯盐 烷基磷酸酯盐	抗静电效果好，柔软性、无毒，不影响染色，对金属不腐蚀，价格低，多用于外部抗静电用，不能与阳离子型抗静电剂混用
两性型抗静电剂（兼具阳离子和阴离子型抗静电剂的性质）	羧基甜菜碱 磺酸基甜菜碱 烷基丙氨酸	抗静电效果良好，甜菜碱型有助染、加柔作用，可与离子型抗静电剂及其他助剂混用，可用作内部或外部抗静电剂
非离子型抗静电剂（聚醚或聚酯型，在水中不离解成离子）	聚氧乙烯烷基醚 聚氧乙烯烷基酯 聚氧乙烯烷基胺 聚氧乙烯烷基酰胺 烷基多元醇	不离解，耐酸、耐碱，可与阳离子、阴离子型抗静电剂及其他助剂并用。除抗静电性外，醚型能增进洗净、浸透、分散均匀性，酯型能增进分散、平滑性。主要用作内部抗静电剂，也可用作外部抗静电剂
无机盐型抗静电剂	LiCl $CaCl_2$ $MgCl_2$ 磷酸酯	与上面几种类型抗静电剂并用，有明显增效作用；单独用时效果不大，会使金属生锈，影响纤维手感及外观
高分子化合物型抗静电剂（含高分子电介质，高分子表面活性剂）	聚氧乙烯多胺 聚丙烯腈系高分子化合物	此类抗静电剂的分子结构中含离子、吸湿性等防带电成分，能固于纤维上而不溶于水，是耐久性抗静电剂，耐洗涤性良好，使用后会使纤维手感变硬
复合型抗静电剂	亲水性高分子化合物、低分子化合物的混合物，有时还混有少量无机盐及其他物质	是一种后加工用抗静电剂，广泛用于涤纶生产加工，具有一定的耐久性

3.2.3 抗静电纤维的制造

为了克服合成纤维的强静电性质，可以通过多种途径获得抗静电纤维，包括抗静电表面加工法、共混纺丝法、复合纺丝法、共聚或接枝共聚法。

1. 抗静电表面加工法

在纤维后加工过程中用抗静电剂对纤维进行表面加工，是一种有效的抗静电方法，主要包括表面处理法和树脂整理法两类。

1)表面处理法

在纤维后加工处理时，用离子和非离子型外部抗静电剂涂在纤维表面，以便大量吸收空气中的水分，降低纤维的电阻值，起到抗静电的效果。

(1)离子络合法：在纤维表面先用阳离子型抗静电剂处理，再用阴离子抗静电剂处理，使纤维表面覆盖一层不溶于水的阴、阳离子表面活性剂的络合物，从而达到吸湿和抗静电的效果。

(2)化学反应法：使用含有环氧基的化合物处理纤维表面，通过环氧基的开环聚合或与纤维大分子的反应基团进行化学结合，或者使用水溶性胺与环氧基进行交联固化的方法实现与纤维的化学结合。

表面处理法是基于吸湿抗静电机理，环境湿度较低时会降低(甚至失去)抗静电效果，洗涤时抗静电剂易流失，耐久性仍不理想；但其工艺简单，有一定实用性。

用表面处理法工业化生产抗静电纤维的典型例子：美国将阳离子表面活性剂-季胺化合物，与芳香油、丙二醇配成抗静电剂，用于锦纶地毯纱的抗静电表面处理，得到抗静电性较耐久的抗静电锦纶。

2)树脂整理法

设法将抗静电树脂固着在纤维表面的一种抗静电加工法。抗静电树脂经过浸、轧、熔、烘等工序而粘附于纤维表面，形成极薄的抗静电保护膜。所用的树脂一般是亲水性的，在纤维表面利用吸湿增加纤维的导电性。此法得到的纤维的抗静电效果好，耐久性比表面处理法提高。但其价格高，经处理纤维易变色、变粗硬，其抗静电效果也随环境湿度降低而下降。

树脂整理法所用的抗静电树脂多数是与被整理纤维的大分子结构相近的聚合物，它们之间相容性较好，便于加工。例如：日本将含有铵离子和聚氧乙烯烃链段的聚合物，经树脂整理固着在纤维表面，得到较为耐久的抗静电性纤维。还有一种树脂整理法是采用含导电性聚合物的乳胶和含导电性化合物的溶液作为抗静电剂，比如用含乙烯基化合物的共聚物与聚氧乙烯酸酯或聚氧乙烯乙醚的溶液，对纤维进行树脂整理，可制得具有实用性的抗静电纤维。

2. 共混纺丝法

采用内部抗静电剂(聚醚类，尤其是聚氧乙烯类)在聚合或纺丝前加入到聚合物熔体或原液中，然后挤出纺丝，由于选择能在基体聚合物中相分离的抗静电剂，使抗静电剂在纺丝后，由于相分离而形成微纤状的岛，基体聚合物是海，岛沿纤维轴向分布在纤维内部，形成运送或传导电荷的低电阻通路，从而在纤维内部和表面都能使静电荷逸散，抗静电效果显著。

采用非相容的抗静电剂——基体聚合物混合系，在普通纺丝机上经普通喷丝头纺丝、加工，制备所需的海岛型结构的纤维，但共混纺丝纤维中，究竟哪一种成分形成岛相以及岛的形状、大小、数量，除受到混合物组成的影响外，还受到熔体(或液体)粘度、相容性(亲和性)、机械混合条件等等因素的影响(参见表 3-3)。

用共混纺丝制取海岛型抗静电纤维，是 60～70 年代开发的中心，即自 1966 年东丽公司开发抗静电尼龙 PAREL 以来，世界各国相继采用类似方法开发了各种锦纶、腈纶、涤纶的抗静电纤维。

表 3-3　共混纺丝海岛结构纤维形成的影响因素

影响因素	海岛的成分	岛的形状、数量
混合组成	1. 体积分数 75%以上的成分为海相 2. 体积分数 25%以下的成分为岛相 3. 体积分数在 25%～75%的成分，海岛状态不明确	分散相成分比率小时，纤维截面中岛的数量少。随着分散相成分比率的增加，岛的数量逐渐增加，直至相反转前，岛的数量达最大值
熔体（或液体）粘度	粘度高的成分形成岛的倾向大	1. 混合熔体（液体）粘度降低，纤维截面中岛形的圆度高 2. 岛相和海相的熔体（液体）粘度比越大，岛径越大，岛的数量减少
相容性（亲和性）	影响较小	相容性好，纤维截面的岛径小，岛的数量增加
机械混合条件		1. 喷丝孔的直径越小，长度越大，岛的数量越多 2. 纺丝拉伸比越大，岛径越小，岛的数量越多

尼龙 PAREL 是用聚氧乙烯系聚合物与尼龙共混纺丝制得的海岛型耐久性抗静电纤维；岛相是内部抗静电剂聚氧乙烯系聚合物，海相是聚酰胺。岛相沿着纤维轴向以细长的微纤状分散在海相中，这些岛微纤与尼龙相比，比电阻更小，起到了帮助静电泄漏的通路作用。为了改善纤维成形过程中岛微纤的形成能力，在适当提高抗静电剂分子量的同时，为了对海相的基体聚合物有适当的亲和性，对岛相成分聚氧乙烯聚合物进行共聚改性处理。但亲和性不能过强，因过强岛微纤会过短，甚至不形成海岛结构。另外，在纤维成形过程中，要保证海岛成分的混合状态稳定而不受到破坏。也就是说纺丝原液不能过分过滤使岛相粒子过小，纤维拉伸倍数不能

过大而导致岛相成分断裂而变短。在尼龙 PAREL 纤维中,海相(聚酰胺)分子的质子属不易活动质子,而岛相(聚氧乙烯系聚合物)分子的质子活动性良好,它起到了保证电荷流动的作用。

3. 复合纺丝法

用复合纺丝法不但能改进合成纤维的抗静电性,而且还可改善纤维的其它性能。有关抗静电的复合纤维有许多形态,如皮-芯型、海-岛型、多层型等。常用皮-芯型复合法制成具有抗静电性能的纤维。例如以聚酯为芯,混有聚乙二醇的聚酰胺为皮的复合纤维,不但抗静电性好,而且手感、吸湿性、耐磨性、弹性、抱合力等都有所改善。也可以聚乙二醇与聚酯的嵌段共聚物为芯,聚酯为皮制成抗静电性的皮-芯型复合纤维。又如抗静电涤纶帝特纶。PAREL 是用复合、共混纺丝制成的芯鞘型纤维,芯层为以聚氧乙烯系聚合物为岛的海岛型结构,岛的直径仅有几微米,而纤维外层(鞘层)是聚酯。这种纤维可以进行变形加工制成 ATY 空气变形纱,是世界上首批制成变形纱织物的抗静电纤维。该纤维也可以进行碱减量处理,改善抗静电织物的手感和外观,并且染色性能不受影响。

此外,有一类抗静电涤纶,聚酯为纤维皮层,芯层是无规的聚酰胺共聚物,内含无机的导电物质如 KI、LiBr、NaBr 等。芯层量为 3%~15%,而芯层中的无机物含量为 0.1%~5%。这种纤维是在双螺杆复合喷丝板纺丝机上纺制的芯鞘纤维,而芯层又是添加抗静电剂进行的共混纺丝,也就是同时进行复合纺丝和共混纺丝来制取的。该产品可以明显改善纤维的抗静电性,同时又不影响纤维的耐热性和耐光稳定性,纤维的外观、模量、光滑性都不受影响。此外还有在这种纤维的芯层再添加聚氧乙烯衍生物,进一步提高了纤维的抗静电性能。

4. 共聚或接枝共聚法

在疏水性合成纤维大分子主链上引入亲水性、导电性成分,可在一定程度上提高该合成纤维的导电性。

在聚丙烯主链上嵌入4.5%～5%的通式为 $-(\overset{\overset{\displaystyle R}{|}}{C}H-CH_2)-$ 的高分子季铵盐(R为含季铵盐型含氮原子团)，制得的变性聚丙烯纤维的比电阻比未变性的聚丙烯纤维降低5～6数量级。

聚酯纤维分别与丙烯酸、或乙烯基吡啶、丙烯酸钠、甲基丙烯酸、甲基丙烯酸钠、甲基丙烯酸羟乙酯、乙烯基氮戊环、聚乙二醇二甲基丙烯酸酯、聚乙二醇二丙烯酸酯等等单体或活性低聚物接枝共聚，在100℃左右加热状态下，用膨化剂(例如二氯甲烷)进行反应，得到从表面到内部都发生均一接枝的抗静电聚酯纤维。

此外，用聚氧乙烯与丙烯腈接枝共聚的腈纶，用聚氧乙烯与聚烯胺的接枝共聚或镶嵌共聚的锦纶，用聚氧乙烯制成各种聚醚酯等，都成功地制造了良好的抗静电纤维，实现了工业化。其中以锦纶抗静电纤维技术最成熟，其产品也最理想。

3.2.4 抗静电纤维的性能和用途

抗静电纤维的性能主要是指抗静电性，即其快速消除静电荷的能力，一般用电阻率、摩擦静电电压、静电荷泄漏半衰期等物理量来衡量。在标准状态(RH65%，20℃)下，若电阻率≤$10^9\Omega\cdot cm$，摩擦静电电压在300 V左右，半衰期<0.5 s，属非常好的抗静电纤维；若电阻率在10^{10}～$10^{12}\Omega\cdot cm$，摩擦静电电压在500 V以下，半衰期在0.5～3 s，则属好的抗静电纤维。表3-4中列出一些抗静电纤维抗静电性的例子。

抗静电纤维还分为暂时性和耐久性抗静电纤维两类，暂时性抗静电纤维的特点是在化学纤维生产加工过程中，采用各种含抗静电剂的油剂，对纤维表面进行喷涂处理，使其具有暂时的抗静电效能，保证纤维成形加工顺利进行，而完成纤维加工制成织物后，抗静电性能便基本消失。而耐久性抗静电纤维，其纤维和织物具有

表 3-4　几种抗静电纤维的抗静电性

抗静电纤维	抗静电性		
	电阻率 (Ω·cm)	摩擦静电电压 (V)	半衰期 (s)
用聚丙烯腈系阳离子树脂整理的涤纶纤维	5×10^{9}	104	<1
用聚氧乙烯基非离子聚合物整理的涤纶纤维	3×10^{8}	84	26
用聚醚-环氧树脂及聚氨酯并用整理的涤纶纤维	1×10^{10}		
用二辛基磷酸酯钠整理的聚丙烯纤维	6×10^{7}		
用烷基磷酸酯整理的腈纶纤维	1.8×10^{9}		
用烷基磷酸酯整理的涤纶纤维	1.9×10^{10}		
用烷基磷酸酯整理的醋酯纤维	5×10^{11}		
用聚醚类聚合物作抗静电剂与 PET 共混纺丝制得的涤纶纤维	$10^{9}\sim10^{10}$		
用聚氧乙烯系聚合物为抗静电剂与尼龙 6 共混纺丝制得的锦纶纤维	$10^{9}\sim10^{10}$		

耐洗涤、抗污及耐久的抗静电性能。用树脂处理、共混纺丝、复合纺丝制得的抗静电纤维都属耐久性的抗静电纤维。抗静电纤维除了具有抗静电性以外，还应保持原纤维的各种特性，较好的可纺性和纺织加工性能，即可以纯纺，混纺，交织，即使纤维制品既具有抗静电性，又能织造成各种性能和风格的织物。

由于化学纤维的静电现象，带来了静电力的干扰和静电放电的危害：纤维加工过程中的静电吸引和排斥，服用过程中缠贴、吸附灰尘、沾污。化纤及其织物的电击和放电现象，轻者刺激皮肤，重者会引火、爆炸等等。为了消除化学纤维的种种危害，许多产业和部门都需要抗静电的纤维制品，表 3-5 列出需要抗静电纤维的产业及用途。此外，抗静电纤维在人们的日常生活方面以及差别化纤维开发中也被广泛应用着。比如普通生活用服装内衣，使用抗静电纤维可起到防尘、防缠绕和防止脱衣时的静电放电刺激作用，使服装满足人体生理卫生要求,即消除因静电造成人体不适和污染。用抗静电纤维作内衣和外衣,摩擦带电压可以在 3 kV 以下,就能达到普通生活用织物对消除静电干扰、不被尘埃污染和卫生舒适性的要求。

表 3-5　需要抗静电纤维的产业和用途

静电干扰及危害		适用产业	衣料用途	其他用途
种类	主要情况			
引火、爆炸	可燃气体、纤维絮、粉尘的引火、爆炸	纺织、石油精制煤气、煤、橡胶、食品加工、医疗、邮政、化学、有机溶剂运送、涂装	各种工种的安全工作服、医院手术服、工作服	消防管道、输送带、邮袋、救生袋
电击、破坏绝缘	电击刺激导致间接的死伤,电子元件的破坏、发光	通讯、电子、情报、胶片	各种工种的安全工作服、医院和电子机房的工作服	汽车内的装饰、床单、毯子
吸引、排斥	灰尘和脏物的附着、缠绕、卷曲附着、粘堵、飞花、纷乱、纠结	纤维、纺织、造纸、出版、精密机械、医疗、制药、食品、胶片、电子、涂装	礼服、学生服等各种服装、无尘、无菌衣	滤材、输送带、缝纫线、锭带、帐篷、带子

利用抗静电纤维开发兼具耐久性抗静电、高吸湿、吸汗、防污等性能的差别化纤维,诸如应用抗静电纤维使仿真丝具有抗静电、耐污、吸汗、吸湿、洗可穿的综合性能。为使仿毛纤维在外观、手感以及舒适性和风格上达到羊毛水平,必先对纤维进行抗静电、吸湿、抗起球整理。仿兽毛皮所用的纤维也离不开抗静电处理。无尘无菌工作服,要求有效地消除静电,防止吸着尘埃和细菌,需要高水平抗静电技术处理过的抗静电纤维。总之,越来越多的产业和日常生活需要各种性能的抗静电制品,新产品纤维的开发对抗静电纤维有着广泛的需求,其用途日趋广泛。

3.3 防辐射纤维

3.3.1 概 况

物质以电磁波或粒子形式进行能量发射或转移的过程称之为辐射。放射性同位素在蜕变中放出α、β、γ射线。α射线是氦原子核流，β射线是高速电子流，γ射线是波长极短的电磁波，这三种射线对物质的穿透力依次为γ射线>β射线>α射线。α、β、γ射线可在各种加速器中形成高速带电粒子(即质子、电子、自由离子等)流或中子流。

在辐射的作用下，组成物质的粒子受到激发而变得不稳定，如使高分子材料的大分子链发生断裂和交联。辐射对材料的破坏作用引起人们的极大重视。在各种射线、高能粒子流、原子能、放射性同位素等应用领域，有关设备、仪器的原材料必须具有良好的防辐射性能。各种航天工具，在宇宙空间每秒钟要经受千千万万高能粒子的打击，所以航天器件的材料应具有优良的耐辐射性能。为此，对辐射所产生的中子、γ射线等等具有防护效果的纤维材料便应运而生。

防辐射纤维有两种类型：一种是纤维本身就耐辐射，称之为耐辐射纤维；另一种是复合型防辐射纤维，通过往纤维中添加其他化合物或元素使该纤维具有耐辐射的性能。

3.3.2 耐辐射纤维——聚酰亚胺纤维

在有机纤维中，聚酚醛纤维、碳纤维、聚酰亚胺纤维、聚间苯二甲酰间苯二胺纤维等在经受高能射线照射后不发生辐射化学降解和交联反应，仍具有一定的物理机械性能和使用价值，这类纤维由于具有良好的耐辐射性而称之为耐辐射纤维。而聚酰亚胺纤维是该类纤维的典型。60年代美国成功地开发了聚酰亚胺纤维，它具有突出的耐高温、耐辐射、阻燃等特性。

1. 聚酰亚胺纤维的制造

1)聚合

将单体芳香族二胺溶解于二甲基甲酰胺、二甲基乙酰胺或二甲基亚砜中，随后将另一单体均苯四甲酸等摩尔加入，在室温、氮气保护下进行溶液缩聚反应，最后得到浓度为10%～20%的聚均苯四酰胺酸预聚体溶液。预聚体的特性粘度约为1.0～1.7。

2)纺丝及热处理

(1)干法纺丝。以二甲基乙酰胺为溶剂，预聚体浓度为20%，温度保持在27℃～35℃的纺丝液，纺丝套筒的温度为105℃～108℃，并往套筒中输入氮气流。干纺过程中约有16%的聚均苯四酰胺酸转化为聚酰亚胺。卷绕丝放在聚乙烯袋内平衡放置后，在70℃～100℃下水洗并拉伸1.5倍。然后在140℃下干燥，再经多段(100℃、30 min；275℃、15 min)环化处理得到聚酰亚胺纤维；最后以一定速度让纤维通过285℃热板，导入550℃热管中拉伸1.5倍，滞留时间1.8 s，便制得高性能的聚酰亚胺纤维。

(2)湿法纺丝。溶剂用二甲基甲酰胺或二甲基乙酰胺，凝固浴可用含20%的二甲基乙酰胺水溶液，或用硫氰酸钙：二甲基甲酰胺：水＝(50～25)：(25～50)：25的三组分溶液，浴温为室温，成型后直接进行拉伸绕筒，然后在空气中晾干得到聚均苯四酰胺酸纤维，该纤维再经热处理环化后便得聚酰亚胺纤维。下面为聚合、纺丝、热处理过程的反应方程式：

$$\text{均苯四甲酸酐} + H_2N-C_6H_4-R'-C_6H_4-NH_2$$

均苯四甲酸酐　　4,4′－二氨基对苯醚类

$$\longrightarrow \left[\begin{matrix} HNCO \\ HOOC \end{matrix} C_6H_2 \begin{matrix} CONH \\ COOH \end{matrix} -C_6H_4-R'-C_6H_4- \right]$$

聚均苯四酰胺酸

$$\xrightarrow[\text{加热环化}]{-H_2O} \left[N\begin{matrix} C{=}O \\ C{=}O \end{matrix} C_6H_2 \begin{matrix} O{=}C \\ O{=}C \end{matrix} N-C_6H_4-R'-C_6H_4- \right]_n$$

聚酰亚胺

2. 聚酰亚胺纤维的性能和用途

聚酰亚胺的大分子链全部由芳香环组成，而且芳环中的碳和氧的结合是以双键形式，有效地增强了结合能。当辐射线作用于聚酰亚胺纤维时，分子可吸收的辐射能远不足以打开分子链上的原子间共价键，仅转化为热能排走。正是这种分子组成和结构决定其耐辐射性、耐热性、分子链不易断裂、强度高等一系列优良性能。表3-6列出聚酰亚胺纤维的机械性能，从中看出其强度与涤纶、尼龙相近。用高能量（每克吸收10^4焦耳的能量）γ射线照射该纤维8 000次以后，纤维仍保持原有的机械性能和电性能。

若将纤维置于高浓度中子流中（每cm^2上，以每s 4 000亿个中子射击），经过40天，纤维强度基本不变。聚酰亚胺纤维具有优良的耐辐射性能。在耐热性方面，在275℃空气中，放置1个月，无氧化迹象，在425℃下无明显的失重现象，在550℃短时间内仍有使用价值。在283℃使用750 h，强度仅降低1/2，零强温度为560℃。300℃时不收缩，400℃只收缩2%，在火焰中不燃烧，只慢

慢分解，其软化温度在700℃以上。此外，它还耐溶剂、耐磨、抗蠕变、电绝缘。

表 3-6　聚酰亚胺纤维的机械性能

性　　能		指　标
强度(cN/dtex)		6.178
延伸度(%)		13
初始模量(cN/dtex)		74.43
钩接伸长率(%)		10
耐往复变形次数(次)		200万
300℃时	强度(cN/dtex)	2.648
	初始模量(cN/dtex)	30.89
钩接强度(cN/dtex)		5.119
零强温度(℃)		560

聚酰亚胺纤维主要用于宇航、电气绝缘、原子能工业方面。例如用作宇航和核动力站所需的各种织物、层压制品、涂层织物和辐射降落伞等。也可用于可燃气体及腐蚀性气体的过滤材料。尤其在宇航器件方面，如宇宙飞船、卫星等部件，在宇宙中会遭遇到各种射线的辐照，这些宇宙射线都含有各种能量射线，一般纤维强度会急剧下降，唯有聚酰亚胺纤维能耐宇宙射线辐射而强度不变。在原子能设施中的结构材料，若用金属或无机材料，当受到放射性照射后，会成为具有大量放射性的废料，而用聚酰亚胺纤维制成的复合材料，受辐射，最终分解，废料的放射性极少，处理也较方便。

3.3.3　复合型防辐射纤维

所谓复合型防辐射纤维，是采用具有防辐射作用的化合物或元素，添加到普通成纤高聚物中纺制成的具有耐辐射性能的纤维。

通过长期研究，人们对各种合成高聚物耐各种射线的能力进行了评价，确定了各种高聚物在辐射环境下的使用极限和耐辐射性，如图 3-1 所示。聚乙烯、聚丙烯、聚苯乙烯、聚碳酸酯、聚酯、聚乙烯醇缩甲醛、聚氯乙烯等都有较好的耐辐射性。这些高聚物熔点不太高又有可纺性，除聚乙烯醇缩甲醛外，都可用作熔纺制造复合

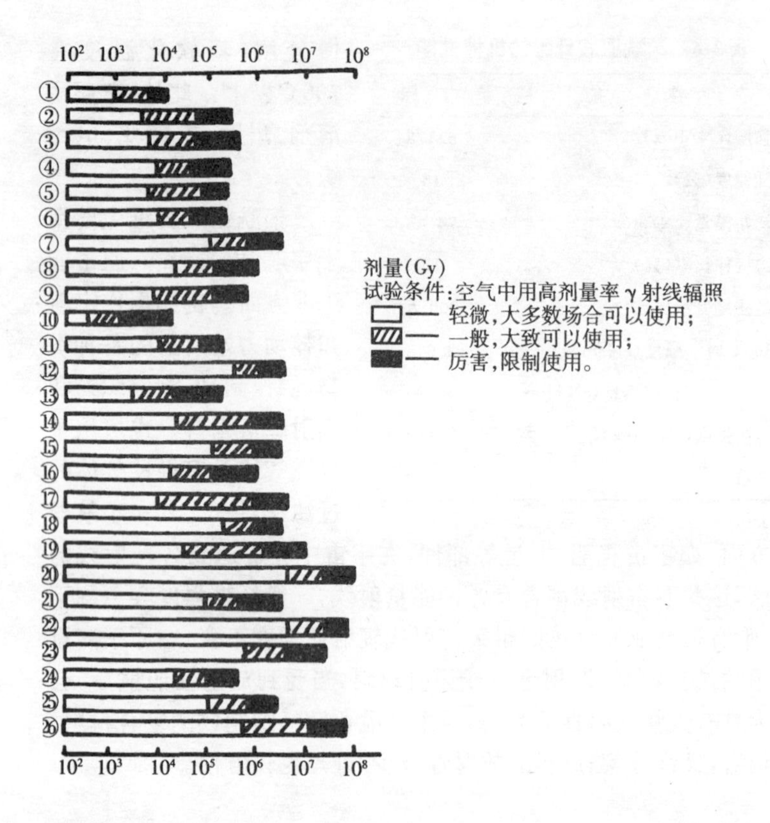

①聚甲醛；　②PMMA；　③乙酸纤维素；　④乙酸丁酸纤维素；
⑤硝基纤维素；　⑥乙基纤维素；　⑦PVC；　⑧聚偏二氯乙烯；
⑨聚三氟氯乙烯；　⑩聚四氟乙烯；　⑪四氟乙烯六氟丙烯共聚物；⑫聚酚氧；
⑬聚酰胺；　⑭聚碳酸酯；　⑮聚乙烯；　⑯聚丙烯；
⑰乙丙共聚物；　⑱离子聚合物；⑲PETP；　⑳聚苯醚；
㉑聚砜；　㉒聚苯乙烯；　㉓ABS；　㉔聚乙烯醇缩丁醛；
㉕聚乙烯醇缩甲醛；㉖聚乙烯咔唑

图 3-1　各种聚合物的耐辐射性

型防辐射纤维的基体高聚物，因为这些高聚物的含氢量高，氢原子能阻滞中子和中速中子，而且不产生 γ 射线二次效应。含氢量多而密度又高的高聚物对 γ 射线也有一定阻滞作用。

复合型防辐射纤维所添加的防辐射剂，有重元素和具有大吸收截面的元素及其化合物。重元素用以阻滞快中子，而截面大的元素既能阻滞快中子，又能吸收慢中子，且不释放 γ 量子。常用的重元素有铅、钨、铁、钍、钡等。常用作中子吸收剂的大截面元素有锂-6、硼-10、钆、镉及其化合物或合金，例如硼化物、碳化硼、氮化硼、锂化物，也有用稀土元素的。下面以防中子纤维和防 γ 射线纤维为例作介绍。

1. 防中子纤维

在众多辐射中对人类伤害特别严重的是中子辐射。中子辐射对生物体作用的结果有 4 种表现形式：致癌性的细胞突变；影响后代的遗传突变；怀孕时受中子辐射对胚胎及胎儿的影响；立即被辐射致死。80 年代以来，日、美及欧洲共同体等国家就把防中子辐射作为高科技项目，80 年代后期我国也开始这方面的研究。制作防中子纤维及织物技术复杂，难度高，各国对该技术高度保密，几乎没有披露。防中子纤维用途较广，多用于多功能防热中子服、宇航、核能工业、军事航空领域等辐射场合的防护用品，保护有中子辐射场合的广大工作人员的环境及健康。

制造防中子纤维，可采用聚酯、聚烯烃等作基体，添加 Li-6、B-10 或其他化合物作吸收中子的微粒，进行共混或复合纺丝。添加微粒子的粒径要求在 1 μm 以下，越细越好。并要求加入表面活性剂及稳定剂，起均匀分散及能量转移作用。

例如制备皮芯（或并列型）复合防中子纤维，取 30 份经表面活性剂处理、粒径 0.5 μm 的 B_4C 微粒与 70 份聚丙烯，240℃下，在双螺杆共混制成芯材，然后以聚丙烯为皮材，芯皮重量比为 10：90，进行皮芯型复合纺丝，纺丝温度 260℃，纺丝速度 800 m/min，120℃下拉伸 4 倍。制得的防中子纤维对热中子屏蔽率达 96%，二次感生辐射 20 BQ/cm^2。

2. 防 γ 射线纤维

65 份涂敷二氧化锡、直径为 0.2 μm 的 TiO_2 微粒，35 份聚对苯二甲酸丁二酯进行共混制得芯材。以对苯二甲酸/间苯二甲酸乙二酯（Tg=65℃）为皮材，皮芯重量比为 90∶10 相混合，260℃下，以 4 000 m/min 纺丝速度对共混物进行熔融纺丝，120℃下进行 1.15 倍的拉伸，得到强度为 2.9 cN/dtex，电阻率为 $5\times10^7\Omega\cdot cm$，$\gamma$ 射线照射 3 个月后拉伸强度仍为原值 88%的防 γ 射线纤维。

3.4 防紫外线纤维

3.4.1 概 况

紫外线具有杀菌消毒作用，能合成抗佝偻病作用的维生素 D，因而紫外线对人类以及地球上的所有生物都是必不可少的。紫外线的波长在 180～400 nm 范围，按波长大小又分为 UV-A(320～400 nm)、UV-B(290～320 nm)和 UV-C(180～290 nm)三种紫外线。长波紫外线能晒黑皮肤，出现皱纹加速皮肤老化；中波紫外线使皮肤灼伤，皮肤变红产生水泡；短波紫外线被地面上空 10～50 km 处的臭氧层吸收而无法到达地面，短波紫外线是最有害的紫外线。近年来由于大量的氟利昂等含卤素化合物滞留在地球上空，被紫外线分解形成活性氯，进而与臭氧发生连锁化学反应，使臭氧层遭到破坏，使短波紫外线有可能到达地面。总之，紫外线对人体长期照射，轻者使皮肤晒黑，增加雀斑、蝴蝶斑；重者使皮肤产生皱纹，萎形头颈皮肤；最严重是紫外线可切断细胞核内 DNA(脱氧核糖核酸)分子链，断链的 DNA 在具有修复能力的酶的作用下会恢复原状。如果这种修复能力弱，则容易患上皮肤癌，为此，人们开发了一种防紫外线穿透的纤维，用这种纤维制成的工作服，对夏天野外作业时间长的人员，如军人、交通警、地质人员、建筑工人穿上这种工作服，就可防紫外线穿透。用防紫外线纤维制夏衣可防皮肤晒黑；汽车内装饰布用防紫外线纤维可减轻退色，延长因紫外线照射而引起老化的时间。防紫外线纤维是一种极具开发前景的防护功能纤维。

防紫外线纤维有两种类型，一是自身就具有抗紫外线破坏能力的纤维，比如腈纶就是一种优良的防紫外线纤维，另外一类是含有防紫外线添加剂的纤维，因为大多数合成纤维如锦纶、涤纶、丙纶等防紫外线能力较差，需要先在成纤高聚物中添加少量防紫外线添加剂，然后纺制成防紫外线纤维。下面介绍含有防紫外线添加剂的合成纤维。

3.4.2 防紫外线纤维的制造及性能

要制造含防紫外线添加剂的防紫外线纤维，选择合适的防紫外线添加剂(又称紫外线吸收剂、紫外线稳定剂)是首要的。这是一类能选择性地强烈吸收波长为 290～400 nm 的紫外线，有效地防止和抑制光、氧老化作用而自身结构不起变化的助剂。这类助剂还应具备无毒、低挥发性、良好的热稳定性、化学稳定性、耐水解性、耐水中萃取性、与高聚物的相容性。

防紫外线添加剂可分为无机物和有机物两大类，能使紫外线散射而消除的无机物质有二氧化钛、氧化锌、滑石粉、陶土、碳酸钙等，这些无机物质具有较高的折射率，使紫外线发生散射从而防止紫外线入侵皮肤。其中氧化锌和二氧化钛的紫外线透射率较低，为大多数紫外线纤维所选用。

凡能吸收波长为 290～400 nm 的紫外线有机物，称为紫外线吸收剂，表 3-7 中列出具有代表性的紫外线吸收剂。此类有机化合物的共同点是在结构上都含有羟基，在形成稳定氢键、氢键螯合环等的过程中吸收能量转变成热能散失，所以传到高聚物中的能量很少，起到防紫外线的作用。

表 3-7 主要有机化合物类的紫外线吸收剂

	有机化合物	有效吸收波长(nm)
水杨酸系	苯基水杨酸酯	290～330
	P-tert-对丁苯基水杨酸酯	290～330
	P-辛基水杨酸酯	290～330
二苯甲酮系	2,4-羟基二苯甲酮	280～340
	2-羟基-4-甲氧基二苯甲酮	280～340
	2,2′-二羟基-4-甲氧基二苯甲酮	270～380
	2,2′-二羟基-4,4′-甲氧基二苯甲酮	270～380
苯并三唑系	2-(2′-羟基-5′-tert-甲基苯基)苯并三唑	270～370
	2-(2′-羟基-3′-tert-蓝色-5′-甲基苯基)-5-苯并三唑	270～380
	2-(2′-羟基-3,5′-二 tert-甲基苯基)-5-氯苯并三唑	270～380
氰基丙烯酸酯系	2-乙基-2-氰基-3,3′-联苯丙烯酸酯	270～350

用添加防紫外线添加剂制造防紫外线纤维有各种途径，可归纳为下面三种方法。

(1)选择一种合适的紫外线吸收剂与成纤高聚物的单体一起共聚，制得防紫外线共聚物，然后纺成防紫外线纤维。日本专利报导，用至少一种芳香族二羧酸(比如 TPA，IPA，2，6-二羧酸萘等)和 EG 为原料，在原料中或上述二羧酸的乙二酯中添加质量分数 0.04%～10%可耐 250℃的二价苯酚类化合物(例如 4，4′-二羟基二苯甲酮等)，用常规的直接酯化或酯交换后缩聚的方法制得防紫外线良好的线型聚酯，再通过常规的熔融纺丝法纺制成纤维。这种纤维具有良好的防紫外线性能，能有效地吸收波长为 280～340 nm 的紫外线，可用作室外用品。日本专利还提出制备通式为-[O-

Y-O-CO-X-CO]-的防紫外线聚酯，式中80%～100%的X为对苯撑，0%～20%为间苯撑；90%～99.9%的Y为C_{2-10}的烷撑；0.1%～10%的Y为3,6-双(羟基烷氧基)氧蒽9-酮。用这类聚酯能纺制得优良防紫外线纤维。另外，在聚合前，将无机物(例如TiO_2系的陶瓷)微粒子与单体混合，然后进行聚合制成无机物均匀分散的高聚物，经纺丝得到屏蔽紫外线纤维。日本可乐丽公司开发的“Esumo”是混入了可吸收紫外线、反射可见光和红外线的陶瓷粉末的聚酯纤维。东丽公司开发的“Arofuto”也是混入陶瓷的防紫外线纤维。

(2)有机紫外线吸收剂或无机紫外线散射剂单独或混合使用，用浸渍法、印花法或吸尽法附着在天然纤维或合成纤维材料上，制成防紫外线纤维。为提高防紫外线剂对水洗及干洗的耐久牢度，还采用了树脂、微胶囊整理技术，微胶囊的芯材中装入有机的紫外线吸收剂，它能防止吸收剂散逸。

(3)无机紫外线散射剂或有机紫外线吸收剂，单独或混合使用，与成纤高聚物进行共混后纺丝而制得防紫外线纤维。

此外，根据不同纤维、织物品种及用途，可使用竭染、轧染、涂层和印花等方法进行纺织品的防紫外线整理加工。这种整理方法还可与防菌、防臭等机能加工复合进行。

无论采用哪一种方法制备防紫外线纤维，都要求这些防紫外线纤维具有优良的紫外线屏蔽性，穿着舒适性，以及耐光、对皮肤无伤害的安全性。表3-8归纳了防紫外线纤维的制备及性能。

表 3-8　防紫外线纤维的制备及性能

	防紫外线纤维	紫外线吸收剂织物处理	防紫外线剂涂层
方　法	①在成纤聚合物聚合过程中或熔融状态下加入具有紫外线屏蔽性能的成分 ②在纤维制造过程中或任意阶段将屏蔽紫外线剂混入纤维中 ③使用高耐热性紫外线屏蔽剂 ④提高工艺稳定性	①在整理加工过程中使纤维或织物附着或吸附紫外线吸收剂 ②小批量多品种生产	将紫外线屏蔽剂和粘合树脂涂层于织物上
紫外线屏蔽性	①良好的紫外线屏蔽功能 ②聚合物经改性产生良好的持久性 ③与普通制品一样耐洗和耐烫性好	①提高紫外线屏蔽性 ②耐光性、洗涤牢度差	①具有紫外线屏蔽性 ②洗涤、弯曲及摩擦牢度等较差 ③选择紫外线吸收性好的粘合树脂
穿着感	①通过选择聚合物和混合剂增加可见光～近红外线的反射，或通过降低传热性提高屏蔽性 ②添加无机微粒子得到柔软和干爽风格	①无屏蔽效果 ②织物风格等变化较小	①穿着感较差。如普通织物布纹细密，屏蔽了阳光的直射，因此透气性差，穿着时有闷热感 ②一般来说，手感会变硬
安全性	①从聚合物中溶出屏蔽剂，但不产生剥离，安全性好 ②与混入无机化合物同样，安全性、光稳定性良好，对皮肤无伤害	①必须选择安全性能高的紫外线吸收剂 ②必须进行大量紫外线照射后的安全性确认	①②同左 ③必须对涂层剂的安全性进行确认

3.5 保温纤维

3.5.1 概 况

人体以热传导、热对流和热辐射等三种形式通过衣服向外界传递热量,采用能减少热传导、热对流的材料(纤维)来保温,例如天然的棉、羊毛、羽绒和它们的仿生材料,但这些材料不能全面、高效地阻断热传导、热对流、热辐射。开发轻薄具有保温性的纤维,比如超细、异形、中空纤维,提高热传导率低的空气的含有率。织物表面用铝等热反射率高的金属以减少因辐射而产生的热扩散,但铝材只能反射而不能吸收热量,碳虽能吸收热量,却不能将热量保存住。80 年代,受太阳能发电的启发,开发了具有吸热、蓄热特性的碳化锆保温纤维。这类保温纤维虽有优良的保温性,但无降温和调温的能力。为了突破保温纺织材料仅仅用于遮体御寒的观念,80 年代中后期,人们开发了一种根据环境变化,在一定温度范围内可自由调节体温的纤维,即当环境温度升高时,它可以贮存能量,凉爽宜人,当温度降低时,它不能释放能量,使人温暖,这便是兼具舒适性和功能性的温控纤维。

3.5.2 保温纤维原理

碳化锆具有高效吸收可见光、反射红外线的特性,当它吸收占太阳光中 95%的 2 μm 以下的短波长能源后,通过热转换,将能源储存在材料中,它还能反射超过 2 μm 红外线波长的特性。而人体产生的红外线波长约 10 μm 左右,不会向外散发。若将碳化锆与纤维材料相结合,正如图 3-2 所示,随光波长的增大,碳化锆的反射率提高，显示了碳化锆理想的吸热、蓄热的特性。若将碳化锆系化合物的微粒与成纤高聚物共混纺制成纤维，由于碳化锆起到太阳能发电材料的作用，释放在服装内部的热量与从人体发散出的热量同时被纤维反射，阻止了热量向外部扩散，起到高效保温的作用。

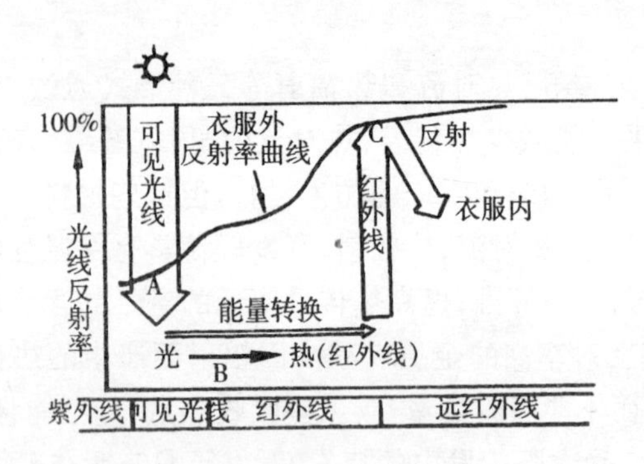

图 3-2　太阳能与纤维结合原理

日本的尤尼吉卡公司及德桑特公司就是利用太阳能发电的原理，利用碳化锆为材料共同开发了蓄热保温纤维“Sora α”，称之为太阳能纤维。具体制法是将碳化锆先粉碎成零点几 μm 的超微粒子，然后与高聚物共混后作为芯材，将此芯材与作为皮材的尼龙或 PET 进行复合纺丝，制成 5.6 tex、16.7 tex 涤纶和 3.3 tex、7.8 tex 的锦纶长丝。用这种长丝做成的衣服，能高效吸收太阳光(可见光)并转换为热量(红外线)，再释放到衣服内部，释放到衣服内部的热量与从人体中散发的热量(远红外线)一同被“Sora α”反射，阻止了热量向外扩散，提高了保温性。

用这种“Sora α”纤维，可制成滑雪服、运动衫、紧身衣、防风运动服、机织物、针织物、非织造布等等，普及到任何需要保暖功能的服装领域。这种保暖纤维开发应用于农业、装饰、建筑等产业领域中。

3.5.3 温控纤维

温控纤维是根据环境温度的变化，在一定的温度范围内可自由调节人体温度的纤维材料，现已开发的温控纤维有相转变物质类温控纤维、塑性晶体类的温控纤维、添加溶剂类温控纤维、电发热温控纤维。

1. 相变物质类的温控纤维

利用一类在室温下能发生相转变的物质，该类物质在相转变时会伴随着吸热和放热现象。这类相变物质又分为相变盐和相变高聚物，通过充填法、浸轧法、微胶囊法，将相变物质处理到纤维或纤维织物中去。

1)充填法

将一定长度的中空尼龙纤维束浸在含有相变盐 $CaCl \cdot 6H_2O/SrCl_2 \cdot 6H_2O$ 的水溶液中，然后利用特殊的加工技术将纤维两端封闭，用这种纤维制成的织物，由于相变盐在室温下发生结晶和熔融，发生可逆的贮热和释热性能，在热循环(30℃)中产生最大吸热，在冷却循环(9℃)时产生明显的放热，从而达到调温的效果。

2)浸轧法

通过传统的浸渍—轧液—预烘—焙烘—水洗工艺，将不同分子量的聚乙二醇交联到纤维织物上，形成一层不溶性相变薄膜，这层薄膜具有显著热贮存和释放性能，虽经 50 次洗涤，仍保持这一特性。

3)微胶囊法

使用一种能贮存热量并在低温时保持热量的相变物质，用这种相变物质制成微胶囊加到高聚物溶液中，然后纺制成纤维。这种相变物质微胶囊在纤维中起到温控作用，其保温性能完全不受潮湿环境的影响。这种纤维可制造宇航员的手套、宇航服、家用及工业用纺织品。德国用防水的硫酸钠微胶囊蓄热材料，升温时所含盐会逐渐变成液体，能贮存比水多60倍的能量；当气温降低时又会逐渐硬化并释放出原来积蓄的热量，调温功能十分显著，制造微胶囊分散在纤维中，便成温控纤维。

2. 塑性晶体类的温控纤维

一些塑性晶体在固—固转变时会产生热变化，例如季戊四醇、2,2-二甲基-1,3-丙二醇、2-羧甲基-2-甲基-1,3-丙二醇等，若将它们加入到中空纤维中，或用传统整理方法处理到纤维织物上，可以在不同温度范围内赋予纤维或织物所需的贮热和释热性能。用此法改性后的尼龙热含量是未改性的3.5～4倍；改性后的聚丙烯纤维的热含量是未改性的2倍。利用这些纤维可制备温度在5℃～100℃的温控织物，制造绝缘、劳动服装、恶劣气候条件下的动植物保护等。

3. 添加溶剂类温控纤维

某些溶剂在环境温度变化时，具有明显的热胀冷缩性，若将其填封在中空纤维中，可以随温度变化来调节纤维的密度，达到温控目的。例如，德国研制成功一种中空化纤，其中心管道中充入一种溶剂和惰性气体，当气温降低时纤维产生形变，由这种纤维制成的衣服变厚，保温能力增强；当气温转暖时，纤维自动恢复原状，通气正常，利于热量散失。

4. 电发热温控纤维

日本东丽公司使用独特的复合纤维技术，制成一种双层结构纤维织物，表层涂覆有导电性的树脂，织物通过电流即发热，通过调节编织密度，便可自行调节温度，这种织物可用于医疗加温被单、电热地毯、车辆用加温垫等。

参考文献

[1] 高绪珊等编．导电纤维及抗静电纤维．纺织工业出版社,1991 年

[2] 东洋纺,J88—24113 (88.5.19)(日)

[3] 帝人,J63—202663 (88.8.22)(日)

[4] 尤尼吉卡,J59—88977 (84.5.23)(日)

[5] 尤尼吉卡,J59—137571 (84.8.7)(日)

[6] 爱克司纶,J60—231863 (85.11.18)(日)

[7] 帝人,J87—45264 (87.9.25)(日)

[8] 旭化成,J62—125014 87.6.6)(日)

[9] 东洋纺,J61—12744 (86.1.21)(日)

[10] 帝人,J61—201011 (86.9.5)(日)

[11] 旭化成,J90—60764 (90.12.18)(日)

[12] 帝人,J91—9206(91.2.7)(日)

[13] 东丽,J2—169715(90.6.29)(日)

[14] 濑口忠男．纤维学会志,1998, 44(9)：336～337

[15] 尼尤吉卡,J1—52818 (89.2.28)(日)

[16] 成晓旮等．合成纤维新品种及用途．纺织工业出版社,1998.12

[17] 渡边正元．染色工业,38,403,458(1991)

[18] 坂本光．染色工业,40,75(1992)

[19] 中西藤司夫,丸山尚夫．染色工业,40,81(1992)

[20] 日经ニエーマテアル,1992.4.20：44

[21] 檣濑泰弘,永井明彦．纤维学会平成 2 年度夏季ヤけーテキスト,1990,17

[22] 板本光．纤维机械学会志,1993, 46(6)：213～220(日)

[23] 中川物心戈郎．染色加工,1992,40(2)：21～26(日)

[24] 可乐丽,J5—59013 (93.3009)(日)

[25] 可乐丽,J5—117508 (9305014)(日)

[26] 市川通夫．加工技术,1991，26(10)：5～9
[27] 宫本武明等．新纤维材料入门．日刊工业新闻社,1992
[28] 李存明．合成纤维工业,1993，16(5)：50～53
[29] 原田隆司,土田和义．纤维学会志,1989，(3)：35～37
[30] JP，87199680
[31] JP，87253682

第4章 分离功能纤维

4.1 前 言

随着人们对物质利用的深度和广度的不断开拓，物质的分离和提纯便成为一个重要的课题。分离的类型包括同种物质按大小或分子量的不同而分离；异种物质的分离；不同物质状态的分离和综合性分离。

传统的化工过程常见的分离方法有筛分、过滤、离心分离、浓缩、蒸馏、蒸发、萃取、重结晶等。但是，对于更高层次的分离，如分子或离子尺寸的分离、生物体组分的分离等，采用传统的分离方法是难以实现的，或达不到精度，或极大损耗能源而无实用价值。

具有选择性分离功能的高分子材料的出现，使上述分离问题迎刃而解。自60年代开始建立的膜分离技术，因具有一系列优点而获得迅速发展，目前已应用于液相和气相分离的各个领域；吸附性纤维是具有分离功能的另一类纤维，在纤维结构中含有众多的微细孔隙，是形成吸附性的主要原因。如活性碳纤维能吸附环境中的有毒物质，能净化水质，还能吸附血浆中的一些有毒物质等；离子交换纤维是通过化学键结合离子而具有分离能力的另一类功能纤维，可利用它回收核电站的放射性元素，从海洋中索取铀，从废液中回收稀土元素等；又如超细长丝制成的织物也有一定的分离功能，它可用于超净环境中过滤空气的滤材。

4.1.1 膜分离技术

膜分离技术既能使混合流体按组分不同而分离，又能对流体进行净化和浓缩。它因具有如下优点而受到重视和蓬勃发展：分离时没有相态变化，故不必加热，也无需加入其他试剂，因此能耗降低，而且不产生二次污染；设备结构简单，操作方便，占地面积小，成本低，有利于实行连续化生产和自动控制；可以使一些按传统方法难以分离的物质，如共沸物、热敏性物质，或化学稳定性差的物质得以实现分离。

除中空纤维膜外，还有平板膜、卷式膜、管式膜、褶叠膜等多种型式。各种型式的膜都有其特点，可根据分离的需要而选择。

典型的膜过程有：气体分离、反渗透、离子交换、透析、电渗析、超滤、微过滤和渗透蒸发等。

作为膜材料必需具有如下基本性能：有选择的透过性，并有良好的超滤和透析能力；有一定的亲水性或疏水性；有一定的耐化学药品性和耐生物降解，可持久使用不变质；有一定的耐热性和对某些树脂的粘结性；一定的机械强度和良好的可加工性。对于特殊用途的膜(如医用等)，还必需有其他附加性能。用得较多的膜材料有：纤维素及其酯类、聚砜及聚醚砜、聚酰胺类、聚丙烯腈类、聚乙烯醇和聚乙烯基类等。

膜装置主要用于：超纯水的制备；海水的淡化和制盐；多种工业废水的处理和回用；食品和生物制品的浓缩、分离、精制和提纯；医疗部门的医用水、各种人工脏器、人造皮肤、人造血管、镜片、释放性药物、药物的浓缩和精制等；化学试剂的浓缩，氮的浓缩和提纯，富氧的制造，合成氨厂氢的回收等，农业中释放性农药(第三代无公害农药)和地膜的使用等等。

4.1.2 离子交换纤维

随着对环境污染和公害的认识，离子交换纤维和树脂也有了惊人的发展，树脂的种类日益增加，目前已合成品种多样、性能优良的树脂及纤维，并已付诸实用。

离子交换是以离子为对象，与存在于外部溶液中的同符号离子交换的现象，利用这一现象可以进行离子的补集、除去或分离。

利用离子交换的历史悠久，但过去主要使用粒状的非溶性树脂，最近制成离子交换膜或纤维。与粒状的离子交换树脂相比较，离子交换纤维具有更大的比表面积(树脂颗粒直径大于 30 μm，纤维直径小于 10 μm)，故交换和洗脱速度大。还可根据用途不同而制成纤维、纱线、织物或非织造布，除交换容量和交换速度大为提高外，还有利于连续操作。

离子交换纤维可通过下述途径制得：高聚物的化学转化反应；高聚物的接枝；用含有活性基团的单体进行聚合；高聚物的共混等。

离子交换基团通常有：酸性、碱性、两性、氧化还原或螯合等。

离子交换纤维主要用于：净化分离气体，也可制成防毒面具或防护服装等；净化水溶液；水的脱盐和软化；从海水中吸铀；从废液中提取稀土元素和贵重金属等。

4.1.3 吸附树脂及纤维

吸附性纤维的原材料一般为大孔型树脂，它没有离子交换基团，具有不同程度的极性或非极性，它与被吸附物质之间的作用力是微弱的，因此解吸和再生都较方便，如改变溶剂的极性，或升高体系的温度都有利于解吸，再生后的纤维可以反复使用。

在制备吸附纤维时，可通过选择不同极性的树脂，以提高对被吸附物的特殊选择性；还可以人为地调节纤维内微孔的孔径及分布、孔道、孔容积，以提高对不同分子尺寸的被吸附物质的选择性吸附、吸附速率和吸附容量、每克纤维的比表面积可达数千平方米。

非极性吸附树脂不含有任何极性功能基，其典型产品是大孔型苯乙烯-二乙烯基苯的共聚物，最适用于从极性溶剂（如水）中吸附非极性物质，而含有酯基的交联聚甲基丙烯酸甲酯、交联的聚丙烯酰胺、聚乙烯吡啶，则分别为中极性、极性、强极性的吸附纤维，它们分别适宜于从非极性有机溶剂吸附相应极性的物质。

吸附纤维除具有特殊的选择性外，还容易再生，并且耐热，耐辐射，耐氧化，耐还原性好，使用寿命长，强度高，而且不溶，不熔，因而具有很好的应用前景。

吸附性纤维和树脂可用于乳化剂、表面活性剂、润滑剂、各种水溶性氨基酸、卡那霉素、维生素、酶、蛋白质、病毒等的分离和提纯，还可用于水果香味剂的提取，石油的精制，糖的脱色等，还被用作凝胶透过色谱(GPC)柱的填料，气相色谱柱的载体，以及纸上薄层色谱、反向分配色谱等以分析各类物质，还可用于微量分析样品的富集等等。

4.1.4 螯合树脂及纤维

螯合树脂(Chelate Resin)是多配位型高分子与特定的金属离子、通过离子键和配位键形成的多元环状络合物。金属离子被称为螯合离子，配位体被称为螯合配位体。以具有代表性的低分子螯合配位体乙二胺为例，它以二配位体与金属离子形成如式(4-1)的五元环螯合物。螯合树脂大致可分为：多配位型高分子与金属螯合而成的如式(4-2)、(4-3)，以及以低相对分子质量多配位体与金属离子螯合而形成高分子的所谓配位高分子，如式(4-4)所示。

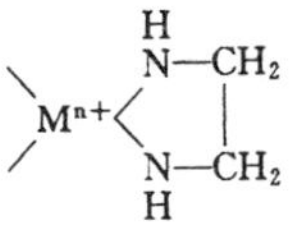

(4-1) 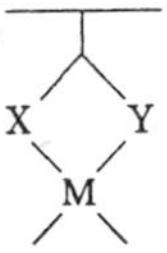　　(4-2) 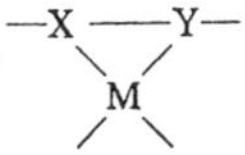　　(4-3) 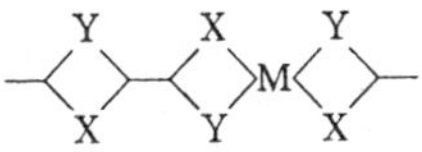　　(4-4)

螯合树脂由于存在疏水性的骨架和亲水性的功能基，又有静电场，立体阻碍，协同作用，功能基的稀释和浓缩等高分子效应，因而在螯合时对特定金属离子的选择性，比低分子有机螯合试剂更优越。树脂不溶于酸、碱和溶剂，因而分离十分方便。在富集、分离、分析、回收金属离子等方面有优异的功能。具有代表性的螯合树脂如 EDTA 式(4-5)。它对二价金属离子有优良的选择螯合性，在 pH＝6 时，对金属离子的选择性按下列顺序递降：$Cu^{2+} > Ni^{2+} > Zn^{2+} > Cd^{2+} \approx Fe^{3+} > Mn^{2+} > Ca^{2+} > Mg^{2+} \gg Na^{2+}$。可用于电镀银溶液中除 Cu^{2+}，在食盐水溶液中除 Mg^{2+} 和 Ca^{2+} 离子，使二价金属离子浓度低于 0.1×10^{-6}。

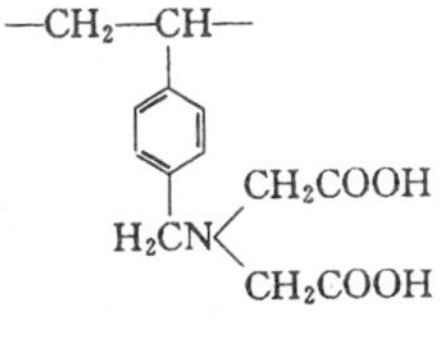

—CH_2—CH—
H_2CN (CH_2COOH)$_2$　　(4-5)

自然界里有许多具有螯合功能的天然高分子螯合剂，如纤维素、海藻酸、甲壳素、肝素、腐植酸、核酸、蛋白质、多肽等。含有金属离子的天然高分子螯合物也屡见不鲜，例如，血红素、叶绿素、辅酶 A、金属酶等。它们在生理上、医学上和农业科学领域里都十分重要。

螯合纤维和树脂在湿法冶金、分析化学、海洋化学、药物学、环境保护、地球化学、放射化学、催化化学等领域有广泛的用途。螯合了金属离子后的树脂，其力、热、光、电磁等性能都有所改变。有的高分子螯合物可用作耐高温材料，有的可用作氧化、还原、水解、加成聚合、氧化偶联聚合等反应的催化剂，或用于各种氨基酸、肽的外消旋体的分析，还可用作输送氧的载体、光敏高分子、耐紫外线剂、抗静电剂、导电高分子材料、粘合剂及表面活性剂等。

4.1.5 氧化还原树脂及纤维

氧化还原树脂是指带有能与周围活性物质进行电子交换发生氧化还原反应的树脂或纤维，典型的例子如下：

$$\text{(OH, OH)} \underset{\text{还原}}{\overset{\text{氧化}}{\rightleftharpoons}} \text{(O, O)} + 2H^{+} + 2e$$

$$2\ \text{—SH} \underset{\text{还原}}{\overset{\text{氧化}}{\rightleftharpoons}} \text{S—S} + 2H^{+} + 2e$$

在交换过程中树脂失去电子、由原来的还原形式转化为氧化形式，而周围的物质被还原。

氧化还原树脂的制法与其他离子交换树脂相同：把带有氧化还原基团的单体通过高分子合成而制得；通过高分子反应，使高聚物带上氧化还原基团；对天然高聚物进行改性。

较重要的氧化还原树脂有氢醌类、巯基类、吡啶类、噻吩类等。

虽已研制出多种氧化还原树脂，但由于价格较昂贵，技术上也不够完善，尚没有得到普遍应用。目前主要用作氧化剂，将经氧气饱和的水转化成过氧化氢，把四氢萘转化为萘，二苯肼氧化为偶氮苯，维生素 C 转化为去氢维生素 C 等；作为去氧剂可除去水中的氧气，用于高压锅炉供水；作为抗氧化剂可用于织物涂料、粘合剂或油漆的防氧化剂；其他还可用作生化试剂、彩色胶卷药剂（使色彩鲜艳，防止胶片出现斑点），或指示剂等。

4.1.6 高吸水纤维

高吸水纤维在与水接触后，能迅速吸收高于自身质量数十倍、甚至上千倍的纤维。一些合成或天然高聚物，如聚氨酯、海绵、棉花等都是很好的吸水材料，其吸收水分最高可达自身质量的 20 倍。而高吸水纤维研究的对象，其吸水能力可达自身质量的数百倍。

高吸水性材料自 1974 年诞生以来，目前已有淀粉衍生物、纤维素衍生物、聚丙烯酸、聚乙烯醇等四大系列，由于其重要的应用价值而得以快速发展。

高吸水纤维和材料由于其特殊的吸水功能，一开发就被用以代替纸浆和吸水纸作为吸收材料，并先后开发成卫生餐巾、生理卫生巾、纸尿布等而推向市场。此外，利用这类材料的高保水能力在农用保水剂、保墒剂、污泥凝固剂、混凝土添加剂等方面，具有宽广的用途。

4.2 膜分离科学与技术

膜广泛地存在于自然界，起着分隔、分离、选择性透过等重要功能。膜分离技术是指用半透膜作为选择性障碍层，凭借外部能量或化学位差，使混合体系中某些组分透过，而保留其他组分，从而达到分级、分离、提纯、富集等目的的技术的总称。这里所指的膜（Membrane）应与一般的薄膜（Film）相区别；薄膜的主要功能是起着隔离和保护作用，如农用地膜、包装薄膜等；而膜是指位于一种流体相内、或两种流体相间的一层薄的凝聚相部分，并能使这两部分之间产生传质作用。膜既可以是固态的，也可以是液态的，甚至是气态的。

4.2.1 膜分离技术的发展概况

本世纪 60 年代中期以来，膜分离技术实现了工业化。首先出现的分离膜是超过滤膜（简称 UF 膜）、微过滤膜（MF 膜）、反渗透膜（RO 膜），以后又开发了很多品种的分离膜。

实际上，高分子膜的分离功能早在 250 年前就已发现。阿布勒纳尔克特（Abble Nelkt）于 1748 年发现水能自然扩散到装有酒精溶液的猪膀胱内，首次揭示了膜分离现象。1846 年申拜因（Schonbein）首次制成第一张人工合成膜——硝化纤维素膜，并在以后的一个多世纪，以硝化纤维素和醋酸纤维素为代表的纤维素酯膜一直占统治地位。

1918 年齐格芒迪（Zsigmondy）提出微孔滤膜的制造方法及应用，阿尔登纳（Ardenne）等多人的系列研究，揭示了微孔滤膜的微观结构。1925 年在德国建立世界上第一个滤膜公司，直到目前尚在经营中。微孔滤膜的世界销售量，在所有合成膜中居第一位，并在不断地扩大应用范围和发展新品种。

什米德特（Schmidt）首先提出超过滤（简称超滤）的概念。美国的阿米康（Amicon）公司首先进行商品化生产，直到目前仍保持着世界的先进水平。

为了从海水或苦咸水中获得廉价的饮用淡水，而进行反渗透的研制。雷德（Reid）和布勒汤（Breton）、以及洛布（Loep）和索里拉金（Sourirajan）分别在反渗透的研制和应用中作出过重要的贡献。反渗透膜组件的应用范围在不断地扩大。

除了上述三种以压力为推动力的微过滤、超过滤和反渗透膜以外，以后又逐渐发展以电场为推动力的电渗析，以浓度差为推动力的气体分离、透析以及渗透汽化和液膜等。这些膜材料的出现和使用，很大程度地扩大了膜过程的应用范围。

在以高分子材料为加工对象的行业中，与纺织、造纸、塑料和合成橡胶的庞大市场相比较，膜材料还是一个较小的市场。但是，近年来它的年增长率高达 25%～30%，据估算，1993 年世界膜材料的销售额达 35 亿美元，而膜装置的销售额则高达 100～110 亿美元。膜技术已广泛地应用于海水淡化和超纯水的制造、化工、轻纺、生物工程、医用材料和器械、发酵工业、各种饮料的浓缩和除菌、污水的处理和回收等部门。

4.2.2 膜分离的基本概念和特点

膜可广泛地定义为两相之间的一个不连续区间，或者说是分隔两相的界面，并以特定的形式限制和传递各种物质。膜可以是固相的、液相的或气相的；均相的或非均相的；对称的或非对称的结构；中性的或荷电性的。其厚度可薄至数纳米(nm)，而厚至数毫米。

使用天然的或合成的高分子膜，以压力差、电位差、浓度差或温度差(以及它们之间的组合)为动力，对双组分或多组分流体的溶质(或分离相)和溶剂(或连续相)进行分离、分级、提纯、富集的方法，统称为膜分离方法。

如果一容器被膜分隔成两部分，膜的一侧放置溶液，另一侧放置纯水(或纯溶剂)，或在膜的两侧放置浓度不同的溶液。膜两侧的溶质或溶剂将产生相互扩散，直至达到动态平衡。通常把溶质透过膜向纯水侧移动，纯水透过膜向溶液侧移动称为渗析或透析。如果只有溶液中的溶剂向纯水侧移动，称为渗透。只能使溶剂或只能使溶质透过的膜称为半透膜。如果仅能使某些溶剂或溶质透过、而不能使另一些溶剂或溶质透过的膜，这种特性称为膜的选择透过性，膜的选择透过性对膜的分离效率有着重要的影响。

膜分离过程与传统的化工分离方法，如过滤、蒸发、蒸馏、萃取等过程相比较，具有如下特点。

(1)膜分离过程不发生相态变化，故不必加热或冷冻，也无需加入其他化学试剂，因此能耗低，而且不产生二次污染。表4-1列出各种海水淡化法所需的能量。由表4-1可见，采用反渗透膜分离法进行海水淡化，其能量消耗远低于其他方法。

表 4-1 海水淡化所需的能量

分离方法	需消耗的动力(kW·h/m³)	需消耗的热量(kJ/m³)
理论功值	0.72	2 577
反渗透法(回收率40%)	3.5	12 593
反渗透法(回收率30%)	4.7	16 911
冷冻法	9.3	33 472
溶剂萃取法	25.6	92 048
电渗析法	32.2	115 863
多级闪蒸法	62.8	225 936

(2)膜分离过程的主要推动力一般为压力，因此分离装置简单，占地面积小，操作方便，有利于连续化生产和自动化控制。

(3)膜分离过程通常在常温下进行，因而特别适合于热敏性物质和生物制品(如果汁、蛋白质、酶、药品等)的分离、分级、浓缩和富集。

(4)膜分离的适用范围广，它不仅用于有机物和无机物，从病毒、细菌到微粒的广泛分离范围，而且还适用许多特殊溶液体系的分离，如溶液中大分子与无机盐的分离，共沸点物或近沸点物系的分离。

(5)膜分离工艺适应性强，装置简单，操作方便，处理规模可大可小，易于实现自动化控制。

(6)膜分离过程中分离与浓缩同时进行，便于回收有价值的物质。

正是由于以上特点,使膜过程在短短的30多年间获得迅猛的发展和广泛的应用。国际膜学界曾流行着这样一句话:“谁掌握了膜技术,谁就掌握了化工的未来。”美国官方文件曾这样评价膜技术的重要性:“18世纪电器改变了整个工业的进程,而20世纪膜技术将改变整个面貌。”1987年在日本东京召开的膜过程会议明确指出:“在21世纪的多数工业中,膜过程将扮演着战略的角色。”足见膜的重要性。

4.2.3 膜的分类

由于功能膜的结构和性能各不相同,其分离机理又多种多样,因此,膜可以有多种分类方法。通常可按膜化学组分、物理结构、作

表4-2 按膜材料的化学组成分类

膜材料	化学组分	已开发的膜过程
1. 纤维素	铜氨再生纤维素	渗透、超滤
	粘胶再生纤维素	渗透、超滤
	新溶剂再生纤维素	渗透、超滤
2. 纤维素酯(醚)	二醋酸纤维素	气体分离、反渗透、超滤、微滤
	三醋酸纤维素	反渗透、微滤、气体分离
	混合醋酸纤维素	反渗透、超滤、微滤
	氰乙基纤维素	反渗透、超滤
	硝酸纤维素	超滤、微滤
	混合硝酸醋酸纤维素	微滤
	醋酸丁酸纤维素	超滤
	醋酸磷酸纤维素	超滤
	醋酸丙酸纤维素	微滤
	二异氰酸醋酸纤维素	微滤
	乙基纤维素	超滤、微滤、气体分离
	乙基羟乙基纤维素	微滤、气体分离

续表

膜材料	化学组分	已开发的膜过程
3. 乙烯基系聚合物及其共聚物	聚乙烯	渗透、超滤、微滤
	等规聚丙烯	超滤、微滤、气体分离
	聚乙烯 醋酸乙烯酯	超滤、微滤
	聚四氟乙烯	电渗析、超滤
	四氟乙烯与六氟丙烯共聚物	超滤、微滤
	聚偏二氟乙烯	超滤、微滤
	四氟乙烯和偏氟乙烯共聚物	超滤、微滤
	氯乙烯和氯乙烯、醋酸乙烯共聚物	超滤、微滤
	聚甲基丙烯酸甲酯	反渗透、超滤
	聚甲基丙烯酸	反渗透、超滤
	丙烯腈共聚物	电渗析、透析、超滤、微滤
	聚乙烯醇缩甲醛	反渗透、超滤、微滤
	聚乙烯醇 聚磺化苯乙烯	反渗透
4. 聚酰胺	脂肪族聚酰胺(尼龙 6、66、46、610、11 和 12 等)	反渗透、超滤、微滤
	芳香族聚酰胺(芳香族二元酸和脂肪族二元胺)	反渗透、超滤、微滤
	全芳香族聚酰胺	反渗透、超滤、微滤
5. 聚酯	脂肪族聚酯(聚 ε-己内酯)	反渗透、超滤
	芳香族聚酯(聚对苯二甲酸乙二酯、聚对苯二甲酸丁二酯、聚对苯二甲酸 1,4-环己烯二亚甲基酯)	反渗透、超滤、微滤
6. 芳香-杂环聚合物	聚吡嗪酰胺	反渗透
	聚苯并咪唑	反渗透
	聚苯并咪唑酮	反渗透
	聚酰亚胺	反渗透、超滤、气体分离
7. 聚砜类	聚砜	反渗透、超滤、微滤、气体分离
	聚醚砜	反渗透、超滤、微滤、气体分离
8. 离子型聚合物	磺化聚砜	反渗透、超滤
	磺化聚苯醚	反渗透、超滤

续表

膜材料	化学组分	已开发的膜过程
9. 无机物	金属多孔膜	微滤
	玻璃中空纤维	超滤、反渗透
	氢氧化铁、水合氧化锆等动态膜	超滤
10. 复合膜表面活性层	丙烯腈-醋酸乙烯酯共聚物表面等离子体处理	反渗透
	水合氧化锆-聚丙烯酸动态复合	反渗透
	均苯三甲酰氯、间苯二甲胺界面缩聚	反渗透
	聚乙烯亚胺、间苯二甲酰氯界面缩合	反渗透
	糖醇催化聚合	反渗透

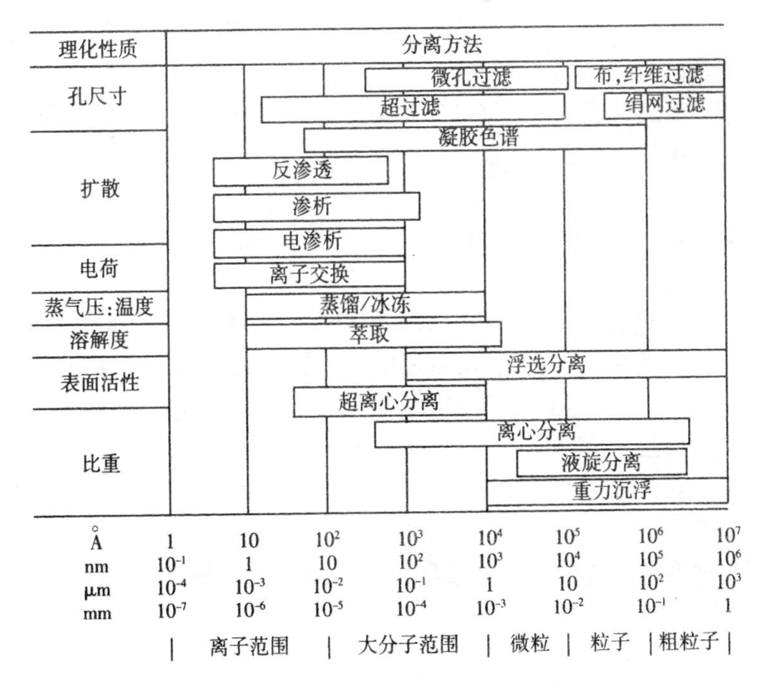

图 4-1　各种膜分离机理和适用范围

用机理、外观形状、以及驱动力的不同进行分类。

按膜的化学的组成不同而进行的分类如表 4-2 所示。

如按膜的物理结构进行分类，可把膜分为微孔膜(多孔膜)和均质膜，对称膜和不对称膜，复合膜，以及液膜和气膜。

如按膜的作用机理分类，则可把膜分成反渗透、超过滤、微过滤、渗析、电渗析等，如图 4-1 所示，为便于比较，同时列出传统的化工过程如过滤、离心分离和离子交换等的分离范围。

由图 4-1 可见，各种膜虽然都有一定的分离范围，但它们之间也相互交叉，没有明确的分界线。最近又有“疏松反渗透”(Loose RO)和“超微过滤”(UMO)等膜过程出现，前者的孔径界于反渗透和超滤之间，而后者的孔径则界于超滤和微滤之间。

按膜的外观形状进行分类，可分为平板膜、螺旋卷式膜、褶叠膜、管式膜以及中空纤维膜。

按膜分离过程所施加的驱动力分，则有压力差、浓度差、温度差和电位差等驱动力。

4.2.4 基本膜分离过程

目前，已工业化的膜分离过程只有 6～7 种，如表 4-3 所示。

分离过程的主要推动力是压力梯度、浓度梯度、电位梯度以及温度梯度。实际上，上述推动力可归结为化学势梯度。几种推动力既互相独立，又互有联系，不能截然分开，在同一膜分离过程中，几种推动力可同时存在。如反渗透过程虽然以外加的压力差为主要推动力，但在内部形成的浓度梯度也是不可忽视的推动力，又如温度梯度既能造成热流，也能形成物流，这一现象形成了“热扩散”或“热渗透”。

表 4-3　主要膜分离过程的特性

过程	目的(或目的产物)	推动力	溶质和膜的临界性质	分离机制	主要传递物	用膜类型
气体渗透分离、有机液体渗透分离(即PVAP)	产品中可以浓缩或稀释不同组分	浓度梯度(辅以压力或温度)	立体形状大小/溶解度	扩散/溶解	溶质、溶剂不同组分均可按需要通过膜	均质膜 复合膜 非对称膜
渗析	溶液中大分子和小分子的分离	浓度梯度	立体形状/溶解度	扩散/溶解筛分	小分子的物质	对称微孔膜孔径0.1～10 nm
电渗析	1. 没有离子的溶剂 2. 有离子溶质的溶液浓缩 3. 离子置换 4. 电解产物的分离 5. 电解质的分离	电化学势梯度	离子的活动(包括形状和价键因素)离子交换能力(膜)	经过离子膜的逆向传递	离子	离子交换膜
微孔过滤	没有颗粒的溶液	压力梯度 10～100 kPa	立体形状大小	筛分	溶液	对称多孔膜(孔径0.1～10 μm)
超滤	1. 没有大分子溶质的溶液 2. 溶液中的个别大分子溶质	压力梯度 50～500 kPa	立体形状大小	筛分	1. 溶液小分子溶质 2. 溶液	非对称型多孔膜(孔径 $1\sim10^4$nm)
反渗透	1. 没有任何溶质的溶剂 2. 浓缩溶液	压力梯度 2 000～10 000 kPa	立体形状/溶解度	优先吸附毛细管流动扩散/溶解	溶剂	具有表层的非对称膜 复合膜

4.3 各种膜过程及其分离机理

双组分或多组分的混合流体，通过膜的分离过程甚为复杂，它受诸多因素的影响。膜分离过程不仅与各组分的化学和物理化学性质有关，还与膜的材质、结构和物理化学性能有关，同时还决定于膜过程的驱动力。因此，很难用一种模型或同一机理来解释各种膜过程。本章介绍的膜分离过程的机理和模型，既有其合理性，也有一定的局限性，仅供读者参考。

4.3.1 反渗透

反渗透法作为一种新型的膜分离技术，近30年来已取得很大的进展。反渗透法最早于1953年由美国里德研究发明的，随后，1960年又经洛布和索里拉金共同改进和提高。终于在同年制成了世界上第一张具有高脱盐率、高水通量的非对称醋酸纤维素半透膜，并首先用于海水和苦咸水淡化。

1. 渗透和反渗透

反渗透：简称“RO”，译自Reverse Osmosis，已在我国习惯采用。但不少欧美学者称它为Hyper Filtration（高滤），并在大量文献中与反渗透并用，主要是强调与其他过滤技术的连续性，如超滤（Ultra Filtration，简称UF），微滤（Micro Filtration，简称MF）。高滤、超滤、微滤代表被过滤物质的质点由小到大。

反渗透与超滤和微滤一样，都是在静压差的推动力作用下进行的液相分离过程。三者组成一个可分离从离子到固态微粒的三级膜分离过程。

一种只透过溶剂而不透过溶质的膜称为理想的半透膜。当把溶剂和溶液(或把两种浓度不同的溶液)分别置于膜的两侧时,如图 4-2(a),此时纯溶剂将自然地穿过半透膜向溶液(或从低浓度溶液向高浓度溶液)一侧流动,这一现象称渗透(Osmosis)。当渗透进行到溶液的液面产生一压差 h,以抵消溶剂相溶液流动的趋势,并达到动态平衡,如图 4－2(b),h 称为该溶液的渗透压 π。渗透压的大小取决于溶液的种类、浓度和温度,而与膜本身无关。

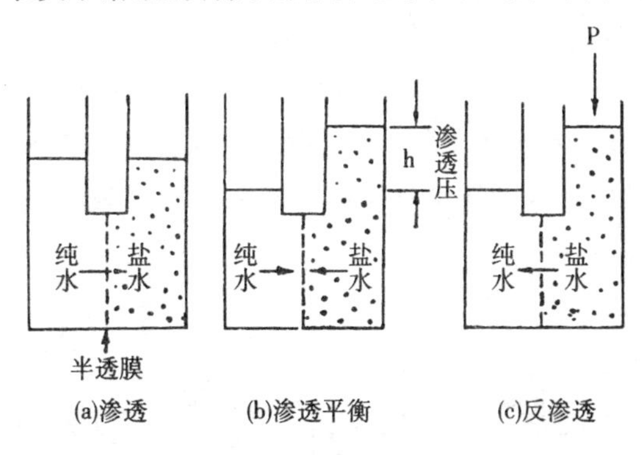

图 4-2　渗透和反渗透示意图

如在溶液的液面上施加一个大于渗透压 π 的压力 P 时,溶剂将与原来的渗透方向相反,自溶液向溶剂一侧流动,这一现象称为反渗透,如图 4-2(c)。基于这一原理,对溶液进行浓缩或纯化溶液的分离方法,一般称为反渗透工艺。利用反渗透法进行海水或苦咸水淡化,已屡见不鲜。

2. 反渗透膜的分离机理

反渗透膜大体可分为非荷电膜和荷电膜两类,它们的分离机理也各不相同,将分别介绍。

1)非荷电膜

非荷电膜是指膜的固定电荷密度小到几乎可以忽略不计的膜,醋酸纤维素和芳香族聚酰胺膜等大都属于此类。

(1)氢键理论。氢键理论亦称孔穴型和有序型扩散(Hole

Type-Alignment Type Diffusion)理论。

该理论首先由里德等提出，并以醋酸纤维素反渗透膜为其对象。醋酸纤维素为半结晶性高聚物，水及其他组分仅能达及非晶区，而不能进入晶区部分。在非晶区中，当水与醋酸纤维素大分子的距离足够近时，水能与醋酸纤维素上羰基的氧原子形成氢键，而成为“结合水”。结合水和能够与醋酸纤维素形成氢键的离子和分子，通过不断改变和醋酸纤维素形成氢键的位置以有序的扩散形式而通过膜，在非晶区的较大的空间里(假定为孔)，结合水的占有率很低，而大部分的非结合水和其他未形成氢键的分子和离子则通过膜孔的中央部分而通过膜。图 4-3 为氢键理论的扩散模型示意图。

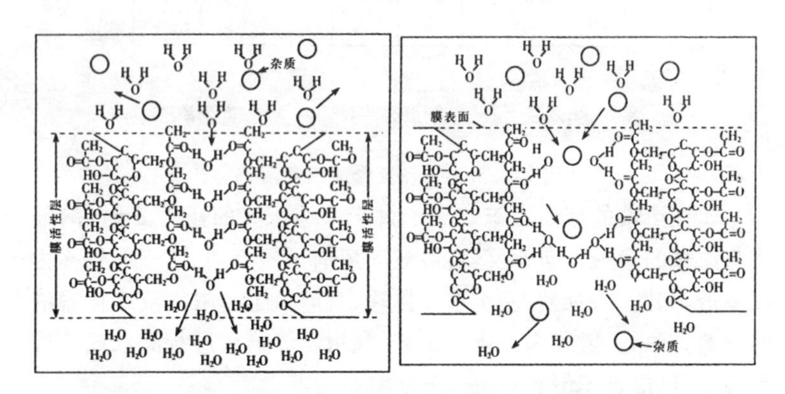

图 4-3 氢键理论扩散模型

在“结合水”中依靠氢键与膜保持紧密结合的称一级结合水，保持较松散结合的称二级结合水。一级结合水的介电常数很低，对离子无溶剂化作用，因此离子不能进入一级结合水而透过膜，二级结合水的介电常数基本与普通水相同，离子可以进入其中而透过膜。理想的膜表面只存在一级结合水，因此对离子有极高的分离率，但实际上膜表面存在某些缺陷，还含有一定量二级结合水，因此有少量溶质能透过膜，从而达不到百分之百的分离。

氢键理论能解释很多溶质的分离现象，并指出作为反渗透的膜材料应该是亲水性的，能与水形成氢键。但是氢键理论仅把水和溶质的迁移归结于氢键的作用，忽略了溶剂、溶质和膜材料分子本身及它们之间的作用力，使氢键理论有一定的局限性。

(2)选择吸附毛细管流动理论。索里拉金等人提出的选择吸附毛细管流动理论，是用于反渗透法进行海水脱盐的一种膜传递理论。如使用醋酸纤维素膜进行海水脱盐，由于该膜的低导电常数性能，使它能优先吸附水，而排斥盐，因此在膜的界面上就形成一层被吸附的纯水层。在外界压力的作用下，纯水层能通过膜的毛细孔，因此可以从海水中获得可供饮用的纯水。

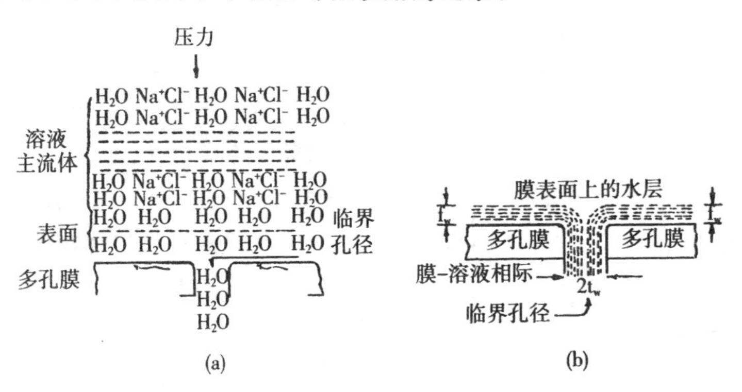

图 4-4　选择吸附毛细管流动模型

选择吸附毛细管流动模型如图 4-4 所示。图中纯水层的厚度(t_w)与溶液的浓度、表面张力、溶质的活度、膜表面的化学性质、以及体系的温度有关。纯水层的厚度可按下式进行计算：

$$t_w = \frac{1\,000\,a}{2RT}\left[\frac{\partial \delta}{\partial (f \cdot c)}\right] \quad (4\text{-}1)$$

式中：a——溶液中溶质的活度；

R——气体常数；

T——绝对温度；

δ——溶液的表面张力；

f——溶液中的溶质的活度系数；

c——溶液的摩尔浓度。

精确地测定纯水层的厚度尚有一定困难。根据计算，纯水层的厚度约为1～2个水分子层，水分子的有效直径约为0.5 nm，则纯水层的厚度约0.5～1.0 nm。

为获得纯度最高、流量最大的纯水，必须有效地控制膜表面毛细管的直径。根据索里拉金的理论，能够获得最大流量纯水的膜表面的孔径，应为纯水层厚度 t_w 的两倍（即1 nm），该毛细管的孔径称为"临界孔径"。当毛细管的孔径大于临界孔径时，溶质将会自毛细管的中心部分通过，而产生溶质的泄露；反之，如孔径小于临界孔径，则不能达到最大流量。在该实验条件下，临界孔径要比水和盐分子的直径大好几倍，而仍旧具有较大的分离率，说明临界孔径不单是被分离物质大小的函数，而受多种因素的影响。

有不少学者对选择吸附毛细管流动模型提出不同的看法和修正意见。尽管如此，该理论对膜材料的选择原则和膜的制备条件，仍有指导意义。如选择膜材料时，要对水有优先吸附，而对溶质要排斥；膜表面要有尽可能多的、直径为 $2t_w$ 的微孔，这样才能获得具有最高透水速度和最优分离率的膜材。正是在该理论的指导下，索里拉金等人研究了以醋酸纤维素为膜材料的新的制膜方法，获得了有高的脱盐率、又有高的透水速度的反渗透膜，从而奠定了反渗透膜的发展基础。

（3）溶解扩散理论。溶解扩散理论首先由朗斯达勒（Lonsdale）等人提出。他们假设溶质和溶剂都能溶解于均质的非多孔膜的表层，然后在化学势能的推动下，从膜的一侧扩散至另一侧，直至完全透过膜。由于膜的选择性，使混合气体或混合液体得以分离。物质透过膜的能力，不仅决定于扩散系数，还与物质在膜中的溶解度有关。

溶剂或溶质在膜中的扩散可用 Fick 定律描述。扩散物质在膜两侧的浓度差 ΔC 为扩散的推动力。显然，浓度梯度 $\Delta C/\Delta X$ 越大，则扩散速率也越高。扩散速率为单位时间内通过膜的扩散物质的量 $\Delta m/\Delta t$，它与浓度梯度、扩散物质通过的膜面积成正比。

$$\frac{\Delta m}{\Delta t} = - DA\frac{\Delta c}{\Delta x} \tag{4-2}$$

令　$J = \Delta m/\Delta t \cdot A$

则　$J = -D \cdot \Delta c/\Delta x$　(4-3)

式中：Δm——通过膜的扩散物质的量，g；

Δt——扩散时间，s；

D——扩散系数，cm^2/s；

A——扩散物质所通过的膜面积，cm^2；

$\Delta c/\Delta x$——浓度梯度，g/cm^4；

J——传质通量，$g/cm^2 \cdot s$。

传质通量以导数形式表示为：

$$J_{\mathrm{I}} = - D_{\mathrm{I}}\mathrm{d}c/\mathrm{d}x \tag{4-4}$$

式(4-4)即为非克扩散第一定律。

由式(4-4)可见，溶质与溶剂在膜中的扩散系数差别越大，则其分离效率也越高。

(4)反渗透的其他透过理论。有关反渗透的分离机理，还有如下一些学说：

a. 筛网效应说：此模型最先由卡列林(Karelin)提出，后被沙波罗奇(Sarbolouki)进一步证实。他们认为反渗透与普通的过滤类似，主要靠筛网效应使水和盐分离，膜中含有众多圆筒状的微孔，孔径尺寸大于水分子，但小于水化后的离子，它可使水通过，而把水化的盐离子截留。在孔口处主要是筛网效应起作用，而在孔的内部主要决定于摩擦效应。

b. 不完全的溶解－扩散模型：舍王德(Sherwood)等人把溶解扩散模型扩充，他们认为膜表面存在无数微孔，水和溶质既能通过微孔，又能通过溶解扩散作用而透过膜。膜的透过特性既决定于通过微孔的流量，也决定于水和溶质在膜中的扩散系数。如通过微孔而透过膜的流量与整个膜的透水量之比越小，而水在膜中的扩散系数与溶质在膜中扩散系数之比越大，则膜的选择性透过越好。该理论解释可认为介于选择吸附毛细管流动理论与溶解扩散模型之间。

c. 自由体积理论：亚萨达(Yasuda)等人认为膜中并没有固定的连续孔道。所谓渗透性，只不过是由于聚合物大分子链的经常振动，而在不同时间和空间内渗透性的平均值而已。溶质和水的透过主要决定于聚合物的自由体积和水的自由体积。所谓聚合物的自由体积，系指在无水溶胀的聚合物膜中，未被大分子占据的空间。所谓水的自由体积，系指被水溶胀的膜中纯水所占据的空间。由此可见，水可在整个膜的自由体中迁移，而溶质只能在水的自由体积中迁移，从而使膜具有选择透过性。

由此可见，膜的自由体积并不是膜结构中的固定孔，而是膜中大分子运动的起伏波动而引起的动态孔隙和孔道。这种动态孔隙和孔道没有固定的形状和尺寸，而是在不断地变化中。

此外，膜中大分子链在未受压力时，只是作无秩序的布朗运动，当受压时，部分机械能转化为大分子链的热运动能，从而使大分子链产生有序的振动，并且随着压力的增高，吸收能量变大，大分子链的振动频率增大，从而使大分子链间的距离瞬时缩小，使离子难以通过，从而达到与水分离的目的。

2)荷电膜

荷电膜一般较少，因而不为人所熟知。荷电膜的脱盐主要基于库仑斥力，这种斥力与其他作用力比较，其影响要大得多。与非荷电膜比较，荷电膜更容易制成高透水量的膜。

对荷电膜的分离机理，比较一致的看法是因为膜带电后会产生唐南(Donnan)效应，可用唐南平衡理论进行解释。

4.3.2 超过滤(简称超滤)

1. 超滤过程

超滤和反渗透过程相似，只是所用压力大小，以及截留物质的尺寸和相对分子质量大小不同而已。一般而论，反渗透法主要是截留像无机盐类那样的小分子，而超滤则是从小分子溶质或溶剂中将比较大的溶质分子筛分出来。反渗透的溶质是小分子，渗透压比较高，为了使溶剂通过，必须施加较高的压力。与此相反，超滤截留的是高相对分子质量溶质，即使是高浓度的溶液，渗透压仍较低，可在较低的压力下进行超滤。超滤截留的物质大体是：中等程度大小的有机物；高分子物质如蛋白质、核酸、多糖类物质等；有机及无机胶体粒子等；而溶液中的水、盐类、糖类、氨基酸等低、中分子物质能很容易地透过。

超滤法自 20 年代问世后，自 60 年代以来，很快从一种实验室规模的分离手段，发展成为重要的工业单元操作技术，并获得广泛的应用。超滤法与反渗透相类似，如相态不变，无需加热，设备简单，占地面积小，能量消耗低等优点，并且还具有操作压力低，泵与管材要求不高等特点，受到工程技术界的注意和欢迎。

2. 超滤膜的分离机理

超滤是指溶液中的高分子、胶体、蛋白质和微粒等与溶剂的分离。超滤膜微孔孔径大体为 5～1 000 nm，其小孔径部分与反渗透膜相重叠，而大孔径部分已落入微孔滤膜的范围内。与反渗透相比，超滤分离的物理因素比物理化学因素更为重要。

超滤膜对溶液中的大分子溶质较易截留是基于下列原因之一：

(1) 大分子被吸附在膜表面或微孔内(一次吸附)；

(2) 停留在孔中或被去除(阻塞);

(3) 被截留在膜表面(筛分作用)。

从已发表的文献看,多数作者采纳"筛分"理论,它比较形象地解释超滤膜的分离机理。筛分理论的要点是:膜的表面存在着无数微孔,这些实际存在的微孔具有不同的孔径,它像筛子一样,能截住分子直径大于孔径的溶质和颗粒,从而达到分离的目的。

理想的超滤分离是筛分作用,因此要尽量避免一次吸附和阻塞的发生。当一次吸附和阻塞不存在的理想情况下,马纳戈尔德(Manegald)和霍夫曼(Hofmann)定义筛分系数为∅:

$$\varnothing = C_f/C_s \tag{4-5}$$

式中:C_f——某一时刻滤出液的浓度;

C_s——相应的过滤液的浓度。

在一封闭体系中,$0<\varnothing<1$,C_f 和 C_s 都随时间的延长而增加。

∅ 还可以作为粒径(α)和孔径(γ)之比(α_s)的函数而计算出来,并作以下五个假定:

(1) 不发生一次吸附和阻塞;

(2) 膜的构造是由垂直于膜表面的圆柱孔构成;

(3) 溶质粒子的大小和形状保持不变,并垂直于膜表面运动,而且只有它们完全进入微孔才能透过;

(4) 溶液在细孔内的流动按粘性流动进行,其速度线呈抛物线分布;

(5) 被超滤的溶液是均一的。

因此可得如下近似式:

$$\varnothing = C_f/C_s = 2(1-\alpha_s)^2 - (1-\alpha_s)^4 \tag{4-6}$$

作 $\lg\alpha_s$-∅图如图 4-5 所示。在进行间歇性处理时,则如图 4-6(a)所示,它为正常的超滤特性理论曲线。当存在一次吸附或阻塞时,超滤特性曲线则出现如图 4-6(b)那样的异常曲线。

一次吸附和阻塞作用发生的程度,主要决定于溶液的浓度、超滤量，以及膜与溶质间相互作用的程度等因素。当初始浓度较高、压力较大、膜的厚度较薄，以及在表面活性剂的存在下，则一次吸附量迅速增至平衡值。如果孔径远大于粒径，将得到Ⅰ型曲线；如孔径与粒径处于同一数量级，则得到Ⅱ—Ⅳ曲线。在开始过滤时，由于溶质在膜和细孔内的一次吸附，所以滤出液的浓度较低；当膜的外部和内表面被覆盖一层溶质后，滤出液浓度或趋于平衡，或稍有增加，或略有降低（图4-6）。在产生堵塞的异常过滤中，滤出液达到最大值后，将逐渐地下降。

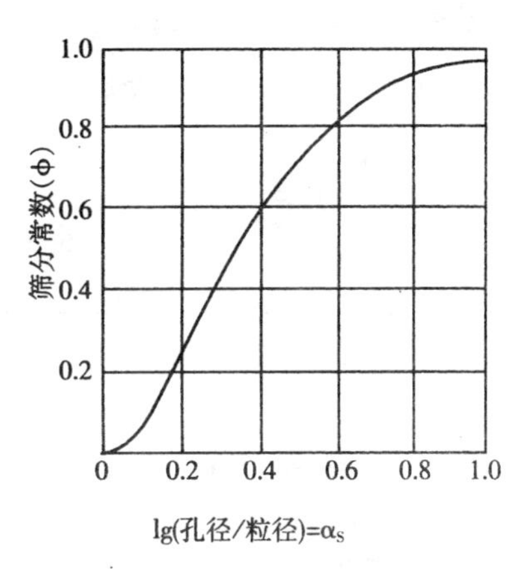

图4-5 $\lg\alpha_s$-∅理论关系曲线

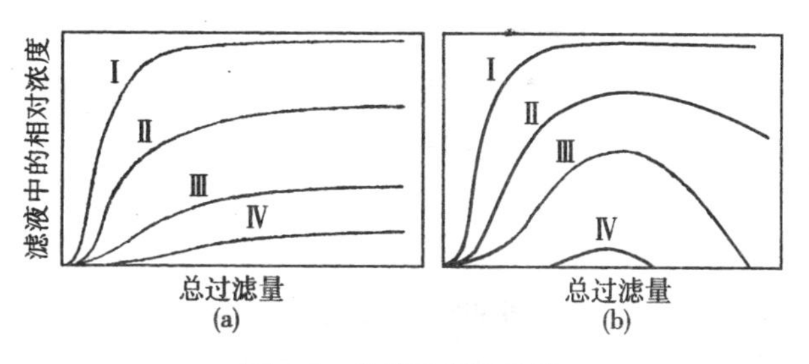

图4-6 典型的超滤曲线

4.3.3 微过滤（微滤）

1. *微滤过程和微滤膜*

微滤是一种最早的以压力为驱动的微分离技术。它与反渗透和超滤之间既有区别又有联系，相互交叉而无截然分开的界限。图

4-7 为各种渗透膜对不同分子量物质的截留功能示意图。在上述三种膜分离过程中，以微孔滤膜的应用最广，经济效益也最大。

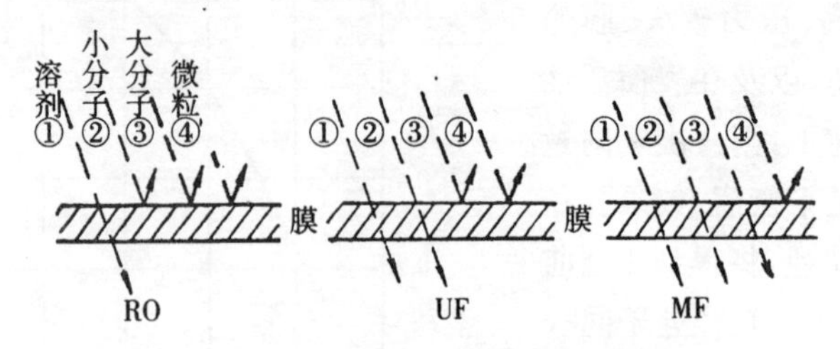

图 4-7 各种渗透膜对不同物质的截留示意图

与其他膜材料比较微孔滤膜具有如下特点：

(1)孔径均一性好。微孔滤膜的孔径十分均匀，如平均孔径为 0.45 μm 的滤膜其孔径的变化范围为(0.45±0.02)nm。

(2)较高的孔隙率。微孔滤膜的孔隙率一般高达 80%左右，平均每平方厘米膜有 10^7～10^{11}个孔。由于孔隙率高，故滤过速度大，它比同等截留能力的滤纸快 40 倍以上。

(3)滤材薄。大多数微孔滤膜的厚度在 1.50 μm 左右，只有沿用的深层过滤介质的十分之一或更小。可明显减少滤液的损失。

微孔滤膜具有滤速快、吸附少和无介质脱落等优点，主要用来从气体或液体中截留微粒、细菌、污染物等，以获得净化、分离和浓缩，并使液体的透明度明显提高。

微滤膜的合成早于 19 世纪中叶已经开始，直至 1918 年 Zsigmandy 等人首先提出生产硝化纤维素膜的方法，并于 1921 年获得专利。1925 年在德国哥丁根(Göttingen)成立了世界上第一个滤膜公司——Sartorius 公司，专门生产和经销滤膜，至今在世界各地建立了不少分公司。1949 年以后，美、英等国相继成立了工业生产机构生产硝化纤维素膜，用于水质和化学武器的检验。自 60 年代开始，出现了醋酸纤维素和聚乙烯微滤膜，随后又开发出醋酸纤维素和硝酸纤维素的混合膜，并已成为目前广泛应用的微滤膜。

2. 微孔滤膜的分离机理

微滤膜的截留机理因结构上的差异而不尽相同，大体可分为如下几种(见图 4-8)：

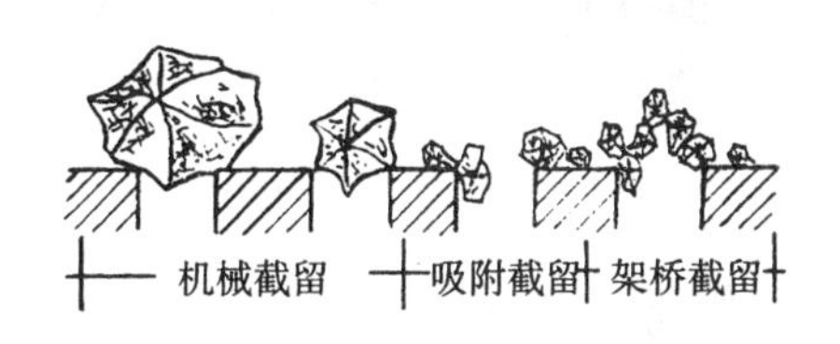

(a)在膜的表面截留

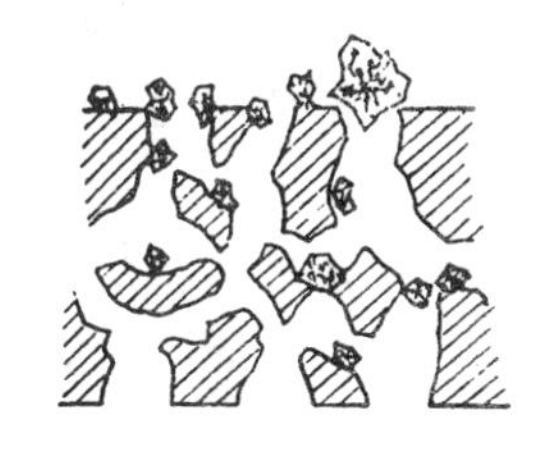

(b)在膜内部的网络中截留

图 4-8　微孔滤膜的截留机理示意图

(1)机械截留。颗粒的直径比膜的微孔的孔径大或与其相当，这种颗粒能被截留而与原液分离，也称“筛分”。

(2)吸附截留。虽然微粒的直径小于微孔的孔径，但由于某些物理作用或电性能的影响，仍能使一些小于孔径的微粒被吸附在膜表面或孔壁上。

(3)架桥作用。小于孔径的微粒，因在孔的入口处发生架桥[见图 4-8(a)]作用而被截留。

(4)内部网络的截留。微粒被截留在膜内部的网络中。

由上可见，对于微滤膜的截留作用，机械截留固然是重要因素，但有时微粒与孔壁之间的作用，甚至比孔径的大小更为重要。

4.3.4　透　析

透析是一种以扩散控制的、以浓度梯度为驱动力的膜分离方法。在透析过程中，被分离的溶质从高浓度溶液一侧穿过分离膜，进入浓度较低的溶液中。其特征为两侧均为同种溶剂组成的溶液。

透析现象早在 1854 年就被 Graham 所发现，它是最早期的膜处理技术。

透析与超滤既有相似点，又有不同点。其相似点是两者都可以从大分子溶液中去除微小的溶质；其不同点是透析的驱动力是浓度梯度，而超滤的驱动力为膜两侧的压力差；透析过程透过膜的基本是微小溶质本身的净流，而超滤过程透过膜的是溶质和溶剂结合的混合流。

溶质从被透析溶液透过膜进入透析液中，需要克服膜和溶液所造成的阻力，由于溶液处于流动或搅拌过程，故溶液的阻力很小，可以忽略不计。则溶质通过膜的通量、与膜有效面积和膜两侧的浓度梯度成正比，而与膜的厚度成反比。可表达为：

$$J_{\mathrm{I}} = -kA\Delta c/l \tag{4-7}$$

式中：J_{I}——溶质 I 透过膜的通量；

k——透过系数；

A——膜的有效面积；

Δc——膜两侧的浓度差；

l——膜的厚度。

血液透析是目前膜透析的主要应用领域之一，目的是从肾功能衰竭者的血液中，除去低相对分子质量的有毒物质如尿素和肌肝酸等，而血球和蛋白质等高分子物质和水，则仍旧保留在血液中；在生产粘胶纤维过程中，在碱纤维素的压榨过程中有大量压榨液排出，其中含有大量的 NaOH 和一定量的半纤维素，后者必须排除，而前者必须回用，通过 PVA 中空纤维透析器进行透析，NaOH 的回收率可达 98%，而半纤维素的清除率也达 98%，已满足工艺要求；除此之外，透析还在制药工业中用于回收废酸。

4.3.5 电渗析

以电位差为驱动力，使小分子溶质透过膜向溶剂侧移动，而溶剂透过膜向溶液侧移动的渗析过程，称为电渗析。电渗析技术为本世纪 50 年代发展起来的一项水处理技术。电渗析装置操作简便，运行可靠，效率较高，占地面积小，适合于各种规模的工业水处理。已工业化的电渗析技术主要有：海水及苦咸水淡化，海水浓缩制盐，放射性废水处理，牛奶及乳清脱盐，药物提纯，血清、疫苗的精制，稀溶液中的羧酸回收及丙烯腈的电解还原等。

1. 电渗析的基本原理

电渗析装置如图 4-9 所示，在两电极之间交替地放置阴离子膜和阳离子膜，在两膜所形成的隔室中放入含盐（如 NaCl）或其他电解质水溶液。当接上直流电源后，溶液中带正电荷的阳离子，在电场的作用下向阴极方向移动，并很容易地透过带负电荷的阳离子交换膜，但被带正电荷的阴离子交换膜所截留；同样地，溶液中带负电荷的阴离子，在电场的作用下则移向阳极，并顺利地通过带正电荷的阴离子交换膜，而被阳离子交换膜所截留。电渗析的结果使图 4-9 中的第 2、4 室中的离子浓度增加，一般称该两室为浓缩室；而与其相邻的第 3 室的离子浓度则下降，故第 3 室称为脱盐室或淡水室。

离子交换膜之所以具有选择透过性，主要由于膜上存在众多的孔隙，以及大分子含有离子基团的作用；膜中的孔隙实际上是一弯弯曲曲的通道，其长度大于膜的厚度，直径为数纳米至数十纳米，溶液中的离子就是在这些迂回曲折的通道中作电迁移运动，由膜的一侧进入，从另一侧透出；膜中高分子上含有的离子基团，在水溶液中能发生解离，解离所产生的解离离子（如 H^+ 或 OH^- 离子）进入溶液中，膜中留下带有一定电荷的固定基团，它能鉴别和选择通过离子，如阳膜上留下的是带负电荷的基团，构成了强烈的负电场，在外加直流电场的作用下，溶液中带正电荷的阳离子就可以被它吸引，传递通过微孔而进入膜的另一侧，带负电荷的阴离子则受排斥而被截留；同理，阴膜留下的是带负电荷的基团，它能使溶液中的负离子通过，而截留正离子(参见图 4-9)。

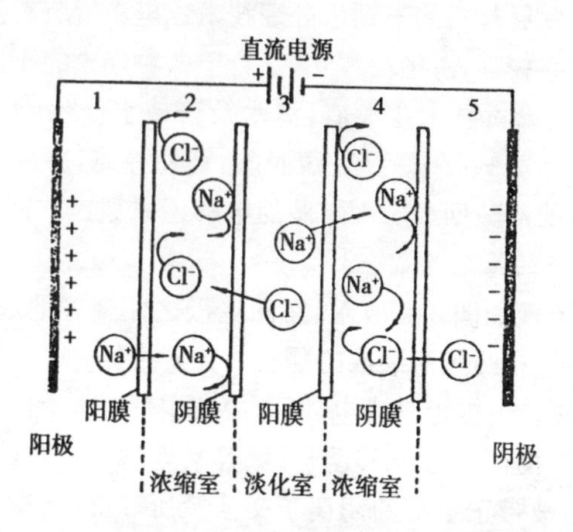

图 4-9　电渗析装置的脱盐示意图

以上就是电渗析过程选择性透过的基本原理。必须指出，这里所使用的离子交换膜，实际上并不是起离子交换作用，而是起离子选择透过作用，更确切地应称为离子选择性透过膜。

2. 电渗析装置的应用

在实际的电渗析系统中，一般由 200～400 片阴、阳离子交换膜，与特制的隔板等零部件装配而成，形成 100～200 对隔室的电渗析装置。可从浓缩室引出浓盐水，而从脱盐室引出淡化水。

如在电渗析装置中只使用阴离子交换膜，或仅使用阳离子交换膜，这样就可能连续地置换阴离子或阳离子。为降低柑橘汁中的酸度，使其更甘美化，通常使用只装有阴离子交换膜的电渗析装置(如图 4-10)，通过电渗析过程以脱除柠檬酸离子。

在图 4-10 的渗析装置中，被阴离子膜隔开的各个渗析室分别交替地通入柑橘汁和氢氧化钾水溶液。接通直流电源后，果汁中的柠檬酸根离子透过阴离子交换膜，而进入氢氧化钾室中，氢离子仍旧留在果汁室内；与此同时，氢氧化钾室内的氢氧根则通过膜而

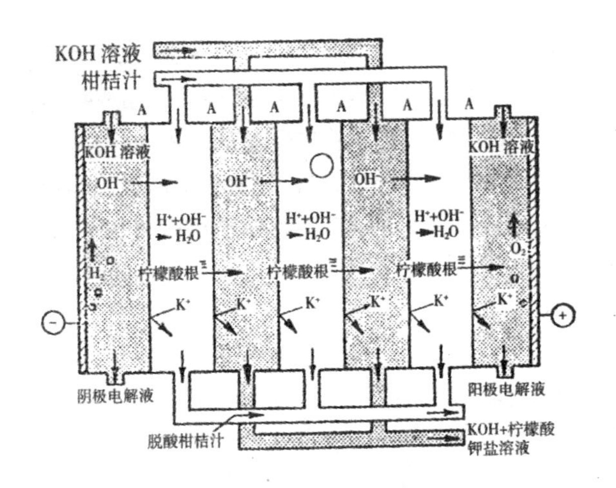

图 4-10　柑橘汁脱酸的电渗析装置

进入果汁室，并与氢离子中和而生成水，从而达到从果汁脱除柠檬酸的目的。至于脱除柠檬酸的程度，可通过调节果汁在系统中的停留时间，也可调节电流密度而加以控制。

电渗析法可用于脱除乳制品中的矿物质，使其更适于作婴儿的食品；还可通过钾、镁离子交换，以制备低钠乳制品，降低食品中的钠离子的浓度，可以防治高血压和心血管疾病。

电渗析法还被用于水处理和纯水的制造上：如海水、苦咸水的淡化；电厂和其他工业锅炉用水的制备；电子、制药化工行业中所用纯水、超纯水的制造；工业用水的脱盐、初级纯水的制造；在化工、轻工、冶金、原子能、电镀等工业部门的废水处理、有用物质的回收、再生水的回用等。

此外，膜电解法在电化学工业中的应用正逐渐显示出其优越性。在电化学工业中，规模最大、发展最早的工业是由电解法食盐中制取氯气和烧碱的氯碱工业，长期以来，汞电极法一直是氯碱工业的主要生产工艺。70 年代发生的全球性能源危机，对耗能巨大的氯碱工业产生严重冲击；加上大量含汞废物向海洋倾倒，因食用被汞污染的鱼类引起婴儿畸形率上升，反对大量使用汞的呼声日益增高。为此，日本政府决定于1979年停止采用汞电极法生产氯碱。上述事件极大地促进了膜电解法的研究和应用。膜电解法不仅消除了汞电极法的汞污染、隔板法的石棉污染，而且提高了电的利用率，使电耗量明显下降，电流效率已经达到90%以上。无论在社会效益上、还是经济效益上，都获得令人满意的结果。

4.3.6 气体分离

气体透过膜的现象虽然早在1831年已被英国人J. V. Mitchell所揭示，随后Graham提出了透过橡胶膜的机制，即溶解－扩散－蒸发机制。但是，气体分离的工业应用还是近20多年的事，其中，1965年，美国杜邦公司首创了中空纤维膜及其分离装置，并获得了分离氢、氮的专利，这些都对气体分离技术的发展起到很大作用。

目前，气体分离技术已获得广泛应用，其中主要有：从空气中分离O_2、N_2、CO_2或从合成氨尾气中回收H_2；从天然气中分离He；从烟道气中分离SO_2；从煤气中分离H_2S或CO_2；用钯膜制取超纯氢等。

气体分离膜按材质不同可分为两大类，即无机膜和有机膜。无机膜包括：多孔质玻璃、陶瓷、金属烧结体、钯合金等；有机气体分离膜包括：醋酸纤维素、聚乙烯、聚酯、聚碳酸酯、聚酰亚胺、硅橡胶等。

气体分离膜的结构不同，其分离机理也各异。气体的透过机理一般可分为两类：一是通过非多孔膜的渗透；另一类是通过多孔膜的流动。对于无孔膜的渗透机理属于溶解－扩散机理，其扩散按费克定律(Fick)进行。有分离效果的多孔膜，其孔径一般为5～30 nm，孔径的大小决定着扩散速率，气体通过膜时，由于膜中的毛细管体系对气体有吸附力，而造成气体流动，其分离效果决定于孔径大小和气体分子的大小，可用分子流动表述，为微孔扩散模型。当膜孔大小、温度和压力符合一定条件时，则因气体混合物中各组分通过膜的速率不同，而达到分离目的。

气体分离膜的主要性能指标是气体分离系数和渗透系数，它们分别表示膜的分离特性和透过特性，它们的大小与膜材料本身和气体种类有关，表4-4列出一些气体对某些膜材料的渗透系数、扩散系数和分离系数，以供选用时参考。

渗透系数 P 与膜的性能 A、透过气体的性质 B、以及膜与气体间的作用函数 C 有关。

表4-4 某些气体对一些膜材料的渗透系数、扩散系数和分离系数

膜	温度	渗透系数 $P\times10^{10}$ $\left(\frac{cm^3(STP)cm}{cm^2\cdot s\cdot cmHa}\right)$				扩散系数 $D\times10^7(cm^2\cdot s^{-1})$				分离系数 α		
	(℃)	He	O_2	CO_2	N_2	He	O_2	CO_2	N_2	$\frac{P_{He}}{P_{N_2}}$	$\frac{P_{O_2}}{P_{N_2}}$	$\frac{P_{CO_2}}{P_{N_2}}$
聚二甲基硅氧烷	20	216	352	1 120	181	600	189	189	123	1.19	1.94	6.19
天然橡胶	25		23.4	154	9.5	216	17.3	12.5	11.7		2.46	16.2
聚丁二烯	25		19.0	138	6.45		15.0	10.5	11.0		2.95	21.4
乙基纤维素	25	53.4	14.7	113	4.43	22	64	5.65	2.33	12.0	3.31	25.6
聚乙烯(低密度)	25	4.93	2.89	12.6	0.97	68	4.6	3.72	3.20	5.08	2.98	13.0
聚苯乙烯	20	16.7	2.01	10.0	0.315	75	22	30	3.0	53.0	6.38	31.7
聚碳酸酯	25	19	1.4	8.0	0.3		0.21	0.048		633	4.7	26.7
聚乙烯(高密度)	25	1.41	0.41	3.62	0.143	30.7	1.70	1.24	0.93	7.97	2.87	25.3
聚醋酸乙烯	20	9.32	0.225	0.676	0.032					291	7.03	21.1
聚氯乙烯	25	2.20	0.044	0.149	0.012	1.74	0.044	0.0125	0.01	191	3.83	13.0
醋酸纤维素	22	13.6	0.43		0.14					97.1	3.0	—
尼龙-6	30		0.038	0.16	0.01					—	3.8	16.0
聚丙烯腈	20	0.44	0.0018	0.012	0.0009					488	2.0	13.3
聚偏氯乙烯	20	0.109	0.00046	0.0014	0.00012					908	3.8	11.7
聚乙烯醇	20	0.0033	0.00052	0.00048	0.00045					7.3	1.1	1.16

$$P = ABC \tag{4-8}$$

式中:A——膜的物理化学结构的函数;

B——气体的大小、形状和极性的函数;

C——膜与气体相互作用的函数。

由于 A 和 B 决定某一特定气体通过一定膜的扩散特性,所以它可以结合在单一的扩散系数 D 中,而 C 一般可表为溶解度系数 S,所以 P 可表示为:

$$P = DS \tag{4-9}$$

某气体的透过膜的速率(通量)可写成:

$$J_i = P_i A \Delta P_i / L \tag{4-10}$$

式中:J_i——气体稳定状态下的通量,cm^3/s;

P_i——渗透系数;

A——膜的面积,cm^2;

ΔP_i——气体横跨膜的压力差,1 333 Pa;

L——膜的厚度,cm。

在一定温度下,气体 i 对气体 j 的分离系数 α_{ij},可表示为在相等的 ΔP 下,它们的渗透系数比,即:

$$\alpha_{ij} = \frac{P_i}{P_j} \tag{4-11}$$

在实际气体分离工程中,为了增加气体的透过量,通常不是增加膜两侧的压力差 ΔP,因为这会损坏膜材料,一般是增加膜面积和增加膜的选择透过性,前者可使用装填系数较大的中空纤维膜装置;后者可采用超薄膜或促进输送膜。

4.3.7 渗透蒸发

渗透蒸发(Pervaporation,简称 PV)亦称渗透汽化,它是利用液体中两种组分在膜中的溶解度和扩散系数的差别,通过溶解、渗透和蒸发，使两种组分分离。

渗透蒸发这一现象早在一百多年前已被人们所发现。长期以来，由于未找到既有分离效果、又有较高通量的膜而一直未能工业化。通过各国学者多年来的努力，直到本世纪 80 年代，渗透蒸发技术才开始进入工业应用。目前其技术不断成熟，应用领域逐渐拓宽，将成为发展前景广阔的膜分离技术之一。

1. *渗透蒸发过程及其分离原理*

渗透蒸发的示意图如图 4-11 所示。膜的一侧放置待分离的溶液，并分别以圆圈（◦）和小黑点（•）分别表示成分不同的两种液体，采用可选择渗透“黑点”组分的膜进行渗透蒸发分离。膜的另一侧抽真空，或通入惰性气体，或连续进行冷却。

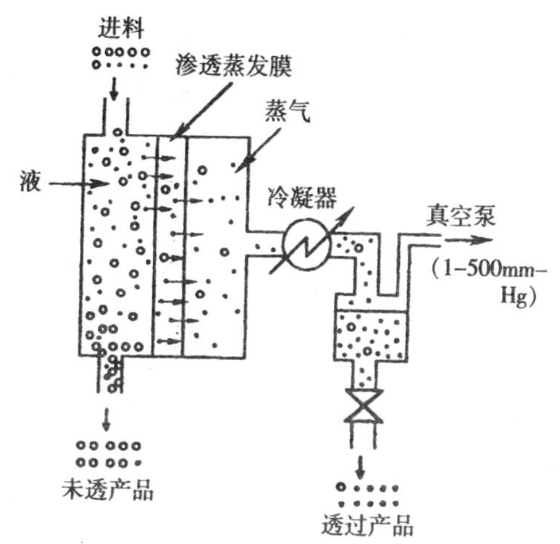

图 4-11　渗透蒸发的原理示意图

溶液中易渗透组分（如“黑点”）首先被吸附于膜表面，并被溶解于膜中，然后在浓度梯度和压力差的推动下透过膜，透过物质在真空系统中气化，冷凝后被收集；或被惰性气体，或被非渗透性可凝气体带走后收集。

渗透蒸发装置可因产量大小由数十对或数百对膜相互平衡排列而成，并把整个装置隔开成若干室，被分离溶液通入相间的各室（如奇数室），而在其邻室（如偶数室）通入热载气，以供给透过组分的蒸发潜热，热载体和透过气体从装置引出后，经冷凝后分离出透过组分，未冷凝的气体继续作为热载体加热循环使用。

2. 渗透蒸发的特点

与其他膜过程不同，渗透蒸发的最大特点是渗透组分有相变，所以能耗比其他膜过程高；渗透蒸发的单级选择性好，其分离程度无极限，它被认为取代蒸馏的一种最有希望的方法，尤其对共沸物如乙醇-水或异丙醇-水体系或近沸物如苯-环已烷体系的分离，更能显示出其特有的优越性；过程操作简单，易于掌握；进料侧原则上不需加压，故膜不会被压密，透过率也不会随时间的增长而减小；与反渗透等过程相比，渗透蒸发的通量很小，一般在 2 000 g/(m^2 · h)以下，具有高选择性的渗透蒸发膜，其通量只有 100 g/(m^2 · h)左右。

基于上述特点，渗透蒸发尚难与常规的分离技术相匹敌，但由于它特有的高选择性，在某些特定场合下，例如在常规分离技术无法解决、或能耗太大的情况下，采用该技术是十分恰当的。

渗透蒸发与其他膜过程不同，其最大特点是渗透组分有相变。它被认为能取代蒸馏的一种最有希望的方法，尤其对共沸物或近沸物体系的分离，更能显示出其特有的优越性。在共沸物溶液体系中最引人注目的分离是乙醇-水、异丙醇-水体系的分离；近沸物溶液的分离，以苯与环已烷的分离最受重视。

阿普蒂尔提出一种渗透汽化的变形，称为热渗透汽化（Thermopervaporation）。它使进料溶液的温度提高到沸点或略低于沸点，这是与渗透蒸发的最大不同，其余过程则相似。与渗透蒸发相比，热渗透汽化的透过速度较慢，即通量较小；选择性和温差关系密切，一般比常温下进行的渗透汽化的选择性更好。

控制汽化室的压力(真空度),能改变渗透流量和选择性,这一过程称为压力控制渗透汽化(Pressure-Control Pervaporation)。一般而论,提高渗透室的压力,能降低渗透流量。而压力与选择性的关系,主要受溶液组分挥发性的影响。如果优先透过的组分是不易挥发的(与混合液中另一组分比较),如醇－水混合液用亲水膜除水,则随着压力的上升,其选择性反而下降;相反地,如优先透过的组分较易挥发,例如正己烷-正庚烷通过聚乙烯膜,则随压力的上升,选择性也上升。

3. 膜材料的选择

膜材料对取得良好分离性能具有重要影响,尤其对通量很小的渗透蒸发膜尤为重要。利用溶解度参数理论可指导膜材料的选择。

膜能否完成预期的分离目的,主要决定于渗透组分与膜之间的吸引力和排斥力,当吸引力大于排斥力,将增加渗透组分在膜中的溶解力,从而使渗透量增大,但当吸引力过大时,则会因渗透物在膜材料中的滞留,反而使渗透通量减小,太大的亲和力将使膜溶胀或溶解;反之,当排斥力和立体效应过大时,将阻止渗透物进入膜中而不能渗透。

影响渗透组分与膜之间相互作用力的因素主要有:色散力、极性(包括诱导)、氢键、立体效应等。当混合组分的化学性质相似时,其分离主要决定于分子的有效尺寸,即受控于立体效应。对于一般体系,影响过程的主要因素是溶解度参数,这是选择渗透蒸发膜材料的主要定量参数。当高聚物在溶剂中溶解时,其自由能的变化为:

$$\Delta F_M = \Delta H_M - T\Delta S_M \tag{4-12}$$

式中:ΔF_M——混合自由能;

ΔH_M——混合热焓;

ΔS_M——混合熵;

T——绝对温度。

高聚物与溶剂混合时，只有当 $\Delta F_M<0$ 才能溶解。由于溶解过程中分子的排列趋于混乱，熵变总是增加，因此 ΔF_M 的正负取决于 ΔH_M 的大小。

从理论上导出，非极性分子混合时，如不发生体积变化，则混合热焓可表示如下：

$$\Delta H_m = V_m\left[\left(\frac{\Delta E_s}{V_s}\right)^{1/2} - \left(\frac{\Delta E_p}{V_p}\right)^{1/2}\right]^2 \varphi_s\varphi_p \tag{4-13}$$

式中：V_m——混合物的总体积；

ΔE_s、ΔE_p——分别为溶剂和聚合物的摩尔蒸发能；

V_s、V_p——分别为溶剂和聚合物的摩尔体积；

φ_s、φ_p——分别为溶剂和聚合物的体积分数；

$\Delta E/V$——单位体积蒸发能，也称内聚能密度(C. E. D.)。

如引入溶解度参数，

$$\delta = \left(\frac{\Delta E}{V}\right)^{1/2} \tag{4-14}$$

则式(4-13)可改写为：

$$\Delta H_m = V_m(\delta_s - \delta_p)\varphi_s\varphi_p \tag{4-15}$$

式中 δ_s、δ_p 分别表示溶剂和聚合物的溶解度参数。表 4-5 列出部分聚合物的溶解度参数值。

由式(4-15)可见，当溶剂与聚合物的溶解度参数接近，则 ΔH_m 趋近于零，而 ΔF_m 将是一个很大的负数，聚合物在该溶剂的溶解就越容易。由此可见，如果被分离组分与膜材料之间的溶解度参数值太接近，势必引起膜发生溶胀、甚至溶解；但如相差太大，则不利于被分离组分在膜中的溶解扩散。所以，要使被分离组分较快地又尽量多地透过膜，必须使被分离组分与膜的溶解度参数较接近，但又不能过分接近或相差太大。

表 4-5　部分聚合物的溶解度参数(δ)

聚 合 物	$\delta(J/cm^3)^{1/2}$	聚 合 物	$\delta(J/cm^3)^{1/2}$
聚乙烯	17.6	乙酸纤维素	25.8～26.8
聚丙烯	16.4	三乙酸纤维素	24.5
聚苯乙烯	21.7	乙基纤维素	21.5～23.5
聚氯乙烯	22.5	纤维素	49.3
聚乙二醇	19.2	芳香聚酰胺	32.5
聚丙二醇	17.8	尼龙-6	25.4
磺化聚砜	28.8	芳香聚酰亚胺	38.9
聚丙烯腈	29.4	聚砜	25.8

高聚物的溶解度参数除可通过实验直接测定外，还可从高聚物的结构式按下式进行近似计算：

$$\delta_p = \rho \Sigma E / M_0 \tag{4-16}$$

式中：δ_p——聚合物的溶解度参数；

ρ——聚合物密度；

E——聚合物中基团或原子的摩尔吸引常数；

M_0——结构单元的相对分子质量。

如聚乙烯的结构式为$\left[CH_2 - CHCl \right]_n$，由表4-6可查到$-CH_2-$、$>CH-$、Cl的摩尔吸引常数分别为269.07，175.97和425.6$(J \cdot cm^3)^{1/2}$。结构单元的相对分子质量为62.5，聚氯乙烯的密度为1.4，则

$$\delta = 1.4 \times (269.07 + 175.97 + 425.6)/62.5 = 19.5(J/cm^3)^{1/2}$$

聚氯乙烯的δ实测值为19.44$(J \cdot cm^3)^{1/2}$，两者比较接近。

溶解度参数或内聚能密度对于非极性溶剂和非极性高聚物体系比较准确；而对于确定极性溶剂和极性高聚物则常出现偏差。究其原因，是内聚能密度或溶解度参数仅根据蒸发能求得，而未考虑分子间的其他作用力。

表 4-6　一些基团的摩尔吸引常数 $E(\mathrm{J \cdot cm^3})^{1/2}$

基团	E	基团	E	基团	E
$-CH_3$	302.83	$\rangle C=O$	538.14	Cl_2	700.81
$-CH_2-$	269.07	$-CHO$	599.53	Cl(伯)	419.46
$\rangle CH-$	175.97	$(CO)_2O$	1 160.18	Cl(仲)	425.60
$\rangle C\langle$	65.48	$-OH-$	462.43	Cl(芳)	329.43
$CH_2=$	258.84	OH(芳)	349.89	F	83.89
$-CH=$	248.61	$-H$(酸性二聚物)	−103.33	共轭键	47.06
$\rangle C=$	172.90	$-NH_2$	463.46	顺	−14.32
$-CH=$(芳)	239.40	$-NH-$	368.31	反	−27.62
$-C=$(芳)	200.52	$-N-$	124.82	六元环	−48.09
$-O-$(醚)	235.31	$-C\equiv N$	725.37	邻	19.44
$-O-$(环氧)	360.13	NCO	733.55	间	13.30
$-COO-$	668.07	$-S-$	428.67	对	81.85

Hansen 基于上述溶解度参数的缺点，作出进一步改进。他把内聚能密度看成由三种不同作用力－色散力、极性(包括诱导)和氢键的总贡献。从而溶解度参数可表示为：

$$\delta = \sqrt{\delta_d^2 + \delta_p^2 + \delta_h^2} \tag{4-17}$$

式中：δ_d——溶解度参数中色散力的贡献；

δ_p——溶解度参数中极性的贡献；

δ_h——溶解度参数中氢键的贡献。

表 4-7 和表 4-8 分别表示实验测得的某些溶剂和聚合物溶解度参数 δ_d、δ_p、δ_h 以及 δ 值。图 4-12 给出几种聚合物和溶剂的内聚能密度和溶解度参数对照图。

表 4-7 部分溶剂的三因次溶解度参数$(J \cdot cm^3)^{1/2}$

溶剂	δ	δ_d	δ_p	δ_h
正丙烷	14.3	14.5	0.00	0.00
正丁烷	13.9	14.1	0.00	0.00
正己烷	14.9	14.9	0.00	0.00
环己烷	16.8	16.8	0.00	0.20
乙醚	15.1	14.5	2.86	5.11
四氯化碳	17.8	17.8	0.00	0.61
对二甲苯	18.0	17.8	0.00	2.66
甲苯	18.2	18.0	1.43	2.04
乙酸乙酯	18.6	15.8	5.32	7.16
苯	18.8	18.4	0.00	2.04
甲乙酮	19.0	16.0	9.00	5.11
丙酮	20.4	15.5	10.4	6.95
三氯甲烷	19.0	17.8	3.07	5.73
邻苯二甲酸二丁酯	19.2			
四氢呋喃	18.6	16.8	5.73	7.98
氯苯	19.4	19.0	4.30	2.04
二氯乙烷	18.6	17.0	6.75	4.70
环己酮	20.2	17.8	6.34	5.11
二氧六环	20.2	19.0	1.84	7.36
二硫化碳	20.4			
吡啶	22.3	19.0	8.80	5.93
甲醇	29.6	15.1	12.3	22.3
乙醇	26.0	15.8	8.80	19.4
异丙醇	23.5	15.8	6.14	16.4
正丁醇	23.3			
二甲基甲酰胺	24.8	17.4	13.7	11.2
二甲基乙酰胺	22.7	16.8	11.4	10.2
二甲基亚砜	29.6	19.0	19.4	12.3
甲酸	27.2			
甲醛	27.6	14.3	11.9	16.6
N-甲基吡咯烷酮	23.1	18.0	12.3	7.16
苯酚	29.6			
甲酰胺	36.6	17.2	26.2	19.0
乙腈	23.5	15.3	18.0	6.14
乙二醇	32.9	17.0	11.0	26.0
丙三醇	36.2	17.4	12.1	29.2
磷酸三乙酯	25.4	16.8	16.0	10.2
水	47.9	15.5	16.0	42.3

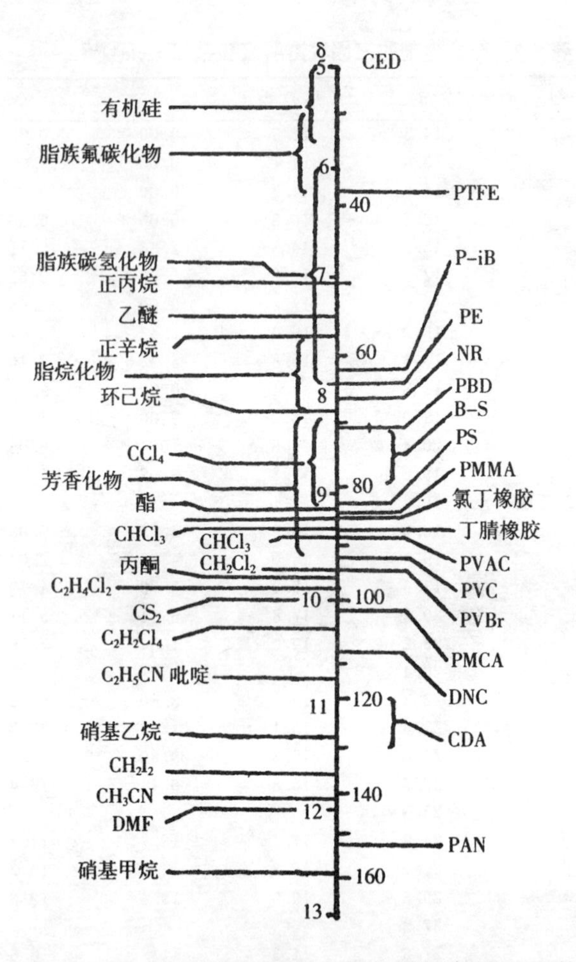

图 4-12　几种聚合物和溶剂的内聚能密度和溶解度参数对照图

利用三因次溶解度参数法基本能较正确地选择膜材料，但有时会出现较大的偏差，其主要原因是：溶解度参数法没有考虑立体效应，只涉及被分离组分在高分子中的溶解热力学；没有考虑多元组分之间的相互影响，即伴生效应。

表 4-8　部分高聚物的三因次溶解度参数$(J \cdot cm^3)^{1/2}$

聚　合　物	δ	δ_d	δ_p	δ_h
聚异丁烯	36.01	32.74	4.09	14.73
聚苯乙烯	41.13	36.01	12.48	8.39
聚氯乙烯	46.04	39.29	18.82	14.73
聚醋酸乙烯	47.27	38.88	20.87	16.78
聚甲基丙烯酸甲酯	47.27	38.47	20.87	17.60
聚甲基丙烯酸乙酯	45.22	38.47	22.10	8.80
聚丁二烯	38.47	38.47	10.44	5.12
聚异戊二烯	38.47	35.60	6.34	6.34

4.3.8　液　膜

与上述各种固体膜不同，液膜是一种液体膜。由于液膜比固体膜薄得多，而且被分离组分在液体中的扩散速度要比在固体中的扩散速度大得多，因此，液膜具有更高的扩散速率和更大的分离效率。尤其是具有偶合传递物液膜过程，可使膜的渗透速率和选择性增加几个数量级。

液膜是在本世纪 60 年代的后期开始开发的，目前已在气体分离、金属分离浓缩、烃类的分离、氨基酸和蛋白质的分离等方面进行不少工作。相信随着新型载体的不断开发和制膜技术的提高，液膜技术将会在更广阔的领域里发挥作用。

1. 液膜的分类

液膜一般可分为三种类型：单滴型、乳化型和支撑型，其中具有实用意义的主要是后两种。

1)乳化型液膜

使不互溶的两相乳液形成一个乳液，此液即为乳化型液膜。把上述乳液分散在第三个连续相中，制成乳化液膜。通常，包囊相和连续相能彼此互溶，但膜相决不能与之互溶。如连续相为水，则乳

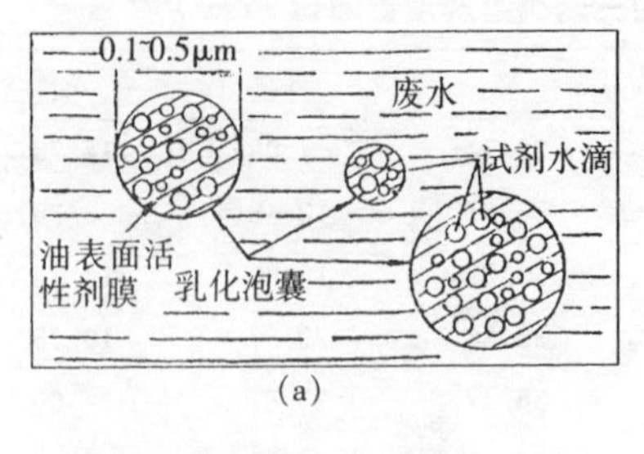

(a)

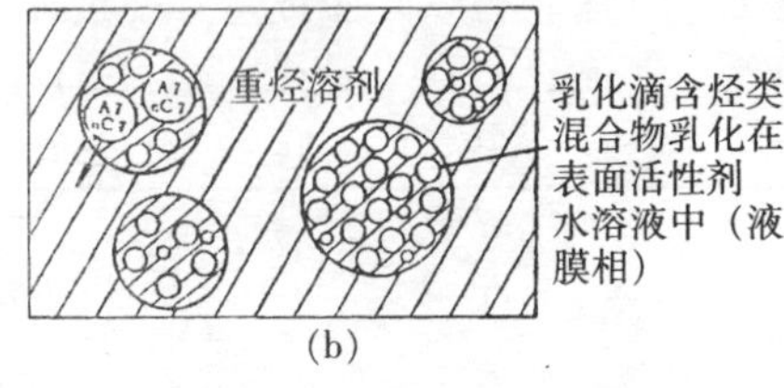

(b)

图 4-13　乳化型液膜示意图

液应是油包水型（图 4-13a）；如连续相是油，则乳液为水包油型（图 4-13b）。在膜相中加入表面活性剂，可使乳液稳定性增加。如在水包油型乳液中加入甘油，由于甘油是膜的增强剂，可防止膜破裂。

使石蜡和硫酸水溶液（20%）乳化成油包水型的乳液膜，油滴的直径为 0.1～0.5 μm，可利用它从含氨废水中回收氨。使乳液与废水混合后，氨能透过液体石蜡膜，并与膜内的硫酸反应生成硫酸铵，由于铵离子不溶于石蜡中，所以被保留在液膜内，一旦硫酸耗尽，反应终止，可通过多种方法进行破乳（如溶液处理、高剪切力离心、静电聚集等），以分离硫酸铵。

2）支撑型液膜

支撑液膜（Supported Liquid Membranes）也称为固定液膜，或含浸液膜。它是由溶解了载体的溶液，含浸到惰性多孔支撑体的小孔中，而形成液膜层，如图 4-14 所示。把液膜连同支撑膜一同置于料液与反萃取液之间，并使两液分隔开。利用液膜内载体与萃取组分之间的促进传递作用，使料液中的某组分传递到反萃取液侧。

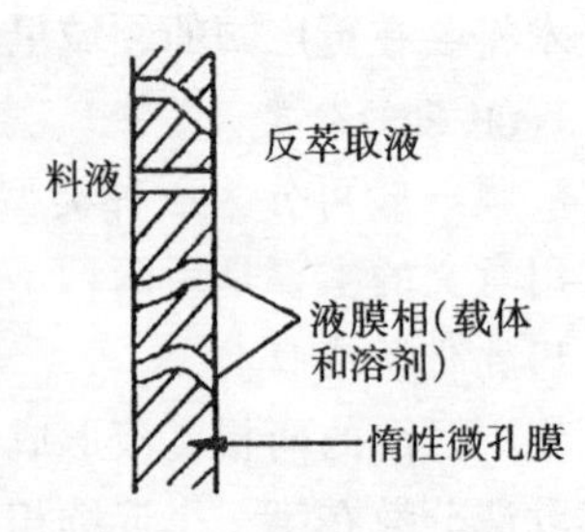

图 4-14　支撑型液膜示意图

液膜由溶剂和萃取剂(载体)组成。溶剂是液膜的基体,它必须能溶解载体,而不溶解料液的溶质,以提高液膜的选择性;此外,溶剂还应不溶于支撑膜内,以减少溶剂的损失。在进行水溶液分离时,应采用油膜,通常使用煤油、芳烃、十二烷等作溶剂。

载体(萃取剂)是支撑型液膜的传质关键,载体一般应具备如下条件:

(1)能与被分离组分进行可逆反应,即与被分离组分在料液侧进行络合反应,而在反萃取液侧产生解络反应。

(2)载体与被分离组分形成的络合物,能溶于液膜相,而不溶于料液和反萃取液相,也不发生沉淀,以避免载体的损失。常用分离水溶液中金属离子载体:2-羧基-5-仲辛基二苯甲酮肟、三正辛烷、磷酸三丁酯、甲基三辛基氯化铵等。

常用的多孔支撑膜(惰性微孔膜)有聚砜、聚乙烯、聚丙烯、聚四氟乙烯等疏水性聚合物膜。膜厚约25～50 μm,孔径范围为0.02～0.1 μm,孔径越小,液膜的稳定性越好,但如孔径过小,孔隙率又低,则膜的渗透速度下降。

可采用浸渍法把液膜相固定到支撑膜孔内。如果能将载体以平衡离子的形式,引入离子交换膜的孔内,使载体被静电吸引力固定在膜孔中,将较大地提高液膜的牢固性,尤其对于气体分离更为重要,因为在进行气体分离时,通常使用较大的压力差。

由于乳化型液膜的稳定性和破乳问题,还没有完满地解决;而支撑型液膜不需要使用表面活性剂,溶剂用量比乳液膜少得多,也没有破乳问题,而且操作简单,因而受到特别重视。

2. 液膜分离技术的应用

液膜法分离技术是近年来崛起的一种新的分离技术,它不仅在技术上可行,而且费用上也较经济,不仅分离选择性高,而且通量大,因而受到各国的重视,其发展前景是乐观的。目前已经应用的领域有:气体回收、医药卫生、石油化工、湿法冶金、金属的分离、铀的回收、氨基酸的生成和分离、废水的处理和回收、环境保护等。

4.3.9 气态膜

除固态膜和液态膜外，近年来又发展了第三种膜技术——气态膜。气态膜是由在疏水性的多孔聚合物的孔隙中、充满的气体所构成。实际上，聚合物膜只起载体作用，孔隙中的气体才是实质上的“膜”。聚合物膜的厚度约为 30 μm，平均孔径为 0.03 μm，孔隙率 40%～50%，膜材料通常使用聚丙烯等疏水性的高分子材料。

气态膜一般用于分离含有挥发性溶质的溶液。把待分离的溶液置于膜的一侧，膜的另一侧放置能与这些挥发性溶质进行反应的溶液，如在膜的左侧放置含有 NH_3、H_2S 或 SO_2 等挥发性物质的溶液，膜的右侧放置酸或碱的水溶液，透过膜的溶质立即与酸或碱反应，反应生成物不具挥发性，因而成为不可逆扩散。由于气体的扩散速度远大于液体，因此气态膜具有很高的透过速度。气态膜的传质过程基本可分为三个步骤：溶质从溶液扩散到膜的表面；膜表面的溶质通过气相扩散而透过气态膜；透过膜的溶质与提取液反应而形成产品溶液。其中以第二步为主要过程。溶质扩散通过膜的动力学可以看作是准一级过程，即：

$$\mathrm{d}c/\mathrm{d}t = kc \tag{4-18}$$

则 $\ln(C_0/C_t)=kt \qquad k=2kA/V$ (4-19)

式中：C_0——挥发性溶质在原料液中的起始浓度；

C_t——时间为 t 时，挥发性溶质在原料液中的浓度；

k——传质系数；

V——原料溶液体积；

A——膜的有效面积；

t——扩散时间。

由式(4-19)可见，$\ln C_0/C_t$ 与 t 呈线性关系，实验数据也证实这一点。有作者进行过实验，对 H_2S 溶液进行扩散通过气态膜时，H_2S 分离一半的时间为 10 min，在同样条件下，液体扩散通过固态膜则需 500 min。某些溶质的传质系数如表 4-9 所示。表中溶质的原始浓度（C_0）均为 10^{-2}M，实验时间（t）为 10 min。从表 4-9 的数据可见，挥发性物质的传质系数较大，而离子状态的溶质因不能通过气态扩散而迁移过膜，故 k 值接近或等于零。

气态膜分离技术常用于除去水中的 H_2S、SO_2、NH_3 等气体，这些工业废水主要来源于炼焦厂、炼油厂、合成氨厂、造纸厂等工业部门。还可从水溶液中分离 HCN、Cl_2、CO_2 等气体，还可从含卤素的水溶液中提取 Br_2、I_2 等物质。气态膜分离技术具有较广阔的发展前景，它不仅可作为一种新的水处理方法，还可作为一种新的化工单元分离过程。

表 4-9　某些溶质通过气态膜的传质系数

溶　质	提　取　液	$\ln C_0/C_t$	$k(10^{-6}$m/s)
Br *	0.5N NaOH	0.77	4.1
H_2S	0.5N NaOH	0.70	3.7
I_2 *	0.5N NaOH	0.39	2.1
SO_2	0.5N NaOH	0.35	1.9
NH_3	0.5N H_2SO_4	0.32	1.7
$(NH_4)_2S$	0.1N $AgNO_3$+0.1N HNO_3	0.18	1.0
CH_3COOH	0.5N NaOH	0.02	0.1
HCl	0.5N NaOH	~0	~0
乳酸	0.5N NaOH	~0	~0

注：* 已用 HCl 把溶液 pH 调节至 3.5。

4.3.10　控制释放膜

控制释放（Controlled Release）体系最早用于农业方面，如用于控制化肥、农药、除草剂的逐步释放，60 年代开始向医学界渗透，70 年代中期已开始向药物的控制释放进军，目前取得很大进展。

所谓药物的控制释放是指药物从制剂中、以受控形式恒速地释放到作用器官或特定部位，从而长久地发挥治疗作用。当患者服用一定量的片剂或注入针剂后，体内药物浓度较快地达到较高的浓度，随后浓度又很快地降低。浓度过高容易产生药物中毒或副作用，过低又达不到治疗效果。采用控制释放药物，可使体内药物浓度长期保持在治疗的有效范围内，不需经常服药，药效可达一月至数月；如果将控制释放药物体系植入或粘附于病区，不仅药效高而且副作用小。

控制释放药物一般有片剂、微胶囊、注射剂、软膏、透皮吸收粘贴剂、阴道剂等剂型。临床应用为口服、皮肤渗透、粘膜植入、皮下植入等四种类型。

控制释放膜在农业上也有广泛的用途。如把除草剂、杀虫剂、肥料等包埋于中空纤维或微胶囊中，然后把它们施放于农田中或挂在果树上，有效期可长达数月，甚至数年。即达到长效的目的，又提高药效、节省劳动力，还可减少因雨水流失、被风吹散以及分解造成的损失。

4.4 纤维膜材料

可作为制膜的材料很多，它包括天然的和合成的有机高分子材料，以及无机和某些金属材料。膜材料是发展膜分离技术的一个核心问题。用不同的原材料、辅以不同的制膜工艺，即可获得性能各异的反渗透膜、超过滤膜、微孔滤膜，以及气体分离膜等。

尽管膜分离技术已在工业中逐步获得广泛应用，但对膜材料的认识尚远远不够，如膜材料的化学结构对膜分离的影响，化学结构与透过特性的关系等，仅能作定性的描述，尚不能建立定量的关系。

4.4.1 膜材料的选择

膜的性能与膜材料本身的性能密切相关，而膜分离技术的广泛应用，除与膜性能有关外，还与膜的成本和获得该材料的难易程度有关。怎样从数百种材料中选择合适的膜材料，这是膜科学工作者首先要解决的问题，也是膜材料研究者致力解决的问题。美国杜邦公司曾于 1960 年间，对 162 种高分子材料以海水淡化为目的，进行过较详细的实验，结果表明：

(1)多数高分子材料虽有较高的分离率，但透水速度较低，不能满足膜分离工业的要求。

(2)随着高分子材料中亲水基团的增加，膜的透水速度也加大，反之，则降低。

(3)把水溶性的高分子物质溶于非水溶性的高聚物中，制成的膜含有更多的微孔，膜的透水速度明显增加。孔径大小与水溶性高分子物质的分子量和相态的大小，以及两种高分子物质的相容性有关。

(4)盐的透过性随膜的透水性的增加而有所增加。

(5)各种材料制成的膜，其透过速度和分离率，存在着巨大的差别。

(6)在使用过程中，由于化学或机械因素的影响，有些膜的性能急剧恶化，一些膜则表现出很高的稳定性。

(7)任何高分子材料都不能同时具有高的透水速度和高的分离率，只能从中选取较合宜的材料。

(8)实验表明，醋酸纤维素及其他一些纤维素材料，在海水淡化过程有较广阔的应用前景。

经过多年的大量探索研究，已提出一些选择膜材料的科学依据，如膜材料选择法、溶解度相近相溶法、高速液相色谱选择法、高分子材料界面的极性参数和非极性参数法、用β参数表征高分子材料对不同溶质的相对亲合性法以及用高分子材料的含水率选择膜材料等。已有专著进行详述，在此不再进行讨论，当然，此项工作尚不完善，还需今后进一步补充。

4.4.2 膜材料的基本性能

各种膜分离装置的优劣，水平的高低，主要决定于膜性能的好坏。由于膜材料、制膜方法和膜结构的不同，可使制得膜的性能有很大的差别。作为良好的膜材料，应能满足如下的基本要求。

1)有选择的透过性，并有良好的透过能力

良好的选择透过性是指膜能使混合流体的某一成分容易透过，而另一成分则不透过或极难透过，以达到分离目的。物质的不透过性，通常用截留率表示，截留率表示膜对某一物质截留的程度，可定义如下：

$$R = 1 - \frac{C_3}{\frac{1}{2}(C_c + C_2)} \tag{4-20}$$

式中：R——截留率；

C_c——原液浓度；

C_2——残留液浓度；

C_3——滤过液浓度。

膜的透过能力通常用透水率 F_W 即水透过膜的速率表示，也称为水通量。透水率 F_W 的定义：单位时间、透过单位膜面积的水的容积流量，单位为 $cm^3/(cm^2 \cdot s)$；或 $dm^3/(cm^2 \cdot h)$；常见的公

制单位有 $m^3/(m^2 \cdot d)$。

2)具有一定的亲水性或疏水性

亲水性或疏水性与膜的吸附性或溶解性有密切关系，它决定了膜的应用范围。通常以测定接触角等方法确定膜的亲水性或疏水性。

3)有一定的化学稳定性、抗生物降解性和抗水解性

膜的化学稳定性、抗生物和水降解性决定了膜的使用范围。这些性能与膜的化学结构和性能有关，也决定于被分离溶液的性能。膜的氧化和水解的最终结果，使膜的色泽加深、发硬、变脆，其化学结构和形态结构也受到一定的破坏。为了提高膜的抗水解性能，一般应尽量减少高分子材料中的易水解基团。但是，由于缺少亲水性的基团，会使膜的透水性能变差。

4)能经久使用而不变性或堵塞

膜在使用过程中由于吸附溶质，使部分微孔受堵，或因压实性差而使微孔缩小，结果导致溶液（或水）通量下降。当通量下降到一定程度后，必须经过活化处理，使通量恢复到一定水平。

5)有一定的耐热性

有些被处理流体本身温度较高，或要求在较高的温度进行处理，因此要求膜有一定的耐热性。此外，提高处理液的温度有利于提高扩散速度，从而提高水通量。对于用作医药、食品的膜分离器，提高膜的耐热性，有利于进行高温下（120℃）的灭菌处理。

膜的耐热性主要决定于膜材料的化学结构，必须指出，在处理过程中，膜需浸入各种试剂中，受水或其他试剂的影响，膜的耐热性低于纯高分子材料的耐热性。为提高膜的耐热性，可改变高聚物的链节结构或聚集态结构。如在高分子主链上引进共轭双键或环状结构，尽量减少高分子主链上的单键。此外，在高分子主链上引入醚键、酰胺键、酰亚胺键、脲键；或在侧链上引入羟基、氨基、腈基、硝基等强极性基团，将增加大分子键间的相互作用力，也有利

于提高膜的耐热性。此外，提高大分子间的交联度，也能提高膜的耐热性。

改变高分子的排列方式，以改变高分子的聚集态结构，同样能提高膜的耐热性。图 4-15 为几种聚砜酰胺的链结构与熔点之间的关系，由图可见，把大分子链的间位结构，改变为对位结构，能提高大分子链的对称性和规整性，使大分子排列更加紧密，或形成部分结晶，从而使聚合物的熔点明显提高。

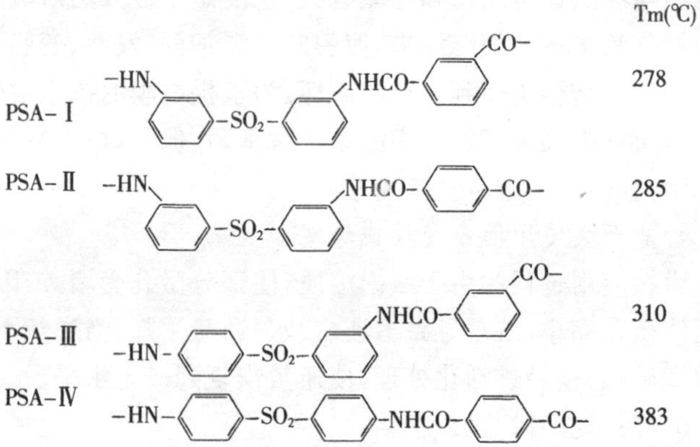
Tm(℃)
PSA-Ⅰ
-HN
-SO2-
NHCO-
CO-
278
PSA-Ⅱ
-HN
-SO2-
NHCO-
-CO-
285
PSA-Ⅲ
-HN-
-SO2-
NHCO-
CO-
310
PSA-Ⅳ
-HN-
-SO2-
-NHCO-
-CO-
383

图 4-15　几种聚砜酰胺的链结构与熔点之间的关系

6)具有一定的横向和纵向机械强度

纺织纤维主要要求有较高的纵向机械强度，膜与纺织纤维不同，由于纵向和横向同时受力，因而要求有一定的纵向和横向强度。由于膜的类型和使用条件不同，对强度的要求也不同：如电渗析和透析过程在较低的压力差下进行，因而对膜的强度要求较低；微孔滤和超滤膜要求能承受 10～70 Pa 的压力差；反渗透和气体分离膜要求能耐 9.8×10^{6}Pa 的压力。

除机械强度外，还要求膜有较高的模量，以防止膜在使用过程中变形或微孔闭合。

在较高压力条件下操作时，为防止膜因强度较差而破裂，可把膜直接制作在高强度的支撑材料上。

7)对某些树脂的粘结性

由膜(尤其是中空纤维膜)组装成膜器时，需用树脂进行封装，这就要求膜对树脂的粘结性要好，粘结后要能承受一定的压力而不脱粘。

8)化学相容性

由于膜的处理对象较广，它们的化学性能各不相同，因此要求膜有较好的化学相容性，即膜不被所处理的物质溶胀或溶解，也不与之产生化学反应等，同时要求膜不应对被处理物质产生不良的影响。

9)抗压实性

膜材料在使用过程中，因操作压力和温度引起的压实作用，从而造成透水率的不断下降。提高膜的抗压实性，可以延长膜的使用寿命。抗压实性决定于膜材料本身的性能和成膜工艺。为延长膜的使用寿命，提高膜的抗压实性，可对膜材料进行交联反应，或在铸膜液中加入硅胶或硅酸铝等填料，以提高抗压实性。

10)其他

如具有良好的可加工性，可进行消毒而不变性，制造容易，成本较低等。近年来发展的与医学、生物学密切相关的生物医用高分子，是高分子学科领域中派生的新学科，是以生命现象为对象和基础的高分子科学。膜材料及其器件在其中也得到广泛应用：如各种类型的血液透析器、人造皮肤、隐形眼镜、生物探感器、酶的固定化、控制释放性药物、内皮植入胶囊、体内半永久性的内植材料、各种酶的浓缩和纯化等。生物医用高分子用膜除满足上述各项要求外，还需满足如下几项特殊要求：

①生物相容性。主要包括血液相容性和组织相容性。

血液相容性包括的内容较广，最主要的是指高分子材料与血液接触时，不引起血液的凝血和血小板的粘着凝聚(称为凝血或血栓)，没有破坏血液中的有形成分(称为溶血)。组织相容性是指活体与材料接触时，活体组织不发生炎症、排他性，材料不发生钙沉积等。

②中空纤维膜具有均匀的内径和壁厚，表面光滑以防止微血栓堵塞。

③具有一定的刚性，但又不发脆。

4.4.3 典型膜材料

迄今为止，被研究的各种膜材料不下百种，其中有一半以上已在实验室中或工业上被采用。比较重要的膜材料有：醋酸纤维素、聚砜类、聚酰胺类、以及乙烯基系聚合物及其共聚物等。本节仅择要介绍其中数种。

1. 纤维素及其酯类

1)醋酸纤维素膜

醋酸纤维素因醋酸基团含量的高低而分为三醋酸纤维素和二醋酸纤维素。棉短绒经蒸煮和精制成含纤维素 98%以上的浆粕，然后在冰醋酸的存在下，使纤维素与醋酸酐作用而生成三醋酸纤维素。三醋酸纤维素经水解可制得二醋酸纤维素。

醋酸纤维素是纤维素酯中最为稳定的酯类之一，但在较高的温度下和在一定的 pH 范围下仍能发生水解。水解的结果将使乙酰基含量降低，剧烈的水解还能使分子量降低，并使膜的性能受到损害。醋酸纤维素的水解速度与温度和 pH 值之间的关系如图 4-16 所示。由图 4-16 可见，随着温度的上升，醋酸纤维素的水解速度明显加快，而 pH＝4～6 时，水解速度最慢。为了延长醋酸纤维素膜的使用寿命，在实际应用中，应尽量选择对醋酸纤维素水解速度最慢的 pH 范围(5～6 之间)，这一 pH 值对设备和管路的腐蚀也较轻。

随着醋酸纤维素中酯化度的上升，因亲水的羟基含量下降，使醋酸纤维素膜的透水性下降，而脱盐率上升，化学稳定性也随酯化度的上升而上升。因此，在醋酸纤维素系列中，三醋酸纤维素的脱盐率高于二醋酸纤维素，而透水率则降低。由图 4-17 可见，三醋酸纤维素在耐游离氯性能、耐 pH 性、以及耐细菌性能方面，都比二醋酸纤维素高一个级别，在耐氯性方面远高于聚酰胺。

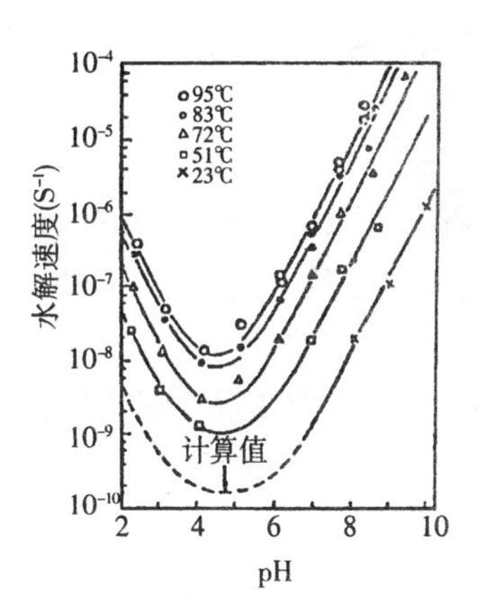

图 4-16 温度和 pH 值与醋酸纤维素水解速度的关系

醋酸纤维素及其各种共混膜已广泛地用于反渗透、超滤、微滤和气体分离等过程。尤其是醋酸纤维素反渗透膜，在苦咸水脱盐、海水淡化上得到大量应用。苦咸水脱盐主要是把咸水化的地下水、

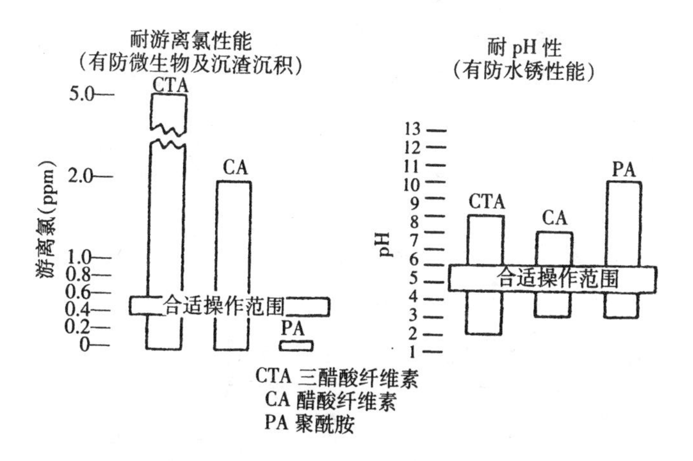

图 4-17 醋酸纤维素和聚酰胺的耐游离氯与耐 pH 性能

河川水制成饮用水、电子工业用的超纯水、医疗工业等需要的无菌水和无致热质纯水，以及城市排水、工业排水的再生利用等。在海水淡化方面，它比蒸发法的建设安装期短，装置和运转费用更低，因此不仅在船舶和孤岛等处有小型装置在运转，在陆地上有产水量达数千数万立方米/天的大型装置也在运转，如1983年沙特阿拉伯向日本东洋纺织公司购置了日产11 000 m^3 规模的海水淡化装置，至今尚在正常运转中。

2)再生纤维素膜

再生纤维素膜大量用于人工肾血液透析器。如德国生产铜氨纤维素中空纤维膜，中国纺织大学研制并投产的粘胶法纤维素中空纤维膜、新溶剂法纤维素中空纤维膜等都是。

2. 聚砜膜

聚砜类高聚物的一般结构是 $R-\overset{O}{\underset{O}{\overset{\|}{\underset{\|}{S}}}}-R$ 。代表性的芳香族聚砜有：

(1)聚砜 $\left[-O-C_6H_4-C(CH_3)_2-C_6H_4-O-C_6H_4-SO_2-C_6H_4-\right]_n$

(2)聚芳砜 $\left[-SO_2-C_6H_4-O-C_6H_4-SO_2-C_6H_4-C_6H_4-\right]_n$

(3)聚醚砜 $\left[-C_6H_4-SO_2-C_6H_4-O-\right]_n$

(4)聚苯砜 $\left[-C_6H_4-C_6H_4-O-C_6H_4-SO_2-C_6H_4-O-\right]_n$

n=50-80

聚砜化学结构中的硫原子处于最高的氧化价，加上苯环的存在，使其具有良好的物理化学稳定性，可在 pH 为 1～13 的范围内使用，亦可在 128℃下进行热灭菌处理，并在 90℃下长期使用；具有一定的抗水解性和抗氧化性。此外，由于醚基和异次丙基的存在，使砜类聚合物具有柔韧性和足够的力学性能。

由于聚砜类的耐热性较好，因此它可在较高的温度下工作，有利于水通量的提高。图 4-18 为聚醚砜膜在各种温度下的纯水渗透速度。由图可见，随着处理温度上升，纯水的渗透速度明显地增加。

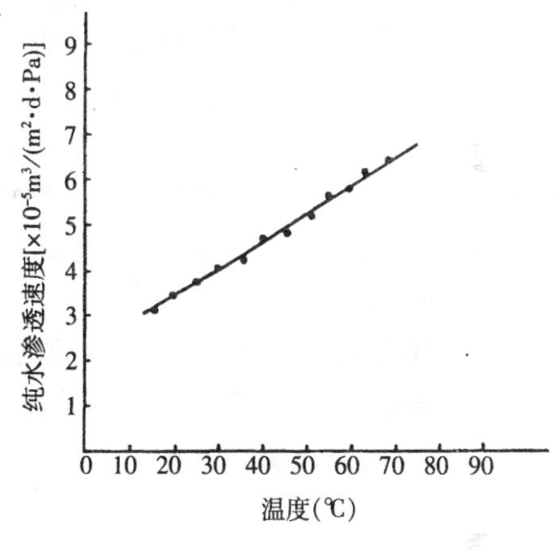

图 4-18　聚醚砜膜的纯水渗透速度与温度的关系

聚砜类膜具有良好的化学稳定性，长时间使用后，膜的性能降低较少。可使用强力的膜清洗剂，便于有效地恢复膜的性能。还可进行非水溶剂系统的分离。聚砜类膜可作为超滤、反渗透和微孔过滤，磺化聚砜膜可作离子交换膜，硅橡胶-聚砜复合膜可作为气体分离膜，可分离 NH_3 等气体。聚砜-双硫腙支撑液膜可用于分离和浓缩金属离子如钴等。

3. 聚酰胺类

聚酰胺膜可分为脂肪族聚酰胺和芳香族聚酰胺两类。

1)脂肪族聚酰胺

尼龙-4 是较早研究的一种脂肪族聚酰胺膜，尼龙-4 膜的透水率[0.077 $cm^3/(cm^2 \cdot h)$]虽较高，但在进行海水淡化时，盐的分离率(86%)却较低，特别在长时间使用时，分离效果不够稳定。

对于尼龙-6 膜而言，不论是透水率或分离率，在长期使用中都比较稳定，其唯一缺点是透水率较低。美国杜邦公司把尼龙-66制成中空纤维膜，并于1967年发表了被称为B-5的膜组件。该组件对二价离子的分离率可达85%～90%，但对一价离子，特别是对氯离子的分离率较低。由于膜的机械强度不高，故不能靠提高操作压力来提高其透水率。

2)芳香族聚酰胺

为提高聚酰胺膜的分离特性和机械强度等性能，从而研制芳香族聚酰胺膜。杜邦公司把耐热性芳香族聚酰胺用于制造膜材料，并先后研制成B-9和B-10型的中空纤维膜组件。1970年发表了用于苦咸水脱盐的B-9型，属中压型；1973年又进一步改进，制成海水淡化用的B-10型，属高压型。两种型号的膜器件虽以脱盐为主要目的，但同时可用作废水处理、有机物、以及食品等的浓缩、回收、净化和分离。

在上述基础上，他们又于1982年研制成两种螺旋型滤膜，一种是被广泛使用的、用醋酸纤维素膜组成C-1型，另一种是与B-9、B-10型相同聚合物膜组成的B-15型，它以废水处理、浓缩、回收为目的而开发的。B-15型的开发使芳香族聚酰胺膜的应用范围更为广阔。

与二醋酸纤维素膜比较，芳香族聚酰胺膜具有如下特点：

①物理稳定性：可在较高的温度范围下使用而不出现水解，有较高的水通量和脱盐能力，可长期保持稳定的运转。

②化学稳定性：耐化学药品稳定性高，可在pH为3～11的范围内使用，但不耐水中的游离氯，因为主链上的—CONH—和—CONHNHCO—基易被氯所氧化。

③生物稳定性：一般不受细菌等微生物的侵蚀。

4. 乙烯基类的聚合物及共聚物

乙烯基类的聚合物和共聚物通常含有—OH、—CN、—COOH、—NH_2、=NH、以及吡啶基等。它们可作为反渗透、超滤和微过滤等的膜材料。常用的聚合物有：聚乙烯醇、聚偏氯乙烯、聚乙烯吡咯烷酮、乙烯-乙烯醇共聚物、聚丙烯腈及其共聚物、聚丙烯酸、聚丙烯酰胺等。

聚乙烯基系的聚合物及其共聚物膜的问世较晚，多数用作超滤膜和微孔膜，作为反渗透膜性能尚不够稳定。

1)聚乙烯醇及其共混膜

聚乙烯醇能溶于热水中，经热交联处理或缩醛化处理后，对有机溶剂和热水有良好的稳定性。但作为反渗透膜时，其分离性较差。

为了克服聚乙烯醇的缺点，小山清等研制了聚乙烯醇-聚苯乙烯磺酸共混的离子性反渗透膜。聚乙烯醇膜随热处理时间的延长，膜的分离率增加，而透水速度下降；当有聚苯乙烯磺酸混入时，则膜的分离率和透水速度都随热处理时间的延长而有所增加。

聚乙烯醇磺化聚苯醚离子性反渗透膜，它比聚乙烯醇膜有更好的耐溶剂性、以及良好的脱盐率和透水速度。

2)聚丙烯腈及其共聚物膜

用聚丙烯腈制得的不对称膜，因表面活性层的多孔性，因而只适用于超滤膜或微滤膜。

用丙烯腈的共聚物制成的膜，既可制成超滤膜和微滤膜，也可制成反渗透膜。

丙烯腈共聚物膜因具有很好的耐霉性、耐气候性和耐光性，又具有较好的耐溶剂性、化学稳定性和热稳定性，适应范围较广，水通量较大，价格便宜而受到膜工作者的重视。近年来发展速度较快，在国外已成为三种重要膜材料之一。

丙烯腈共聚膜的缺点是铸膜性较差，膜的脆性较大，干态膜的透水性能明显下降，但可通过改变铸膜液的热力学条件、制膜工艺和后处理条件，而得到明显改善。

丙烯腈共聚膜经等离子体处理后，具有更好的耐药品性、耐热性、耐微生物和耐压实性，对某些有机物有良好的截留性能。

近年来，丙烯腈共混膜受到了重视，中国纺织大学曾独自并与日本东洋纺织公司合作，先后研制成纤维素、三醋酸纤维素、二醋酸纤维素以及聚苯乙烯与共聚丙烯腈的共混物膜。其主要特点是在截留分子量相近的情况下，透水率有明显的上升，物理机械性能也有所改善。

3)聚乙烯醇-聚丙烯腈复合膜

由聚乙烯醇和聚丙烯腈复合而成的膜可作为渗透蒸发材料，用于分离含水量很少的有机溶剂。聚乙烯醇复合膜的结构如图4-19所示。真正具有分离能力的是复合膜最上层的聚乙烯醇超薄层，聚丙烯腈微孔膜和聚酯非织造布作为支撑层。由于处理液对聚乙烯醇致密膜的渗透能力很差，且膜越厚，通过性越小，因此，致密层必须尽可能薄，一般为0.5～2 μm，以获得近可能大的通量。

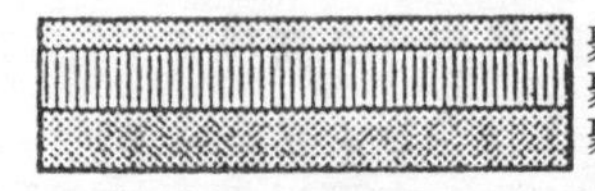

图4-19　复合膜结构示意图

渗透蒸发膜适用于：

①能与水形成共沸物，如乙醇、异丙醇、丁醇、甲乙酮、乙酸乙酯、吡啶等。

②含水量极微的试剂。

③很难用蒸馏方法脱水的有机溶剂，如丙酮和醋酸等。

膜材料的品种繁多，表4-2曾择要列出一部分，本节仅介绍其中一二，不再也不可能逐一介绍。

4.5 纤维膜的制造及膜分离装置

膜分离技术的核心是膜本身，膜的性能决定了膜分离装置的性能。用同一种膜材料制成的分离膜，可因不同的成膜条件和工艺参数，使膜的性能有很大的差别。合理的制膜工艺和最优的工艺参数，是获得优良性能分离膜的重要保证。因此，必须了解膜材料的合成和性能；聚合物的溶解或熔化条件；铸膜液合适的热力学条件和流变性能；膜的成型机理；制膜条件与膜的结构和性能的关系等等。鉴于本书的读者多是从事高分子材料的大学生、研究生、以及科技人员，他们对上述问题有比较深刻的了解，故本节着重讲述最后一个问题。如有必要可参考有关著作。

膜分离装置应包括膜组件及对流体提供压力与流量的装置（如泵）。膜以某种形式组装在一个基本单元设备内，在外加压力的作用下，能实现对溶质和溶剂的分离，我们称该单元设备为膜组件。每立方米的膜组件可装填数百到上万平方米的膜。为了满足不同生产能力的要求，通常可使用数个至数千个膜组件。对流体提供压力与流量的，则必须用泵来完成。

工业上常用的膜组件形式主要有：板框式、管式、螺旋卷式和中空纤维式。实践证明，性能优良的膜组件应具备如下条件。

(1)对膜能提供足够强度的机械支撑，能使透过成分与原流体严格分开；

(2)被处理流体在膜表面的流动状态均匀合理，以减少浓差极化现象；

(3)使膜的装填密度尽可能地高，膜的组装和更换尽可能方便；

(4)装置牢固，安全可靠，价格低廉，便于维护。

4.5.1 膜的形状及其制法

1. 膜的各种形状

膜的制造方法通常有溶液法、熔融法、复合法及其它多种方法。根据膜的外观形状的不同，可分为平板膜、管式膜（有内压式和外压式之分）、螺旋卷膜和褶叠膜（实际上均为平板膜加工而成）以及中空纤维膜。上述各种膜组装成的膜组件的性能比较如表 4-10。

表 4-10 常用膜组件的性能比较

膜形式	装填密度 (m^2/m^3)	支撑结构	堵塞情况	预处理要求	膜的清洗	膜的更换
平板	400～600	复杂	易堵	较高	难	容易
管式	25～50	外压式复杂	不易堵	不高	易	较易
螺旋卷式	800～1 000	较简易	易堵	高	难	不可能
中空纤维	8 000～15 000	不需要	易堵	很高	难	不可能
褶叠膜	800～1 000	较复杂	易堵	较高	难	不可能

与其它膜组件相比较，中空纤维膜组件具有如下特点：

(1) 单位体积的膜面积很大，使设备小型化，同时可减少厂房面积；

(2)耐压性较高，不需要任何支撑体，使装置体积明显减少；

(3)密封结构简单，使装置大为简化，并降低成本；

(4)被处理的溶液可在中空纤维内快速流动，因剪切速率较大，可减少浓差极化现象，防止膜的堵塞；

(5)实现工业化生产有良好的重复性；

(6)主要缺点是：中空纤维的制作工艺和技术较复杂；溶液处理前必须高度预处理，否则中空纤维膜容易被堵塞；膜被部分堵塞后，清洗较困难。

2. 膜的制造方法

因膜的用途不同，要求所具备的性能也不同，这就要求采用不同的制膜方法和成型参数，以调节膜的性能，而适用各种用途的要求，通常使用的制膜方法主要有如下数种：

1)湿法成膜

湿法成膜是最常用的一种制膜方法，不论平板膜、管式膜或中空纤维膜都可以采用湿法成膜。

把聚合物、溶剂和各种添加剂加入溶解设备中，在温度程序控制和剧烈搅拌下进行溶胀、直至完全溶解成铸膜液。铸膜液经过滤以除去混入的固体杂质，脱泡以除去溶液中的气泡。净化后的铸膜液通过流涎法制成平板膜或管式膜；经纺丝而制成中空纤维膜。使初生膜中的溶剂部分挥发后，把初生膜浸入含溶剂的水溶液(或非水凝固剂)中，通过双扩散而冻胶化。经各种后处理以除去膜中的溶剂和凝固剂，使膜结构定型化，并具有预期的性能。使用前还必须对膜进行预压处理，使其透水率相对稳定。

2)干法制膜

干法制膜的方法与湿法基本相同，只是溶剂的去除完全依靠蒸发而除去。随着溶剂的逐步蒸发，铸膜液中聚合物的浓度随之增加，当浓度达到某一凝固点时，高聚物即固化而释出。干法成膜在固化时因体系的高聚物含量较高，故干法膜的结构较湿法膜更致密。

3)冻胶法制膜

一些高聚物因不能溶于通常的溶剂中，或因溶解度很差，故不能用溶液法成膜。但如聚合物在高温下能溶于某一溶剂，而在较低温度下，该溶剂即成为非溶剂，并使聚合物溶液成为冻胶，即可采用冻胶法进行成膜，该溶剂称为潜在溶剂。成膜后的潜在溶剂可用萃取法把它除去，一般可采用一种能与潜在溶剂互溶，但不能溶解高聚物的试剂进行萃取。

冻胶法制膜适用于极性高聚物，也适用于非极性高聚物，但主要用于聚烯烃。可作为聚烯烃的潜在溶剂列于表4-11。这些潜在溶剂通常含有一个极性亲水端基的烃链，其中用得最多的是N-牛酯二乙醇胺(TDEA)。

表4-11 可用冻胶法成膜的聚合物及其潜在溶剂

聚合物	潜在溶剂	挤出温度(℃)
LDPE	饱和长链醇	
HDPE	TDEA	250
PP	TDEA	210
PS	TDEA，二氯苯	200
PVC	反式-二苯代乙烯	190
SBB	TDEA	195
EAA	TDEA	190
Noryl(PPO/PS)	TDEA	250
ABS	十二烷基醇	200
PMMA	1,4-丁二醇，月桂酸	210
Nylon11	环丁砜	198
PC	甲醇	

4)复合膜

膜表面的致密层厚度仅为膜整个厚度的百分之一左右，但它决定着膜的分离性和透过速率，透过速率与致密层的厚度成反比。因此，降低致密层的厚度是提高透过速率的关键。但无限地降低致密层的厚度(如0.1 μm以下)将有很大困难，它既有工艺上的问题，也有膜的强度和压密性的问题。由于膜的压密，使膜的透过速度下降，特别对于超滤和反渗透这些以压力为动力的膜过程，不能说不是一种研制的缺陷。而膜的压密性主要决定于膜表面的致密层和多孔支撑层之间的过滤层，为了克服上述缺点，从而投入研制复合膜。即用坚韧的材料制成支撑基体，用高分离性材料制成超薄的致密层，这样既降低致密层的厚度又提高透过性和复合膜的压密性，从而更进一步地提高膜的透过性。

已有多种方法用于制造复合膜，见诸报道的主要有：水面形成法、聚合物稀溶液的表面涂布法、界面缩合和界面缩聚法、单体催化聚合法、等离子体聚合法、以及动态形成法等。几种复合膜的制造方法示意列于图 4-20。

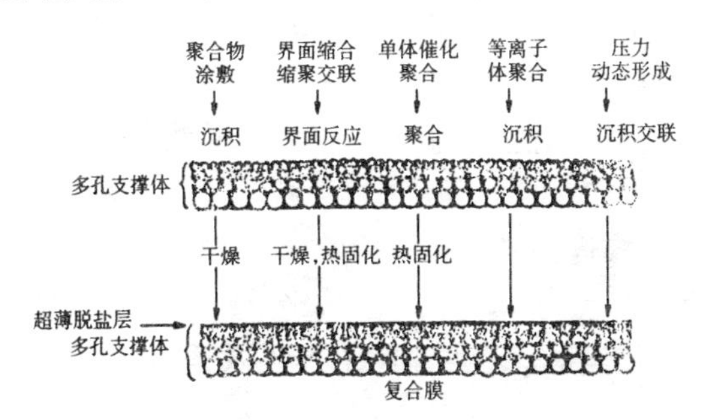

图 4-20　复合超薄层膜的制作方法示意

复合膜主要用作反渗透膜，还可作为气体分离膜，以及渗透蒸发膜。

5)其它制膜方法

随着膜分离科学的发展和新技术的不断涌现，开发了一些特殊的制膜方法，简介如下：

(1)物理浸出法：把经磨细分散的成孔剂(如胶态的二氧化硅等)加入铸膜溶液或熔体中，经纺制成膜后，用膜材料的非溶剂把成孔剂从膜中浸出，即制成多孔膜。这一成孔方法是物理性的，成孔剂不能与膜材料或溶剂相互作用。浸出法制膜的特点是孔隙率偏低，一般不高于 40%。

(2)核径迹膜：首先用一定能量的带电粒子轰击膜，在膜上形成狭窄的径迹，然后用合适浓度的化学刻蚀剂，在一定温度下对该膜处理一定时间，径迹被溶解而形成小孔。该膜的特点是孔径均匀且呈圆柱形，孔轴基本与膜面相垂直，但孔隙率很低。

(3)拉伸成孔法：最有代表性的是Celgard的聚丙烯拉伸微孔膜。把聚丙烯在稍高于熔融温度和较高的应力下挤出成膜或成为中空纤维膜，经一定拉伸后，随后在略低于熔点的温度下进行热处理。微孔呈细长状，长约0.1～0.5 μm，宽为0.01～0.05 μm，孔隙率约为40%。

(4)溶胀法：把致密膜浸入溶胀剂中，使大分子间充满溶胀剂，随后用聚合物的非溶剂把溶胀剂取代而出，使膜形成众多的微孔。该膜首先用于微生物的分离，把硝酸纤维素致密膜浸入乙醇的水溶液中，一定时间后，用水进行洗涤以除去乙醇。该膜显示出较高的渗透性，渗透性的高低与溶液中乙醇的含量成正比。

4.5.2 制膜工艺与膜的结构和性能的关系

膜的结构和性能虽然与膜材料的化学结构和性能关系密切，但调整成膜工艺和工艺参数，能在很大程度上影响膜的结构和性能。

1. 原液组成和条件

在制膜液中存在着两种聚集状态，即大分子网络和胶束。由数个至数百个大分子链因分子间力的作用，而形成大分子网络，网络中大分子链段间的空间为网络孔，网络孔的尺寸较小而数量较多；大分子网络间因相互靠拢而聚集成胶束，胶束内各网络间形成孔径较大、但数量较少的胶束聚集体孔。当制膜液凝结后，上述两种聚集体基本保留，从而在很大程度上影响膜的结构和性能。而原液的组成和工艺条件又在很大程度上影响上述两种聚集体的结构，从而影响膜的结构和性能。

1)原液浓度

曾研究过丙烯腈共聚物膜原液中PAN含量与膜性能的关系。由表4-12的数据可见,随着原液中PAN含量的增加,原液中的网络和胶束结构趋于致密,使膜的孔径和孔隙率下降,而截留率上升。但当浓度过高时,膜的截留率反而下降,可能因原液粘度较大,固化时部分溶剂未及时扩出,因而局部形成较大的孔洞,从而使截留率降低。从膜的电子显微镜照片可见,当原液浓度为17%时制成膜的结构最致密,支撑层的结构随浓度的上升,逐渐由指状孔转化为针状孔,最后成为海绵状。

表4-12 原液浓度与膜性能的关系

原液中PAN的含量(%)	水通量[L/(m²·h)]	对牛血清蛋白截留率(%)	孔隙率(%)	孔 径(*10⁻¹nm)
11	695	52	78	436
13	590	61	76.5	328
15	306	70.5	70.8	312
17	200	78	69.5	285
20	58	69	68.7	176

2)溶剂

一般而论,极性高聚物溶解于极性溶剂中,而非极性高聚物则溶于非极性溶剂中。非极性高聚物选择溶剂时,一般可根据溶解度参数或内聚能密度相近的原则进行。极性高聚物选择溶剂时,除考虑溶解度参数原则外,还必须考虑到两者的色散力、极性(包括诱导)和氢键,它们之间也要相等或相近。关于溶剂的进一步探讨请参阅"合成纤维生产工艺学"的相关章节。

3)添加剂及其用量

曾研究过高聚物、稀无机盐水溶液、有机试剂作为聚丙烯腈溶液的添加剂。由于添加剂的不同,使铸膜液的结构和相分离动力学存在差异,因而使膜的结构和性能存在差异。图4-21和表4-13分别表示添加剂组分对聚丙烯腈结构和性能的影响。由图 4-21 可见无机试剂添加剂使膜的支撑层呈疏松的指状结构，而有机试剂则使其具有较致密的海绵状结构。表 4-13 表明添加剂用量对膜的水通量、(对牛血清蛋白的)截留率、孔隙率和平均孔径有明显影响。

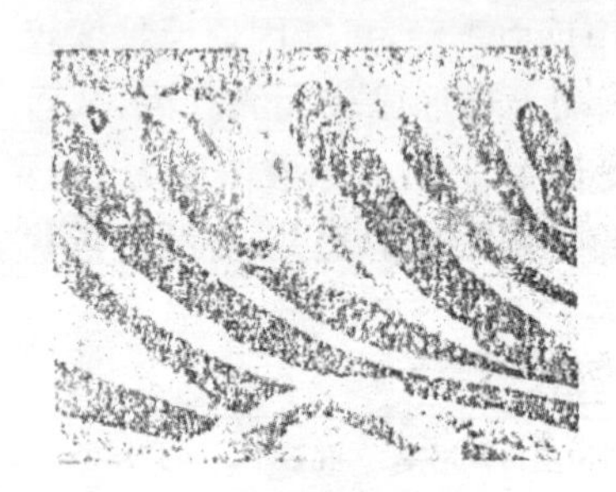

(a)无机试剂

(b)有机试剂

图 4-21 添加剂种类对 PAN 膜结构的影响

表 4-13 添加剂种类对膜性能的影响

添加剂	水通量 [L/(m²·h)]	对牛血清蛋白的截留率 (%)	孔隙率 (%)	平均孔径 (*10⁻¹nm)
不加	272	97.1	65.1	313.0
高聚物 1	287	95.9	70.5	322.3
高聚物 2	303	86.7	90.1	336.8
稀无机盐水溶液	342	81.3	84.1	330.0
固体无机盐	318	73.3	72.3	368.2
有机试剂	207	87.5	67.9	331.5

添加剂的用量对膜的结构和性能也有明显的影响。改变稀无机盐水溶液的用量，PAN 膜的结构和性能的变化情况如表 4-14 所示。随着添加剂含量的增加，膜的截留率下降，而平均孔径、孔隙率和水通量则随之增加，当添加剂含量达到某一值后，截留率降至最低值，而水通量、孔径和孔隙率则达到最高值，继续增加添加剂的含量，截留率反而上升，水通量、孔径和孔隙率则下降。这与添加

剂含量和原液的粘度关系相吻合，即含量上升，粘度下降，使成膜时溶剂和凝固剂的双扩散速度上升，加快了凝固速度，而形成较疏松的膜结构，当添加剂含量超过某一临界值时，粘度反而上升，使双扩散速度下降，形成较致密的膜结构。

表 4-14　添加剂用量与膜的结构和性能的关系

添加剂用量（%）	水通量[L/(m^2·h)]	对牛血清蛋白的截留率（%）	孔隙率（%）	平均孔径（$*10^{-1}$nm）
0	425	86.2	79.5	185
3	472	82.1	80.4	300
5	530	80.5	81.0	316
7	708	72.3	81.8	325
9	350	72.0	71.5	220

4)铸膜液中各组分的比例

有作者以丙酮为溶剂，以高氯酸镁为添加剂，制备醋酸纤维素膜，研究了铸膜液组成对膜性能的影响。如以 P、S、N 分别代表聚合物、溶剂、致孔剂。改变铸膜液组成，在其它条件相同的情况下制成膜。然后在 0.68 MPa 的压力下，对浓度为 0.2 kg/m^3 的 NaCl 水溶液进行反渗透，如以膜对 NaCl 的截留率来衡量膜孔径的大小。结果发现，铸膜液中聚合物的聚集程度，与 P、S、N 之间的比例有关。聚集程度越强，致密层的孔径越大，这与 N/S、N/P 与 S/P 提高的比率是一致的，如表 4-15 所示。

表 4-15　N/P、N/S 和 S/P 对截留率的影响

N/P（重量比）	截留率（%）	N/S（重量比）	截留率（%）	S/P（重量比）	截留率（%）
0.812	46.7	0.199	46.7	3.257	46.7
0.893	37.2	0.219	36.8	3.664	33.0
0.974	29.0	0.239	28.9	4.071	23.0

经多次测定结果表明，对溶质的截留率越低，膜的孔径越大，因此，由膜的孔径尺寸可以预测对溶质截留率的高低。同一聚合物用不同的致孔剂，其合适的比率也不相同。

5)相对分子质量

聚合物相对分子质量对膜的结构和性能的影响，未见系统的报导，作者曾进行一些初步探索。一般而论，随着相对分子质量的增大，在溶液中的大分子网络和大分子间的交缠点增多，使网络和聚集体结构更致密，因而使膜的水通量下降，而截留率上升。对于具体的分离物质的透过速率，则因物而异，不能一概而论。

6)铸膜液温度

铸膜液温度对膜的结构和性能的影响可用高分子溶液的粘度、以及高分子分散相凝聚动力学理论加以解释。随着溶液温度的上升，溶液的特性粘度随之下降，大分子链的刚性也随之下降，使形成大分子网络的趋势增大，因此，溶液中的网络数量增多，而网络尺寸减小。此外，随着铸膜液温度的上升，增加了高分子网络的碰撞机会，而增加了胶束聚集体的形成几率，使胶束聚集体的数量增加，而尺寸减小。

上述理论分析与聚丙烯腈膜的实验结果相一致。随着铸膜液温度的上升，在相同的成膜条件下，膜的厚度降低(因溶液粘度下降，使流涎性增加)；如上所述，溶液中的网络和胶束聚集体的数量因温度的上升而增加，尺寸则减小，结果使孔隙率增加而孔径下降，孔隙率的增加有利于水通量的增大，而孔径的变小则有利于截留率的提高。由此可见，可利用上述特点，确定一最合适的铸膜液温度，从而获得水通量和截留率都较高的超滤膜。

2. 制膜条件

1)溶剂预蒸发时间

铸膜液经刮制成膜后，在进入凝固浴之前，往往在一定温度、湿度条件下停留一段时间；如采用干喷湿纺法纺制中空纤维时，铸膜液自喷丝孔喷出至凝固浴表面(即干纺程)所需的时间,统称为溶剂的预蒸发时间。

一般而言,当溶剂的挥发速度大于溶剂吸附空气中水分的速度时,如醋酸纤维素-丙酮溶液成膜时,由于溶剂自膜表面挥发逸出,使聚合物大分子互相接近,相互吸引,并在膜表面形成一结构致密的表皮层,并随时间的延长,致密层也不断地增厚,表皮层的致密度越大,膜的截留率越高,而水通量则越小。

一些铸膜液因使用亲水性溶剂,加上自身沸点较高,使溶剂的吸湿速度大于挥发速度,如聚丙烯腈-二甲基亚砜溶液,在溶剂的预蒸发时间内,膜表面因吸水(水为凝固剂)而固化,固化时大分子间含有较多的水和溶剂,而形成较疏松的致密层。与上述相反,随着蒸发时间的延长,膜的截留率下降,而水通量增大。

2)凝固浴浓度

湿法成膜的凝固浴通常是溶剂的水溶液,所谓凝固浴浓度,实际上是指溶剂在凝固浴中的重量百分数。当凝固浴浓度为零时(不含溶剂),原液与凝固浴间的溶剂和凝固剂的浓度差最大,双扩散速度大,膜的固化速度很快,因而形成疏松的膜结构,膜的水通量较大。随着凝固浴浓度的增大,凝固趋于缓和,膜结构也逐渐致密,使膜的水通量逐渐下降,如图 4-22 所示。当凝固浴浓度达到某一临界值时,膜结构最为致密,水通量降至最低值。继续增加凝固浴浓度,因浴的凝固强度降低,凝固时膜仍处于高度的溶胀状态,内部含有大量溶剂和凝固剂,因而膜的结构疏松,水通量增大。

3)凝固浴温度

随着温度的上升,溶剂和凝固剂的双扩散速度加快,使膜的固化速度加剧,因而形成疏松的膜结构,使膜的水通量上升,而截留率下降。

4)填充液的压力和组成

在纺制中空纤维膜时,必须在插入管式喷丝头的内腔通入填充液，它不仅为刚成形的中空纤维膜提供内部支撑，而且起到内壁凝固作用。尤其对内压式中空纤维膜的截留率和水通量起到决定性作用。

增大填充液压力，中空纤维的内径和外径相应增加，膜的壁厚则下降；膜的水通量随填充液压力的增加而明显加大，如图 4-23 所示。水通量增加的原因是：一方面因膜的厚度随填充液压力增大而变薄，降低了传质阻力；另一方面是液压增大意味着填充液的流量增加，这就增大了膜界面处溶剂和凝固剂的浓度差，使膜的固化速度加快，从而使膜的孔隙率和孔径增大，水通量上升。

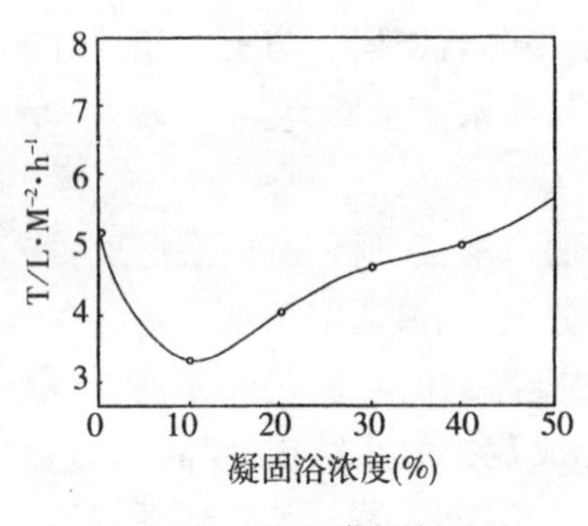

图 4-22　PAN 膜的水通量(J)与凝固浴(DMSO－H_2O)浓度的关系

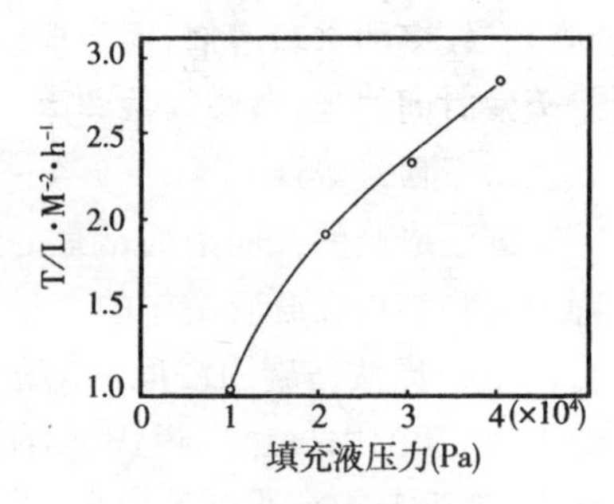

图 4-23　填充液的压力与膜的水通量(J)之间的关系

填充液同时起到凝固浴作用已如上述，这就涉及填充液的组成问题，以及它与凝固浴的相互配合问题。如果调配不当，容易形成如图 4-24(c、d)所示的那种横截面，即在指状孔支撑层的中间又形成一海绵层，海绵层强度极差，容易裂开而使中空纤维一分为二，它使溶液的透过阻力大为增加，甚至使水通量接近于零。实验证明，这一海绵层可通过调节填充液或凝固浴组成而消除。当填充液的固化能力较强时，海绵层远离纤维内表面；反之则偏近内表面。可使填充液和凝固浴的固化能力，存在较大差别，使海绵层无限地靠近内表面或外表面，从而导致海绵层的消除，如图 4-24(a、b)所示。

3. 膜的后处理

成膜以后还必须经过一系列的后处理，使膜具有一定的结构和性能，在使用过程不发生大的变化，还可根据不同的用途进行不同的处理。

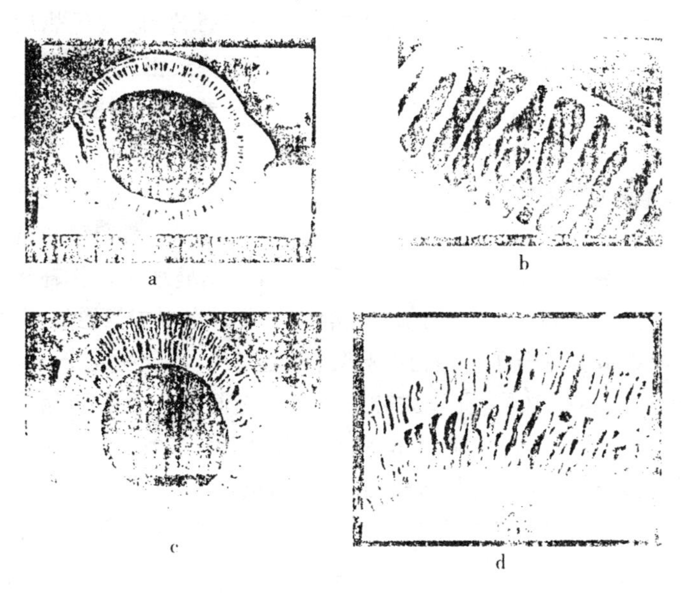

图 4-24 未形成(a、b)与形成(c、d)中间海绵层的 PAN 中空纤维膜的横截面

1)后拉伸

中空纤维膜组件没有附加的支撑体，因此，它必须具有一定的机械强度，适当的拉伸以提高膜的机械强度是很必要的，拉伸的结果，使中空纤维的内、外径变小，壁厚减小，而且微孔的孔径缩小，甚至闭合，故拉伸倍数应适当控制。图 4-25 表明拉伸倍数增加，膜的水通量下降。

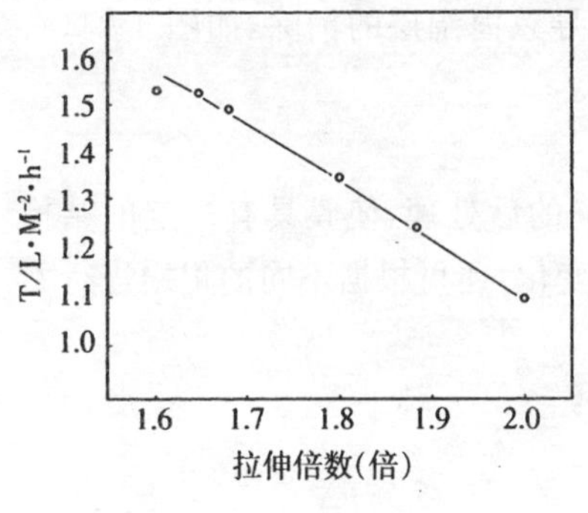

图 4-25　拉伸倍数与 PAN 膜水通量的关系

不同的膜材料应使用不同的后拉伸温度。如果拉伸温度过低,因高分子链段的运动较缓慢,拉伸时容易使膜内部存在内应力,并使膜的某些孔结构遭到破坏;拉伸温度过高,膜因受热后收缩而结构致密化,使膜的水通量明显下降,甚至趋近于零。

2)热处理条件

刚形成的膜,结构虽已形成,但尚未稳定,膜的截留率和抗压实性尚未完全具备实用性,因此需对膜进行热处理予以弥补和调节。当温度升高时,膜中的部分结合水或吸附水因能量增加,它会克服氢键或其它分子作用力而脱吸;与此同时,聚合物大分子链因动能增加,运动加剧,促进大分子链中或链间的极性基团相互吸引,进一步缩小膜的空隙,并使部分毛细管中的水被挤压而出。因此,热处理过程是膜的脱水收缩过程,向更紧密、更稳定的结构状态运动。通过调节热处理温度,可以改变膜的结构,而制备成不同用途的膜。

3)干燥条件

湿膜易于细菌的繁殖和生长,也不利于膜的贮存、运输和组装,因此,必须通过干燥,使湿膜成为干膜。

不同的膜应使用不同的干燥方法,才能获得最佳的膜性能。使用的干燥剂、干燥温度、相对湿度、以及干燥时间,对膜的结构和性能都有不同程度的影响。在一般情况下,随着干燥温度的升高,相对湿度的下降,干燥时间的延长,使膜的水通量下降,而截留率上升。

干燥前可对膜进行保孔处理，这样即可使膜干燥，又可达到膜性能不降低的目的。不同的膜材料，不同的成膜条件，所使用的保孔剂及其数量也不同，其最佳的干燥条件也各不相同。

4.5.3 平板膜及其装置

1. 平板膜的制造

在试验室中，铸膜液通过可调节粗细的喷嘴，均匀地流涎在平整、光滑的玻璃板上。可以固定喷嘴按一定速度移动玻璃板，也可固定玻璃板以一定速度移动喷嘴。膜的厚度可调节喷嘴的粗细，也可调节喷嘴或玻璃板的移动速度。膜的流涎在有温、湿度控制的箱内进行，流涎后在箱内停留一定时间后，把膜连同玻璃板一起浸入凝固浴槽中进行固化。

工业上大多把铸膜液直接流涎在支撑材料上，膜与支撑材料构成一体，膜的强度高，而且性能稳定。多数以非织造布或涤纶布作为支撑材料。简单的制膜过程如图 4-26 所示。缠绕在滚筒 A 上支撑物，经展平辊 B 和导向辊 C 后，绕于滚筒 E 的表面，铸膜液由喷嘴 D 挤出，流涎到支撑物上，膜的厚度和均匀性可通过喷嘴调节。铸膜液连同支撑物随滚筒 E 的转动，而进入凝固浴槽 F 固化

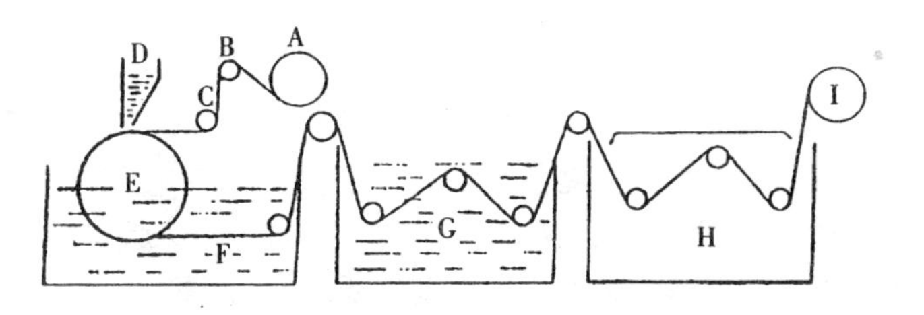

A、E——滚筒； B——展平辊； C——导向辊； D——喷嘴；
F——凝固槽； G——热处理槽； H——干燥箱； I——收集辊

图 4-26 平板膜的制造流程

成膜。随后进入热处理槽G,膜经热处理后,微孔收缩变小,水通量降低,而选择性提高。膜经干燥箱H进行干燥成干膜,最后缠绕在收集辊I上。

2. 板框式平板膜装置

工业上常用的膜装置主要有板框式、螺旋卷式、管式及中空纤维式。平板膜一般使用前两种装置。不管采用何种膜装置,都必须具备以下条件:对膜能提供足够的机械支撑,并能使处理液和透过液严格分开;能使原液在膜面上的流动状态均匀合理,尽量减小或消除浓差极化;尽可能高的装填密度(单位体积中的有效膜面积大),并使膜的组装和更换方便;装置牢固、安全可靠、价格低廉、容易维护。

板框式平板膜装置是最早发展的一种反渗透膜组件。它是由传统的板框式压滤机衍生而来,其差别在于板框式压滤机的过滤介质是织物或毡等,而平板膜装置的介质是膜,密封装置要求较高,并且要求耐更高的压力。

与其他膜装置相比,平板式的最大特点是制造组装比较简单,膜的更换、清洗和维护较容易,在同一设备内,可根据需要组装不同数量的膜,既可作为生产性装置,也可做试验室的实验装置。

与管式装置相似,平板式装置的原液通道的截面积较大,使压力损失小,原液的流速较高(1~5 m/s),可防止浓差极化;对原液的前处理要求较低,即使原液中含有一些杂质异物,也不会堵塞通道;可把滤板设计成各种形状的凹凸波纹,以使流体易于形成湍流,减少膜板被凝胶层堵塞的可能性。

板框式平板膜装置也存在不少缺点:如由于单位膜面积较大,加上原液湍流的冲击,因此对膜强度的要求较高;膜的装填密度较低,使设备体积大,车间面积也较大;密封边界线过长,密封较复杂;原液的流程较短,通道的截面积较大,使单程回收率低,而循环量和循环次数比较多,因此要求泵的容量大,使能耗增加。

3. 螺旋卷式膜装置

卷式组件所用的膜为平板膜，日本电气工业公司的超滤用螺旋型膜组件如图 4-27 所示。把多孔性的渗透水隔网夹在三面密封的半透膜袋之内，半透膜的开口处与中心集水管密封，然后再衬上原水隔层，并连同膜袋一起在中心管外缠绕成卷。膜袋的数目称为叶数，叶数越多，密封的要求越高。

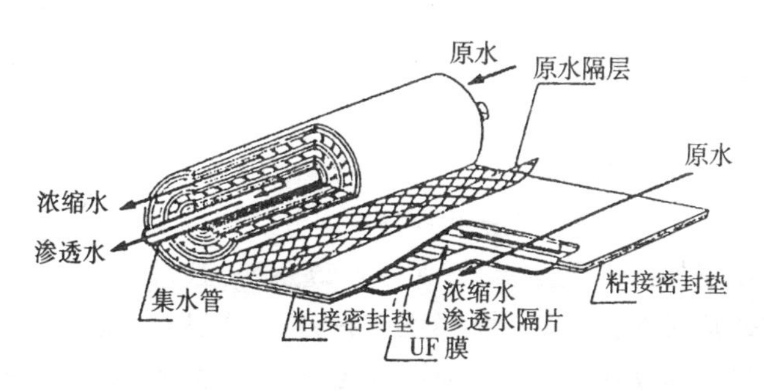

图 4-27　螺旋卷式超滤用膜组件

为了增加膜面积，可以增加膜的长度，但随着膜长度的增加，会增加渗透水的流动阻力，一般可在一个膜组件内装几叶膜，这样既可增加膜面积，又不增加渗透水的流动阻力。在实际使用过程中，可把几个膜组件的中心管密封串联成一个组件，再安装到压力容器中组成一个单元，如图 4-28 所示。原液及浓缩液沿着中心管平行的方向，在网板间隔层中流动，浓缩后由压力容器的另一端引出，透过液则沿螺旋方向，在膜袋内的渗透水隔网中流动，最后流入

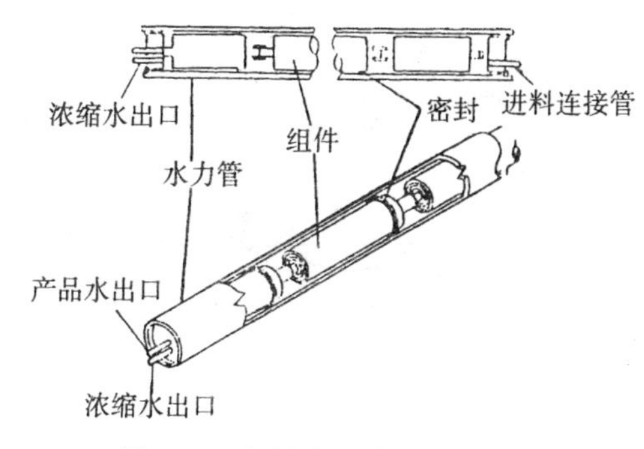

图 4-28　螺旋卷式膜组件示意图

中心产品水收集管而导出。日本东丽公司对原液的流动方向进行改进，把原来与中心管平行流动改为绕着中心管流动，其优点是：流速分布均匀；流程增长，从而可提高回收率；膜卷不易变形。

螺旋卷式装置的主要优点是结构紧凑，装填系数大，有效膜面积可达 830～1 660 m^2/m^3。缺点是对原液的前处理要求高，密封难，膜组件的制作工艺复杂。

4.5.4 管式膜及其装置

1. 管式膜的制造

管式膜可分为内压式和外压式两种。

制造外压式管膜的装置如图 4-29 所示。选用尺寸合适的多孔聚氯乙烯或聚乙烯烧结管，作为支撑管，使它以一定速度通过定向环和装有铸膜液的锥型容器，这样就在多孔管的外壁涂上一层铸膜液，使多孔管连同其上的铸膜液落入盛有凝固浴的槽中，固化后可根据需要进行各种处理。

内压式管膜的制造流程如图 4-30 所示，选用内径均匀、管壁

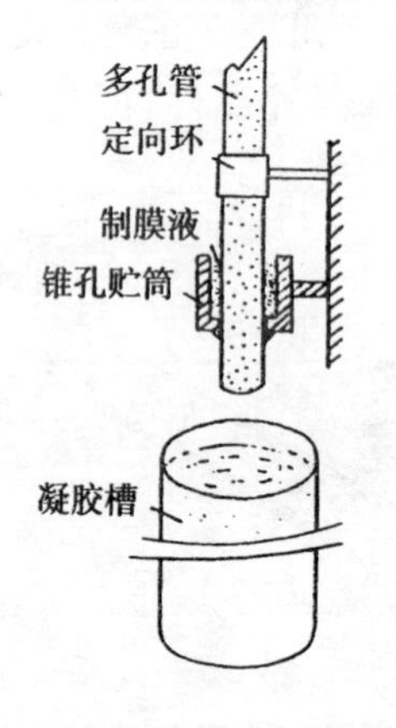

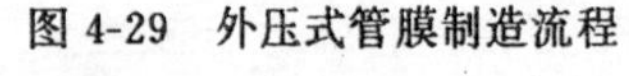
图 4-29 外压式管膜制造流程

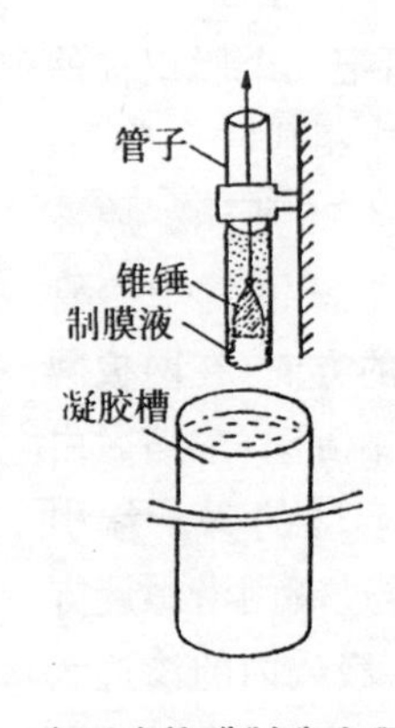

图 4-30 内压式管膜制造流程

光滑的玻璃管或不锈钢管。管中放置一锥型锤，把经脱泡的铸膜液缓缓地注入管中，要防止混入气泡。然后令管借自身重力下落，或使锤以一定速度上升。在重锤滑过的管内壁表面留下一层铸膜液，膜的厚度决定于管和锤之间的间隙。管连同铸膜液进入凝固浴槽，铸膜液固化成膜并收缩而脱离管的内壁，再根据需要进行各种处理。

2. 外压型管式装置

一般材料的通性是抗压能力大于抗张能力，因此在反渗透过程中大多使用外压型管式装置，而超滤过程因压力较低，所以既可使用外压型，也可使用内压型管式装置。

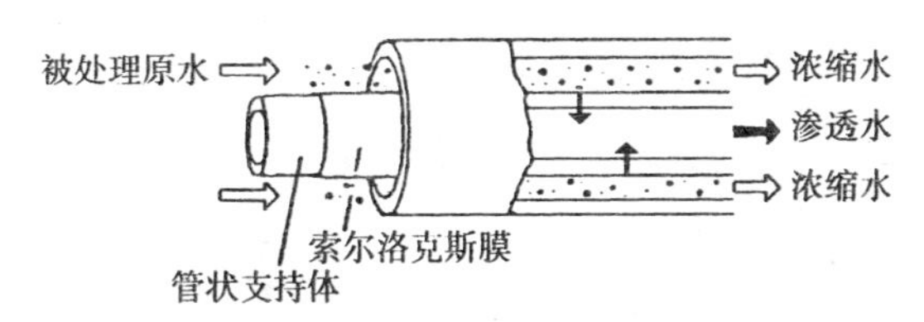

图 4-31　外压型单管式膜装置

外压型单管式和列管式膜装置如图 4-31 和图 4-32 所示。把外压式管膜装入耐压套管中，被处理水进入管状膜元件的外侧，纯水经渗透通过膜进入支撑管的内侧而被引出，浓缩水则从套筒的另一侧引出。

外压式膜装置的主要特点是：不易形成流路堵塞，可简化被处理液的前处理；膜面受到污染时，可通过简单的清洗而解决；在膜面水的流道上装设塑料网等，以促使其产生紊流，可防止膜面的浓差极化；内压式膜件在停止运转时，有时滤膜可能从支撑体上脱落，外压式则无此现象，使运转管理简单易行。

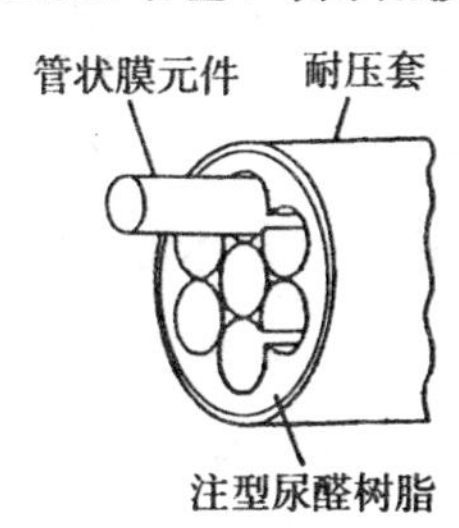

图 4-32　外压型列管式膜装置

3. 内压型管束式

内压型管束式的结构示意如图 4-33 所示。在多孔性耐压管内壁上浇铸成膜，再把多根耐压膜管装配成相连的管束，然后把管束装置在一个大的收集管内，即构成管束式处理装置。原液自装置的入口处流入，经耐压膜管的内腔，于另一端流出，洁净液透过膜后由收集管汇集。

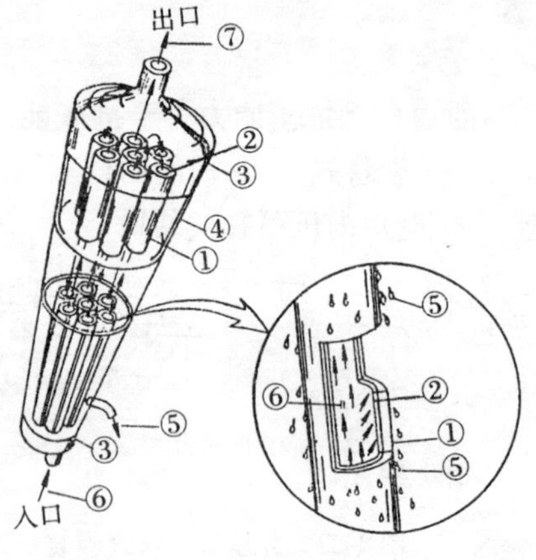

1. 多孔性耐压管； 2. 膜； 3. 末端配件； 4. 收集管；
5. 洁净液出口； 6. 原液入口； 7. 浓缩液出口

图 4-33 内压型管束式装置

总而言之，管式装置的优点是：流动状态良好，流速容易控制，可防止浓差极化和膜的污染；安装、拆卸、换膜和维修方便；对前处理要求低，能处理含悬浮粒子的溶液；机械清除杂质较容易。管式装置的缺点是：与平板膜比较，管膜的制造较难控制；装填系数较低；管口的密封装置较困难。

4.5.5 中空纤维膜及其装置

1. 中空纤维膜的制造

与化学纤维的纺丝方法相似，中空纤维膜的纺制可采用干喷湿纺法、干纺法、湿纺法、以及熔融纺丝法。其主要不同点在于喷丝头组件、拉伸和后处理条件。

常用的中空纤维膜的喷丝孔断面示意图如图 4-34 所示，其中(a)为 3C 型异形喷丝板，铸膜液经喷丝孔挤出后，因孔口膨化而使隙缝闭合成中空管，必须严格控制间隙厚度和纺丝条件，既使缝隙闭合又不留下痕迹，保证中空纤维膜的内壁均匀、平滑。(b)为插入柱式。(c)为插入管式。前两种喷丝头在铸膜液喷出后，很难调节膜的厚度和内、外径，而插入管式喷丝头则可通过调节内管的气体或液体流量，改变膜的厚度和内、外径，还可调节填充液组成而改变成膜条件。对膜的结构和性能有较大的影响。

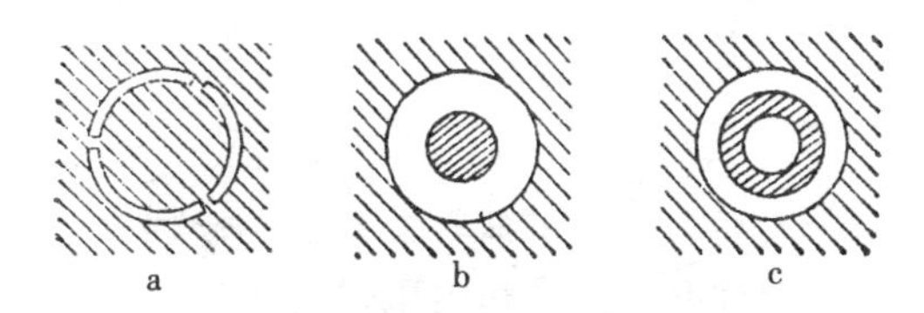

图 4-34 纺制中空纤维膜的喷丝孔断面示意图

铸膜液(或熔体)经计量泵挤出喷丝孔后，经纺丝甬道固化(熔纺)，或在纺丝甬道中使溶剂蒸发(干纺)，或在空气中使部分溶剂蒸发后进入凝固浴(干喷湿纺)，或直接进入凝固浴(湿纺)。干喷湿纺和湿纺的中空纤维还必须通过水洗，以除去溶剂。所有纺丝方法均需进行适当的拉伸，使膜具有一定的机械强度，并在一定范围内调节微孔的孔径。最后根据膜的用途进行各种后处理。

2. 中空纤维膜组件

中空纤维的外径一般为 40～1 200 μm，内径为 20～800 μm。它具有在高压下不产生形变的强度，是一种靠自身支撑的膜。故中空纤维膜组件的结构比较简单，装填密度很大。

中空纤维膜组件及其剖面图分别列于图 4-35 和图 4-36。把几十万甚至几百万根中空纤维膜直接或弯成 U 形装入圆柱形耐压容器中,纤维束的两端或U形纤维的开口端的纤维间用环氧树脂密封,如用于医疗或食品、饮用水组件,则需用无毒的聚氨酯封装。

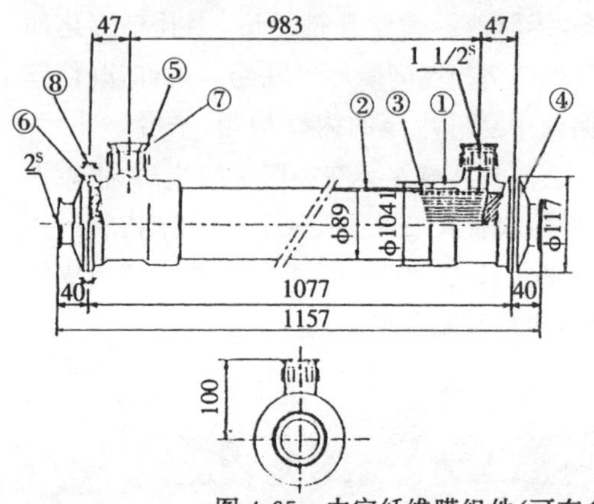

代号	部件
①	端盖
②	外套
③	滤网
④	原液进口
⑤	渗透液出口
⑥	密封件
⑦	密封件
⑧	V形带

图4-35　中空纤维膜组件(可有多种尺寸)

中空纤维膜组件有外压式和内压式两种。

外压式中空纤维膜组件在中心轴处安置一原液分配管,使原水径向流过纤维束,纤维束外部包以塑料网,使纤维束外形固定,并能促进液流呈湍流状态,以防溶液浓差极化。溶液中的某一组分透过纤维管壁而进入中空纤维的内腔,并沿中空纤维内腔流出组件,未透过组分则自组件的一侧排出。

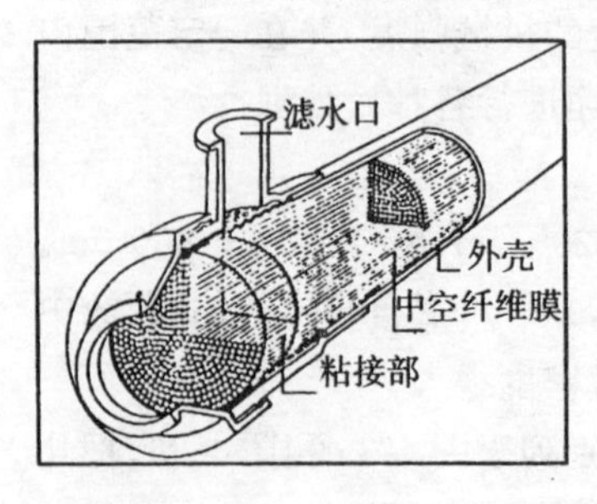

图4-36　中空纤维膜组件剖面图

内压式中空纤维膜组件如图4-35所示。待处理的溶液自原液进口(4)进入组件,并流入中空纤维的内腔,渗透组分透过纤维壁而进入中空纤维间,并自渗透液出口(5)流出组件,而浓缩后的原液则自中空纤维内腔的另一端流出组件。

同其他形式的膜装置比较，中空纤维膜装置具有如下优点：

(1)中空纤维的耐压性很高，故组件不需要任何支撑体，所以有极高的装填密度。其装填密度为螺旋卷式的10～20倍，平板式的20～40倍，管式结构的300～600倍，故组件可小型化，而且还可节省车间面积。

(2)密封结构简单，使装置大为简化。

(3)被处理流体的流动速度大，可减少流体的浓差极化现象。

总之，中空纤维膜装置是一种效率高、成本低、体积小、重量轻的膜装置。

中空纤维膜装置的主要缺点是：

(1)中空纤维膜的制作技术较复杂，生产效率较低。

(2)膜表面积被污染后不能使用机械方法清洗，仅能采用化学清洗法。

(3)中空纤维膜易被堵塞，故对被处理流体的前处理要求较高。

(4)中空纤维膜的直径较小，故处理过程中的压头损失较大。

与内压式中空纤维膜组件比较，外压式中空纤维膜组件具有以下特点：(1)因纤维的耐压性远大于抗张性，故外压式的强度更高；(2)如工作压力大于纤维的抗压强度，外压式纤维只能被压瘪，直至中空部分被堵塞，但不会破裂，这就防止了透过液被原液污染；(3)被处理的原液在纤维间流动，而洁净的透过液则在纤维的内腔流动，可防止膜的流道被堵塞。

4.6 膜分离技术的应用

随着科学技术的发展，各种性能优良分离膜的研制成功，高效率膜组件的开发应用，使膜组件的应用领域日益扩大，特别在海水和苦咸水的淡化，水的净化和超纯水的制造，以及食品工业的应用，规模较大，技术成熟，效果良好，而且有关资料较多。

膜分离过程的设备简单紧凑，能耗低，特别对按常规方法分离困难的体系，如近沸物、恒沸物、同分异构体的分离更具有吸引力。膜过程可在常温、无相变的温和条件下进行封闭式操作，它特别适用于热敏性物质、医用药物、生物物质的分离和提纯，以及各种血液透析器和血液分离器。在环境保护方面，在对各种废水进行净化，使其达到排放标准的同时，还可从废水中回收有用成分，以达到物尽其用。此外，膜分离技术还在化工、轻纺、石化、钢铁、农业等各方面得到应用。

4.6.1 水的纯化

世界上不少干旱而又工业化的地区，对淡水的需求已成为尖锐化的问题。因此，海水淡化和苦咸水脱盐就成为日益重要的项目。随着工业的发展和人们生活的日益提高，对水质的要求也在不断提高。

1. 苦咸水的淡化

苦咸水中各种离子的种类和浓度、总溶解固体含量(TDS)、以及悬浮固体(SS)的种类和浓度差别很大，因而无法给苦咸水严格定义，一般把含盐量大于 1 000 ppm 的水称为苦咸水，也有人把氯化物含量大于 800 ppm，或硫酸盐含量大于 400 ppm 的水称为苦咸水。

苦咸水的脱盐和淡化包括：把咸水化的地下水、河川水制备成饮用水、电子工业用的超纯水、医疗卫生用的无菌水和无致热物质纯水，同时还包括城市生活污水、工业排水等的再生利用。苦咸水的淡化通常采用反渗透，也有采用电渗析法和膜蒸馏法的实例。

地下水含有较多的 Fe^{++}、Mn^{++}和 H_2S 等还原性物质，水温基本不受季节性影响；而河川水则含有丰富的溶解氧，因此水中几乎没有还原性物质和难溶的重金属氢氧化物，而含有以 SiO_2 和 Al 为主的悬浮物、有机胶体、无机盐和微生物等。水中悬浮物、有机胶体等易附着在膜表面，使膜的透过性能下降。微生物的存在和较高的溶解氧，对某些膜材料会发生破坏，故在脱盐以前必须进行严格的预处理。

预处理包括用次氯酸钠杀菌，使悬浮物和胶体等杂质凝聚、沉降和分离，过滤和精滤，并调节 pH 值等。苦咸水淡化如用反渗透法，通常使用二醋酸或三醋酸纤维素膜、聚砜酰胺、聚酰胺超薄复合膜或醋酸纤维素混合膜等。在反渗透法中除了去除各种离子外，还应去除中分子量物质、致热物质、病毒、细菌、各种微粒及残余氯等。

2. 海水淡化

采用膜法（如反渗透）进行海水淡化，具有装置运转费用低，且建设安装周期短等特点，因此不仅在船舶及孤岛上有小型装置在运转，在陆地上甚至有数万至数十万 m^3/d 的大型装置也在运转。

海水的盐分浓度高，海水中的总溶解固体含量（TDS）约为 35 000 ppm，中近东地区的高温高盐海水的 TDS 值可达 40 000～

表 4-16 海水中的主要成分

离子	浓度(g/kg)	离子	浓度(g/kg)	盐类	浓度(g/kg)
Cl^-	18.98	Na^+	10.56	$CaSO_4$	3.28
SO_4^{2-}	2.64	Mg^{2+}	1.27	$MgSO_4$	2.10
HCO_3^-	0.140	Ca^{2+}	0.400	$MgBr_2$	0.08
Br^-	0.065	K^+	0.380	$MgCl_2$	3.28
F^-	0.001 3	Sr^{2+}	0.013 3	KCl	0.72
$H_2BO_3^-$	0.026			NaCl	26.69
总阴离子	21.860	总阳离子	12.62		
	阴阳离子合计 34.48			盐类合计 34.25	

50 000 ppm。海水中可溶性离子与盐类组成如表 4-16 所示。为获得合格的饮用水标准，必须把 TDS 值降到 500 ppm 以下，要求膜的脱盐率高于 99%。

海水中含有藻类、细菌、非溶性 SiO_2 等微粒，pH 也需要进行调整，故必须进行前处理，前处理的步骤是：杀菌→凝聚沉降→双层介质过滤→活性炭或化学法除氯。

海水淡化用膜与咸水淡化一样。海水淡化可使用一级或二级脱盐工艺，一级淡化要求膜的脱盐率高于 99%，而二级淡化膜的脱盐率只需 90%～95%即可，因此可使用低压、大流量的淡化膜，可在较低的压力下操作，减少了膜的压实性，提高水的回收率，并且使膜能长期稳定运转。

与单一的蒸发法相比，反渗透法海水淡化所需的占地面积、建设时间、能量消耗、运转成本分别为蒸发法的 1/2，1/3，1/4 和 1/2～1/3。

3. 饮用水的净化

可供直接饮用、纯净、甘美的饮用水越来越受到人们的欢迎。日本三菱人造丝公司开发了聚乙烯和聚丙烯中空纤维膜净水器，并已销售多年。鉴于进口净水器往往适应不了我国的自来水，中国纺织大学在向医疗领域开拓的同时，运用其在医用上已得到认可的卫生洁净特点，开发出 PAN 家用、船用和单位用的饮用净水器。

考虑到自来水的浑浊度、含氯量（尤其在夏天）和某些有机物的含量较高，并混有细菌和病毒，故必须加强过滤、精滤和吸附，最后利用 PAN 中空纤维进行超滤，以除去细菌和大部分病毒。为使水质更甘甜和有利于人体健康，还必须进行矿化和磁化。饮用水的净化流程大体如下：自来水→双层过滤→活性炭（或银活性炭）→矿化→磁化→粗滤→精滤→PAN 中空膜超滤→饮用水。

亲水性（经物理或化学变性）聚乙烯中空纤维（EHF）和改性

聚丙烯腈中空纤维(PANHF)超滤膜对某些物质的分离性能如图4-37所示。由图可见,水中的微细粒子、胶体物质、细菌和病毒可通过一般过滤、精密过滤和膜的超滤而去除。水中的氯及某些离子则可通过渗透或活性炭吸附而部分消除。

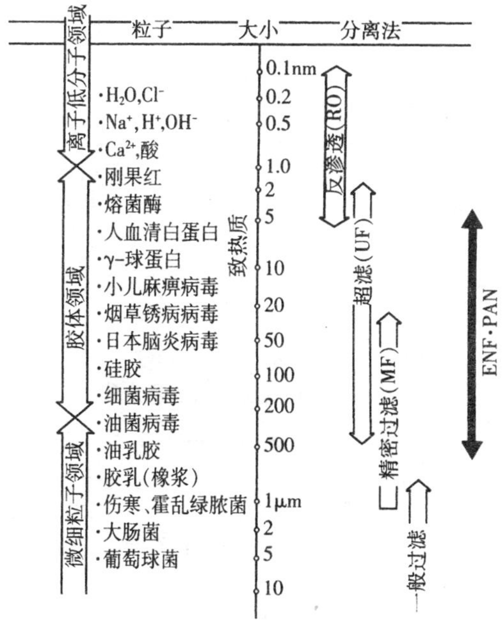

图 4-37 EHF 和 PANHF 的分离性能

4. 超纯水的制造

半导体工业使用的超纯水,已随电路的微细化,对纯度的要求也越来越高。日本仓敷人造丝公司制造超纯水的流程简图如图4-38所示。自来水先经过预处理后,再用SF-301反渗透装置进行反渗透。目的是进行预脱盐,以减轻离子交换树脂的负担。经再生型离子交换树脂脱去各种离子后进入贮槽,然后经UV灭菌灯进行灭菌处理,再经混合式深度处理机处理,最终用超过滤或微滤进行终端处理.其目的是在脱盐的基础上,进一步除去水中的微粒和微生物及细菌(尸体)等。仓敷公司使用 CFW-6401-A 取代以往的末端微过滤器,作为终端处理。终端处理采用循环流动,对于稳定水质、防止菌类污染十分有效。如果终端处理采用超过滤(不用微滤),除可清除微粒和细菌外,对降低处理水的电阻率和提高水质也有一定影响。结果如表 4-17 所示。

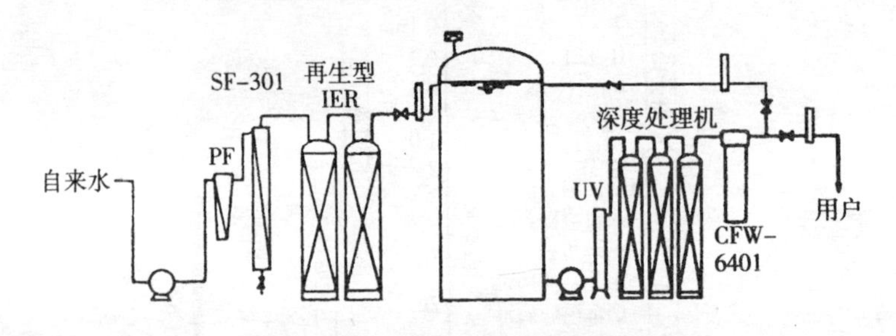

图 4-38　超纯水的制造流程示意图

表 4-17　超滤前后的水质变化

水质	COD ($\times 10^{-6}$)	细菌 (个/ml)	电阻率 (MΩ·cm)	Na	K	Ca	Mg	Cu	Fe	Mn	Zn	Al	Ba
				($\times 10^{-9}$)									
超滤前	0.68	夏季 >10 000	10.58	30	未检出	0.3	0.1	0.06	0.4	<0.02	0.9	4.3	0.03
超滤后	0.42	0~2	10.10	8	未检出	0.2	0.08	0.04	0.3	<0.02	0.3	<0.5	0.02

4.6.2　废水处理和水中有用物质的回收

工业生产排出的废水中,几乎都含有不同浓度的化学物质,其中有价格昂贵的物质,也有污染环境的物质,如不加以处理,将提高生产成本,并使环境受到污染。以往处理污水的方法有:砂过滤、萃取、蒸发、冷冻浓缩、化学沉淀、活性炭或多孔物质的吸附、离子交换、气体扩散等。随着膜技术的开发,微孔过滤、超过滤、反渗透、渗析和电渗析也先后进入废水净化的行列。膜分离技术既能对废水进行净化，又能回收其中的有用物质，同时还可节省能量、降低处理费用，因此膜技术在废水处理方面的应用，正受到日益重视，并已渗透到多种行业。

1. 电镀工业废水的处理

电镀废水的种类较多，如含镍、铬、铜、锌、镉等废水，还有混合电镀废水。通常采用反渗透法处理电镀废水。反渗透膜的选择要考虑膜在电镀废水中的化学稳定性和适应性。通常电镀液中的可溶性固体含量高达 20%～30%，使电镀液的渗透压相当高，但反渗透设备和膜的强度不是太高，不能施予太大的压力，故浓缩倍数不能太高，所以可以使反渗透与蒸发联合使用。即利用反渗透处理低浓度水的高效率，又发挥蒸发浓缩高浓度水溶液的节能优点。这种组合技术，有可能成为处理电镀废液的发展方向。

用膜法处理电镀废水也具有膜技术所特有的优点，但在处理技术上有两点值得注意：首先是膜材料的选择，由于各种电镀废水在性质上存在很大的差别，因此在选择膜材料上、工艺参数的合理确定上都必须认真进行；电镀废水中含有多种成分，它们的分离率也各不相同，因此经处理后浓液中各组分间的组成比与原液存在差别，故在回用浓缩液时，必须按各组分的实际配比分别进行调节。

反渗透法对重金属离子具有较高的分离率，而且价数高的金属离子，其分离率也较高。反渗透膜对金属阳离子、以及阴离子的分离顺序大致如下：

$Al^{+++} > Fe^{+++} > Mg^{++} > Ca^{++} > Na^{+} > NH_4^{+} > K^{+}$

$SO_4^{2-} > CO_3^{2-} > Cl^{-} > PO_4^{3-} > F^{-} = CN^{-} > NO_3^{-} > B_4O_7^{-}$

在电镀行业中，排出的废水中含有大量有害的重金属离子，由于反渗透对高价重金属离子显示出良好的去除效果已如上述，所以，采用反渗透法处理电镀废水越来越受到重视，由于它的处理流程简便可行，经济效益较高，而具有发展前途。

反渗透法处理电镀废水的工艺流程如图4-39所示。由电镀件带出的镀液混入漂洗水中，废水经过滤后进入反渗透组件，透过液进入水洗槽(3)继续回用；被反渗透膜截留的浓缩溶液必要时经过蒸发，并进行浓度调整后重新返回镀槽使用，做到了封闭循环。

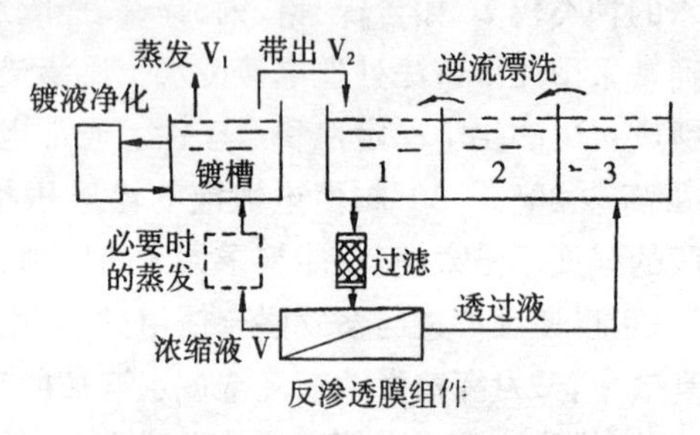

图4-39 电镀废水的处理方法

表4-18 电镀废水中有代表性物质的分离率

重金属盐	原 液	透 过 液		
	浓度(ppm)		去除率(%)	透过速度($m^3/m^2 \cdot d$)
$ZnSO_4$	553	48	91.3	0.84
$Pb(CH_3COO)_3$	504	32	93.7	8.83
$CuSO_4$	500	8	98.4	0.78
$NiCl_2$	500	14	97.2	0.78
CrO_3	512	22	95.7	0.88
$SnCl_2$	500	49	90.2	0.85
$AgNO_3$	500	135	73.0	0.92
$Fe(SO_4)_2(NH_4)_2$	525	19	94.4	0.82
$Ni(SO_4)_2(NH_4)_2$	515	22	95.7	0.85
$Cr(SO_4)_2$	500	9	98.2	0.90
$HAuCl_4$	500	109	78.2	0.78

表4-18为采用日处理能力为2 300吨的反渗透装置，处理有代表性电镀废水的处理效果。由表可见，对锌、镍、镉、铜、铬等重金

属盐有很好的分离效果，特别对重金属的硫酸盐的分离效果更好，硝酸盐则较差。

1)镀镍废水的处理

利用反渗透法处理镀镍废水的工艺较成熟，技术可靠，并且有明显的经济效益，因而被广泛地采用。目前使用反渗透法处理镀镍废水的装置，已远远地超过传统的蒸发法和离子交换法。

由于镀镍废水的pH值接近中性，所以通常采用醋酸纤维素膜，也有人用芳香族聚酰胺膜进行反渗透分离。表4-19列出一些公司和厂家用反渗法处理镀镍废水的试验结果。

表4-19 反渗透法处理镀镍废水的试验结果

公司	膜材料	pH	原液($\times10^{-6}$)	透过水($\times10^{-6}$)	浓缩液($\times10^{-6}$)	透水率[$m^3/(m^2\cdot d)$]	镍回收率(%)
Eastman(美)	RO-97(A)	4.0				0.44	99.8
杜邦(美)	B-9(PSA)		1 305	38	4 200		97
杜邦	B-9		2 450	143	10 200		94
杜邦	B-9		4 200	254	15 049		94
杜邦	B-9		9 530	670	20 800		93
杜邦	B-9		10 800	1 500	34 400		91
Toronto	CA	4.5±0.5				0.4～0.48	98.3
(日)井出哲夫	CA		23 000	200～300			99.5
API工业公司(美)	B-9		650		13 000		92
北京广播器材厂			1 510～2 400			0.4～0.42	99
大连化物所	PSA		1 000		4 340	0.65	85

2)镀铬废水的处理

镀铬废水的数量最大，它约占电镀废水总量的70%。利用反渗透技术处理镀铬废水是一种经济而有效的方法，它可使废水中的铬、水和其他化学物品得到回用，实现无废水排放的闭路循环生产。

由于镀铬废水的酸性高、氧化性较强，故必须选用耐酸、耐氧化的反渗透膜。一般采用聚砜酰胺(PSA)膜，如将废水的pH值调为4～7，也可采用醋酸纤维素反渗透膜。

反渗透法处理镀铬废水工艺流程如图4-40所示。电镀件自镀铬槽(1)引出，依次进入第一(2)、第二(3)、第三(4)漂洗槽，新鲜漂洗水进入第三漂洗槽，并依次溢流入第二、第一漂洗槽，进行逆流式的漂洗。漂洗后的废水进入贮槽(5)，经过滤(7)和调温(8)后进入反渗透组件(14)，在此进行分离和浓缩。浓缩后的浓缩液返回镀槽重新使用，反渗透水再次用于清洗镀件，形成一个无排放水的闭路循环。

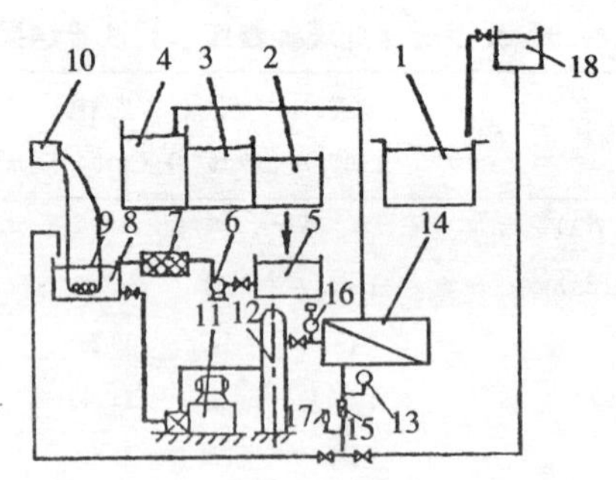

1. 镀铬槽； 2. 第一漂洗槽； 3. 第二漂洗槽； 4. 第三漂洗槽；
5. 第一贮槽； 6. 塑料离心泵； 7. 过滤器； 8. 第二贮槽；
9. 加热器； 10. 电子继电器； 11. 高压泵； 12. 稳压罐；
13. 压力表； 14. 反渗透装置； 15. 针形阀； 16. 电接点压力表；
17. 触点温度计； 18. 高位水箱

图4-40 反渗透法处理含铬废水工艺流程

表4-20为反渗透前后镀铬废水的组成变化，其中的CrO_3^{3-}、SO_4^{2-}和总盐量的去除率都在95%左右，而Cu^{2+}的去除率为95%～99%。

3)其他电镀废水的处理

用醋酸纤维素膜或其他膜，对含柠檬酸的镀金漂洗水进行反渗透处理时，还存在一定困难，回收率很低，并随柠檬酸含量的增

表 4-20　镀铬废水反渗透前后的组成变化

进水浓度(mg/L)				淡水浓度(mg/L)				去除率(%)			
CrO_3^{3-}	Cu^{++}	SO_4^{2-}	总盐量	CrO_3^{3-}	Cu^{++}	SO_4^{2-}	总盐量	CrO_3^{3-}	Cu^{++}	SO_4^{2-}	总盐量
25808	190	74.4	26 500	1 092	1.84	4	1 200	95.8	99	94.6	95.5
21 710	162	77.5	23 100	989.4	1.58	4.4	1 180	95.4	99	94.5	94.9
24 207	174	77.5	29 000	1 098	9.0	3.5	2 100	95.5	95	95.4	92.7
5 872	55		8 760		312	0.76	315	94.7	98.6	96.4	

加，金的回收率也随之下降。用醋酸纤维素膜回收氰化钾金时，回收率为 35%～50%；如用 B-10(PSA)进行回收时，回收率可达 71%左右。

用 B-10 中空纤维膜回收氰化镀银废水时，分离率为 80%，如用 PBI(聚苯并咪唑)膜，分离率可达 97%以上。

镀铜废水的种类较多，可按其组分不同，使用不同的膜，用反渗透法加以回收。如我国曾使用聚砜酰胺膜，对碱性镀铜废水进行封闭循环处理，Cu^{2+}的回收率高于 95%，透水速度大于 0.2 $m^3/(m^2 \cdot d)$。用醋酸纤维素膜处理单纯硫酸铜废水时，可获得很高的分离率和透水速度。还可用 B-9 或 B-10 中空纤维膜分别处理氰化镀铜漂洗水、或镀黄铜漂洗水，两者都已进入工业应用。

氰化镀锌、镀镉废水，因碱性很强，故不能使用 CA 膜进行处理，而无氰镀镉废水则可使用 CA 膜。用 B-9 中空纤维膜回收氰化镀锌稀释液时，原液中总固形物为 0.47%～4.05%，pH 值为 12.3～13.7 时，氰化锌的回收率分别为 85%～97%和 98%～99%。分别用 NS-100 和 NS-101 管式膜，处理 pH＝13.8 的氰化镀锌漂洗水，结果列于表 4-21。由表可见，NS-101 的分离率较低，但透水速度为 KS-100 的两倍。

用 B-9 中空纤维膜处理氰化镀镉漂洗水时，镉、氰和 TDS 的分离率分别为 78%～99%，10%～83%和 10%～98%。它们与进料浓度有很大关系。

表 4-21 NS 膜处理氰化镀锌废水的结果

膜	氰分离率 (%)	TDS 分离率 (%)	TOC 分离率 (%)	透水速度 [$m^3/(m^2 \cdot d)$]
NS－100	96～99.4	92.9～98.3	94.2～98.7	0.12～0.48
NS－101	90	75	<88	0.24～0.96

用醋酸纤维素管式膜可以处理无氰镀镉废水，镉的分离率可达 97%～99%。

4）电镀废水的超滤处理

近年来，使用絮凝剂先使电镀废水絮凝沉淀，然后进行超滤处理。透过液中的金属离子含量，远低于一般化学沉淀法的处理水平。

把镀铬废水的 pH 调节至 2～3，用 $FeSO_4 \cdot 7H_2O$ 将 Cr^{6+} 还原为 Cr^{3+}，用 NaOH 调节溶液的 pH 至生成 $Cr(OH)_3$ 沉淀，最后进行超滤，透过液铬的浓度仅 0.17 mg/L。

镀镍废水可用 NaOH 调整 pH 至 7～9，并生成 $Ni(OH)_2$ 沉淀，再用 $FeCl_3 \cdot 6H_2O$ 絮凝沉降，最后进行超滤处理，透过液中镍含量为 0.26 mg/L。

对氰化镀铜废水的处理，可先用化学法除氰后，再用 NaOH 调节 pH 至产生 $Cu(OH)_2$ 沉淀为止，也可用 $FeCl_3 \cdot 6H_2O$ 进行絮凝沉降，最后用超滤法处理，透过液中的铜含量可达 0.3 mg/L。

对于氢化镀锌液的处理较为简单，它不需进行化学预处理，直接进行超滤处理，透过液的锌含量为 1.84 mg/L。

2. 含油废水的处理

含油废水的来源广泛，如石油炼制厂及石油管道中的含油废水、钢铁工业的压延、金属切割、研磨所用的润滑剂废水、金属表面处理前的除油废水、机械工业的润滑油废水、海洋船舶中的含油废水等等。处理含油废水的目的是降低水中的 COD 和 BOD 值，使其达到排放标准或回用要求；回收油剂。

含油废水的油分通常以浮油、分散油、乳化油三种形式存在。前两种油的分离较方便。通常事先进行机械分离，再用凝聚沉淀，然后用活性炭处理，这样可使水中含油量下降至几个 ppm。乳化油因被表面活性剂乳化分散，油粒子直径仅数微米，难于进行机械分离。膜分离是最合适的分离方法。

用含水的超滤膜对含油废水进行处理时，油分被浓缩，而水及低分子物质则透过膜而与油分离，透过水可循环使用。也可用渗透法进行深度处理。

采用超滤或反渗透法前必须对含油废水进行预处理，如调节 pH 值以防止结垢。滤去悬浊物，使浊度降至 1 以下，并调节温度。膜经长期运转易被污染，可用次氯酸钠进行杀菌，采用表面活性剂或碱清除污染物。

3. 纺织部门的废水处理

1)棉浆蒸煮黑液的处理和碱的回收

蒸煮黑液是造纸和人纤浆粕生产的主要污染源之一。它具有数量大(每生产 1 t 浆粕或纸，有 10～12 t 黑液产生)、颜色深(呈黑色，故有黑液之称)、臭味重、碱含量大、有机物杂质多等特点，其综合治理历来是一个世界性难题。国内有些厂家采用少量黑液循环回用，大部分黑液稀释排放的方法，既污染环境，又浪费资源。也有单位采用活性污泥法、燃烧法、湿式氧化法、电解凝聚法等进行处理，但都在不同程度上存在一些重大缺点。中国纺织大学采用絮凝沉降—过滤，再用聚醚砜管式膜进行超滤，透过液经调整浓度后可作为蒸煮液继续回用，浓液可作为燃料或作为建筑材料的活性剂，无其他废液排出。COD 的去除率达 80%左右，碱的回收率大于 85%，回收的烧碱除支付所有处理费用外，尚有一定的利润。

2)纤维油剂的回收

化纤油剂废水中含有阳离子型和非离子型表面活性剂，以及甘油之类的物质。如某涤纶厂的油剂废水含油量达 $5\,000\times10^{-6}$以上,COD值高达20 000×10^{-6}。经醋酸纤维素超滤膜处理后,透过水的含油量和COD值仅为原水的10%,可作为配制油剂的用水,也可经生物处理后排放,浓缩油经调节浓度后可继续回用。

3)上浆废水和退浆水的处理和回用

为了增加纱线的抱合力和强度,纺织厂要对经纱进行上浆,上浆后浆液被冲稀,有一部分上浆液被排出。这部分浆液称之为上浆废水;印染前需把织物上的上浆剂洗去,称为退浆,该水溶液称为退浆水。上浆剂的主要成分为聚乙烯醇(PVA)或羧甲基纤维素(CMC)。其用量很大(我国每年浆纱用PVA约16 000 t左右),如不进行回收,不但会造成环境污染,而且经济损失较大。

曾使用外压式PAN管式膜装置对浆缸废水处理和回收PVA。浆缸排出废水的COD_{cr}值为4 105。其中PVA含量为1.9 g/l,在温度为20℃,操作压力2×10^5Pa进行超滤处理,溶液被浓缩10倍左右,残液中PVA浓度提高至18.4 g/l,回收率达96%以上,经调配后可继续使用。滤出液的COD_{cr}值下降至121.8。PVA含量为0.06 g/l,可与车间其他废水掺和后排放,或再经一次超滤后直接排放。

试验表明,操作压力对截留率无明显影响,但却能明显地增大超滤速度;随着超滤时间的延长,水通量逐渐下降,因此经超滤一定时间后,必须自动进行反洗,以保证超滤速度处于最佳状态,温度对截留率基本没有影响。由于溶液粘度随温度的上升而下降,故透水量随温度的上升而增加,浆缸洗出水温度为40℃左右,可直接进行超滤;适当地提高溶液的流速,使其处于湍流状态,能减轻或避免浓差极化现象的产生,防止在膜表面形成凝胶层,从而提高超滤速度。

4)洗毛污水的超滤处理

原毛含有大量的(羊毛自重的1.5倍左右)污物,主要是羊毛脂(熔点42℃)、水溶性的羊汗腺的分泌物和泥土。原毛在进行纺织加工之前，必须把粘附于其上的油脂及污垢洗净，否则将影响羊毛的纺织性能和染色性能。国内外通常采用乳化法，即使用肥皂、高级醇硫酸盐及其他非离子型活性剂等表面活性剂的水溶液，在一系列的水洗槽内洗涤羊毛。经洗涤后，羊毛脂被乳化成乳化物，分泌物溶于水，泥沙则构成悬浮固体成分。

以前采用离心法分离精制回收羊毛脂，但回收率仅30%～40%。由于膜技术的发展，国外于70年代中期开始用超滤法回收洗毛废水。国内北京环境保护科学研究所用聚砜酰胺外压管式超滤膜对洗毛废水进行回收处理；天津纺织工学院采用聚砜中空纤维超滤膜对洗毛污水进行了处理试验。该院对天津毛条厂的一、二、三槽洗毛废水，在同一工艺条件下进行超滤回收，结果如表4-22所示。

表4-22　洗毛废水超滤前后的水质变化

项　目	一槽液			二、三槽混合液		
	原液	滤液	截留率（%）	原液	滤液	截留率（%）
固体含量(g/L)	6.23	3.56	42.8	38.0	8.0	79
脂含量(g/L)	1.20	0.17	86.1	22.4	0.64	97
COD(mg/L)	3.77×10^3	1.69×10^3	55	2.4×10^5	1.1×10^4	95

第一水洗槽因不加洗涤剂，所以固体物质和脂含量都较低，第二、第三水洗槽因加入洗涤剂，粘附于羊毛上的油脂和泥沙大都被洗下而进入水中，故相应的含量较高。试验结果表明：洗毛废水经超滤后可浓缩10～20倍；脂的截留率达90%以上，固体物截留率大于80%，COD的去除率高于85%；滤液适当补加少量(原量的30%)洗涤剂后继续回用，其洗毛效果良好。

5)印染厂废水处理

印染厂废水排放量大，是废水的排放大户。该污水的平均生物耗氧量高达600 mg/l，并有大量的溶解物和悬浮物，必须加以处理方能排放。

国外于70年代初期开始使用反渗透法，对染色废水进行处理和再利用试验。国外有四家公司使用四种膜组件对染色废水进行处理，结果如表4-23所示。浓缩液经添加染料后，或单独使用都具有良好的效果，染料使用量可降低16%，透过水可重新循环使用，无不良效果发生。

表4-23 反渗透膜的组件对印染废水的试验结果

厂家	Westinghouse	Du Pont	Gulf	Selas Flotronics
膜材料	醋酸纤维素	聚酰胺	醋酸纤维素	Zr(Ⅳ)氧化物-PAA
透过速度(l/h)	15.8～237	31.5～2 366	79～1 183	237～2 366
允许 pH	5.5～7.5	2～10	5.5～7.5	4～11
最高温度(℃)	38	38	38	>93
膜形状	内压管式	中空纤维	卷式	外压管式束状
试验时间(h)	1 059	187	804	944
试验 pH	5.6～7.0	6.2～8.3	5.8～7.0	6.6～8.5
温度(℃)	12.8～32.2	11.1～32.2	15～25.6	20～90.6
压力(10^4Pa)	21～31.6	24.6	28.1	24.6～73.8
平均分离率(%)	206.0～310.0	241.3	275.7	241.3～724.0
全固形物	95	95	96	90
色度	>99	>99	>99	>98
电导率(A/V)	92	94	95	85
COD	96	92	94	95

我国于80年代也先后使用反渗透法和超滤法开展对印染废水的处理。上海机电研究设计院对上海袜厂的锦纶染色废水用反渗透法进行处理，经浓缩20倍左右，色度去除率大于99%，COD从400×10^{-6}～500×10^{-6}降至10×10^{-6}～100×10^{-6}，总固体从$1\ 000\times10^{-6}$～$2\ 000\times10^{-6}$下降到200×10^{-6}～300×10^{-6}，废水基本达到排放要求。也可以用于深色袜子的漂洗。中科院环境化学研究所与北京光华染织厂合作，采用聚砜外压管式超滤装置，对还

原性染料废水进行处理，透水速度为 20～30 L/(m^2·h)，脱色率达95%～98%，COD降低率为60%～90%，染料回收率大于95%。

4. 废显影液的处理和利用

在影片的加工药液中，由于微细质点和明胶的积累，它对洗印质量有很大影响。为了消除这一缺点，通常采取排放一定量的工作溶液，再补充部分新鲜药液，它既浪费又造成环境污染。如何消除这一弊端，便成为急需解决的问题。

中科院环境化学研究所与八一电影厂合作，使用聚砜外压管式超滤器处理显影液，取得较好结果，对明胶的截留率可达 60%～80%。

以超滤法处理显影液的工艺流程如图 4-41 所示。

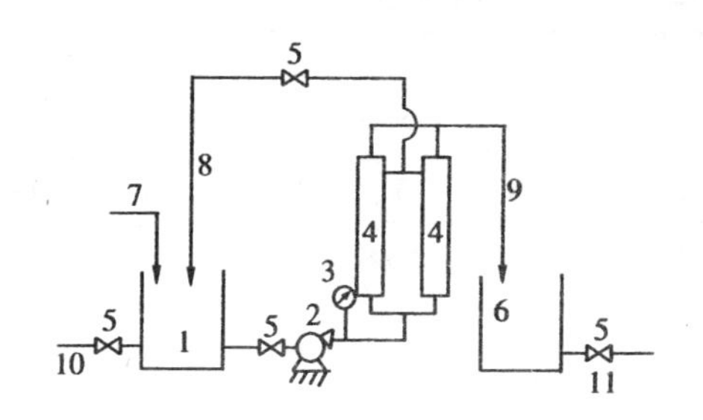

1. 显影液储罐；　2. 耐腐蚀离心泵；　3. 压力表；　4. 超滤组件；
5. 控制阀门；　6. 超滤液储罐；　7. 补充液；　8. 回原液；
9. 超滤液；　10. 浓缩液；　11. 供交换

图 4-41　废显影液的超滤处理流程

显影液经过滤后，溶液更加澄清透明，颜色变浅，同时使离子交换树脂的寿命得到改善。超滤前后显影液有效成分的变化如表 4-24 所示，感光性能的变化示于表 4-25。

5. 电泳漆废水的处理

电泳漆与电镀工艺类似，是一种涂漆新工艺。近年来发展很快，并已在汽车、拖拉机、自行车、农机具、电器、缝纫机和铝带的表

表 4-24 CD-2 显影液有效成分的变化

超滤运行次数	显影液	有效成分(g/L)					
		CD-2	Na_2SO_3	Na_2CO_3	kBr	pH	光密度
1	原液	2.89	3.89	21.7	2.02	10.69	1.16
	超滤液	2.64	3.77	21.7	1.96	10.67	0.85
	损失率(%)	8.7	3.0	0	3.0	—	—
2	原液	3.03	3.87	23.4	1.96	10.67	1.19
	超滤液	2.70	3.74	22	1.89	10.66	0.89
	损失率(%)	11	3.3	6.0	3.6	—	—
3	原液	2.95	3.96	22.3	2.02	10.65	1.18
	超滤液	2.78	3.82	21.7	1.90	10.66	0.90
	损失率(%)	5.8	3.5	2.7	5.7	—	—

表 4-25 CD-2 显影液超滤后感光性能的变化

超滤运行次数	显影液	感光性能结果					
		D			D.6		
		蓝	绿	红	蓝	绿	红
1	机器液	1.01	0.72	0.69	0.13	0.17	0.09
	超滤液	1.07	0.77	0.77	0.14	0.18	0.09
2	机器液	0.95	0.62	0.93	0.12	0.11	0.09
	超滤液	0.97	0.65	0.97	0.12	0.12	0.09
3	机器液	0.84	0.53	1.07	0.14	0.10	0.10
	超滤液	0.86	0.54	1.05	0.14	0.11	0.10

面涂复得到广泛的应用。

电泳漆原液由颜料、树脂和助剂溶解于水配制而成,有如电解液的作用。通常以被涂的金属制品作阳极、电泳槽作阴极,当在阴阳极之间施加直流电压时,被颜料吸附的阴离子树脂在金属制品的表面放电,并形成一层非水溶性的树脂膜,不断地向槽中补充电泳漆液,可使生产继续进行。金属制品自水槽中取出后,必须把附着在表面的残留液用水冲洗干净,才能进烘房。冲洗后的废水数量很大，并含有机物和颜料，必须加以处理。

电泳漆废水的超过滤处理流程如图 4-42 所示。被涂件取出电泳槽后，经预、主、后三次冲洗后，被送往烘房。三次冲洗废水收集在槽中，经预过滤后，再进行超滤。浓缩后的含漆水仍回电泳槽，并继续使用，透过水则被用作涂件的冲洗水，基本形成一个闭路循环系统。

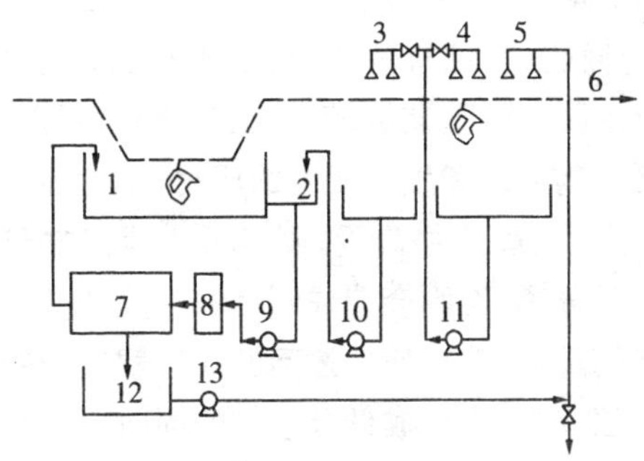

1. 电泳槽； 2. 副槽； 3. 预冲洗； 4. 主冲洗； 5. 后冲洗；
6. 烘房； 7. 超过滤器； 8. 预过滤器；9. 电泳漆循环泵；10. 回槽液泵；
11. 循环冲洗泵；12. 超滤液槽； 13. 后冲洗泵

图 4-42 电泳漆废水的超滤处理工艺流程

电泳漆废水的超滤处理，大多采用醋酸纤维素管式超滤组件，也可使用超滤和反渗透组合的组件进行联合处理。

6. 其 他

膜分离技术在废水处理方面的应用范围很广，而且在不断发展中。其中如含放射性污水、制药工业、石油工业、化学工业、摄影和胶片制造、含汞、以及城市生活污水等的处理和回用上都取得成熟的经验，因限于篇幅不再进一步介绍。

4.6.3 在食品和生物制品工业中的应用

膜分离技术在食品和生物制品业的应用很广，特别是在蛋白质、酶、发酵产品的分离、精制和浓缩上有着广泛的应用，其他如乳品业、制糖、酒精、淀粉加工等都有不可忽视的作用。

膜分离技术因有如下优点，故在食品和生物制品中获得广泛的应用：分离浓缩时不加热，并在闭合回路中运行，可避免热和空气中氧对制品的影响。上述两因素对食品和微生物的影响最大，甚至是致命的；在浓缩时无相变，故能耗低；对低浓度溶液的浓缩、稀溶液微量成分的回收，有独特的优点：物质在通过膜的物理转移中，不发生任何性质的变化；装置较小，工艺简单，费用较少。

膜技术在微生物制品和发酵工业的应用，除上述原因外，还有如下优点：一些工业用酶价格昂贵，要尽可能地回收和再利用，并且要尽可能与制品分离，否则会造成制品的污染和变性。目前开展的酶的固定化和酶反应器，可使上述问题获得解决；在淀粉和纤维素的水解和发酵工业中，在生成低分子物的同时，可使低分子物连续地与淀粉或纤维素分离，使生产能连续化进行，同时提高了产品的纯度；用发酵方法生产生物制品的料液中，常含有表4-26中所列的组分，其大小正是超滤和微滤的分离范围，因而可方便地进行分离和浓缩。

表4-26 生物制品料液中所含组分的大小

组分	大小(nm)
悬浮固体	10 000～1 000 000
最小可见粒子	25 000～50 000
酵母和霉菌	1 000～10 000
细菌和细胞	300～1 000
胶体粒子	100～10 000
乳化油粒	100～10 000
病毒	30～300
蛋白或多聚糖	2～10
酶	2～5
普通抗菌素	0.6～1.2
单糖和二糖	0.8～1.0
有机酸	0.4～0.8
无机离子	0.2～0.4
水	0.2

1. 在乳品工业中的应用

把膜技术应用于乳品工业中已越来越受到重视，主要用于牛奶的浓缩和乳清蛋白的回收，具体应用范围如图4-43所示。可采用超过滤，也可采用反渗透法处理乳制品，但大多数

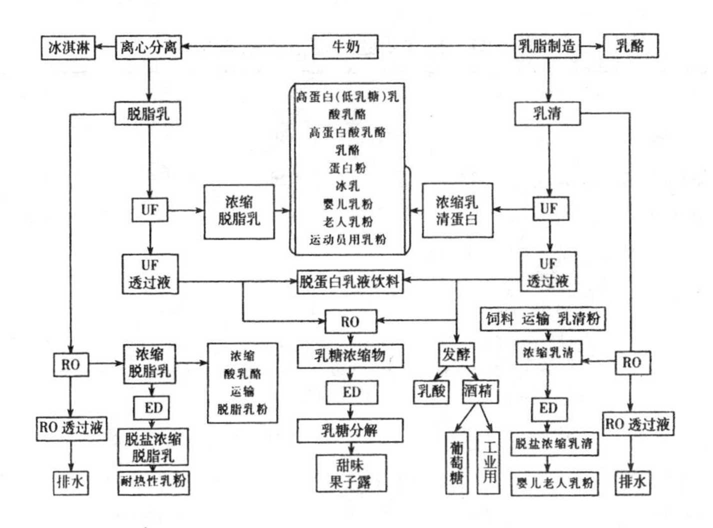

图 4-43 膜技术在乳品业的应用范围

采用超过滤,可明显提高处理效率。由图 4-43 可见,采用膜分离技术可获得多种多样的乳制品,而且产品质量较高。

1)牛奶的浓缩

乳品业把鲜牛奶转化成奶粉时,通常先在真空下加热,使牛奶部分脱水增浓,再经喷雾干燥成奶粉。牛奶在加热增浓时不但耗能较多,而且维生素和蛋白质受到部分破坏,并使原有风味受损。采用超滤法处理既可保留原有风味,又可减少能耗和降低成本。

来自乳品厂的鲜牛奶即在室温下超滤浓缩 1 倍,如在 50℃~55℃的最优超滤温度下可浓缩 3 倍。鲜牛奶用醋酸纤维素膜超滤浓缩 1 倍后的指标如表 4-27 所示。由表可见,对蛋白质的截留率为 92%~97%,而乳糖和无机盐几乎全部能透过。浓缩液可经喷雾干燥制成奶粉;或制成高蛋白、低乳糖的强化牛奶;或经喷雾干燥制成蛋白质含量高于 60%的优质奶粉。

表 4-27　鲜牛奶经超滤后的组成变化

膜孔径(×10⁻²/μm)		1.50	1.35	1.16	1.10
鲜奶密度(g/cm^2)		1.026	1.026	1.027	1.026
滤过液密度(g/cm^3)		1.017	1.016	1.016	1.016
残液密度(g/cm^3)		1.033	1.036	1.036	1.036
通量[$L/(m^2 \cdot h)$]		2.88	2.77	2.67	2.61
截留率(%)	蛋白质	92.35	93.39	94.92	96.50
	乳糖、无机盐	2	2	2	2

2)乳清液的分离

原奶分离出干酪蛋白后,剩余的是干酪乳清,它含有7%左右的固形物,0.6%～0.7%的乳清蛋白(白蛋白和球蛋白),5%左右的乳糖,以及少量的乳酸和灰分等。把干酪乳清液浓缩、干燥,可得乳清蛋白的浓缩物,即全干乳清或乳清蛋白粉。

曾使用乳晶厂的干酪乳清液,其中乳清蛋白含量为0.62%,经醋酸纤维素膜浓缩5倍后,结果示于表4-28。由表中数据可见,蛋白质截留率可达90%左右,超滤速度为15～20 $L/(m^2 \cdot h)$。如进一步降低膜的微孔孔径,截留率可达95%以上,但超滤速度将进一步降低。

表 4-28　乳清液的超滤处理结果

孔径(×10⁻²μm)		1.83	1.77	1.68	1.59
蛋白质含量(%)	原　液	0.62	0.62	0.62	0.62
	滤　液	0.17	0.16	0.15	0.13
	残　液	2.42	2.46	2.50	2.58
浓缩倍数		5	5	5	5
蛋白质截留率(%)		88.8	89.6	90.4	91.9
通量[$L/(m^2 \cdot h)$]		19.68	17.52	17.28	15.36

2. 植物蛋白质的回收

在制酱和制豆腐等豆制品工业中，排出的大量废水中含有大量的蛋白质，如不进行回收处理，不但浪费大量的蛋白质，而且还会造成环境污染。

制酱工厂排出的废水中，主要来自大豆的蒸煮汁。蒸煮汁中含浸出物46%，其中含糖1.6%～2.5%，粗蛋白0.5%～0.8%，0.5%～0.7%的灰分，BOD 值为 $30\ 000\times10^{-6}\sim40\ 000\times10^{-6}$。在豆腐厂中排出的乳清液中，含蛋白质 4.3 mg/l，BOD 值高达 $13\ 730\times10^{-6}$。一个日产大豆蛋白 75 t 的工厂排出的乳清液，其 BOD 值相当于 2.5～3 万人口的生活废水。

用超滤法处理上述废水，透过液可作为生产用水而加以利用，浓缩液既可作为生产原料，也可供畜牧业的需求，如进一步加工，还可为人类提供富含蛋白质的食品。

3. 酶的精制

酶是一种由生物体产生的具有特殊功能的蛋白质，它的相对分子质量为 10 000～100 000，具有高选择性和高效率的催化剂。酶的特殊催化能力已被人类所认识，并正在继续开发中，用人工合成酶的研究已越来越受到重视，并有初步成果发表。

随着抗菌发酵工业的发展，用深层培养法生产淀粉酶，微生物酶制剂进入了工业生产。随着提纯技术的进步，α-淀粉酶、果胶酶、蛋白酶、糖化酶、葡萄糖氧化酶也先后进行生产和应用。酶的粗制品中含有多种盐、糖类、酞氨酸等低分子组分，这些组分对酶的催化性能、脱色、气味、吸湿、结块性都有很大的影响，必须加以分离提纯。通常采用减压浓缩、盐析沉淀、溶剂萃取、超速离心分离、色层分离、低压冷冻等技术进行精制。但上述过程复杂，制品纯度和活性较低，回收率也很低，且费用昂贵。

欧美、日本等采用超滤技术对酶进行浓缩提纯，如对蛋白酶、凝乳酶、胰蛋白酶等等进行分离、提纯。国内于 70 年代也用膜进行酶的提纯,如中国纺织大学曾用 PAN 中空纤维膜对果胶酶、淀粉酶、葡萄糖氧化酶等进行浓缩、提纯。采用超滤技术对酶进行浓缩提纯的优点是:在常温闭路循环,减少了热和空气对制品的影响,过程简单,减少杂菌的污染和酶的失活,明显地提高酶的纯度和质量;能耗低,且无二次污染,与减压浓缩相比,能耗仅为 1/9,与盐析沉淀法和溶剂萃取法相比,可减少盐和有机溶剂的消耗和回收。

4. 膜反应器

酶是生物体内杰出的催化剂,在温和条件下具有高度活性和底物选择性、反应规制性,以及由多种酶组成非常协调、统一的传递反应等。酶虽然在合成化学上得到应用,但也存在不少问题:如反应后难以从体系中把酶分离开,使生成物易受污染,一些贵重酶不能再利用。采用一般方法回收酶时易使酶失活。

如果把酶固定在载体上,或包埋于中空纤维膜中,或包埋于微胶囊中,使之不溶于水,并方便地从反应体系中分离开,将明显地提高使用效果,并改善生成物的质量。

1)酒精的连续化生产

传统的酒精生产方法通常采用间歇式的发酵方法,如能把酶固定在藻朊酸钙等高分子化合物上,即可进行酒精的连续化生产。与间歇式生产酒精相比较,连续化生产酒精的浓度较高,酒精的得率(对糖)从 85%～86%提高至 90%～95%,发酵时间从 70～76 h 降至 5～6 h,而且间歇式的酶只能使用一批,而固定化酶可连续使用 6 个月以上。

2)蔗糖的分解转化

把酶包埋于微胶囊中,从而达到固定化的目的。反应物质透过胶囊壁接触酶后进行反应,生成物再透过膜壁从胶囊排出。由于酶与溶液被膜隔开,即使溶液中混入对酶有毒害的物质(如汞),也不会给酶带来损害。

膜反应器的优点是:贵重酶能多次反复使用,降低了生产成本；易变性酶因被膜包埋而趋于稳定；生成物不被酶污染而不易变质；可以连续操作而使过程连续化。缺点是进行固定化时酶易失活，但酶能多次使用，即使活性差点还是可取的。

5. 果汁的浓缩

果汁浓缩的目的是提高稳定性；除去部分酸和有不良气味的组分，以改善其风味；减少体积，便于运输。通常采用反渗透法对果汁进行浓缩，而用超滤法除去细菌、果胶和丹宁，使果汁无菌并更清澈透明。

果汁的浓缩多使用醋酸纤维素膜，因为它对有机酸和醇的截留率较低。随着部分酸、醇的脱除，使果汁更具芳香的清凉感。浓汁冲稀后的风味与鲜汁无多大差别。这是蒸发法和速冻法无法比美的。

6. 其　他

膜技术在食品工业还有多种用途，如酒的精制、酱油脱色成白酱油、甘蔗糖糖汁的浓缩、制糖废水的处理和回用、从制造淀粉废水中回收有用物质、从水产加工厂的废水中回收蛋白质等等，不再一一进行叙述。

4.6.4 气体分离

随着微过滤、超滤和反渗透技术在工业中的广泛应用，气体分离技术也逐步在工业中得到应用，其中有从合成氨尾气中回收氢，从空气中分离氧、氮和二氧化碳等，从天然气中分离氦，从煤气中分离硫化氢或二氧化碳，从烟道气中分离二氧化硫，纯氢的制造，氧和二氧化碳的分离，以及水果的保鲜系统等。

气体分离膜的主要性能指标是气体分离系数 α 和渗透系数 P。α 表示膜的选择分离特性，P 表示膜的透过特性。气体的透过量决定于渗透系数 P，而 P 正比于气体在膜中的扩散系数 D，即 $P=$

$D \cdot S$，S 为亨利系数或溶解度系数。

对于同一膜材料和气体而言，如分离系数较大，则一般渗透系数就较小。故两者应适当调节，因渗透系数过小的膜就没有实用价值，故一般选用分离系数为 2 左右的膜较为合适。渗透系数和扩散系数与气体浓度关系较小，主要决定于温度。由于膜材料在玻璃化温度 Tg 以上时，存在着链段运动，从而使分子间的间隙增大，即自由容积增大，因此对大部分气体而言，在高聚物的玻璃化温度前后，扩散系数和渗透系数的变化将出现明显的转折。

1. 从合成氨尾气中回收氢

从合成氨厂排出的尾气中，除了氨和氢气外，还含有其他气体。为了清除杂质对膜的影响，进料气首先需经过水洗塔等前处理装置，将氨等杂质回收，然后压入中空纤维复合膜器，在不同压力下回收氢。氢的回收率为 95%～98.5%。由于膜分离装置使用于尾气的回收，合成氨厂的产量可增加 5%。

2. 富氧气的制造

富氧膜的研制和应用在气体分离膜中最引人注意，所谓富氧膜，是在压力作用下，让空气通过富氧膜，在膜的另一侧收集到的气体，其氧含量大于空气中的氧含量，这是由于膜对氧和氮的渗透性不同，氧比氮更容易渗透所致。目前比较理想的富氧膜是把二甲基硅氧烷和碳酸酯的共聚物，涂覆在微孔膜上。当硅氧烷和碳酸酯含量分别为 57% 和 43% 时，分离系数 $\alpha = 2.3$。随着共聚物中硅氧烷含量的增加，加工性能和分离系数下降，但氧的渗透性增加。膜的厚度对膜的性能有显著的影响。膜越薄气体的渗透系数越大，但分离系数越低。

富氧气中氧的浓度与膜两侧压力比 $\varphi(=P_2'/P_1')$ 的关系如图 4-44 所示。由图 4-44 可见：压力比越小，反应器中氧的含量越高，当 φ 值低于 0.1 时，氧浓度已趋于平衡，继续降低 φ 值，氧的浓度不再增高，但分离速度将下降；当制取氧浓度为 35% 的富氧器时，

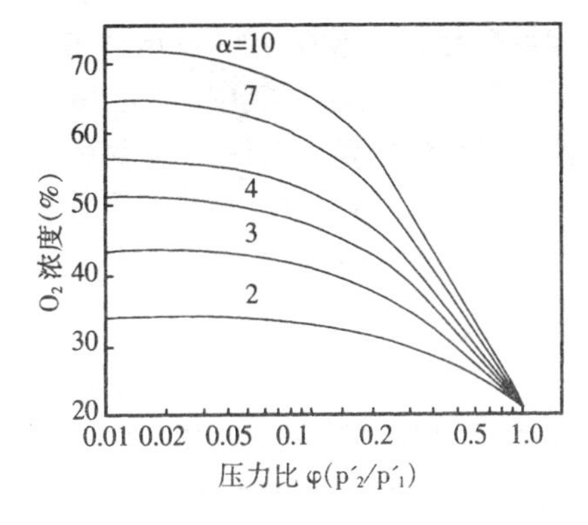

图 4-44 氧浓度与压力比 φ 之间的关系

膜的分离系数 α 需达 2.3 以上。

对于每小时生产能力为 10 000 m^3、30%～35%的富氧气工厂，其供气压力与动力消耗如表 4-29 所示。由表 4-29 可见，含氧量为 30%反应器的制造成本要比含氧 35%的低得多。

表 4-29 制造富氧气的动力消耗

氧浓度	30%	35%
膜面积(m^2)	7 250	5 100
供气压力(MPa)	0.1	0.1
透过气压力(MPa)	0.035	0.01
温度(℃)	25	25
透过气(0.1MPa)的能耗(kW·h/m^2)	0.053	0.17
混合气含量(t)	47.3	73.5

富氧膜的研制和应用对于化学工业、发酵、医疗以及富氧燃烧系统的节能等，具有重大的社会意义和经济价值。图 4-45 为有代表性的工业富氧燃烧流程示意。系统设有自动控制装置，通过微机

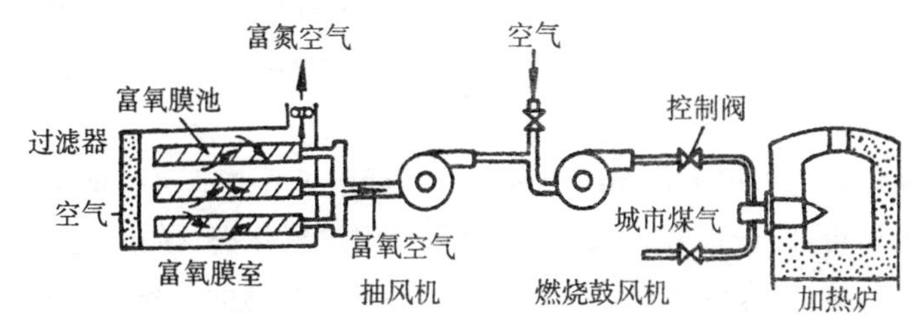

图 4-45 富氧燃烧系统

计算所需的氧气量，然后控制抽风机与鼓风机的转速，以达到调节的目的。进入富氧膜的空气需进行预处理，除去空气中的灰尘等杂质，以保证膜不被污染。富氧燃烧系统的主要优点是：由于氧的含量提高，使燃烧气体的体积减少，火焰的温度上升，有利于提高热效率；因氮气含量减少，降低了排气容量，从而减少废气带走的热量；由于氧气浓度增高，使燃烧更加充分，从而节省了燃料。

对一些哮喘病或肺气肿患者的辅助呼吸，某些重患者的临床抢救，通常需要含氧量高的空气供应。医院通常采用高压氧气瓶进行给氧，但因氧含量太高，有些患者不习惯。加上操作麻烦，而且只能维持 1～2 d 就需更换。美国富氧公司成功地使用富氧膜组成医用富氧器。它可以连续不断地提供氧含量为 40%的空气。常用的产品型号是 OE-3A 型。主要规格是：流量 2～6 L/min；功率 225 W；噪音 45 dB；重量 47.7 kg；体积 762 mm×356 mm×406 mm。

从天然气中或含氦废气回收和浓缩氦气，已在美、日等国实施。美国新墨西哥州天然气中氦含量达 5.8%，采用聚四氟乙烯膜进行两级浓缩，如每个膜组件的渗透面积为 20 m^2，原始混合气压力为 588.6×10^4～657.3×10^4Pa，则第一级产量为 22 $m^3/(m^2\cdot h)$，氦含量20.3%；第二级产量0.87 $m^3/(m^2\cdot h)$，氦含量82.5%。在 30℃下，聚四氟乙烯膜 He/N_2 的渗透系数比为 25，He/CH_4 的渗透系数比为 44。

日本帝人公司从含氦的实验废气中浓缩和回收氦，原料气组成为：He=73%，O_2=6.2%，N_2=20.8%。使用聚酯中空纤维膜，在 490.5×10^4Pa 的压力下，透过气的组成为 He=97.1%，O_2=1.6%，N_2=1.3%。

膜技术还可用于水果的保鲜上。各种水果收获后仍保持正常的呼吸作用，即一面吸入氧气，一面释放出二氧化碳，使果品逐渐劣化以至腐烂。有效的保鲜方法是使水果处于合适的气氛中，即降低环境的氧气含量，提高二氧化碳的浓度。通常采用硅氧烷膜，使氧和二氧化碳进行交换分离的方法，使保鲜桶氛围的空气组成为：O_2=3%，CO_2=5%，N_2=92%。

4.6.5 渗透蒸发的应用

混合液体的分离通常采用蒸馏的方法。但当混合液体中两组分的沸点十分接近，或形成共沸物时，依靠单纯蒸馏的方法就无能为力了。工业上常在共沸物中加入第三种溶剂，该溶剂能与该共沸物形成一三元的低沸点共沸物，经蒸馏后可把含量较少的组分从混合物中脱除。如酒精和水形成浓度为95.6%的共沸物，沸点为78.2℃，略低于纯酒精的沸点(78.5℃)，可向溶液加入苯，使其生成三元共沸物，沸点为64.6℃，组分比例为苯：醇：水=74.1：18.5：7.4。从蒸馏柱中蒸出的三元共沸物分成二相，如加入足够多的苯，就可把乙醇中的水全部除去，油相经干燥处理后再返回蒸馏塔，使苯和乙醇分离。由此可见，该操作十分烦琐，能耗大，无水乙醇的得率低，而且在水相中溶解的少量苯和乙醇的回收也十分困难，直接排放又会造成污染。

80年代中期，国外发展一种新的膜分离技术，用于制备无水乙醇，称为渗透蒸发。经近十年的发展，已有50多套装置在世界各地运转。同共沸蒸馏相比，渗透蒸发的主要优点是：操作简单，能耗少，三废污染少，可用于不同混合液体的分离，已在食品、制药、化工等部门得到应用。今后该技术有可能逐步取代共沸蒸馏的趋势。

渗透蒸发的应用范围有：有机水溶液的浓缩；含水有机试剂脱水成无水试剂，如醇、醚、酮、醛、酸、胺等；从废水中提取有机物如酯、含氯有机物、香精等；混合有机试剂的分离。

渗透蒸发很适合于能与水形成共沸物的脱水，能与水形成共沸物有机试剂有：乙醇、丁醇、异丙醇、甲乙酮、乙酸乙酯、乙酸丁酯、吡啶、四氢呋喃、乙腈、二氧六环等。一些不与水形成共沸物，但极难用蒸馏法脱水的有机溶剂，如醋酸和丙酮等，也可用渗透蒸发进行脱水。

由于渗透蒸发处理的溶液量较小，因此在实际应用中常与蒸馏装置串联在一起使用。当溶液中水的含量很低时，如乙醇和水的共沸物，可采用图 4-46 的工艺流程。自蒸馏塔蒸出的乙醇水的共沸物直接送入渗透蒸发器，经处理后即可获得无水乙醇。

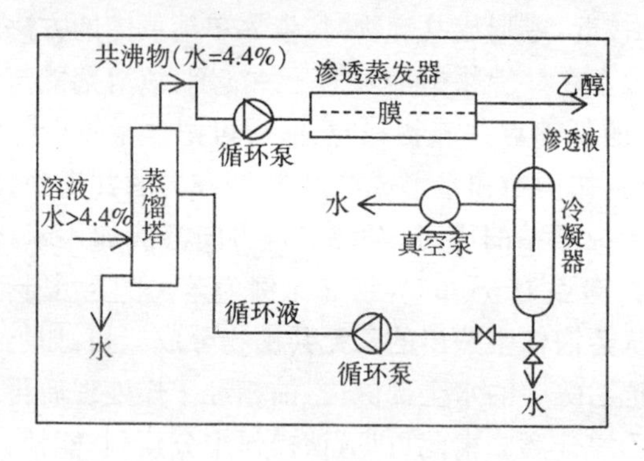

沸点：水 100℃，乙醇 78.5℃，共沸物 78.2℃(组成：$C_{水}$=4.4%)

图 4-46　乙醇-水共沸物的脱水装置流程

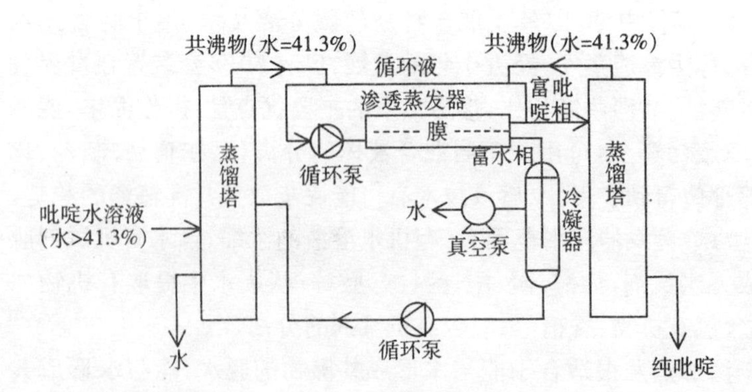

沸点：水 100℃，吡啶 115℃，共沸物 92.6℃($C_{水}$=41.3%)

图 4-47　水-吡啶共沸物的渗透蒸法脱水

另一种水含量较高的共沸物，如水(41.3%)-吡啶(58.7%)共沸物必须采用两个蒸馏塔如图4-47，自第一蒸馏塔蒸出的共沸物，含水量41.3%，通过渗透蒸发器使水含量降至30%，随后送入第二蒸馏塔进一步脱水。在过程中大量的水是依靠蒸馏塔脱除的，渗透蒸发只是起到破坏共沸平衡的作用，弥补了渗透蒸发处理量小的弊端。

在有机溶剂中还有很多近沸或恒沸点的混合液体，采用普通的精馏手段很难把它们分开，如果用渗透蒸发，则可轻而易举地解决。例如对一些结构相似、沸点接近的有机溶剂如：苯-环已烷、苯乙烯-乙苯、二甲苯异构体等的分离，采用渗透蒸发的方法，效果很好。有作者采用醋酸纤维素-聚苯乙烯二乙基磷酸酯复合膜，对苯-环已烷进行渗透蒸发分离，在液体的沸点温度下，透过量为1 L/(m^2·h)，分离系数为40；另有作者采用三级串联式渗透蒸发法，对50∶50的苯-环已烷进行分离，两种试剂的浓度均可达到98%。

异丙醇的脱水浓缩已有工业化，以聚乙烯醇为渗透蒸发膜，对体积分数为87%～99.7%的异丙醇水溶液脱水，处理能力为500 kg/h。用渗透蒸发法对异丙醇进行脱水与传统的共沸蒸馏法比较，其动力消耗和成本明显降低如表4-30所示。

表4-30 异丙醇脱水的能量消耗和运转费

方　　法	渗透蒸发	共沸蒸馏
动力消耗：蒸汽(kg/kg)	0.3	1.6
电能(kW·h/kg)	0.03	0.01
冷却水(t/kg)	0.055	0.1
运转费：蒸汽	0.9	4.8
电能	0.6	0.2
冷却水	0.55	1.0
夹带剂(苯)	—	0.03
换膜费	1.9	—
合　　计	3.95	6.03

4.6.6 液膜的应用

1. 金属的分离

使用液膜法对金属进行分离，初期主要用于湿法冶金和水处理方面，随着液膜技术的提高，应用范围也不断扩大，目前正逐步向稀土类金属、金、铂等贵金属和稀有金属的分离方向扩展。

目前有不少学者致力于开发更高分离效率的液膜方法，如复

溶液(a)	液膜(A)	溶液(b)	液膜(B)	溶液(a)
pH6 8mol $LiNO_3$	0.5mol H(DTMPeP) 67%萘烷 33%DIPB	8mol LiCl 0.3mol HCl	0.1mol TLA HCl 70%萘烷	pH6 8mol $LiNO_3$
Co(Ⅱ)				Co(Ⅱ)
Ni(Ⅱ)				

H(DTMPeP)：双(2,4,4-三甲基戊苯)膦酸；

DIPB：二异丙苯；

TLA HCl：三(十二烷基)铵盐酸盐

图 4-48 复合膜支撑液膜分离钴-镍的示意图

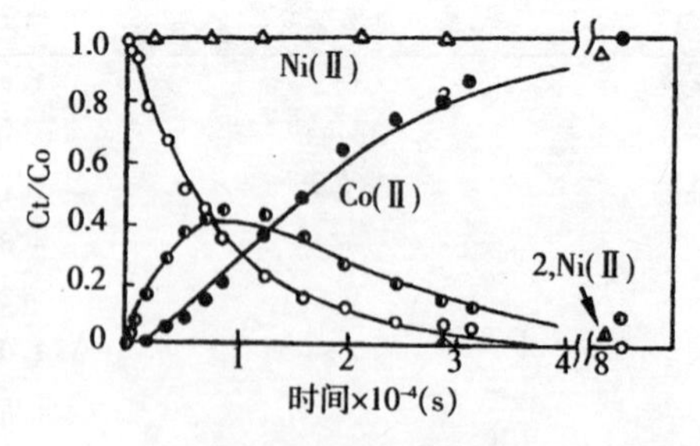

(1 室中的初始浓度：[Co]=[Ni]=0.01 mol)

图 4-49 Co^{+}、Ni^{++}浓度的时效变化

合支撑液膜就是其中一种。采用如图 4-48 所示的复合支撑液膜对含钴、镍溶液进行分离。所谓复合支撑液膜，示意中含浸着不同载体的两张支撑液膜，介于水溶液之间交替排列的体系，只要载体和溶液组成选择得当，将取得比一张支撑液膜更好的分离效率。

如图 4-48 所示，当 1 室起始溶液中分别含 Co^{+}和 Ni^{++}各为 0.01 mol，而各室(1、2、3)溶液中 Co^{+}和 Ni^{++}的浓度随时间的变化如图 4-49 所示，Co^{+}几乎可通过所有三个室，而 Ni^{++}几乎都不通过，所以两者可很好地被分离。

2. 铀的分离

使用中空纤维支撑的液膜组件，以铀矿的硫酸浸出液为原料进行铀的分离和浓缩，其流程如图 4-50 所示。

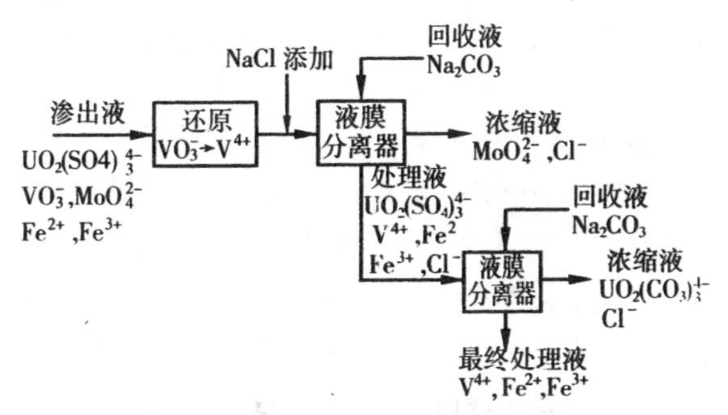

图 4-50 从铀矿的硫酸浸出液分离铀的流程

在硫酸浸出液中铀以 $UO_2(SO_4)_3{}^{2-}$的形式存在，铀的含量约数百至数千 ppm，此外，还含有 $VO_2{}^-$、$MoO_4{}^{2-}$、Fe^{2+}、Fe^{3+}等。浸出液进入还原槽把 V^{3+}还原成 V^{4+}，在还原液中加入 NaCl，然后进入液膜分离器，添加 NaCl 的目的是阻挠铀同载体的络合，以达到铀和钼的分离。除去钼的处理液进入第二液膜分离器，铀与载体络合而进入浓缩液，而 V^{4+}、Fe^{2+}、Fe^{3+}则残留在原料相而被分开。

3. 粘胶纤维厂含锌废水的处理和回收

粘胶纤维厂纺丝车间的废水中含锌量约为 350 g/m^3，如不回收将造成资源浪费，并污染水源和生态环境。

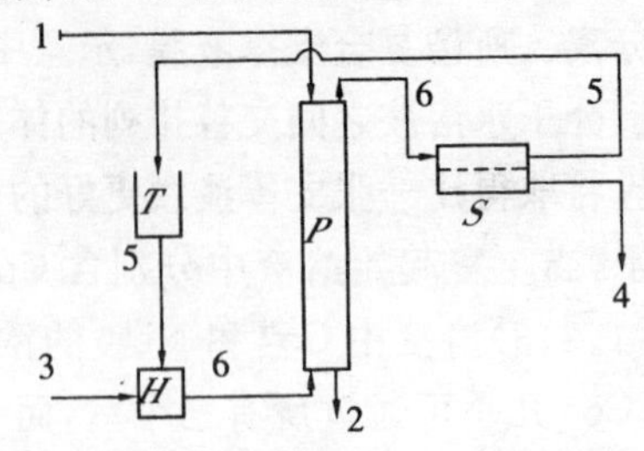

①原料相(废水)，70 m^3/h，350 g-Zn/m^3；

②处理水相，70 m^3/h，5g-Zn/m^3；

③回收相，0.3 m^3/h，250 kg-H_2SO_4/m^3；

④浓缩水相，0.3 m^3/h，55～60 kg-Zn/m^3，100 kg-H_2SO_4/m^3；

⑤液膜油相，7 m^3/h；

⑥W/O 乳液，7.3 m^3/h；P：萃取塔；H：乳化器；S：静电破乳器；T：油相罐

图 4-51　以乳化液膜回收锌的工业流程图

以乳化液膜回收锌的流程简图如图 4-51 所示。含锌浓度为 350 g/m^3 的废水，以 70 m^3/h 的速度进入 W/O 乳液膜型萃取塔，经萃取后的处理水被排出萃取塔，流量为 70 m^3/h，锌的含量降至 5 g/m^3，来自乳化器中的硫酸(浓度为 250 g/m^3)不断地自萃取塔下部进入塔中，流量为 0.3 m^3/h，W/O 型乳液不断地自萃取塔顶部流出，并进入静电破乳器(1 kV，10 kHz)，经破乳后水相中锌含量为 55～60 kg/m^3，硫酸含量为 100 kg/m^3，油相被导入油相罐中，经乳化器调整浓度后继续使用。每吨硫酸锌的回收价仅为市场价的 40%左右。

参考文献

[1]　高以恒，叶凌碧．膜分离技术基础．科学出版社，1989

[2]　C. Schonbein. B. P，1846，11402

[3]　R. Zsigmondy，W. Bachmann and Z. Anorg，Allgem. Chem，1918，

103 : l19

[4] R. E. Kcstingq. Synthetic Polymeric Membranes(Second Edition). John Wiley & Sons, 1985

[5] (日)妹尾学,木村尚史 · 新机能材料 · "膜"工业调查会, 1983

[6] E. C. Reid, E. J. Breton, J. Appl. Polymer S., 1959, 1 : 133

[7] HWang S-T, Kammermeyer K. Membranes in Separation. New York. Wiley, 1975

[8] M. C. Proter, A. S. Nichaels, Chem. Tech, 1971, 1(56) : 633

[9] (日)志田宪一 · 化学工场, 1984, 27 : 4

[10] 朱长乐,刘莱娥等编著 · 膜科学技术 · 浙江大学出版社, 1992

[11] S. Sourirajan. Ind. Eng. Chem. Fundam, 1963, 2 : 51

[12] J. P. Agrawal, S. Sourirajan. Ind. Eng. Chem, 1969, 8 : 61

[13] T. Matsuura, S. Sourirajan. Ind. Eng. Chem. Process Des Der, 1977, 16 : 82

[14] H. K. Lonsdale, U. Merten & R. L. Riley, J. Appl. Polym. Sci, 1965, 9 : 1341

[15] R. L. Riley, H. K. Lonsdale, C. R. Lyons, et al. J. Appl. Polym. Sci, 1967, 11 : 2143

[16] 大矢晴彦 · 膜利用技术ハンドブツケ · 辛书房, 1978

[17] 并川学 · 表面, 1978, 16(7) : 399

[18] T. K. Sherwood, P. L. T. Brian & R. E. Fisher, IEC Fundamentals, 1967, 6(l) : 2

[19] H. Yasuda, C. E. Lamaze. J. Polym. Sci, Part A-2, 1971, 9 : 1537

[20] E. Monegold, R. Hofmann, Kolloid Z, 1980, 52 : 19

[21] J. D. Ferry. Chem. Rev, 1936, l8 : 272

[22] 王学松 · 反渗透膜技术及其在化工和环保中的应用 · 化学工业出版社,1988

[23] 王学松 · 精细化工, 1984, 1(1) : 4

[24] 王学松等译 · 合成聚合物膜 · 化学工业出版社, 1992

[25] Aptel P, Neel J. J. Membr. Sci, 1976, 1 : 271

[26] N. Li. U. S. P. 4001109, 1977, 4 : Jan

[27] N. Li. U. S. P, 1978, 14 : Nov
[28] H. K. Lonsdale. J. Membr. Sc., 1982, 10 : 81
[29] 巩琦,王国强等. 水处理技术,1986, 12(5) : 261
[30] H. K. Lonsdale, U. Merten & R. L. Riley. J. Appl. Polym. Sci, 1965, 9(13) : 41
[31] 松浦刚. 合成膜の基础. 喜多见书房, 1981, 25
[32] S. 索里拉金. 膜分离科学与技术,1984, 4(1-4)
[33] H. Yasuda, C. E. Lamaze & A. J. Pecrrlin. Appl. Polym. Sci, 1971, 9 : 1117
[34] 陈雪英. 译自"新しい机能性膜の开发",65 — 146,1988. 产业用纺织品. 中空纤维膜技术译文专辑,1992
[35] 王庆瑞,陈雪英,沈新元,葛家新. 膜科学与技术,1989, 9(3) : 17
[36] 王庆端,陈雪英. 纤维素科学与技术, 1993, 1(1) : 45
[37] 王庆端,陈雪英,朱彬华,沈新元. A Study of the Cellulose Hollow Fiber Membrane Made by the Solvent Method and its Applications. Second Annual National Meeting Society. Syracuse. New York. June, 1988. 1-3
[38] 吉田章一郎,山边武郎. 生产研究, 1975, 27(1) : 30
[39] 王庆瑞,侯震伟,陈雪英,沈新元. 中国纺织大学学报,1990, 16(4,5) : 59
[40] 西村正人. 科学ど工业,1982, 56(2) : 59
[41] 小山清,西村正人. 科学ど工业,1980, 54(9) : 330
[42] 高从阶. 水处理技术, 1984, 10(6) : 1
[43] 三本和雄. 纤维学会志,1976, 32(11) : 436
[44] 王庆瑞,陈雪英,沈新元,侯震伟. 中国纺织大学学报,1990, 16(l) : 19
[45] 罗益锋. 合成纤维工业,1986,No16 : 30
[46] 沈新元,王庆端,陈雪英. 水处理技术,1988, 14(6) : 319
[47] 施飞舟,王庆端,陈雪英. 中国纺织大学学报,1993, 19(5) : 65
[48] 王庆端. Studies of Preparation of (l) CTA-PAN, (2) CA-PAN, (3) CTA-PS Blend Membranes. With Toyobo Co. Ltd, Osaka, Japan, (1)April, 1989 (2)August, 1989. (3) April, 1990

[49] 董纪震,罗鸿烈,王庆瑞,曹振林．合成纤维生产工艺学(第二版)．纺织工业出版社，1993

[50] 杨之礼,王庆瑞,邬国铭．粘胶纤维工艺学(第二版)．纺织工业出版社，1989

[51] 王庆端,陈雪英,刘兆峰,赵苍率．(译自 A. T. CEPKOB, BUCK-O3HblE BO(OKHA)粘胶纤维．纺织工业出版社,1985

[52] A. Castro. U. S. P. 4247498，1981

[53] Brock T. D. Membrane Filtration. Warzalla Publishing Co.，New York

[54] 高从阶等．水处理技术,1984，10(6)：25

[55] Kunst B，Sourirajan S. J. Appl. Polym. Sci，1974，18(11)：3423

[56] Sourirajan S，Matsunra T. Osmosis & Ultrafiltration. Washington. ACS，1985

[57] Gerges B. Synthetic Membrane Processes Fundamentals & Water Application. Academic Pr，1984

[58] 高藤英生．(日)化学工程，1980，23(11)：32

[59] 陈雪英等．中国专利．n1070894

[60] 樊叔．水处理技术，1981，11(5)：57

[61] 陈雪英,王庆端．纺织学报,1991，12(7)：331

[62] 赵国璞等．水处理技术,1985,11(34)

[63] 上海科学技术情报研究所．国外反渗透技术应用 50 例．上海科技情报研究所印,1975

[64] 鲍迂镛,方孟伟．水处理技术,1981，7(4)：19

[65] 刘福琼．水处理技术,1985，11 特辑 :18

[66] 沈新元,王庆瑞,陈雪英,侯震伟．合成纤维,1989，No15：14

[67] 浅川史朗等．National Technical Report，1983，29(1)：93

[68] 叶凌碧,马延令．净水技术,1984,(2)：6～10

[69] 王学松．膜分离技术及其应用．科学出版社，1994

[70] 王庆瑞,刘兆峰,关桂荷．高技术纤维．中国石化总公司继续工程教育系列教材，1997

第5章 医疗保健功能纤维

5.1 前 言

5.1.1 医用高分子材料的现状

在科学高度发展的今天，许多科学工作者正致力于生命奥秘的探索，研究生物组织的化学结构，化学结构与器官功能的关系，生物器官的合成等。这必须对材料性能提出了复杂而严格的多功能要求，这是大多数金属材料和无机材料难以满足的。而天然的和合成的高分子材料与生物体（天然高分子）有极其相似的化学结构，因此，涉及与合成出具有相似化学、物理特性的材料，可以部分或全部取代生物体的有关组织。

医用高分子材料研究已有50年的历史，早在1947年美国已发表了展望性论文，随后，美国、日本、欧洲等工业发达国家不断有文章报导，有些并已在临床上得到应用。我国研究历史较短，70年代开始进行人工器官的研制，并有部分产品进入临床应用。1980年成立了中国生物医疗工程学会，并于1982年又成立了中国医学工程学会人工器官及生物材料专业委员会，使得医用生物器材获得进一步发展。

本世纪40年代首先把合成高分子材料使用于医学，最早产品是把有机玻璃作为牙托、假牙和补牙材料等，随后又逐步发展了塑料针筒、合纤纱布和绷带、各类血管、各种导管（如食道、胆道、尿道等)、人造皮肤、吸收性缝合线、人工喉、乳房修复物、人工肌肉、腱、角膜、接触眼镜、牙齿植入物、除脊椎骨以外的各种骨骼、软骨、关节、韧带、医用粘合剂、以及各种人工脏器如:人工肾、人工肺、人工肝、人工胰、人工心脏、心脏起搏器、血液浓缩器、肝腹水浓缩回输器等等,品种繁多。一些单功能材料正向多功能方向发展。一些体外人工脏器也在向内植方向发展。此外,各种医用粘合剂、药物释放送达体系、诊断用固定化生理活性物质、固定化酶、生物探感器、各种器械、管子、手术衣、绷带、绷托、粘接胶带等也归属于医用材料的研究范畴。

5.1.2 医用高分子材料及其要求

可用于生物医疗的高分子材料种类繁多,而且还在不断地发展中,主要有:聚氯乙烯、聚乙烯-醋酸乙烯共聚物、氯乙烯-偏二氟乙烯共聚物、铜氨法纤维素、有机溶剂法纤维素、醋酸纤维素、二醋酸-硝酸纤维素共混物、天然橡胶、硅橡胶、聚酰胺、聚酯、聚氨酯、环氧树脂、聚碳酸酯、聚乙烯、乙烯-醋酸乙烯共聚物、聚苯乙烯、聚四氟乙烯、四氟乙烯-六氟丙烯共聚物、聚乙烯缩甲醛、聚乙烯缩丁醛、聚丙烯、聚丙烯腈、聚甲基丙烯酸酯、聚 α-氰基丙烯酸酯等等。其中以聚氯乙烯及氯乙烯共聚物的数量为最多。

对生物医用高分子除要有医疗功能外,还必须强调安全性,即不仅要治病,而且对人体健康无害。对医用高分子材料的要求也不是一律不变的,可因其使用环境或功能的不同而异,如外用医疗材料与机体接触时间短,要求可稍低,而与血液直接接触,或体内使用的材料则要求较高。医用高分子材料应能满足如下的基本要求:

(1)聚合物纯度高,不含有任何对身心有害的物质;

(2)化学上不活泼,不会因与体液接触而发生变化;

(3)无毒性,不引起肿瘤或过敏反应,没有异物反应,不破坏邻近组织；

(4)有稳定的物理、化学性能和良好的力学性能，即使长期埋植在体内也不损坏原有性能；

(5)与人体或血液长期接触的材料，要有优良的生物相容性，即有良好的血液相容性(抗凝血和抗溶血)与组织相容性；

(6)能经受必要的消毒处理而不变性；

(7)易于加工成所需的复杂形状，而且质优价廉。

5.1.3 生物相容性

医用高分子材料在使用过程中直接与活体组织和血液接触，因此要求两者有良好的相互关系，即材料对于活体要有生物相容性，而活体对材料要求有医疗功能和耐生物老化。生物相容性是生物对材料的生物反应，主要是指对血液的反应(血液相容性)、对生物组织的反应(组织相容性)和免疫反应等。材料的耐生物老化是生物体对材料的反应，包括物理性质和化学性质的变化，通常要求材料不发生物理和化学性质的变化。

1. 血液相容性

血液相容性包括的内容很广，最主要的是指高分子材料与血液接触时，不引起凝血和血小板的粘着和凝聚，没有破坏血液中有形成分的溶血现象，也就是不产生凝血和溶血。凝血过程是血液与外界材料接触后在数秒钟内血浆蛋白(如白蛋白、γ-环蛋白和纤维蛋白)的竞争吸附，接着是血小板被活化粘着而形成血栓，与此同时，在各种因素作用下，因蛋白质的串级活化反应使可溶性的血纤维蛋白聚合为不溶性的血纤维蛋白凝胶，并包裹红血球、白血球和血小板而形成红色血栓。它截断血液的流通，而导致心肌梗塞、脑血栓等致命疾病。

抗凝血材料的研制是一个重要的课题。由于高分子材料与血液接触是在材料的表面，所以除要求高分子材料有一定的机械性能外，抗凝血材料的主要工作是在材料表面的合成和设计上。光滑的材料表面，有助于抑制血小板的吸附，可减小凝血性；材料表面的亲水性有利于抗凝血，亲水性单体有丙烯酰胺及其衍生物、甲基丙烯酸-β-羟乙酯等；由于血小板带有负电荷，故材料表面有负电荷型聚离子复合物，能有效地降低血小板的粘着和凝聚；合成抗凝血高聚物或在材料表面接枝有抗凝血剂（如肝素），有抗凝血的效果；为防止血浆蛋白的絮凝沉积，在侧链上有聚乙二醇的丙烯酸酯等有较好效果。

2. 组织相容性

组织相容性是当活体与材料接触时，活体组织不发生炎症和排拒，而材料表面不 产生钙沉积。

聚二甲基硅氧烷是使用较多的组织相容性好的材料，如作为导管、人工乳房材料等，其缺点是早期植入有异物反应，在动态下使用时机械性能不能满足要求，常因吸收脂肪而导致龟裂。聚醚氨酯的综合性能虽较好，但强度较差，易产生钙沉积而受到限制。由聚乙烯-聚乙烯醇高聚物所衍生的聚离子复合物，是一类很有希望的组织相容性材料，它不仅强度和亲水性良好，还能使材料带有电荷，如上所述，带负电荷的聚离子复合物具有优异的抗凝血性能。

必须指出，在组织相容性中，组织细胞在材料上的粘着和增殖有不同的意义。对白内障病人植入的人工晶体应具有良好的组织相容，否则，将因细胞在晶面上的粘着和增殖，而使白内障复萌。对于烧伤病人的植皮，则希望患者的表皮细胞能在人造皮肤上粘附、增殖和繁衍，使其浑然成一体。

5.1.4 材料在体内的降解和吸收

长期与生物体接触的材料，还必须探讨其在生物体内血液、体液接触的条件下结构与密度的变化，以考察高分子材料在体内长时期的适应情况。按材料的类别分析：尼龙最易老化；聚氨酯、聚氯乙烯次之；聚丙烯腈和聚酯类较耐老化；硅橡胶和聚四氟乙烯最耐老化。

对于医用高分子材料而言，“老化”一词并不一定是贬义的，要根据使用期限而定，对使用期限短的材料，要求其在老化过程中不产生有害于人体的副产物。

作为非永久性的植入材料，要求它在发挥作用之后能被活体吸收，或参与正常的新陈代谢而被排出体外。例如手术缝合线、骨科的修补材料等，如能在愈合后被吸收，则可免去拆除之苦。

高分子在活体内的降解一般可分为酶解和水解两类，一般而论，生物或天然高分子材料易被酶促分解，而合成高聚物则多为非酶促的水解。经降解而产生的水溶性产物要求：产物分子量应低到能被肾脏排出，或在活体内被分解而参与代谢；分解产物应没有毒性。

5.1.5 高分子药物

传统的低分子药物因易被吸收，又易于排泄而缺乏持久性；药物在体内分布广而缺乏选择性。目前研制的高分子药物可克服以上缺点，而显示出其优越性。最近发现某些结构的化合物在正常细胞和病变细胞中的浓度不一样，从而启发人们把这些结构引入高分子药物中，使药物有选择地进入要治疗的细胞中，以发挥更高的药效；此外，高分子药物因不易被人体排泄而具有长效性，它既可延长药物在人体中的作用时间，又可以有控制地、缓慢地释放出药物，可避免病人因多次打针、服药之苦。

高分子药物主要有三种类型：具有药理活性的高分子；高分子载体药物；低分子药物包埋于高聚物膜中。天然肝素(Heparin)与血液的良好相容性，具有优异的抗凝血性，它含有$-SO_3^-$、$-NHSO_3^-$、$-COO^-$功能基的多糖，模仿其化学结构可以合成有上述三种功能基的高聚物，同样具有良好的抗凝血性，是具有药理活性的高分子。高分子载体药物的品种较多，可把一些药效优异的低分子药物，通过化学键接到亲水性的高分子骨架上，以提高其选择性和长效性。在乙烯醇-乙烯胺的共聚物上，连接青霉素 G 的侧基，其药理活性比青霉素 G 大 30～40 倍，同时提高了稳定性和水溶性。多种磺胺类药物能与二羟甲基胺或甲醛缩聚，制得在主链上含有低分子药物链节的高分子药物，它在体内经裂解后能释放出磺胺药，起杀菌作用，其毒性低于低分子磺胺。

5.1.6 医用高分子的发展方向

医用高分子经过 50 年来的发展，其应用领域已渗透到整个医学领域，取得十分显著的成绩。迄今为止，除了大脑和胃之外，几乎所有的人体器官都在研制出代用的人造器官，但距离随心所欲地使用人造器官来植换人体的病变脏器为期尚远，尚需进一步作深入探索。就目前而言，需在以下几方面进行深入研究：

(1)人工脏器的生物功能化、小型化、体植化：目前使用的人工脏器还不能完全代替器官的所有功能，有的还不能植入体内。今后应使人工器官具有人体器官的所有功能，能永久性地植入体内，并完全取代病变的脏器。

(2)发展新型的医用高分子材料：发展适合医学领域特殊要求的新型、专用高分子材料，研究开发混合型人工脏器和生物活性的人工脏器，已经取得一些成就，预计不久的将来可投入使用。

(3)医用高分子的临床应用：有很多医用高分子材料尚处于试验阶段，如何迅速推广临床使用，以拯救更多患者的生命是当务之急。

(4)生物医学高分子是跨生物学、医学和高分子科学的边缘学科，随着近代科学的发展而蓬勃地发展，发展势头甚为迅猛，目前全世界生产的医用高分子材料及器械，价值不下40亿美元。我国生物医用高分子的发展较晚，涉足的门类虽广，但与国际先进水平相比尚有一定差距，还需进一步努力，以期在较短的时间内迎头赶上。

5.2 医疗卫生用纤维

5.2.1 高吸水性纤维材料

通常把棉花、纸张、海绵和泡沫塑料作为吸水性材料。但它们的吸水能力并不高，一般仅能吸收自身重量20倍左右的水(脱脂棉为40倍)，而且受到轻微挤压后很容易脱水，保水性很差。

高吸水性材料是一种含有强吸水性基团并有一定交联度的高分子材料。它不溶于水和有机溶剂，吸水能力高达自身重量的500～2 500倍，高者可达5 000倍。经吸水后立即溶胀为水凝胶，有优良的保水性。吸水材料经干燥后吸水能力仍可恢复。

高吸水性材料首先由美国范特(Fanta)等人于1968年开发成功，日本首先商品化。目前以日本的产量最高，其次是美国和西欧诸国。

1. 高吸水性材料的类型

按原料来源不同，高吸水性材料可分为淀粉类、纤维素类和合成聚合物类等三大类。

1)淀粉类

主要有两种，一种是淀粉与丙烯腈接枝后，用碱性化合物水解后引入亲水性基团；另一种是淀粉与亲水性单体如丙烯酸或丙烯酰胺等接枝聚合,然后用交联剂进行交联。

淀粉类高吸水性材料的优点是吸水率较高,一般都在千倍以上,但吸水后的凝胶强度低,长期保水性差,在使用过程中易被细菌等微生物分解而失去吸水和保水能力。

2)纤维素类

有两种形式,一种是纤维素与一氟醋酸反应引入羧甲基后,用交联剂交联后形成的产物;另一种是纤维素与亲水性单体接枝的产物。

纤维素类的吸水能力较低,也存在易被细菌分解而失去吸水和保水能力的缺点。

海藻酸钠和明胶等天然高聚物的交联产物,也已被用作高吸水材料。

3)合成聚合物类

原则上,任何水溶性高聚物经交联后都可作为高吸水材料,目前已经应用的主要有四种:

(1)聚丙烯酸类。由丙烯酸及其盐类与具有双官能团单体聚合而成。其吸水倍率均在千倍以上。

(2)聚丙烯腈水解物。把丙烯腈用碱性化合物水解,再经交联剂交联即成。由于氰基水解不易彻底,故亲水基团含量较低,吸水率不高,一般为 500～1 000 倍。

(3)醋酸乙烯酯共聚物。使醋酸乙烯酯与丙烯酸甲酯共聚,经碱水解后得丙烯醇与丙烯酸盐的共聚物,不需要交联,即为不溶于水的高吸水性树脂。产品的特点是吸水后仍有较高的强度,故适用范围较广。

(4)改性聚乙烯醇类。由聚乙烯醇与环状酸酐反应而得。该类产品吸水能力较低(150～400 倍),但初期吸水速度较快,耐热性和保水性较好。

2. 高吸水性纤维材料的应用

高吸水性纤维材料自问世以来，因其独特的性能而受到重视，应用领域迅速扩大，目前已遍及日常生活、医疗卫生、以及工、农业等各行各业。

1）日常生活用品

高吸水性纤维材料首先用于日常卫生用品上，如餐巾、手帕、绷带、手术床衬垫、婴儿或老年人一次性尿布、以及妇女卫生用品等。如把高吸水性树脂掺入纸浆中造纸，或纺成纤维制成织物，生产成本将明显降低。

高吸水性纤维的保湿性良好，在使用时无湿漉感，而且重量轻。它还能吸收人体异味及从尿液中分解出来的氨，如使高吸水纤维吸入一定量的香水，用于公共厕所、车站、码头等人群集中的地方，它既能除臭又有芳香感，深受人们的欢迎。

利用高吸水性材料的增稠性，可用作化妆品、洗涤剂、水性涂料等的增稠剂。作为化妆品的增稠剂可明显延长保存期，而且无油腻感，并能有效地防止皮肤的开裂、干燥。如作为涂料增稠剂，可使涂料贮存时不易结皮，涂刷性、流涎性和防流挂性都得到改善，如作为内墙涂料使用时，还具有调湿的功效。高吸水性树脂作为家庭养花和插花的无土栽培的基材，既有利于植物的生长，又可延长鲜花的鲜活期。

2）医疗卫生材料

高吸水性纤维或树脂作为绷带能吸收渗出液，并可防止感染化脓，还能吸收血液和内分泌物。利用其药剂保持性可作为缓释性药物的基体，可延长药物在体内的有效期限；利用其水不溶性可作为药片的抗崩解剂；利用其可渗透性，可作为微胶囊药物的外壳；利用其成膜性可作人造皮肤，具有气体、水汽透过性、细菌过滤性和药物保持性。

把高吸水性凝胶涂在导尿管、胃镜导管、肠镜导管的表面，由于能在导管的表面形成一层水膜，它具有良好的润滑作用，可十分方便地插入人体，减少患者的痛苦，作为人工食道，由于水膜的作用，使病员吞食方便。在隐形眼镜涂上水凝胶，可改善镜片与眼球接触状态和新陈代谢，提高使用安全性。

高吸水性材料因其高度亲水性，而具有良好的抗血栓性，作为人工脏器的涂料特别合适。还可作为人工关节的滑动部位以代替软骨，可获得十分满意的效果。水凝胶受挤压时能渗出水而形成水膜，具有润滑作用，它还能减少人造骨的磨耗，并能充分发挥水凝胶的弹性、应力变形、复原性等特点，以及避免发生血栓的危险性。高吸水材料还被用作人造皮肤的复合材料，因其保水性能好，对皮肤的生长特别有利。

3)食品工业的应用

高吸水材料作为食品的包装材料可吸干食品的水分，有利于鱼、肉、蔬菜等的保存和运输；含有 0.1%聚乙烯醇类高吸水树脂的聚乙烯薄膜与无吸水剂薄膜相比，如用于包装豌豆荚，其保鲜期可从 7 d 提高到 15 d，如运输活鱼，24 h 的存活率可从 84%提高至 92%；高吸水剂本身无毒、无味，又不易被人体吸收，可用作食品添加剂，既能改善食品的外观，又能增加口感和降低热值；此外，高吸水材料还可进行食品的脱水处理、果汁饮料的澄清、酒类中有害金属离子的去除，以及食品工业废水的处理。

4)工业上的应用

高吸水材料在工业上的应用广泛：利用高吸水材料的增稠性和润滑性，如加入水泥浆中可改善运输状况和提高土建效率，在地下工程中，可防止水分的渗透，还可作为水泥管道连接的密封材料；在油田钻探中可作为钻头的润滑剂和泥浆的胶凝剂；利用吸水树脂的吸水性，同时几乎不吸油和非极性溶剂的特性，可作为工业的脱水剂；高吸水材料有平衡水分的功能，即在高湿下吸湿，而在低湿下解吸，作为室内装潢或食品容器具有保湿作用；代替硅胶作为天平仪器的干燥剂，可避免频繁更换干燥剂的麻烦；此外，高吸水材料还有一定的离子交换能力和絮凝能力，在电镀业、造纸工业、冶金和食品行业，作为废水处理剂有十分成功的实例。

5）农用保水剂

在干旱地区或干旱季节，高吸水树脂作为农用保水剂特别合适。把高吸水材料加入土壤中，可改善土壤的团块结构，增加土壤的透气、透水和保水性能，避免肥料的流失，有利于植物根系的生长发育，使农作物明显增收；用作苗木移栽的保水剂，可大大降低苗木的死亡率。

高吸水材料用作农用保水剂使用方便，可拌种、喷洒、穴施，也可调成糊状进行浸种或浸泡根部，而且成本低廉（一亩蔬菜地仅花1美分），故在美国、日本、西欧、中东等国已广泛地用于农林业。

5.2.2 医用缝合线

外科手术用缝合线用于缝合伤口，把撕开的人体组织固定在一起，直至伤口愈合。

医用缝合线在使用前必须进行消毒，初期的消毒方法采用蒸汽和干热消毒，近期采用环氧乙烷气的消毒方法最为广泛。缝合线除能经受消毒外，还必须满足下列的基本要求：

（1）线的强度较高，不受体液的影响而变性，在伤口愈合前力学性能没有大的变化；

（2）纤维的柔韧性良好，勾结强度高，缝合时通过人体组织容易，结扎时操作方便，作结后持结性良好；

（3）生物相容性良好，组织反应小，不影响人体组织的生长；

（4）对于吸收性缝合线，在组织修复后应完全被吸收，不在人体内留下异物；

（5）产品质量稳定可靠，能够长期保存，容易消毒而不变性；

(6)无毒性、过敏性、电解性、脓毒性、致癌性和毛细管现象；

(7)制造容易，价廉易得。

按生物分解性能可把缝合线分为吸收性和非吸收性缝合线，前者可在人体中降解(水解或酶解)成低分子物质，而被人体吸收或代谢；后者在体内不降解，必须通过手术取出。如按材料的类型，可把缝合线分为天然的、合成的和金属缝合线。

曾在临床上使用过的非吸收性缝合线有：银丝、不锈钢丝、钽丝等金属线；蚕丝、棉纤、亚麻、马尾等天然高聚物；还有聚酰胺、聚乙烯、聚丙烯、聚酯等合成高分子。吸收性缝合线有：骨胶原、肠线、甲壳素等天然高聚物；聚羟基乙酸、聚乙交酯-丙交酯共聚物、聚对二氧环已酮、三元共聚物的聚乙二醇酸等合成高分子。

缝合线与所有手术植入物一样，所引起的异物反应是不可避免的。所有缝合线在最初五天内的反应基本相同，五天之后的反应通常是吸收异物、或形成纤维状外壳包围异物。其中以肠线和骨胶原线的反应最大，分解速度过快，有时伤口尚未完全愈合时，它已分解，从而使伤口两次开裂；蚕丝和棉纤、麻纤及其他天然高分子的反应速度次之；而合成聚合物和金属丝一样，其组织反应最小。

缝合线的主要性能如下：

1. 聚羟基乙酸缝合线

聚羟基乙酸(PGA)又称为聚乙交酯或聚乙酸酯，为可吸收缝合线，1970 年美国开始商品化，商品名 Dexon(特克松)。

特克松植入人体后主要通过水解而被吸收。纤维强度与聚酯相近，植入人体 7～11 天后仍保持较高强度，这正是伤口的修复的临界期；30～60 天后被吸收；对人体组织反应较纤维素纤维和聚酯纤维小，可与聚酰胺和聚丙烯相比。可作为各科手术的吸收性缝合线，特别适用于肠胃、泌尿道、妇科和眼科手术。

2. 聚乳酸羟基乙酸缝合线

获得广泛应用的聚乳酸羟基乙酸缝合线系由 9 份乙交酯

(GA)与 1 份丙交酯(LA)的无规共聚物：

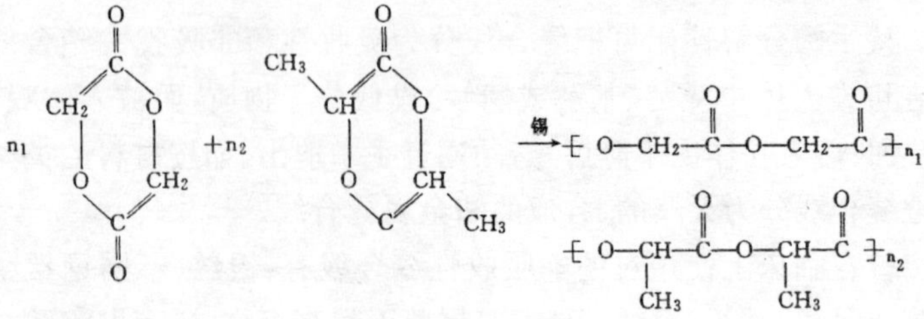

$$n_1\ \text{乙交酯}\ + n_2\ \text{丙交酯}\ \xrightarrow{\text{锡}} \left[O-CH_2-\overset{O}{\overset{\|}{C}}-O-CH_2-\overset{O}{\overset{\|}{C}} \right]_{n_1} \left[O-\underset{CH_3}{\underset{|}{CH}}-\overset{O}{\overset{\|}{C}}-O-\underset{CH_3}{\underset{|}{CH}}-\overset{O}{\overset{\|}{C}} \right]_{n_2}$$

聚乳酸羟基乙酸具有组织反应小，在体内存留强度大，吸收速度大的优点。与特克松一样由于在人体中的水解作用而被吸收；聚乳酸羟基乙酸在体内任何时间，其强度均比特克松大，14 d 保留原始强度的 55%，21 d 为 20%。吸收速度大于特克松，40 d 开始消失，70 d 几乎完全吸收，90 d 人体组织不存有聚合物，而特克松 40 d 开始被吸收，90 d 约有一半聚合物留在生体组织中。

3. 聚对二氧杂环己酮缝合线

聚对二氧杂环己酮的分子结构式为

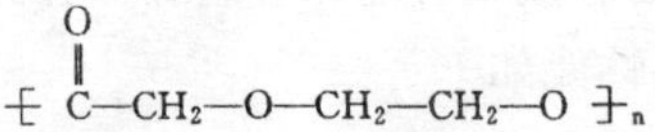

$$\left[\overset{O}{\overset{\|}{C}}-CH_2-O-CH_2-CH_2-O \right]_n$$

简称 PDS，为另一种可吸收缝合线，依靠体内水解反应而降解。

PDS 分子链上有醚键，故柔顺性较大；单丝的抗张强度大于聚酰胺和聚丙烯纤维；在人体中的强度保留率大，两星期的强度保持率为 82%，八星期的保持率为 13%，均远大于特克松和聚乳酸羟基乙酸；PDS 被生体肌肉完全吸收需 180 d，也大于特克松(120 d)和聚乳酸羟基乙酸(60～90 d)，对于缝合愈合时间较长的伤口特别合适。

4. 聚丙烯

等规聚丙烯单丝被作为非吸收缝合线始于 20 世纪的 60 年代

初。聚丙烯缝合线强度大，而相对密度小，不吸水，抗酸碱，不被体内组织降解，组织反应小，即具有良好的化学稳定性和生物惰性。聚丙烯单丝表面光滑，缝合时通过人体组织顺利，但结扣略有困难，润滑时容易脱结。聚丙烯缝合线特别适于心血管的手术，以及需要广泛组织对合的切口。

5. 聚酯纤维

聚酯是强度最大的非吸收性缝合线。为获得最佳操作性能，常使用编织型缝合线。由于编织结构表面摩擦系数较大，作结时阻力过大，故常在缝合线表面进行涂层，以增加表面的润滑性。

聚酯缝合线不仅强度高，而且植入人体组织二年后其强度不变化，组织反应小。聚酯缝合线适用于心血管手术、整形手术、神经外科、显微外科、眼科等，尤其适用于制作人工血管，以及大动脉的移植和缝合手术。

6. 聚酰胺缝合线

聚酰胺缝合线早在 1939 年就用作缝合线，并获得广泛应用。聚酰胺缝合线常以单丝形式出现，它强度高、弹性适当，组织反应小。缺点是结扣困难，持结性差。

聚酰胺缝合线可在体内水解，也可被体内蛋白质溶解酶溶化，常被广泛用于皮肤手术中。

7. 氧化纤维素缝合线

氧化纤维素在人体组织中不引起炎症，能被巨噬细胞吸收，可调节纤维素的氧化程度，使其能在希望的时间内被吸收。它不会在人体组织上造成粗糙的斑痕和吻合区的畸形。

5.2.3 骨胶原纤维

骨胶是一种蛋白质，它在皮肤、骨骼、腱、血管、肠、眼角膜和牙齿中担负着个体保护、以及保持形态的作用，其功能与植物中的纤维素相同。脊椎动物体内含有大量的骨胶，约占蛋白质总量的1/4～1/3，与血液中的蛋白质不同，它新陈代谢缓慢，是一种较稳定的蛋白质。

骨胶分子由三根多肽链形成螺旋结构。利用酶的水解作用，可以除去骨胶分子末端的调聚肽化合物，使其能溶解成蛋白质变性剂水溶液或酸性(pH=3)溶液。除去调聚肽化合物后的亚油酸胶原，分子链较刚硬，长度280 nm，分子量30万左右。把骨胶原溶解成粘液，再纺制成纤维，其拉伸断裂强度可达2.7 cN/dtex左右，远大于大豆蛋白和酪素纤维的断裂强度。

胶原作为一种明胶和骨胶早已用于食品、粘结剂等领域。可利用酶对不溶性的骨胶原蛋白进行处理，使其溶解，并经精制和变性为可溶性的亚油酸胶原。利用它的生物适用性制作成医用材料或化妆品。

亚油酸胶原作为医用材料的特点在于：生物适应性优良；无抗原性；生物体吸收良好；膜及纤维的强度高等特性。

胶原的另一用途是把它涂布再埋入体内的合成高分子材料上，这样既可利用胶原对人体的亲和性和相容性，又发挥了合成高聚物的强韧性，充分发挥两者的优点，而掩盖其缺点。胶原不是简单地涂布在高分子表面上，而是通过物理或化学架桥反应，把胶原固定在高分子材料的表面，否则两者在水中浸渍时就会分离。

5.2.4 壳聚糖纤维

壳聚糖来自虾和蟹等甲壳类动物，以及乌贼和磷虾等软体动物的甲壳和骨骼上的天然高分子，其年产量可与纤维素相媲美。壳聚糖的结构式与纤维素相似，只是葡萄糖基环2位碳原子上的羟基被乙酰胺基所置换，结构式如下：

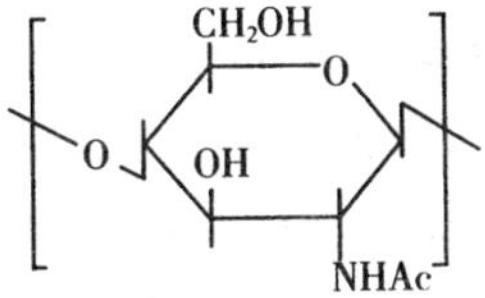

壳聚糖为单纯多糖，它仅能溶解于二氯乙酸和甲磺酸等强酸中，也可与粘胶(纤维素黄酸酯的碱溶液)混溶。壳聚糖经脱乙酰化后为脱乙酰壳聚糖。结构式如下：

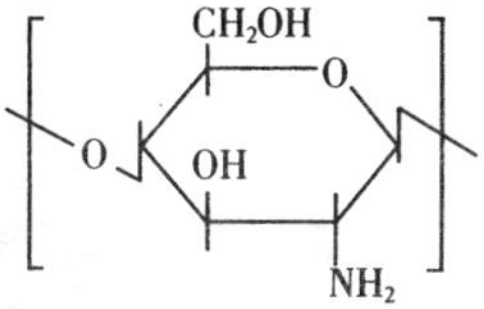

脱乙酰壳聚糖为阳离子型聚合物，它易溶于醋酸水溶液中，溶解性能比壳聚糖好得多。壳聚糖和脱乙酰壳聚糖可纺制成纤维或薄膜，其制品的医用用途正受到日益重视，如吸收性的人造皮肤和手术缝合线，以及伤口的包扎材料等已开始在临床上试验或应用。

壳聚糖本书将有章节专门介绍，本节不再详述。

5.2.5 放射性纤维

在应用强 X-射线和深部 X-射线治疗牛皮癣和肿瘤等疾病时，由于受辐射的组织损伤，而形成长期不愈的烫伤创面。而 β-射线对周围健康组织的损伤明显减少，如使用同位素敷贴片，将能获得良好的治疗效果，又不损伤人体组织。

以聚丙烯酸(接枝量 7%～15%)或聚甲基乙烯基吡啶(接枝量 6%～24%)与纤维素接枝共聚，把上述共聚物纺制成纤维并制成织物，以此织物作为放射性同位素的载体，以盐键形式引入磷、硫、锶、铌等放射性物质。临床试验表明，应用上述β贴片对治疗湿疹、神经性皮炎、血管瘤等疾病有很高的疗效。其缺点是在潮湿状态下，特别是 pH<7 时，盐键会发生水解或阳离子交换，而造成放射性同位素进入器官或组织内部。

如以聚乙烯醇或聚己内酰胺为基质，用二羟基甲基尿素进行改性，再引进磷或硫，由于这类物质具有交联结构，故这类贴片能克服上述缺点，它对人体组织或器官有很高的放射稳定性：在作人体植皮或器官和组织移植时，能够抑制免疫性排异反应。

5.2.6 食用纤维

食用纤维就是可以食用的纤维。它是以非消化性的多糖物质为主要成分制成的纤维。天然的或合成的多糖类物质，因具有良好的通便、降低胆固醇、以及降低血糖的生理作用，作为一种新饮品而受到重视，其生理活性功能受消化性和非消化性指标所左右。

以纤维素、半纤维素、变性淀粉等多糖类天然物质为主要成分的各种食用纤维已开始应用于口服液、保健食品、以及医院的功能性食品。此外，还可作为药品掺和剂以对患者进行综合治疗。

5.2.7 人造皮肤

对于大面积皮肤创伤的病人，需把病人本身正常的皮肤移植到创伤部位上。在移植前，必须进行创面的清洗，被移植后皮肤需要养护，这些都需要一定时间。有些病人在等待中因体液的大量损耗，蛋白质与盐分的丢失而丧失生命。因此，必须有人造皮肤暂时覆盖在深度创伤的创面上，以减少体液的损耗和盐分的丢失，从而达到保护创面的目的。

皮肤的作用是覆盖身体表面，防止病菌侵入，担任体液分泌，具有排泄作用、感知作用，以及调节体温的功能的器官。人造皮肤的主要作用是：防止水分和体液的挥发而流失；防止细菌的感染；使肉芽或上皮逐渐生长，促进伤口的愈合。

对人造皮肤的基本要求是：具有的良好的柔软性、优良的弹性，并能紧贴创面；同皮肤接触部分能透湿、透气和抗菌；对人体无不良的刺激作用；能促进肉芽和新皮的长出；本身可进行灭菌处理。

人造皮肤有纤维织物型和膜型两类。纤维织物型由织物层和基底层组成，织物层可由尼龙、涤纶、聚丙烯等纤维制成，基底层由硅橡胶、聚氨酯、或聚多肽制成。把表面层和基底层复合后，经 抗生物质处理后即为人造皮肤。作为膜型的人造皮肤有聚乙烯醇微孔膜和硅橡胶多孔海绵，使用时手术简便，抗排异性好，移植成活率高。此外，膜型人造皮肤还有聚四氟乙烯多孔膜、聚乙烯膜、软质聚氯乙烯膜，以及内层为网状聚氨酯泡沫，外层为微孔聚丙烯膜。聚氨基酸、骨胶原、角蛋白衍生物等天然（或改性）高聚物，也是制造人造皮肤的良好材料。

以甲壳素为原料的人造皮肤，对严重烧伤患者十分有效，能保护创面，还能加速伤口的愈合。它具有生理活性，可代替正常皮肤进行移植，可减少患者两次取皮的痛苦，皮肤的移植成活率达90%以上。聚乙二醇酸纤维也可制成吸收型人造皮肤，并已在临床上应用。

把人体的表皮细胞粘附、增植在高分子材料上，从而制得有生理活性的人造皮肤，已取得相当的成就。例如由骨胶原和葡糖胺聚糖组成的多孔层、与有机硅材料复合成双层膜。把少量取自患者的表皮细胞增植于多孔层中并覆在创面上，比表皮细胞能在多孔层中增植而形成皮肤，然后把有机硅膜剥下，多孔层则分解而被人体吸收。又如用骨胶原为基质培养纤维芽细胞，然后把表皮细胞分散其上，制得类似皮肤多层结构的人造皮肤，再植入创面上。

5.2.8 人造血管

随着外科手术的不断进展，对大、中、小动脉和静脉的治疗，对血管旁路的手术等，都需要人造血管进行修补和移植。用于制造人造血管的纤维材料有聚酯和聚四氟乙烯纤维（见图 5-1），其他还有聚乙烯醇、聚丙烯腈、聚酰胺、聚氨酯和聚苯乙烯等。

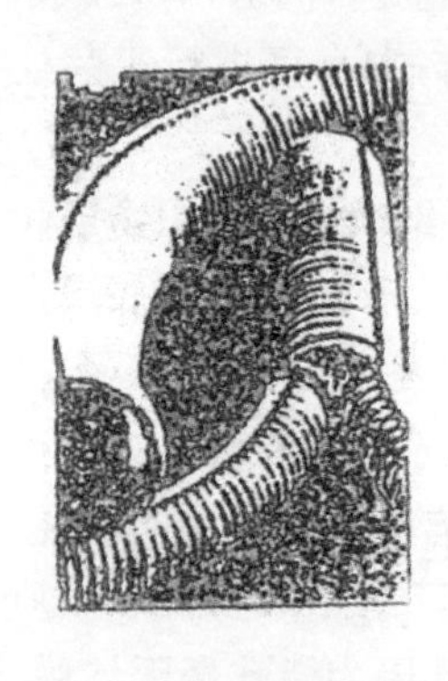

图 5-1 人造血管示意图

为了使人造血管具有与血管相同的柔软性，必须进行蛇腹加工和螺旋单纤维加工，还必须对聚酯纤维进行抗血栓加工。上述种种加工使人造血管的内径大多大于 6 mm，这种人造血管只能用于较粗的血管。近期一方面在开发抗血栓性优良的高分子材料，一方面开发性能优良的超细纤维，以期能制出内径更小（≤4 mm）的人造血管，便于作为微血管的代用品。

5.2.9 医用富氧器

富氧器是把空气中氧富集的一种中空纤维膜分离器。富氧器可把空气中的氧富集至 40%，甚至更高。富氧器可用于肺气肿、哮喘病等患者，以及对一些危重病人进行抢救。上述病人需用含氧量较高的富氧气，曾采用化学方法制造氧气，但氧的可用时间太短；后来又改用氧气瓶，但只能维持 1～2 d，而且更换时较麻烦，高压操作也有一定的危险性。富氧器现已在发达国家中临床应用，其体积如家用床头柜，借助底轮可随意移动，可连续不断提供氧浓度为 40%的富氧气，患者只需把富氧器的细管置于鼻孔即可。有些医院已采用集中供气，患者只需把病床上的氧气管插入鼻孔即行。

5.2.10 水果保鲜系统

水果在贮存过程中仍进行呼吸作用,即不断吸入氧气,释出二氧化碳。呼吸作用的结果使果品逐渐劣化以至腐烂。通常采用冷藏方法,以抑制呼吸作用,但效果有限。更好的方法是采用硅氧烷膜组件,以降低水果库中氧的浓度,提高二氧化碳的含量(如表 5-1 所示),从而达到保鲜的目的。

表 5-1 使用保鲜膜后气氛的组成

气　体	外界气氛(%)	仓库气氛(%)
O_2	21	3
CO_2	0	5
N_2	79	92

5.3 抗菌防臭纤维

5.3.1 抗微生物纤维

使聚乙烯醇与硝基呋喃类药物(如与硝基呋喃丙烯醛)进行缩醛化反应。该纤维具有除菌和抑菌作用,并有良好的抗菌稳定性。该纤维能抑制葡萄球菌、肠道杆菌等的生长,可用它制造医用缝合线、人工血管和脏器、以及包扎材料等;该纤维还具有抗皮肤癣菌、石膏样发癣菌、真菌等菌类,用它制成鞋袜、手套、卧具等,对预防和治疗上述菌类有明显的作用。

含羧基和磺酸基的聚乙烯醇纤维,能固定抗微生物药物而产生抗菌作用:如与土霉素、N-1,6-烷基吡咯、己烷氯苯等结合,能抑制肠道杆菌和葡萄球菌;与链霉素等结合可抑制革兰氏阳性杆菌和阴性球菌;与肠杆霉素结合可治疗鼻臭症;含碘聚乙烯醇纤维具有广谱抗微生物功能,在耳、鼻外科中可作为抗球菌性化脓病灶和杆菌性化脓病灶,以及手术后填空腔之用。

含有 5-硝基呋喃丙烯醛的聚己内酰胺纤维,具有抑制葡萄球菌、肠道杆菌及一些病原性微生物,适于制作外科缝合线和固定某些内脏的材料。

5.3.2 防臭、消臭纤维

我国大部分地区处于北温带,尤其在南方夏季高温潮湿,很适合于微生物繁殖,常会出现褥疮等,并常有令人心烦的臭气。随着生活水平的不断提高,人们开始研制能抑制微生物繁殖或杀死细菌的功能性制品,即能抗菌防臭的制品。

作为纤维制品的抗菌、防臭剂主要有:芳香族卤化物;有机硅季胺盐;烷基胺类;无机类等。可把上述试剂混入成纤原液或熔体中,也可结合纤维的后加工进行。它们的抗微生物效果优良,具有持久稳定性,安全性高。一般可用于袜子、内衣裤、运动服装、床上用品、病房纺织品、室内装饰织物、地毯等。

以往的消臭方法常利用活性炭的吸附作用,也可使用各种芳香剂以遮蔽臭味。最近,开发了效果更好的消臭剂。用于纺织品的消臭剂有:从天然植物中提炼的消臭成分;利用硫酸亚铁-维生素的络合物,中和生成硫化铁的化学反应;有与氧化酶类似的催化活性的铁(III)-酞菁衍生物络合物(图 5-2)。把上述试剂在后加工时混入纤维,即加工成消臭织物。目前已形成商品化,主要用于床上用品、毛毯、被褥、地毯、鞋垫、卫生间用品、汽车内装饰用品等。

Mt
Fe^{+++}
Co^{++}

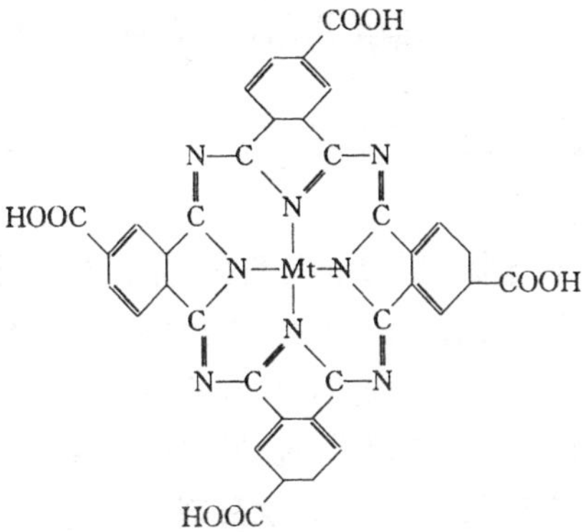

图 5-2 铁(III)-酞菁衍生物络合物的化学结构

5.3.3 芳香纤维

纤维的“芳香化”加工主要有后加工法、混合法、封闭法等。封闭法可将香料封入特殊的胶囊中再粘附于纤维或织物上，胶囊被挤破后便释放出香料。日本三菱人造丝公司采用复合纺丝技术，把香料混入聚酯中空纤维的中空部分，制成封套结构的芳香纤维“Kuripi 65”，把此纤维切成一定的长度，香料可从切口处缓慢地向外散发。图 5-3 为 Kuripi 65 芳香纤维截面结构的扫描电子显微镜照片。中空纤维内部混入以熏衣草类香精为主的天然香精，香味纯正，有安神作用，对睡眠有良好的效果。

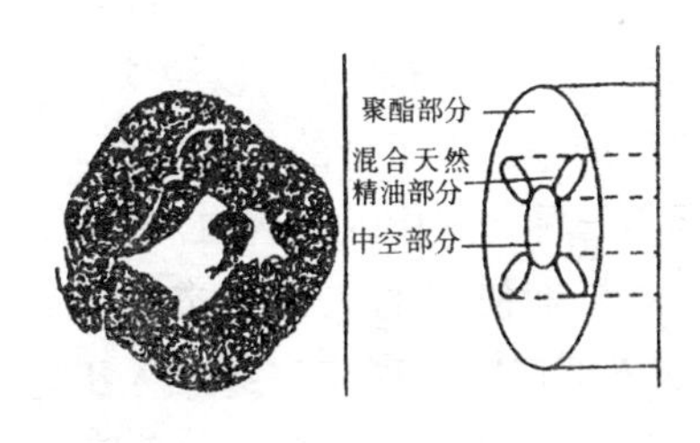

图 5-3 Kuripi 65 芳香纤维的截面结构

日本帝人公司开发出森林浴纤维 Tetoron GS。把柏树木提炼出的香精混入聚酯中空纤维的芯部，制成皮芯型结构的复合纤维。该纤维通常被用作棉絮，作为被絮、床垫等用品，具有驱蚊、抗菌和除臭等功效。

5.3.4 麻醉性纤维

把奴佛卡因、奴佛卡因酰胺、苏夫卡因、特利米卡因等麻醉性药物，通过接枝的方法，联接在含羧基的纤维素纤维或聚乙烯醇纤维上，由于纤维与药物的协同作用，能局部降低肌体疼痛感。如卡因含量为5%～15%的纤维，其麻醉作用可持续4～72 h，而且不会出现中毒现象。如在上述麻醉剂中加入适量的肾上腺素，由于肾上腺素能抑制麻醉药物的析出，可进一步延长麻醉时间。含有肾上腺素或甲基尿嘧啶的纤维，还具有很强的抗炎症作用，可促进炎症的消退和吸收，有助于消除疼痛性综合症。

5.4 人工器官用纤维

5.4.1 人工肾血液透析器

因肾脏器质性病变、事故、中毒等原因，使肾功能衰竭而造成新陈代谢物质在体内沉积，从而引起尿毒症。人工肾主要利用透析作用，能代替肾脏功能以脱除人体中的代谢废物，如尿素、尿酸和肌酐酸等。人工肾的类型主要有血液透析、血液过滤、血液透析过滤等三种。其中人工肾血液透析器是目前应用最多的一类。

早期使用的人工肾透析器是管状膜和双螺旋卷式透析膜，1967年首次出现中空纤维人工肾透析器，其结构如图5-4所示。它是人工肾设计上的一大突破。中空纤维膜的内径为200～300 μm，外径为250～400 μm。把10 000～12 000根纤维集束，两端用无毒树脂固定在透明的塑料管中，膜的透析面积为1 m^{2}左右。透析器长 200 mm，直径 70 mm。血液自人体流出后从透析器的一端进入中空纤维的内腔，再从透析器的另一端流出并进入人体：灭过菌的透析液自透析器的侧管进入，在中空纤维间流过，从另一侧管流出．血液中的废物，过剩的电解质和过剩的水透过膜进入透析液，随同透析液排出体外。肾衰竭病人每周透析 2 次，每次 5 h 左右，每次可从血液中透析出尿素 15～25 g，肌酸酐 1～2 g，水 2～4 L。

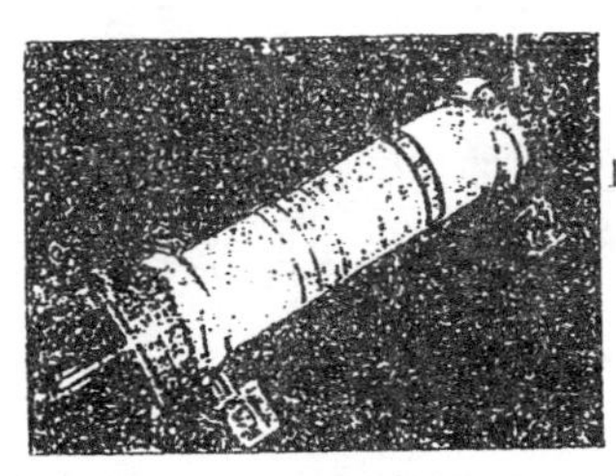

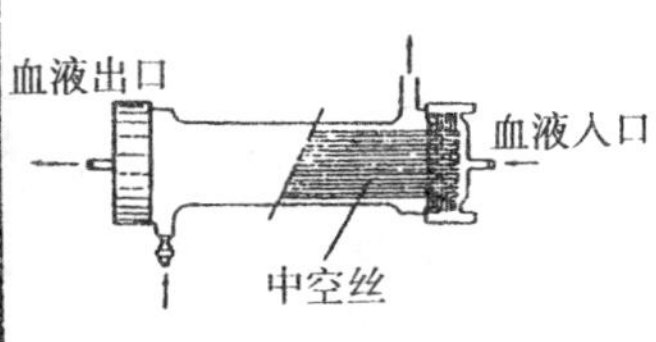

图 5-4 中空纤维型人工肾血液透析器

人工肾血液透析器所用中空纤维的材质大多为再生纤维素或纤维素酯，如 ENKA Glanzstoff 公司的铜氨膜(Cuprophane)，Cordis-DOW 公司的醋酸纤维素膜，中国纺织大学开发的粘胶法纤维素膜和非水溶剂法纤维素膜。

长期使用纤维素膜透析的病人，由于血液中一些中分子量的有毒物质不能排出，因长期积累而增浓，容易使病员患上另一种不治之症，这是纤维素膜的主要缺点。为此，中国纺织大学研制出改性聚丙烯腈中空纤维，经临床试验获得较好的效果。

除以上膜材料外，还先后开发出聚甲基丙烯酸甲酯、聚乙烯、聚砜、乙烯-乙烯醇共聚物等合成高分子膜。

5.4.2 人工肝透析膜

肝脏可以说是人体中的一座精密化工厂，是担负多种功能的重要器官，也是人体中主要滤除毒素的器官。它可能由于服药过量、过敏、急性肝炎等多种原因引起的中毒而受损，从而失去解毒功能，使血液中的有害物质浓度增加，引起神经症状、昏睡，最终导致死亡。

用作人工肝辅助系统有多种，其中主要有两种：一种是通过透析的方法，一种是通过吸附的方法，例如用活性炭将潜在的有毒成分吸去，从而帮助肝衰竭昏迷病人渡过难关，争取时间使肝细胞得以再生，在新的条件下维持必要的肝脏功能。

活性炭虽能吸附血液中的有毒物质，但也存在严重的缺点，如它还能吸去血小板、凝血因子、肾上腺素、胰岛素等有机体必需的物质，有时引起严重的并发症，如出血、DIC 等。所以活性炭血液灌洗虽曾风靡一时，但目前已基本放弃。

近年来，倾向于能选择性透析的膜，如使用聚丙烯腈中空纤维膜组装成人工肝血液透析器。最先报导用聚丙烯腈透析的法国学者 Opolon 最近又介绍取得新的疗效，在三例暴发型肝昏迷（VI-IX 级）经人工肝治疗一天后，昏迷明显改善（I-II 级），第三天完全清醒。中国纺织大学与瑞金医院研制的人工肝透析器也已通过鉴定，在临床上获得了较好的效果。

作为人工肝血液透析的中空纤维膜材料除 PAN 外，还有塞璐玢（Cellophane）和 PHEMA 等。

5.4.3 肝腹水超滤浓缩回输器

肝腹水是一种常见的疾病，临床上通常采取定期排除病人体内的腹水来缓解其病情。由于腹水内的蛋白质能随腹水一起排出，而引起病员体内蛋白质的减少，因此必须给病人回输白蛋白，而白蛋白经血液分离而来，价格昂贵，不但增加病员的经济负担，而且加剧了血液的供求矛盾。

腹水浓缩回输是一种将病人体内的腹水进行浓缩，除去水及对人体无用的物质，并将其中的蛋白质回输给病人的医疗新技术。Britton 等研究用超滤膜对腹水进行浓缩，并将含有蛋白质的浓缩液注入静脉，用以控制急速腹水症。法国的 Rhone-Poulenc 公司生产的“Rhodiascit”腹水浓缩装置，其流程如图 5-5 所示。它使用多张聚丙烯腈平板膜组合成超滤器。在闭合回路中对腹水进行浓缩，并把腹水中的蛋白质回输人体。该装置可作为肝硬变难治腹水症的对症疗法。中国纺织大学研制的聚丙烯腈中空纤维膜腹水超滤浓缩回输器，已在上海华东医院和中山医院临床应用，治疗效果明显。中国纺织大学与上海德圆科技发展公司合作制成的腹水透析浓缩器及其配套设备，已经国家医疗总局和上海医疗局批准生产和应用。

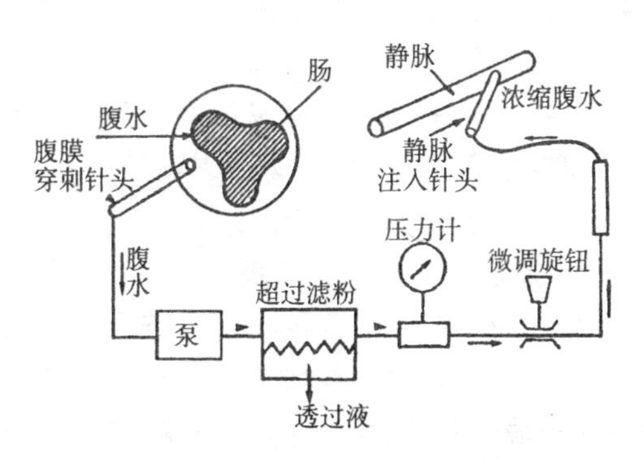

图 5-5　肝腹水浓缩回输装置流程

腹水浓缩回输器的形式有管式、平板式和中空纤维式。管式封闭性差，不利于严格消毒，设备较大，而且间歇操作，使用麻烦。平板式封闭性较好，能连续操作，但消毒困难，中空纤维式既密封又能连续操作，消毒容易，使用方便，而且有效比表面积大，是较理想的型式。膜材料以往多用纤维素及其酯类，但由于纤维素的羟基易引起补体激活，已逐渐被聚丙烯腈等新一代材料所取代。

有时患者的肝硬变和肝癌合并发生，在进行腹水超滤浓缩前，应首先除去癌细胞和细菌。这种装置需使用两种超滤装置串联使用。腹水先经过孔径 0.1～0.2 μm 的醋酸纤维等微滤器，癌细胞和细菌被截留而除去，透过液进入截留相对分子质量为 5 000 的聚丙烯腈超滤器，水及低分子废物被排除，而蛋白质则被截留并输入人体。

5.4.4 血液浓缩器

血液稀释在体外循环心内直视手术中已广泛应用，血液稀释的优点是体外循环时血球破坏少，末梢阻力低，能改善末梢血管灌注，减少血液破坏和用血量，并能降低血清性肝炎并发症。但血液稀释能引起脏器水肿、细胞外液增加等缺点。造成术后脏器功能低下，影响心、肺功能的恢复。为克服以上缺点，以前曾使用利尿剂，其缺点是利尿剂的用量不易控制，并容易产生电解质紊乱和继发性心率紊乱，对于肾功能欠佳者效果更差。以后又采用离心法，使术后多余稀释的血液分离成血液的有形成分(红细胞为主)、血浆和水，将红细胞输回患者，而血浆及水被丢弃。

本世纪 70 年代发展了血液浓缩器，其结构与人工肾血液浓缩器相似，只是中空纤维膜材料的材质、结构和性能不同而已。稀释的血液自浓缩器的一端进入，经浓缩后自另一端引出，经导管进入人体，水分等低分子物质则通过膜壁而被排除。

用作血液浓缩器的膜材料有纤维素及其酯类、聚丙烯腈、聚甲基丙烯酸甲酯、聚砜等。纤维素膜表面的大量羟基易引起补体激活，故现在多使用合成高分子材料。

5.4.5 人工肺

人工肺主要用于胸腔外科手术以及呼吸不良者的辅助治疗。人工肺可分为两大类：气泡式人工肺和膜式人工肺。气泡式人工肺相当于一气泡塔，氧气以气泡的形式直接与血液接触。为防止气泡进入肌体的动脉，因此需要加涂有消泡剂的消泡室和血液沉降室；血液直接与空气接触会使蛋白质变性，剧烈的气体混合还会引起红血球的破坏。由于气泡式人工肺存在上述缺点，它正被膜式人工肺所取代。

膜式人工肺又可分为膜型层积式、螺管型和中空纤维型。膜型人工肺示意图如图 5-6 所示。气体与血液之间用膜隔开，氧气通过扩散、透过膜而进入血液侧，二氧化碳则从血液侧排出。膜型人工肺的优点是易小型化，可控制混合气体中特定成分的浓度，运转时耗能小。

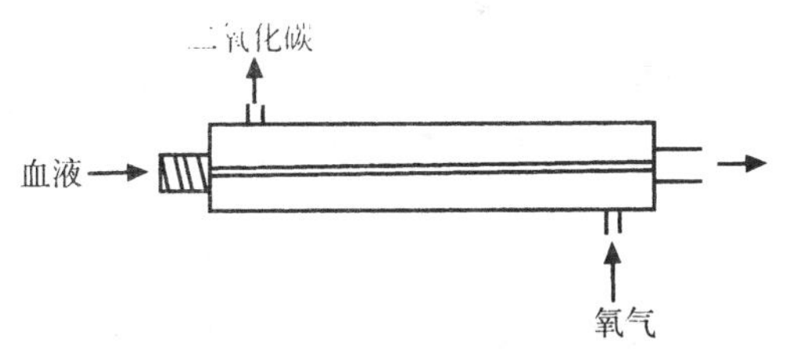

图 5-6　膜型人工肺示意图

在设计人工肺和选择膜材料时必须考虑以下一些参考值：人体动脉血液中氧的分压 $P_{O_2}\approx 13.3$ kPa，氧的饱和度 $S\approx 97\%$，动脉血液中氧的分压 $P_{O_2}\approx 5.3$ kPa，氧的饱和度为 75%，二氧化碳分压为 $P_{CO_2}\approx 5.3\sim 6.1$ kPa；成人血液流量 5 L/min，吸氧量 255 cm^3/min，排出二氧化碳量为氧的 0.8～1 倍。要求膜的气体透过

系数 Pm 大，氧与氮的透过系数比为 P_{O_2}/P_{CO_2}也要大，上述两项有利于人工肺的小型化；此外，还要求膜有优良的血液相容性，良好的机械强度，耐灭菌性好等。

早期的膜型人工肺使用聚四氟乙烯，其氧的透过速率较低，约为 35 ml/(m^2·min)。硅橡胶(以聚酯布增强)的透气速率为聚四氟乙烯的数十倍，而且二氧化碳的透过速率为氧的 5～6 倍。以硅橡胶和聚碳酸酯共聚的中空纤维人工肺，其氧和二氧化碳的透过速度与硅橡胶相似。聚烷基砜(以微孔性聚乙烯膜增强)的氧透过性和二氧化碳的透过性分别为硅橡胶的 8 倍和 6 倍。日本三菱人造丝公司开发了经拉伸产生微孔的聚丙烯中空纤维制成的氧合器，具有体积小、材料强度高，纤维有良好的透气性。在硅橡胶(SR)中加入二氧化硅后再硫化制成有填料的硅橡胶(SSR)，它的抗张强度大，但血液相容性较差。有人把 SR 与 SSR 粘合成复合膜，SR 一侧与血液接触，血液相容性好，SSR 一侧与空气接触，这样既保持优良的血液相容性，又可增强膜的机械强度。

我国复旦大学开展了聚丙烯中空纤维人工肺的研制，取得了一定进展。

5.4.6 混合型人工脏器与人工胰脏

人工脏器的发展新动向是开发混合型(Hybrid Type)人工脏器，把酶和生物细胞固定在高分子材料上，制取有生物活性的人工脏器。如在人工肝的中空纤维膜外侧有固定化的蛋白酶，其合成的白蛋白可通过膜而进入血液中；又如在人工肾上有固定化的脲酶、谷氨酸脱氢酶、葡萄糖脱氢酶等，使血液中的代谢产物尿素在酶的催化下转化成氨，并在酶促下与 α-酮戊二酸反应成谷氨酸，使混合型人工肾比一般解毒用人工肾有更高级的功能。

人工胰脏属混合型人工脏器，即在中空纤维的外侧培养胰岛细胞，内侧进行血液循环，外侧的胰岛细胞能隔着膜壁测出内侧血液中的血糖浓度，从而控制胰岛素的分泌。日本已在进行开发工作。

5.5 医用纤维复合材料

5.5.1 人工骨、关节及接骨材料

高分子材料在医学领域中的应用首推人工骨，早在1850年已有人使用硫化橡胶和塞珞璐作头盖骨，但有组织刺激性。1939年德国采用聚甲基丙烯酸甲酯(PMMA)制成人工头盖骨，它对人体组织的刺激性小、密度轻、机械性能好，并具有良好的可加工性。随后有人使用聚氯乙烯、聚四氟乙烯等表面发泡材料制成人工骨。如在聚砜中混入总量为20%的磷酸钙、氢氧化钙等调制的发泡材料制成的人工骨，比纯聚砜人工骨具有明显的骨成形促进作用。此外，如在聚甲基丙烯酸甲酯中混入总量为28%的磷酸钙、磷酸镁、氧化锌、硫酸钡等无机物，能明显提高人工骨的人体适应性、X-射线造影性，机械性能也较好。作为人工骨的复合材料还有：尼龙、聚酯、聚乙烯、聚四氟乙烯等。

人造关节的种类较多，如股关节、膝关节、肘关节、肩关节、手关节、指关节、脚关节等，其中以股关节和膝关节承受的力最大。1960年以前通常使用金属骨-金属臼型的人工关节，但它们的耐磨性和耐腐蚀性较差，患者在使用中有痛苦感。使用的金属材料通常为含Co-Cr-Mo的不锈钢。以后又使用过耐磨性和耐腐蚀性较好、对人体无活性的陶瓷代替金属。1963年出现了第一例金属骨-聚四氟乙烯臼的人工关节，开始进入人工关节的高分子时代。

作为人工关节的高分子材料还有高密度聚乙烯，但它的耐摩

擦性较差,使用耐磨性优异的超高分子量聚乙烯(相对分子质量为300万)作人工关节,其砂磨耗指数仅为高密度聚乙烯和尼龙的1/5～1/10。

近年来,人工关节大多以不锈钢、陶瓷等高强度材料作人工骨(以纤维增强的高分子材料人工骨也在发展中),以高分子材料为臼配合而成。据报导,以不锈钢作大腿骨,以超高相对分子质量聚乙烯作人工臼组成的人工关节,年磨损量仅为0.14 mm;而用陶瓷作大腿骨,超高分子量聚乙烯作人工臼,其磨损量仅为不锈钢人工骨的一半,它既改良了耐磨性,又克服了腐蚀问题,使陶瓷-高分子材料能长时间的使用。但是,最近发现陶瓷骨在临床应用上也出现不同程度的开裂和断裂,因此,人们又把注意力转向骨水泥。

作为人工关节的高分子材料除超高分子量聚乙烯外,还有聚甲醛、多孔聚四氟乙烯、PMMA的碳纤维复合材料等。作为骨钉、骨板、髓内钉、哈林顿氏杆、永久性植入的有聚砜碳纤维复合材料、聚乳酸和聚乙烯醇复合材料。此外,以尼龙或聚酯纤维增强的硅橡胶复合材料也可作为永久性植入的人工肢。

骨水泥是一种传统的骨用粘合剂,1940年已开始应用于脑外科的手术中。骨水泥主要由单体、聚合物微粒(150～200 μm)、阻聚剂、促进剂组成,为便于X-射线造影,常加入造影添加剂硫酸钡。骨水泥有MTBC和CMW两类。CMW类由聚合体(PMMA)与单体(MMA)以2∶1的比例混合聚合而得,单体中含有对苯二酚和助催化剂二甲基苯胺;MTBC类骨水泥的聚合物与单体(MMA)的比例为2.4∶1,聚合物为甲基丙烯酸甲酯和甲基丙烯酸乙酯的共聚物,还含有助催化剂过氧化氢和X-射线造影剂硫酸钡,单体中含有对苯二酚和催化剂三正丁基硼(加入量为每20 ml单体加催化剂1 ml)。

新型骨水泥MTBC与CMW骨水泥比较,具有如下优点:(1)聚合最高温度(66℃)比CMW约低20℃,减少对人体组织的热损伤;(2)与骨的粘合力强,压缩强度和弯曲强度稍低于CMW,但已符合骨水泥的要求;(3)在临床使用中,与骨有良好的组织相容性。

为进一步提高水泥与骨的亲和力,并增加材料强度,已研制出一种新型的BC骨水泥。BC骨水泥以聚丙烯酸和磷酸三钙为基本原料。BC骨水泥无毒,压缩强度高,有促进骨骼生长的生物活性,受到人们的青睐。

5.5.2 人工心脏

在进行心脏手术前,需先排除心脏中的血液,然后再进行手术,手术一般需数小时。手术期间代替心脏和肺工作的是人造心、人造肺。人造心肺由输送血液起泵作用的人造心脏和氧化血液的人工肺两部分组成。

人工心脏因长时间与血液接触,故其血液相容性尤为重要。材质的抗血栓性可通过多种途径加以改进;使人工心脏表面光滑可减少血小板或细胞成分在表面的凝集和粘着,而阻止血栓的形成;使脏器表面带有负电性基团,可防止带负电荷的血小板在脏器表面的聚集;调节分子结构的亲水性和疏水性,以提高抗血栓能力;存在于动物体内的肝素具有优良的抗凝血性,如在合成材料中连接有足够的肝素,并使其缓慢地释出,可以提高抗凝血性。近来发现有微相分离(Microphase Separation)的聚合物,具有优良的血液相容性。在微相分离的高分子材料中,国内外研究较多的是聚醚氨酯。作为医用嵌段聚醚氨酯(SPEU)是一种线型多嵌段的共聚物,为热塑性弹性体,具有优良的生物相容性和力学性能,而受到人们的重视。美国Ethicon公司推荐了四种医用聚醚氨酯为:Biomer(线型芳香族聚醚氨酯)、Pellethane(线型芳香族聚醚氨酯)、Tecoflex(线型酯环族聚醚氨酯)、Cardiothane(网状结构的芳香族聚醚氨酯)。此外,在聚苯乙烯或聚甲基丙烯酸甲酯接枝亲水性的甲基丙烯酸-β-羟乙酯，也具有微相分离结构，当接枝共聚物的微区尺寸在 20～30 nm 范围内时，具有优良的抗血栓性。被用作人工心脏的高分子材料还有硅橡胶、聚氯乙烯等。

人工心脏材料除应具有高的血液相容性外，又由于心脏每天搏动 10 万次左右，如果人工心脏准备使用十年，则需经受数亿次的来回搏动，并能保持其强度和弹性。因此要求材料有优良的弹性、抗疲劳性、抗拉强度，在与体液和血液接触中要长期稳定，不被腐蚀和老化。

5.5.3 医用粘合剂

在一些场合下，要求医用高分子处于可流动的状态，即要求能在活体内现场固化，以满足复杂形状和填充的需要。随着医用粘合剂性能的提高，使用日趋简便，其应用范围也不断扩大。如齿科中用于牙齿的粘合和修补；骨科中骨折的粘合、关节的结合与定位、人工关节和人体骨之间的固定、组织界面间的粘合；某些器官和组织的局部粘合和修补；手术后缝合处微血管渗血的制止等；在计划生育中，医用粘合剂更有其他方法无法比拟的优越性，它可粘堵输精管或输卵管，既简便，无痛苦感，又无副作用。必要时还可方便地重新疏通。

医用粘合剂的粘合对象是需要恢复机能的生物体，因此要求粘合剂不能阻碍人体机能的恢复，仅在创伤粘合前起暂时的粘合作用，粘合后能很快被分解而排泄或吸收。因此，外科粘合剂应具备如下特性：对人体组织的粘结性强、粘结速度快；能在常温、无压力下粘结；具有较好的弹性和耐弯曲性；无毒，不会引起组织反应，无副作用；耐体液性能良好，不会产生血栓；能进行灭菌处理；分解后易排泄或吸收。

目前用得较多的粘合剂是 α-氰基丙烯酸酯，结构式为：

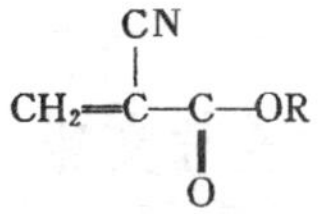

$$CH_2=C(CN)-C(=O)-OR$$

式中 R 为甲基～辛基,R 基团越小,粘合速度越快,但对神经的毒性越大;反之,R 基团越大,粘合速度越慢,但毒性小。一般医用粘合剂多采用 α-氰基丙烯酸正丁酯。它对各种材质都有优良的粘合力,而且粘合速度快,它不仅可作为活体组织的粘合剂,还可作为家用瞬时粘合剂。α-氰基丙烯酸正丁酯的主要缺点是在活体中易降解,并分解出令人厌烦的小分子氰化物。为了避开氰基,有人合成亚甲基丙二酸酯类,以代替上述化合物。亚甲基丙二酸酯的结构式为:

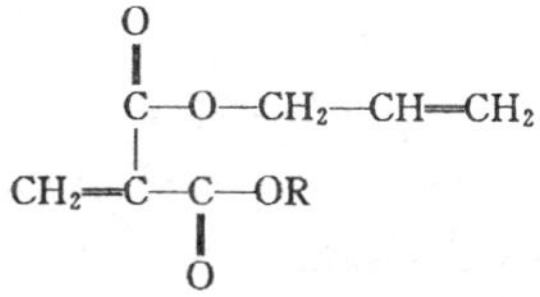

$$CH_2=C(C(=O)-O-CH_2-CH=CH_2)-C(=O)-OR$$

由于该化合物具有碳-碳双键,为缺电子性,易于负离子聚合。上述两种材料的机械性能都有进一步提高的必要。

近来引起人们兴趣的是海洋生物蛋白质粘合剂。贻贝和牡蛎等海洋软体动物,可以坚实而牢固地附着在岩石、船底和海洋设施上。有人测定过贻贝足丝的粘结强度高达 196 Mpa,这种高强度粘合剂是在自然环境下的水中完成固化的,这正是医用粘合剂所向往的性能。这种粘合剂在骨外科、齿科和眼科将有重要用途,在水的存在下可用于骨、肌肉、血管、神经、视网膜、牙齿等软、硬组织的粘结、固定或填充。对某些海洋生物蛋白质粘合剂的一级结构已有初步了解,对这种理想医用粘合剂的进一步研究,将有极大的吸引力。

参考文献

[1] 陈义镛．功能高分子．上海科学技术出版社，1988

[2] 施良和，胡汉杰．高分子科学的今天与明天．化学工业出版社，1994

[3] S. J. Huang. Biodegradable Polymers. In Encyclopedia of Polymer Sci. & Technology，1985，Vo12. 220

[4] 宫本武明，本宫达也．新纤维材料入门．(日本)日刊工业新闻社，1992

[5] 迁启介．纤维学会志，1990，46：453

[6] 濑尾宽．纤维学会志，1990，46：564

[7] 上屿洋，福冈聪，小比贺秀树，小林良生．高分子加工，1985，38：595

[8] 渡边正元．染色化学，1991，38：458

[9] 白井汪芳油化学，1990，39：825

[10] 三尾武志．高分子，1981，31(4)：298

[11] 沈耕荣，周霞秋．国外医学内科学分册，1982，9(1)：14～18

[12] 沈耕荣．中华消化杂志，1981，1(2)：148

[13] 王庆瑞等．人工肝血液透析器的研制鉴定资料，1988.12

[14] 朱长乐，刘莱娥．膜科学技术．浙江大学出版社，1992

[15] R. C. Britton. Arch. Surg，1961，83：364

[16] 陈雪英(译自"新しい机能性膜の开发"，65～146，1988)．产业用纺织品．中空纤维膜技术译文专辑，1992

[17] P. J. A. Moult，et al. Postgraduate Med. J，1975，51：574

[18] 王庆瑞，刘兆峰，关桂荷．高技术纤维．中国石油化工总公司继续教育工程教育系列教材，1997

[19] 高以恒，叶凌碧．膜分离技术基础．科学出版社，1989

[20] 王学松．膜分离技术及其应用．科学出版社，1994

[21] 王国建，王公善．功能高分子．同济大学出版社，1996

[22] U. S. P. XIX540，1975

[23] 陶婉蓉，吴叙勤，张元民．高性能聚合物基复合材料．上海科学技术出版社，1989

第6章 传导性纤维

6.1 前 言

随着科学技术的高速发展，要求纤维材料具有传导电、光、超导电等的功能，导电纤维、光导纤维、超导电纤维等的传导性纤维便应运而生。

广义上的导电纤维是利用导电成分赋予纤维导电的性能，导电成分主要有金属物质、炭黑、导电型金属化合物、高分子导电材料等。而制造导电纤维的方法有金属纤维与普通纤维混纺，导电物质与普通成纤高聚物的共混纺丝或复合纺丝，导电性高分子的直接纺丝等等。导电纤维的最大用途为一般衣料的防尘工作服，工业用材料，特别在半导体工业、电子精密工业、医学、生物科学等领域有广阔的用途。

光导纤维通讯是近代信息传递的重大革命的标志。光导纤维就是一种能把光闭合在纤维里而产生光导作用的光学复合材料，它实际是由起导光作用的芯材料，与折射率低于芯材而能把光闭合于芯材的皮层构成，按材料不同而分为有机和无机光导纤维。随着光导纤维性能的不断提高，其应用领域不断开拓，并在宇宙、军事、空间等高技术领域中具有潜在的宽广应用前景。

自从20世纪初首次发现超导电现象以来，已发现某些金属、合金、无机或有机化合物以及高聚物有超导电现象，这种超导电材料有着广泛的应用前景。但超导电材料主要应用于超传导的磁铁和输电用的电缆，所以必须制成线材——超导电纤维。人们预期常温以上超导电材料的诞生和应用将使现代科技跃上一个新台阶，超导电纤维研制的重要性就不言而喻。

6.2 导电纤维

6.2.1 概 况

最早导电纤维是利用金属的导电性能而制成的金属类的导电纤维，主要有不锈钢纤维、铜纤维和铝纤维，这种金属类纤维与普通纤维混纺应用于地毯和工作服等方面。这类纤维的导电性能优良，且耐热、耐化学腐蚀。但制造困难，尤其是细旦的单丝造价很高，在与普通纤维混纺加工难度高，所得成品使用性能也较差。另外，用金属喷涂法，使纤维具有金属一样的导电性。其后出现的碳素纤维具有良好的导电性、耐热性、优良的耐化学药品性和高初始模量，但纯碳素纤维的机械力学性能，比如径向强度等就显得很不理想，因而限制了它的用途。因此，人们不断探索开发其他类型的导电纤维。利用具有良好导电性能的金属化合物制造导电纤维，这些金属化合物有铜、银、镍和镉的硫化物和碘化物，利用这些金属化合物与成纤高聚物共混或复合纺丝，或用吸附法或化学反应法将金属化合物处理在纤维里，制成导电性能优良的导电纤维。

真正非金属合成导电纤维是60年代末由日本帝人公司首先开发并工业化，它是在合成纤维的表面涂敷炭黑而制成。1975年左右，杜邦公司把含有炭黑的高聚物作芯的导电复合纤维“安特伦Ⅲ”开始商品化生产，并在地毯制造中成功地得到了应用。1977年孟山都研制成并列型的“乌特伦”。继而，日本东丽的腈纶型“S4－7”，钟纺的锦纶型“贝特伦”，尤尼吉卡“梅格Ⅲ”，可乐丽的“可拉加博”，东洋纺的“KE－9”及东洋纤维公司的“帕来尔Ⅱ”等陆续发表，并开始了商业生产，出现了碳系导电复合丝的最盛时期。80年代开始了导电纤维的白色化研究。日本帝人公司首先研制成功一种无色浅色的可染性导电纤维，为导电纤维的使用开辟了新的途径。

70年代聚乙炔导电高聚物的产生，打破了高分子材料是绝缘的传统观念，以后相继产生了聚苯胺、聚吡咯、聚噻吩等高分子导电物质，如何利用导电性高聚物制备导电纤维越来越受到人们的关注。人们开始用直接纺丝法和后处理法来制造导电高分子型的导电纤维。

6.2.2 导电纤维的制造

1. 金属系导电纤维的制造

大多数金属（不锈钢、铜、铝等）纤维是反复穿过模具、多次强力拉伸制成直径4～16 μm的纤维。金属熔点高，拉伸应力大，要制取高细度、柔软、均一的金属纤维技术难度高。金属导电纤维工业化时间最长，其制造方法总结如下：

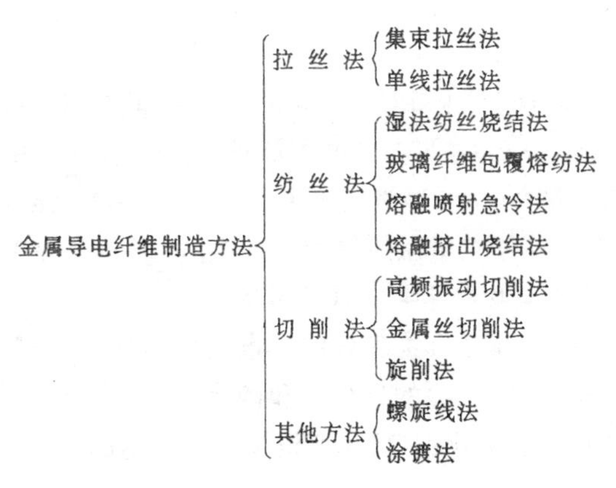

目前仍以拉丝法为主要制造金属纤维的方法。下面介绍几种有前途的方法。

(1)铝系纤维的湿纺烧结成形法。金属铝熔点高不宜用熔纺法,先制备含有 Al_2O_3 的溶液,进行湿法纺丝,随后将已成形的纤维进行烧结而制成铝系金属纤维。可按纺丝原液配制方法不同,开发出各种铝金属纤维。

(2)铝系纤维的熔纺烧结法。将金属铝的微细粉末与有机高聚物混炼后进行熔融纺丝,然后再经烧结氧化而制取铝金属纤维。

(3)无定形金属纤维的熔融喷射急冷成形法。无定形金属纤维是 1981 年开发的新型金属纤维,它与普通金属材料大部分是由规则排列或取向的结晶结构不同,其结晶是呈无规则的非取向排列状态,是一种均质、柔软、低强度的优良材料。将一定合金组成的金属熔融体加压从孔眼中喷出,然后在 10^4～10^6℃/s 的超急冷却速度下凝固而制成无定形金属纤维。

(4)金属喷涂法。是将普通纤维先进行表面处理,再用真空喷涂或化学电涂法将金属沉积在纤维表面,使纤维具有金属一样的导电性。例如腈纶的化学镀铜:经去油处理并清洗后的纤维浸入蚀刻浴(内含铬酐 75 g/L 和浓硫酸 250 g/L)中,在室温下处理 15 s,用水清洗后浸入敏化浴(内含 $SnCl_2$20 g/L 和浓盐酸 10 g/L);室温下处理 8 s,取出水洗,再浸入活化浴(内含 $PdCl_2$ 0.25 g/L 和浓盐酸 2.5 g/L);50℃下处理 15 s,取出水洗;最后浸入化学镀铜浴(内含硫酸铜 30 g/L,四水合酒石酸钾钠 100 g/L 及甲醛 50 ml/L,用氢氧化钠调节水溶液的 pH 值为 11～12)。室温下处理 6 min,水洗即可得平均镀层厚度为 0.062 μm 的铜层导电腈纶。

2. 金属化合物型导电纤维的制造

利用一些金属化合物良好的导电性生产导电纤维,这些金属化合物有铜、银、镍和镉的硫化物和碘化物,而使用最多的是铜的硫化物和碘化物,硫化铜、硫化亚铜及碘化亚铜都是很好的导电性物质。利用这类化合物制备导电纤维有三种方法。

1)吸附法

常规吸附是通过粘合剂将导电金属化合物与纤维表面粘合，纤维可以是强极性的，也可以是弱极性或致密结构的如 PET。另外，可以通过金属离子与纤维络合吸附，特别是含氮的纤维，如 PAN。被吸附的金属化合物有 CuS、CuI 等，具体处理方法有高温煮染法，如将含氮的纤维在高压、110℃汽蒸处理后，再涂上 CuS 得到导电纤维。或将纤维直接在 CuS 溶液中高温高压共煮，由于 CuS 在水中的溶解度很低，必须加入纤维的溶胀剂、掺杂剂，这样亦能得到导电性能较好的导电纤维。

2)化学反应法

化学反应法主要通过化学处理，通过反应液的浸渍，在纤维表面产生吸附，然后通过化学反应使金属化合物覆盖在纤维表面。日本研制的 Cu_9S_5 的导电腈纶，是先将腈纶在含铜离子溶液中处理，然后在还原剂中处理，纤维上的二价铜 Cu^{2+} 变成一价铜 Cu^+，Cu^+ 与腈纶中—CN 基络合而形成 Cu_9S_5 的导电性物质。纤维中—CN 基与 Cu^+ 的配位络合的键合情况如下式所示：

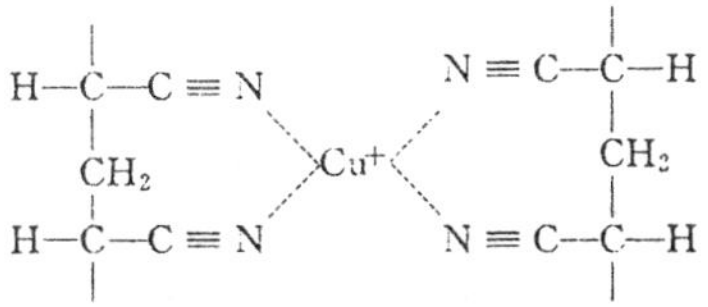

```
     |                              |
H—C—C≡N              N≡C—C—H
     |          \      /            |
    CH2          Cu+              CH2
     |          /      \            |
H—C—C≡N              N≡C—C—H
     |                              |
```

由于纤维结构上形成了网络，所以导电性能很好。对于无法与导电物质发生络合而形成网络的纤维，例如 PET、PA 纤维，可提高金属化合物在纤维表面上吸附的办法(按金属丙烯腈或含氮元素强极性的低分子辅助剂)，下面举 2 个实例说明工艺过程：

例 1：取 100g 腈纶短纤维去除表面油剂并反复水洗并干燥，然后置于内含 20g 硫酸铜的水溶液(浴比为 1∶40)中，用少量硫酸或盐酸调节 pH＝2～4，慢慢加热至 40℃～50℃，保温 5 min，而后加入 20 g 硫代硫酸钠，边搅拌边升温至 70℃，保温 25 min，再加入 20 g 硫代硫酸钠，边搅拌边升温至沸腾，保温 1 h，取出纤维用水冲洗，在 100℃～105℃烘干，便得深绿色导电腈纶。经 X-射线衍射证明这种导电腈纶表面均匀紧密地覆盖着一层蓝辉铜矿（Cu_9S_5）。可以用硫化铜、氯化铜、硝酸铜、醋酸铜或草酸铜来代替硫酸铜。第一次加入的 $Na_2S_2O_3$ 是使 Cu^{2+} 还原为 Cu^+，便于 Cu^+ 与纤维－CN 牢固络合，为此可用金属铜、硫酸羟胺、盐酸羟胺、硫化亚铁、钒酸铵、糠醛、次磷酸钠、葡萄糖、二氧化硫脲来代替 $Na_2S_2O_3$。第二次加入的 $Na_2S_2O_3$ 是一种能释放出硫原子或硫离子的含硫化合物，使之与纤维上的－CN 基形成络合体的 Cu^+ 反应生成吸附于表面的 Cu_9S_5。因此可用硫化钠、硫化氢、硫化铵、二氧化硫、亚硫酸氢钠、焦硫酸钠、亚硫酸、连二亚硫酸、连二亚硫酸钠、二氧化硫脲、雕白粉 C（$NaHSO_3 \cdot CH_2O \cdot 2H_2O$）、雕白粉 Z（$ZnSO_3 \cdot CH_2O \cdot H_2O$）、多硫化铵、钠、钾等，或用这些化合物的混合物来代替 $Na_2S_2O_3$。

例 2：取锦纶 66 短纤维 100 g，在 50℃温水中漂洗除油剂，然后放置于内含 50 g 丙烯腈、1.2 g 过硫酸铵和 3 g 亚硫酸氢钠的水浴中（浴比为 1∶20），从室温逐渐升到 70℃，反应 60 min，取出纤维温水充分洗涤，再放冷水中洗涤并干燥，以便彻底去除反应物、副产物和催化剂。再将经丙烯腈接枝后的锦纶 66 放到内含 10 g $CuSO_4$、10 g Na_2SO_3 和 5 g $NaHSO_3$ 的水浴中（浴比为 1∶20），从室温逐渐升温到 100℃，处理 60 min，取出纤维在冷水中充分洗涤并干燥，便得褐灰色的导电锦纶。

3）共混或复合纺丝法

用 TiO_2、SnO_2、ZnO、CuI 等金属化合物导电微粒制成导电组分，再与非导电组分（各类合成纤维）进行共混型或复合型纺丝制成导电纤维。日本帝人专利报导，用 30 份 PE 与 70 份 CuI 共混制成导电组分,PET 为非导电组分,以体积比 1∶6=导电组分∶非导电组分相混合进行熔融纺丝,后在热盘温度为 85℃进行拉伸(3.5 拉伸比),最后在热板温度为 180℃下进行热处理制得导电纤维。帝人公司以含有 100 份 PE 与 250 份用掺杂 Sb 的 SnO_2 涂层的 Al_2O_3 粒子的组成物作芯组分,以 PET 作皮组分,按 1∶6 的芯/皮截面比进行芯/皮复合熔纺制造导电复合纤维。

3. 导电高分子型导电纤维的制造

利用导电性高聚物制造导电纤维主要有两种方法:

1)导电高聚物的直接纺丝法

由于导电高聚物(例如聚苯胺、聚吡咯、聚噻吩等等)很难加工熔融,所以一般采用湿法纺丝。例如,苯胺在酸性介质中,用氧化剂——过硫酸铵,氧化聚合得到聚苯胺,中性的聚苯胺是绝缘体,聚苯胺经掺杂质子酸后即成导电高聚物,采用 N-甲基-2-吡咯烷酮(NMP)、LiCl/NMP、N,N′-二甲基丙脲(DMPU)或浓 H_2SO_4 等作为溶剂,聚苯胺溶解在溶剂中配成浓溶液进行湿法纺丝,制得聚苯胺导电纤维。

2)后处理法

在普通纤维表面进行化学反应,使导电性高聚物吸附在纤维表面,而使普通纤维具有导电性能。例如,聚苯胺较易沉积在极性纤维(PAN 纤维,PA 纤维)的表面,而对 PET 纤维必须先进行预处理,增强表面极性才能使聚苯胺沉淀在表面。这类导电纤维的制法是先将普通纤维在苯胺酸性介质中浸渍,为使苯胺往纤维内部渗透,可加热或加入纤维的溶胀剂,并加入含铜离子的催化剂,经浸渍后的纤维再浸入在氧化剂溶液中,纤维表面的苯胺快速聚合,纤维的颜色立即由褐色变成浅绿色,继而变成墨绿色,导电性能亦以墨绿色最好。

后处理法中还有一种汽蒸法,即利用苯胺的挥发性,先将纤维在含铜离子溶液中浸泡,然后在苯胺蒸气和 HCl 气氛中放置,纤维表面能吸附上苯胺并发生聚合，形成导电层，便制得导电纤维。

4. 导电成分复合型导电纤维的制造

采用混炼或混合手段，将导电性粒子均匀分散于基体高聚物中，形成导电组分，然后再与非导电组分（主体高聚物）复合纺丝来制备复合型导电纤维。导电组分中的导电粒子为碳黑、金属氧化物、金属粉末等导电性材料，要求电阻率小，粒子直径在10～500 μm范围内。而导电组分的基体高聚物有聚酰胺、聚乙烯、聚乙二醇、聚环氧乙烷烃类以及脂肪族聚酯等。非导电组分与导电组分可由同种高聚物构成，也可由异种高聚物构成。导电粒子与基体高聚物的混炼和混合是制造导电成分复合型导电纤维的关键，要求很高。对于熔纺，混炼装置一般为掺和混炼性良好的双轴挤压机，管道混合器等，混炼后用过滤器去除粗导电粒子，并加入少量增塑剂以改善导电组分的流动性，保证纺丝拉伸正常进行。湿法纺丝的导电性高聚物溶液的调制，与熔纺导电组分制备过程的要求基本相同。因是高聚物混合液，所以需在流动混合装置中均匀混合、分散。

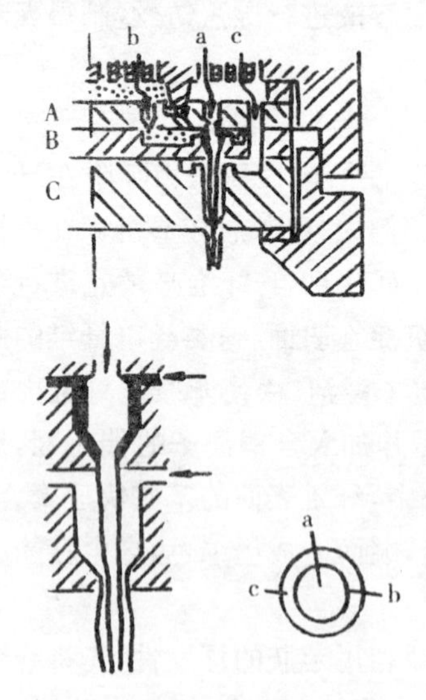

图6-1　复合喷丝组件结构

导电成分复合型导电纤维的纺丝成形中，共混纺丝设备为普通喷丝板的纺丝机，含有导电粒子的导电组分被从喷丝孔挤出，形成海岛型结构纤维，导电组分为岛相，非导电组分为海相。在进行复合纺丝时，设备为具有复合喷丝板的纺丝机，导电组分和非导电组分分别从两个螺杆（熔纺）或两台压力泵（湿法）送入喷丝头组件，正如图6-1所示。复合喷丝组件由A、B、C三块板组成，A板可由两组孔（a、 b)或三组孔(a、b、c)组成，若导电组分从 b 孔流入，而非导电组分从 a 或 a、c 孔流入，在 A 板下方的 B、C 板上进行复合纺丝，可得如图所示纤维的截面结构。共混和复合纺丝一般是同时进行。由于含有导电粒子，导电组分复合型导电纤维的拉伸性能会有所降低，所以初生纤维一般采用热拉伸工艺，按纤维品种不同来确定不同的热辊、热板温度，纺丝速度也不宜过快，一般应低于10^3m/min。

6.2.3 炭黑复合导电纤维

以炭黑类(乙炔黑、槽法炭黑、炉黑、热裂炭黑、软质炭黑等)作为导电成分的炭黑复合导电纤维，是已工业化的导电纤维中发展较快、产量最大的典型品种。所使用的炭黑要求电阻率小，粒子直径在 10～50μm 范围内，且能很好分散在基体高聚物(聚酰胺、聚乙烯、聚氧乙烯、脂肪族聚酯等)中。导电组分中炭黑的含量视所用的基体高聚物及炭黑种类而异。炭黑一般含量在 3%～40%的范围，保证纺丝顺利进行，纤维机械力学性能不会大幅下降。非导电组分可采用聚酰胺、聚氨酯、聚对苯二甲酸乙二酯、聚丙烯腈等成纤高聚物。由于炭黑的加入使导电纤维外观呈黑色，为减少外观所呈黑色，提高导电效果，设计制造不同复合形态和截面形状的炭黑复合导电纤维，如图 6-2 所示。皮芯型炭黑导电纤维是一种以含炭黑微粒的高聚物为芯，以成纤的非导电高聚物为皮的复合纤维，截面形状如图 6-2(1)所示，芯的截面积不超过整个纤维截面积的50%。这种导电纤维的特点是导电组分不露出纤维表面，导电粒子不会磨损和脱落，纤维白度好，耐试剂，耐洗涤性。美国孟山都公司开发的乌特伦(Utron)，截面见图 6-2(2)，是偏芯的皮芯型。图 6-3(3)是将炭黑导电组分夹在两层非导电成纤高聚物之间的三层同心圆型的复合纤维。由于炭黑不露于表面，因而白度好、耐试剂、耐摩擦、耐洗涤。采用三层结构是使炭黑更靠近纤维表面，扩大表面

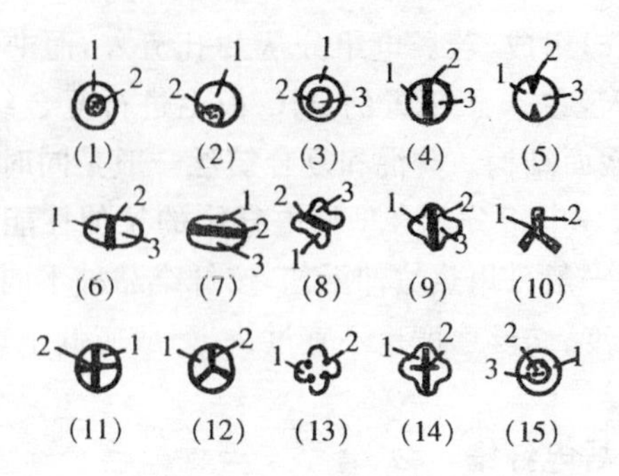

1,3——非导电组分； 2——炭黑导电组分

图 6-2 炭黑复合导电纤维的各截面图

积，提高导电性能。图 6-2(4)、(5)、(6)、(7)、(8)、(9)是纤维中炭黑导电层沿纤维轴向贯穿整根纤维长度，并在纤维的表面露出两处，这是一类含炭黑的导电组分夹在两层非导电的成纤高聚物间的三层并列型炭黑复合导电纤维，截面形状非同心圆，而是并列型。这种纤维能使所产生的电荷从纤维的一个表面通过内部移动到其他表面，故放电速度快。图 6-2(10)、(11)、(12)、(13)、(14)是纤维的截面上炭黑导电组分呈放射状岔开，形成在纤维表面露出三处以上的部分，即导电组分将非导电组分分开成 3 个或 3 个以上的镶嵌型炭黑复合导电纤维，这种纤维放电非常迅速。图 6-2(15)是海岛结构型的炭黑复合导电纤维，炭黑导电组分不露出纤维表面，导电性能良好。下面举两实例说明。

1. S_A-7 炭黑复合导电腈纶短纤维

导电性的油炉气炭黑，以 35%的比率混入聚醚酯接枝丙烯腈共聚物的二甲基亚砜溶液中，在高速混合装置“均匀流动混合器”中混合，达到均匀分散，调制成导电组分(A)。丙烯腈 195.5 份，丙烯酸甲酯 19.5 份，丙烯磺酸钠 2.2 份，水 10.0 份，二甲基亚砜 760 份，偶氮二异丁腈 3.3 份，以上体系进行共聚合反应制备非导电组分丙烯腈系高聚物(B)。将(A)混合分散于(B)后，进行湿法纺丝，并进行5倍后拉伸。(A)与(B)属有一定亲和性的非相容体系，(A)以岛状存在与(B)中，使纤维具有导电性。用此法得到S_A-7短纤维，虽然只加入纤维总量的7%的炭黑，但因炭黑高浓度集中在岛相中，使纤维纵向形成导电通路，使纤维有充分的导电性。

2. PAREL Ⅱ炭黑复合导电锦纶6长丝

在锦纶6中混入30%的炭黑，得电阻率约10 Ω·cm熔融粘度约10^2Pa·s(280℃)的导电组分(A)；在锦纶6中混入5%的消光剂TiO_2，得到熔融粘度为60 Pa·s(280℃)的非导电组分(B)。以(A)为中间层，(B)为上下层进行三层同心圆型熔体复合纺丝(参见图6-1)，并进行高温(180℃)拉伸。炭黑占纤维总量的5%时，即可得良好的导电性的导电纤维。

6.2.4 导电纤维的性能和用途

导电纤维基本上是以电子导电为机理的功能纤维，它通过电子传导和电晕放电来消除静电。由于纤维内部含有自由电子，因此无湿度依赖性，即使在低湿度条件下也不会改变导电性能。在纤维中混入0.05%～5%的导电纤维，就可解决织物的带静电问题。因此，导电纤维具有优异的远高于抗静电纤维的消除和防止静电的性能，其电阻率小于10^8Ω·cm，优良的在10^2～10^5Ω·cm，甚至小于10 Ω·cm范围内。此外，导电纤维的电荷半衰期很短，在任何情况下都能在极短的时间内消除静电。表6-1中列出不同方法制得的导电纤维的性能。

导电纤维—金属纤维、碳纤维、导电成分覆盖型纤维、导电成分复合(或混合)型纤维，由于导电性能优越，且耐洗涤、耐摩擦等性能，所以广泛应用于纺织品、通用工程、耐热工程塑料、汽车制造、运动器材、航空及宇航等方面。经化学处理表面覆盖上铜的硫化物的腈纶和锦纶，日本商品名叫“桑达纶SS—N”，可与普通纤

表 6-1　导电纤维的特点及导电性能

导电纤维名称		电阻率(Ω·cm)
金属(不锈钢、铜、铝)导电纤维	属导电成分均一型的导电纤维,具有优良导电性,耐热、耐化学腐蚀性、柔软性,但比重大,强伸和摩擦特性与有机纤维不同,混纺性差,价格昂贵	$10^{-5}\sim10^{-2}$
碳纤维	属导电成分均一型导电纤维,具有良好导电性,耐热性、耐化学药品性,高初始模量,但某些机械力学性能例如径向强度较低,只限于复合材料中使用为主	$10^{-5}\sim10^{-2}$
金属化合物型导电腈纶	由于纤维让 Cu^{+} 与 $-CN$ 络合形成 Cu_9S_5 导电网络,纤维的导电层耐久,且不损伤纤维的柔软性、扭曲及滑爽性,保持原纤维的手感和机械力学性能	$8.2\times10^{-1}\sim10^{3}$
金属化合物型导电锦纶 6 金属化合物型导电锦纶 66	用含铜离子和辅助剂混合液浸渍处理锦纶纤维,所得导电纤维仍可进行染料染色而不失去导电性,保持原纤维力学性能	$10^{1}\sim10^{3}$
化学镀铜的腈纶	金属膜能牢固粘附在纤维上,对纤维的结构和性能均无明显影响	2.9×10^{-3}
S_A-7 炭黑复合导电腈纶短纤维	属海岛型复合纤维,炭黑高浓度集中于岛相,形成纤维纵向导电通路,具有聚丙烯腈纤维优良物性	7×10^{3}
Antron 炭黑复合导电锦纶 66	是以含炭黑高聚物为芯,尼龙 66 为鞘的同心圆状芯鞘复合导电纤维,保持锦纶 66 纤维全部优良物理力学性能	$10^{2}\sim10^{5}$
PAREL Ⅱ 炭黑复合导电锦纶 6 长丝	导电组分在中间的三层同心圆型复合纤维,炭黑含量少,导电性好,纤维力学性能符合要求	$10^{2}\sim10^{3}$
皮芯复合导电涤纶	以涂 SnO_2 的 TiO_2 与 PE、液态石蜡、硬脂酸为芯;以 PET 为皮,芯/皮=1/6 比例。纤维保持优良物性	5.5×10^{7}
T-25 导电涤纶	碘化亚铜在 PET 纤维表面形成导电层,是物性优良的白色导电涤纶	$10^{7}\sim10^{8}$

维混纺或做成非织造布，现已大量用作抗静电及电磁波屏蔽和吸收材料，如作轮船的电磁波吸收罩等，可防止雷达信号产生叠影。铜离子有很好的抗菌效果，类似的织物可制成抗菌防臭袜、鞋垫等制品。由导电纤维制成的导电织物具有导电、电热及屏蔽和吸收电磁波的功能，可用来制成捕集器的导电网和制造电力、电气工程、医疗单位等所需的导电工作服；或用来制造电热毯、电热服、睡袋及电热绷带等面状发热体；也可制成汽车座垫及防冰雪所用的道路发热覆盖织物；还可作为热阻器中板状和带状的阻热元件等。利用导电纤维对电磁波的屏蔽特性，可用作精密电子元件、电子仪器、高频焊接机等电磁波屏蔽罩，作为特殊要求房屋的墙壁、天花板等的吸收无线电波的贴墙布，或航空和航天部门的电磁波屏蔽材料。用导电纤维制成的织物还可作为工业过滤材料，例如酸性或碱性溶液中使用的导电性过滤袋等。用化学镀或电镀法制得的导电布有较强的屏蔽微波作用，若再复合一层电磁波吸收层，即可用于从事雷达、通讯、电视转播、医疗等工作人员的有效防微波工作服。将混有各种导电纤维(按不同用途，导电纤维含量为0.5%～5%)的制品，可制成各种防静电工作服、手套、帽、毛巾、窗帘、地毯、缝纫线等制品，广泛用于油田、石油加工、油轮、煤矿、炸药工业、电子工业、感光材料工业及其他易燃、易爆场所。防静电过滤袋，除了用于煤炭、硫磺、淀粉、塑料、橡胶、纸、软木和金属等易燃、易爆粉尘捕集过滤外，由于它还有防止吸附带电粉尘而堵塞的功效，因此钢铁厂、生产固体粉类化工厂等都普遍用作烟囱气或空气过滤材料。含有导电纤维的织物还可做成多种防静电、防尘制品用于民用。此外，若将3%～8%的碳纤维、金属铜纤维或混有镍纤维的玻璃纤维，均匀分散在聚苯乙烯或其他热固性塑料中，可制成有很好屏蔽电磁波性能的薄膜，并可改善薄膜的电性能和机械性能。又如将1%～3%金属纤维、碳纤维、涂敷有金属化合物纤维或其他混合纤维(如铝纤维与玻璃纤维混合挤压成型)加到纤维素浆液中，即可制成导电滤纸。这种导电滤纸在加热条件下不会明显降低强度和过滤性能，若在加热下过滤柴油等物料，就可避免蜡质堵塞滤纸。用导电纤维做成静电消除器，在纤维、塑料、胶片、造纸、印刷、橡胶、食品等制造和加工中消除工作过程中的静电干扰。用导电纤维做成无尘衣，在精密仪器、机械零件、电子工业、胶片、食品、药品、化妆品、医院、电子计算机房中，起到无尘、防设备损坏、计测失灵、噪声等效果。用导电纤维制成防爆工作服，在石油精炼、油轮、汽油加油站、煤矿等，起到防引火爆炸的作用。

6.3 光导纤维

6.3.1 概　况

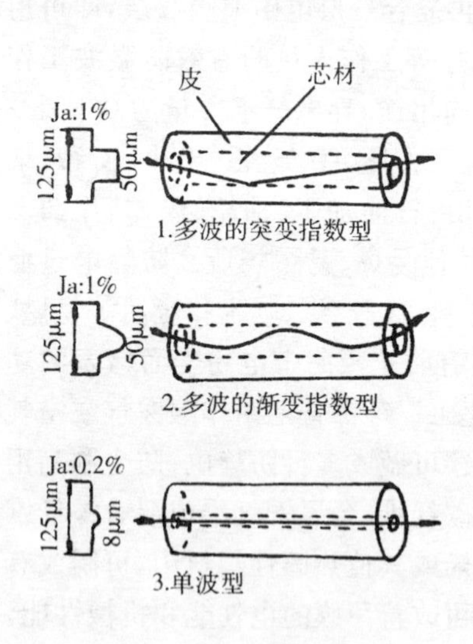

图 6-3　按结构分类的光导纤维结构

光导纤维（简称光纤）是一种把光能闭合在纤维中，产生导光作用的光学复合材料。光导纤维也是激光借以传输信息的导体。不管用何种方法制备光导纤维，它都是由两种或两种以上折射率不同的材料复合而成，还必须使用保护材料。其基本类型是由实际起导光作用的芯材和折射率低于芯材而能将光能闭合于芯材之中的皮构成。芯材和皮材的折射率相差越大越好。按结构可将光导纤维分为：多波的突变指数型、多波的渐变指数型、单波型等三类。三种类型光导纤维的构造和通光情况如图6-3所示。若按材料分类又把光导纤维分为无机光导纤维和有机光导纤维两种。无机光导纤维包括玻璃光纤和石英光纤。玻璃光纤是60年代开始研究的，60年代后期到70年代初获得了低光损耗的石英光纤，它可扩大光波使用范围，在输送紫外、红外光时光损耗小，实现长距离通讯等优点而成为无机光纤的主导。但其价格昂贵，不宜弯曲，难加工等缺点，因而在某些应用领域就开发和应用有机光导纤维。有机光纤是60年代中期进入实用阶段。1966年，美国杜邦公司和光学聚合物公司首先出售了全反射型的有机光纤。以后，日本旭化成、东丽及三菱人造丝等公司也相继研制出有机光纤。1972年，杜邦公司又研究成功能传导红外光的有机光纤。70年代末，该公司又开发了一种导光距离提高一倍的有机光纤。进入80年代到现在，有机光纤又有新发展，性能进一步提高，我国南京，北京等地也研制出有机光纤，并投放市场。有机光纤的透光率等方面比石英类无机光纤差，光传输损耗较大，光传导距离较短，主要是由结构不规整性及纺丝工艺等因素造成，随着合成、纤维加工等技术的提高，会使传递损耗逐步降低。加上有机光纤加工容易，轻而柔软、挠曲性好、耐冲击，能制成大直径（约3mm）的光导纤维，并能增大受

表6-2　三种传送光数据的光导纤维

光导纤维	光损耗(dB/km)	光传导距离	使用波长范围	加工性	价格
聚丙烯酸酯类光导纤维（帘线）（高损耗光导纤维）	500～1 000	数十米以下	可见光	易	低
数值用石英光导纤维（光缆）（中损耗光导纤维）	10～100	数百米	可见光和红外	中	中
光通讯用石英光导纤维（光缆）（低损耗光导纤维）	1～5	数公里	红外	难	高

表 6-3　无机光导纤维与有机光导纤维的比较

性能			有机光导纤维（芯材/皮层）		无机光导纤维（芯材/皮层）		
			PMMA/含氟聚合物	聚苯乙烯/PMMA	玻璃/玻璃	石英/聚合物	石英/玻璃
光导性能	透光率（光损耗）		良	中	中～良	优	优
	透过光的着色		良	差	中～良	良	良
	使用波长范围	紫外	中	差	差	良	良
		可见	良	良	良	良	良
		红外	中	中	良	良	良
物理化学性能	强度、挠曲性等耐久性		优	中	差	差	差
	耐化学药品及溶剂性		良	差	良	差～中	良
	耐水性		良	中	中	中～良	差～良
	耐热性		中	差	良	良	优
	耐寒性		良	差	良	中～良	
	相对密度		良	良	差	差	差
加工特性	配列、集束、切断		良	良	中	中～良	
	研磨		良	良	良	中	中～良
	粘接		良	差	良	差	良
使用直径	10～100 μm		差	差	良	良	良
	100～1 000 μm		良	良	差～中		
	1 000 μm		良	良	差		

光角度、加工低廉等优点，是一种很有发展前途的光导纤维。表 6-2 和表 6-3 对无机光纤和有机光纤的特性作了比较。

6.3.2　无机光导纤维

无机光导纤维包括玻璃光导纤维和石英光导纤维。各种无机光导纤维的制法及用途列于表 6-4 中。由于石英光导纤维低光损耗，可扩大光波使用范围，实现长距离通讯，它已成为无机光导纤维的主导，本节就以石英光导纤维为例，较详细介绍其制造方法。

表 6-4　无机光导纤维的制法及用途

种　　类	制　　法	用　　途
石英系光导纤维	气相合成法（MVCD 法、VAD 法、DVD 法、PCVD 法） 溶胶－冻胶法	长距离光通讯
多组分系光导纤维	复合纺丝法 管中成棒法	纤维显示器等
红外光光导纤维（氟化物玻璃光导纤维、硫化光导纤维、金属卤化物光导纤维）		未来的长距离光通讯光导纤维传感器

石英光导纤维的制造工艺，包括以气相法为主的母材制造、母材加热熔融拉伸纤维化、用树脂包覆等。目前公认的合适制造母材的方法是 MCVD 法、VAD 法、DVD 法、PCVD 法等四种气相合成法，它们都是以添加了锗的折射率较高的石英玻璃（$GeO_2 \cdot SiO_2$）作芯，纯石英玻璃（SiO_2）为皮作为原料。所谓 MCVD 法，是 1974 年美国首先提出的改良化学蒸气沉积法，是制造具有实用性可见光光导纤维母材的方法。正如图 6-4 所示，将气态原料——$SiCl_4$、

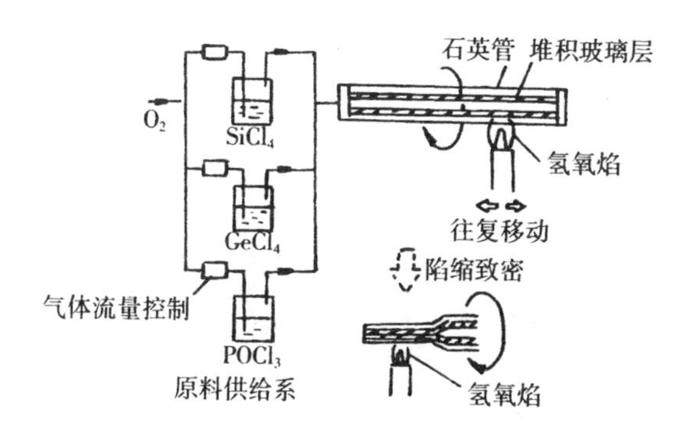

图 6-4　MCVD 法制备光纤母材示意图

$GeCl_4$ 和氧气一起送入石英管内，石英管沿着轴转动，用氧气或氢气喷灯往复移动加热石英管外部，气体原料经氧化反应生成 SiO_2、GeO_2 的玻璃微粒沉积在石英管内部四周，形成透明的玻璃薄层。按需要重复上述过程，达到一定厚度的玻璃层后，停止通原料气体，用更高的温度收缩石英管，使中心部位剩余的孔堵塞起来成为实心圆棒——光纤的母材。调节原料气体 $SiCl_4$、$GeCl_4$ 的比例，就能形成所需折光率的断面结构。

VAD 法是日本创立的气相轴向沉积法，其工艺示意图见图 6-5。气体原料——$SiCl_4$、$GeCl_4$ 经过喷头送到氧、氢气火焰中，加水分解反应，生成 SiO_2、GeO_2 微粒沉积在剩余棒的端部，石英棒以一定速度回转向上方推出(沿轴线方向)，逐渐在轴线方向由微粒沉积成圆柱形多孔母材，根据母材中孔间的组成分布、堆积面的温度分布、火焰中原料的空间分布来调节所需母材断面的折光率分布。将得到的圆柱形多孔母材放在 HCl 气体中进行热处理，脱水而形成透明的石英玻璃。由于增加脱水工艺，能得到羟基(OH)含量极少的光导纤维，而且连续进行母材生产，是日本目前生产光纤母材的主要方法。

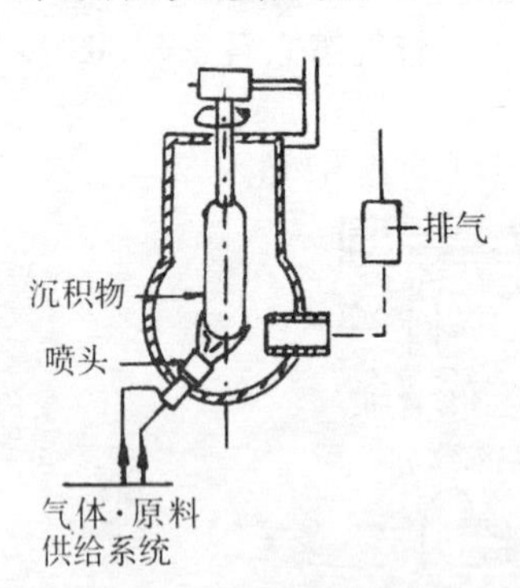

图 6-5 VAD 法制光纤母材示意图

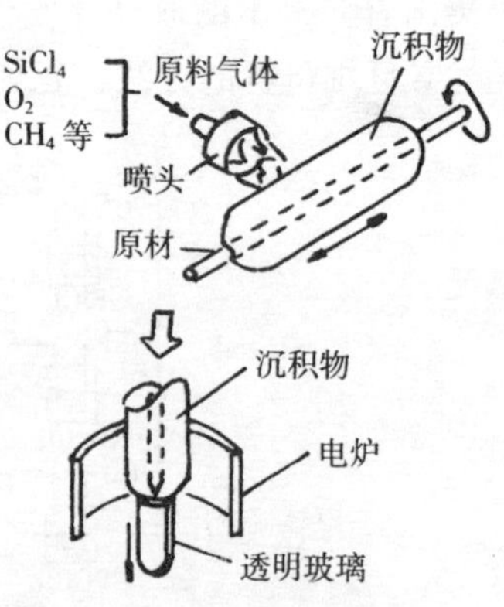

图 6-6 DVD 法制光纤母体示意图

DVD 法是改良的蒸气沉积法，也是美国开发生产石英光纤母材的方法之一，图 6-5 为 DVD 法工艺示意图。将气体原料送到火焰中，加水分解反应形成玻璃微粒，引出材料用铝棒，在铝棒外围形成多层多孔的母材，随后拔出铝棒，经加热脱水透明化，形成实心母材。用这种母材制成的光纤含羟基极少。

PCVD 法是等离子化学沉淀法，由荷兰菲利浦公司开发，如图 6-7 所示，在减压的石英管内部，利用微波发生等离子体，然后往石英管里送进气体原料进行氧化反应，在石英管内壁沉积成多层直接透明玻璃化的薄层，与 MCVD 法一样反复进行多次，达到所需的堆积厚度后，加热收缩成为实心母材。用 PCVD 法原料反应的得率高。

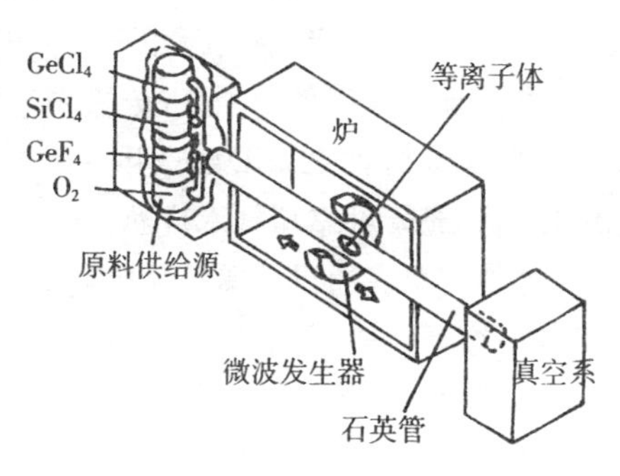

图 6-7　PCVD 法制光纤母材示意图

图 6-8 为光纤母材拉伸装置示意图。把光纤母材置于驱动装置的上部，以一定速度送到加热炉中，约在 2 000℃高温下熔融拉伸成直径很小(例如 125 μm)的光导纤维。在加热炉中有发热体，一种是用碳为发热体的阻抗加热炉，另一种用氧化锆为发热体的高频诱导加热炉。用非接触式线径测量仪测量拉出的光纤外径，以此调整控制拉伸速度，可得到±1 μm 以下误差的精度。光纤的芯径和外径尺寸比率由母材来保持。拉出的光纤在与其他固体物质接触之前，为保护和增强光纤的表面，应先涂上有机化合物树脂，

后再卷绕到筒子上。涂布的树脂经热固化或紫外线固化炉固化。经涂布的光纤具有一定的强度，不含缺陷的石英光纤的拉伸强度达到 500 kg/mm^2，125 μm 直径的光纤的断裂荷重达 6 kg，延伸率为 7%。一般涂覆的树脂是硅树脂或紫外线固化型的丙烯酸类材料。所得的光纤根据用途而做成各种形态，有的还要进行第二次涂覆，或几根光纤编成条子形状，最后再组合成光缆。上述方法制成的石英光导纤维具有传输损耗十分低(传输光波长为 1.3 μm 时，0.35 dB/km；1.55 μm 时，0.2 dB/km)并有一定强度和耐久性，作为通讯电缆已达到充分可靠和技术成熟。

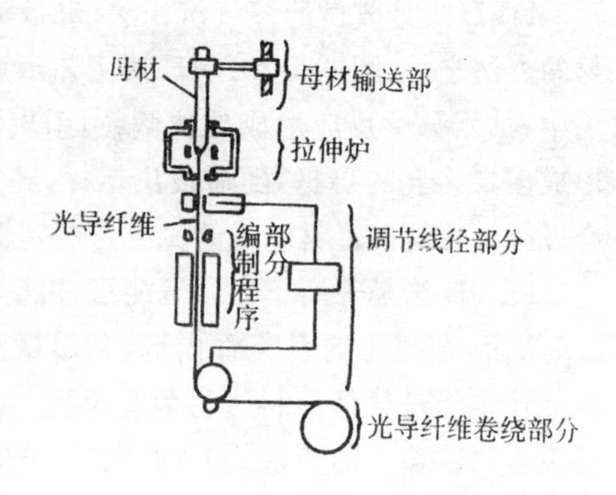

图 6-8 光纤母材拉伸装置示意图

随着无机光导纤维在海底通讯光缆等长距离通讯应用范围的扩大，要求无机光导纤维高性能、可靠性、低价格。无机光导纤维在原料、涂层、成本等几方面有新的发展。前述的石英光导纤维的芯材为 SiO_2 和 GeO_2，但随着 GeO_2 添加量的增加，会发生光的乱散射而损失，而且 SiO_2、GeO_2 石英玻璃在长期使用中会与氢气反应，导致光损耗增加，影响输送的可靠性。目前研究开发了纯石英玻璃为芯材，一种添加氟元素的 SiO_2-F 玻璃为皮的光导纤维。这种光纤传送损失 0.154 dB/km(波长为 1.5 μm)。它放在高温的氢气里，在 γ 射线下，传送损失也十分小，可用于海底电缆及无中转距离的长距离电缆通讯系统中。通常用有机树脂材料涂覆光纤是为达到补强的目的。而为了能在更严格的环境中应用，在玻璃周围涂覆密封性涂层，提高疲劳强度，防止氢气侵入，提高耐化学性、耐热性。例如用 SiOH、SiC、TiC、无定形碳等作涂层材料，在 CVD 法中、涂层厚度达到 10～1 00 nm。这样,光导纤维的静态、动态的疲劳强度都有很大的提高,防止氢气的透过也有良好的效果。要降低无机光纤的成本,应从提高生产率,即提高母材的沉积速度、拉伸速率等着手。如在 VAD 法中,用多重火焰喷头,使包覆部分的沉积速度达到 20 g/min,拉伸速度达到 1 200 m/min。对传送距离较短,质量要求不是太高的光纤,可用溶胶—冻胶法类制造,以金属烷氧化物等作原料的液相中进行分子缩合反应制成玻璃,即不经高温熔融过程的低温玻璃合成法,可实现低成本制造石英光导纤维光缆。

6.3.3 有机光导纤维

有机光导纤维是一种很细的皮芯型光学合成纤维,其芯丝是高光学纯的有机高聚物,直径在 0.005～0.1 mm,在它外面包裹着一层较低光折率的有机高聚物薄膜皮层。采用高度透明的有机高聚物制成的光纤的最大优点是柔软性特别好,多次弯曲而不断裂,它还具有价格较低,重量轻,牢度好,有一定的防射线辐射的能力。制备有机光纤的有机高聚物必须透明性好,折射率高以及芯材与皮层的附着性优良,而且用于皮层的高聚物的折射率必须小于芯材高聚物折射率 2%～3%。表 6-5 列出可供有机光纤使用的高聚物及其特性。材料的透明性受光的吸收和散射两方面的制约,结晶性高聚物由于结晶和非晶部分折射率差异很大,透明化困难,所以高透明性高聚物都是非结晶性高聚物,而非结晶高聚物的透明度主要受光吸收(特别在近红外光区等长波长范围内)的制约。目前有机光纤的芯用材料主要是聚甲基丙烯酸甲酯(PMMA)和聚苯乙烯(PS),因它们的透光性很好,又易纤维化,由于聚碳酸酯(PC)耐热性能好,也应用于要求耐热和较低价值的光纤用芯材。而 PMMA 的机械稳定性和耐久性比 PS 好,使 PMMA 成为有机

表 6-5　有机光导纤维用高聚物

聚合物	折射率	色散	透光率(%)
聚甲基丙烯酸甲酯(PMMA)	1.490	55.3	92
二乙二醇双碳酸烯丙酯	1.498	53.6	90
聚苯乙烯(PS)	1.590	30.9	88
聚碳酸酯(PC)	1.596	30.3	89
聚甲基丙烯酸三氟异丙酯	1.417	65.8	—
聚氯化苯乙烯	1.609	21.0	—
聚四氟乙烯	1.316	35.6	—

光纤芯材的主要材料。作为有机光纤的皮层材料，选用比芯材折射率低的透明性高聚物。例如用折射率为1.59的PS为芯材，可选折射率为1.49的PMMA为皮材。而用PMMA为芯材时，就用折射率在1.40左右的氟化偏氯乙烯-四氟乙烯(VDF-TFE)共聚物或氟烷基丙烯酸甲酯(FRMA)共聚物做皮材。选择皮材时要充分考虑皮材的熔融性与芯材的熔融性差异要小，防止制造纤维时芯材变形大，乙烯光传递的经时性变化，还要充分考虑芯材和皮材的亲合性。美国杜邦公司以PMMA为芯，以FRMA为皮材，得到光透性能极佳的有机光纤。而日本三菱公司以PMMA为芯，用VDF-TFE为皮材，纺丝成形性很好。但由于VDF-TFE共聚物的残余结晶性，使它逊色于FRMA，在开发商品性低损耗有机光纤时，选用FRMA为主。以PMMA与PS为芯材的有机光纤，在近红外区的衰减损耗主要由于C-H键的振动吸收所致，当C-H上的H重氢化后，这种损失大为减少，重氢化对PMMA的效果比PS大，所以当前有采用重氢化PMMA作为有机光纤芯材。另外，也有人研究过用苯乙烯-甲基丙烯酸甲酯共聚物；八氟苯乙烯-乙烯基单体共聚物为有机光纤的芯材，制成可见光和近红外光区有良好传递性的光纤。还有人用有机硅作为芯材的。

有机光纤的制造过程包括原料单体、聚合引发剂、链转移剂等的精制，单体聚合，芯材高聚物纺丝，皮材高聚物的包覆，热拉伸处

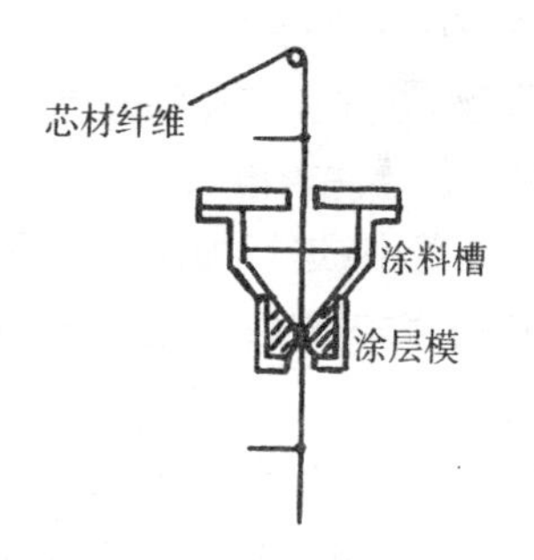

图 6-9 涂层法示意图

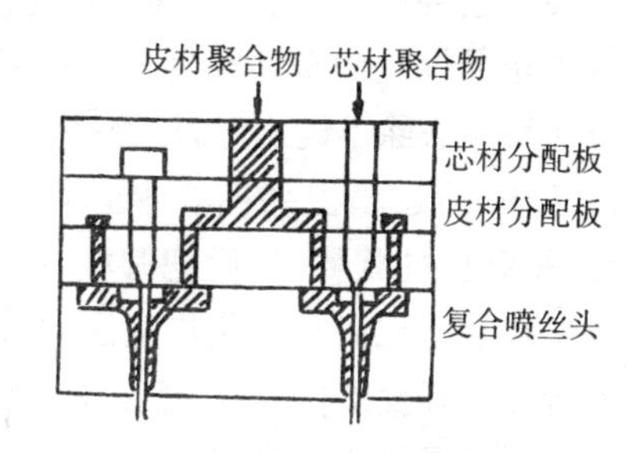

图 6-10 复合纺丝法示意图

理等。然后将裸有机光纤外套化(包上聚乙烯等外层),数根外套化光纤接续成为电缆。例如全反射型(突变指数型)有机光纤的制备方法是:①将芯材高聚物纺成纤维,接着用溶液法或熔融法包覆上一层皮材高聚物膜。②将芯材插入由皮材高聚物制成的中空纤维中,然后进行热拉伸处理。③采用熔融复合纺丝设备将芯材、皮材高聚物分别熔融共挤出纺丝,再进行拉伸处理。而渐变指数型有机光导纤维可采用稀释剂膨润法、γ射线辐射聚合法、二段共聚法,光共聚法及热拉伸等方法制备。下面介绍两种制备有机光纤的典型方法:涂层法及复合纺丝法。图 6-9 是涂层法示意图。从挤出机纺出芯材纤维,外面包覆熔融的皮材高聚物、或涂上用合适溶剂溶解皮材高聚物的溶液,然后干燥去除溶剂。图 6-10 是复合纺丝法示意图,芯材高聚物和皮材高聚物熔融后在同心圆复合喷丝头挤出形成皮芯结构的纤维。上述两种方法中,涂层法较简单,但涂皮材前,要求芯材纤维绝对不能污染。而用皮材溶液涂覆时,不能用使芯材性质改变的溶剂。而复合纺丝法,喷丝头多孔化,因而大大提高产量,但必须选用搭配合适的芯材和皮材高聚物,且熔融挤出条件又十分重要。但不管哪一种制造方法,制备高纯度的芯材高聚物是获得光透性优良的有机光纤的基础。作为芯材单体的聚合,有乳液聚合、溶液聚合、悬浮聚合以及本体聚合等方法。采用单体精制纯化直接本体聚合，能获得透光性优良的芯材高聚物。美国杜邦公司用间歇法制备高纯度光纤芯材高聚物，首先让单体通过活性氧化铝层去除不纯物，然后蒸馏精制，用注射器注入添加剂到单体溶液中，通过小型泵将单体溶液注入聚合釜中，进行加压本体聚合，得到圆柱状棒，然后把圆柱状棒移到柱塞式挤压机，把棒端加热熔化经喷丝口与熔化皮材一起进行复合熔融纺。日本 NTT 茨域研究所开发了把单体、添加剂的精制、脱泡、聚合、纺丝等连续过程在封闭系统中进行，见图 6-11。完全密封法制得有机光纤是低损耗的光导纤维。

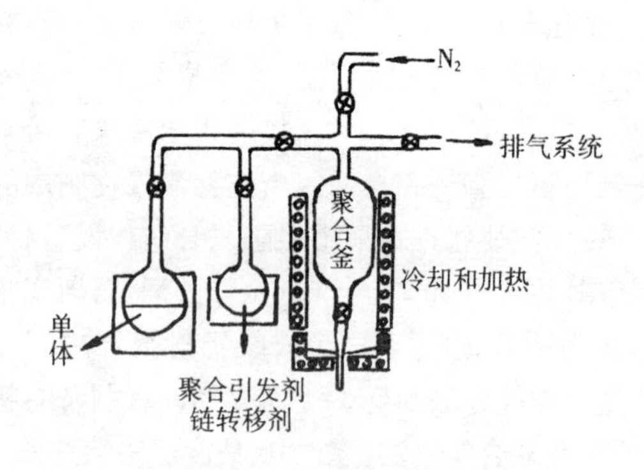

图 6-11　低损耗光导纤维制造装置示意图

有机光纤是一种优良的大容量信号传输介质，具有质轻、径细、频率宽、柔韧性好、无感应、不串音以及节省资源等优点。与石英光纤相比较，虽然传输光的距离较短，但易于使用，容易进行配列、粘接及研磨加工，制品使用性能良好，即使 100 μm 以上的粗径纤维也有良好的挠曲性，可以在具有复杂构形(如汽车内配线，医疗器械，装饰用品)的场合使用。表 6-6 列出日本有机光纤的特性。有机光纤的透光率等方面比石英光纤差，而有机光纤光传输损耗较大是其本身固有因素，以及聚合技术、纤维加工技术等外在因素造成的，随着合成、纤维加工技术的提高，将会逐渐降低传输损耗。例如日本电电公司茨城电气通信研究所用重氢取代 PMMA 中的氢，合成出 PMMA-d_8 用作芯材，制得了传输损耗大幅度降低的有机光纤，使光导距离提高到 1.3 km，而价格仅为玻璃光纤的 1/10 以下。日本电电公司在完全密封装置中制备有机光纤，成功地排除导致光损耗的杂质和气泡，制得每千米光传输损耗降低到 20dB 以下的有机光纤。

表 6-6 日本有机光导纤维的性能

	ルミメス（旭化成公司）	东丽光学纤维（东丽公司）	エスカ（三菱人造丝公司）
芯　材	聚苯乙烯(n=1.592 4)		PMMA(n=1.495)
皮　材	PMMA(n=1.495)		聚偏氟乙烯系树脂(n=1.402)
数值孔径(N·A)	0.56		0.50
受光角(°)	68		60
强度(GPa)	6.865～7.845	6.080～9.316	6.865～12.749
伸长率(%)	2.5～5		50～80
内部损耗(dB/km)	1.47～3.42	1.27～4.65	1.02～1.93
使用温度范围(℃)	−40～80	−30～80	～80

有机光纤主要用于医学、汽车、装饰三个领域，作照明、标识、光学计量测试、复印、数据光传输、医疗器械等用途，例如工业上的显示盘、标识、光导向器、数字显示器、光传感器，光数据传输器、广告显示及工艺品。随着有机光纤损耗性能的大幅度改进，将进一步扩大其应用范围。比如可用于计算机终端接续，计测与控制设备的机内或机间的信号传递。作为短距离光传输的应用正在加速开发，用于汽车、舰船、办公大楼内的光传输。

6.4 超导电纤维

1911 年 H·K. onnes 发现在极低温度下，水银的电阻为零，这就是超导电现象。超导电有四个特点：电阻为零(永久电流)；超导电体内部的磁场为零(完全反磁性，负效应)；只有在临界温度 Tc 以下才出现超导电现象；超导电存在临界磁场 Hc，超越 Hc 值则超导电消失。从理论上看，超导电是声子－电子相互作用，所以 Tc 很低。例如很多金属合金在极低温度下表现出超导电性。理论上认为以激发子代替声子的作用，用电子质量替代原子质量，Tc 可提高 300 倍，即可得到高温超导电体。1986 年发现了 Tc 温度在 77 K 以上的氧化物系列的超导电材料，可用价格低廉的液态氮，由于 Tc 达到 90 K，可以预见这种超导电材料有广泛的应用前景。超导电材料主要应用于超传导的磁铁和输电用的电缆，必须制成线材，但氧化物超导电材料硬而脆，无法通过塑性形变直接制成线材。作为实用线材除了 Tc 外，还要求沿线材流动的临界电流密度 Jc，临界磁场 Hc 都尽可能高。当超导电材料用作磁铁时，随磁场变化会引起超导电体内磁力线的移动，这种移动会产生局部发热又诱发新磁力线的移动，如此反复会引起磁力线的跳跃，并大量发热，使磁铁回复常导电状态。为防止磁力线的跳跃，可采用减少超导电体尺寸来达到。例如：Nb-Ti 合金在 4.2 K 使用，合金线径减少到 100 μm 以下时，就不会发生磁力线跳跃。现在 Nb-Ti 合金线材，直径从几个 μm 到 10 μm 的细线包埋在多根类似铜等常导电金属中，制成极细的多芯线使用。氧化物超导电材料线材化的加工方法列于表 6-7 中。

从表 6-7 所列看到，采用有机纤维纺丝技术制造氧化物系列的超导电纤，不但成本低，而且线材化程度高，容易制得高 Tc、Jc 的超导电纤维。可用于制备超导电纤维的纺丝方法有悬浮纺丝法、溶胶－冻胶纺丝以及熔融纺丝法等。下面以氧化物系列超导电纤维制备为例，较详细的介绍其制造方法。

MBa_2Cu_3Ox 是典型超导电氧化物系列，式中 M 代表钇[Y、钆(Gd)]等一系列周期表Ⅲa 金属元素。

表 6-7　氧化物超导电材料线材化的加工方法

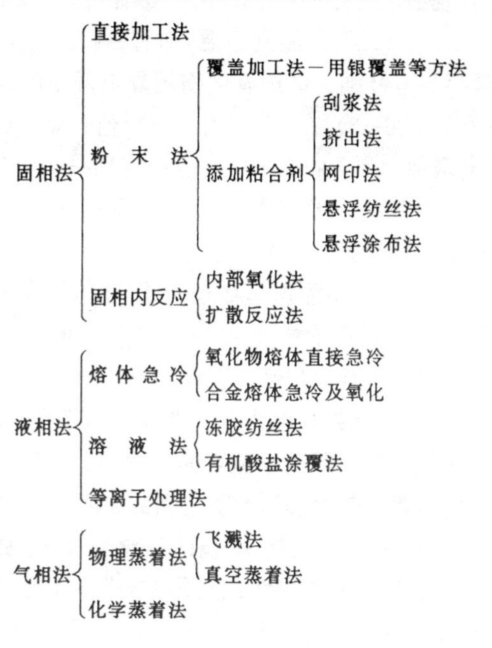

6.4.1　悬浮纺丝

1. *水系悬浮纺丝*

将 Y_2O_3、$BaCO_3$、CuO 等金属氧化物粉末混合在 950℃下焙烧 5 h，然后粉碎过 846 目的筛网做成粉末①；将粉末①成型为颗粒状后在氧气中 950℃下烧结 5 h 后，以 100 K/h 降温到室温后制得单一层状 $Y_1Ba_2Cu_3Ox$ 超导电相，再粉碎，过 846 目的筛网后得到粉末②。将 Y、Ba、Cu 的碳酸盐共沉淀后，在 850℃下焙烧 2 h 得粉末③。粉末③与 Y、Ba、Cu 的柠檬酸盐焙烧后得粉末④。将上述四种超导电氧化物粉末分别与分散剂一起分散到聚乙烯醇(PVA)水溶液中制成纺丝原液。纺丝原液经喷丝头喷出进入凝固浴中形成纤维，将卷绕后的纤维中和、水洗、干燥后，在氧气中 980℃下加热 5 min 后，以 100 K/h 降温到室温，随着 PVA 分解，氧化物粉末烧结而制得超导电纤维。这种氧化物超导电纤维的温度(K)～电阻关系曲线(见图 6-12)，在 90 K 附近电阻值开始急剧下降，而 85～80 K 处电阻值为零，说明所制得的纤维确是具有超导电性能。凝固浴的组成对纤维成形有影响，以 Na_2SO_4 和 NaOH 混合的水溶液或 Na_2SO_4 水溶液作凝固浴时纺丝正常。而在丙酮或甲醇作凝固浴时，凝固性差而不能连续纺丝。用 Na_2SO_4 水溶液作凝固浴时纺得的是偏平截面的纤维，而用 Na_2SO_4＋NaOH 的水溶液作凝固浴时纺得的是圆形截面的纤维。制备纺丝原液的 PVA，聚合度以数千为宜，且皂化度越高越能得到性能好的纤维。分散剂一般用非离子型表面活性剂和阴离子型表面活性剂。纺丝纤维中超导电氧化物粉末的含量与热处理后超导电纤维的特性有关。若含粉末质量分数 93％～94％，得到高 Jc 值的超导电纤维。原料超导电氧化物粉末的特性对纤维的物性也有影响，表 6-8 列出四种原料粉末悬浮纺出的超导电纤维在 77 K 时的 Jc、100 K 时的电阻值、强伸值。从中可知，原料粉末越细，临界电流密度 Jc 越高、电阻越小，纤维的抗张强度越高。用同样方法，以 $Ln_1Ba_2Cu_3$[Ln＝Er(铒)，

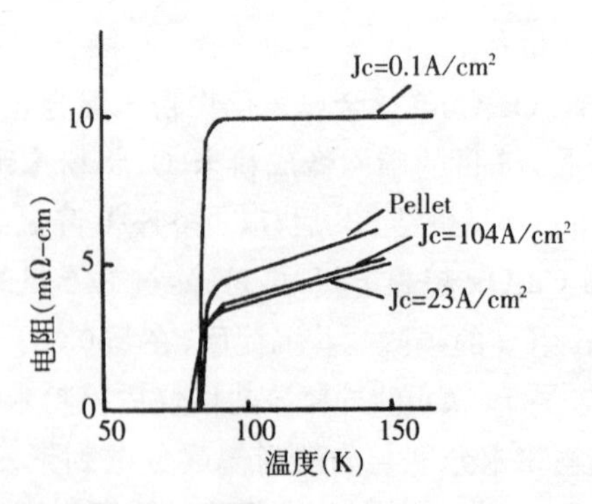

图 6-12　氧化物超导电纤维的温度－电阻曲线

表 6-8　由各种粉末制成的纤维在 77 K 时的 Jc、100 K 时的 ρ 值和抗张强度

原料粉末	粉末粒径 (μm)	Jc (A/cm^2)	ρ ($c\Omega \cdot m$)	抗张强度 (MPa)	伸长率 (%)
粉末①	10	0.1	35	3	3.0
粉末②	15	0.1	17	2	2.3
粉末③	0.2	230	1.9	16	2.0
粉末④	0.5	64	1.3	17	1.4

Ho(钬),Dy(镝)]的氧化物为原料粉末也纺得到超导电纤维,例如 $Ho_1Ba_2Cu_3$ 氧化物制得的超导电纤维,在 77 K 时,$Jc=268\ A/cm^2$,抗张强度 48.5 MPa,延伸率为 0.8%。

2. 非水系悬浮纺丝

氧化物超导电相与水会反应分解,为提高临界电流密度 Jc,可采用非水溶剂的悬浮纺丝。以二甲基亚砜(DMSO)为 PVA 的溶剂,经用不同凝固浴试验,选出最合适的凝固浴为甲醇。PVA 的聚合度在 3 300～12 100 范围内,随着 PVA 聚合度的提高,Jc 值增大,电阻值变小。PVA 聚合度在 2 450～16 000 范围内能进行连续纺丝。用此法纺得的超导电纤维如图 6-13 所示,在 77 K 时的 Jc 为 680 A/cm^2,抗张强度 37 MPa,延伸为 1.2%。纤维中的超导电粉末非常密集。$Ln_1Ba_2Cu_3$(Ln＝Er,Ho,Dy)氧化物系列用非水系悬浮纺丝很易制得超导电纤维。例如 $Ho_1Ba_2Cu_3$ 氧化物纺得的超导电纤维,

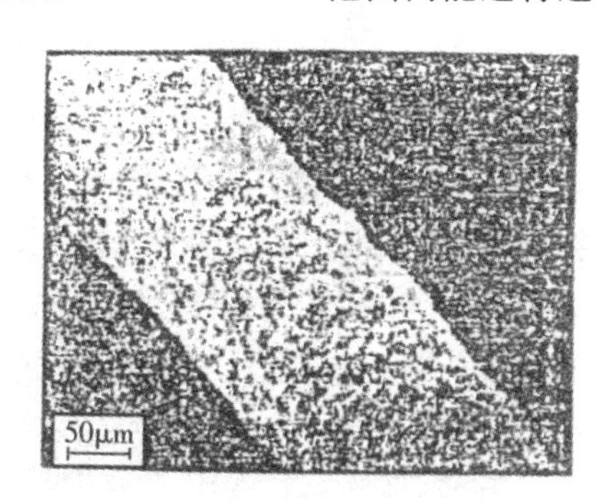

图 6-13　非水系悬浮纺丝制得的超导电纤维

(77 K 时 $Jc=680\ A/cm^2$)

77 K 时，Jc 达到 1 128 A/cm^2。

6.4.2 溶胶–冻胶纺丝法

溶胶–冻胶纺丝法是从液相中直接纺制纤维的方法。将合适的金属有机化合物制成溶液，加水水解金属有机化合物再缩合反应，或以其他机理进行凝聚反应而凝固为冻胶，随后加热冻胶就制得具有玻璃态或多结晶的固体氧化物。为了不经过粉末状态直接制取纤维，就要提高结晶均匀性形成组织细密的烧结体。采用冻胶法制造超导电纤维，是应用 YBaCu 有机化合物的均匀溶液，通过反应提高溶液粘度，达到成丝性的粘稠度。例如，用 YBaCu 的醋酸盐水溶液，在 60℃～80℃下加热反应，蒸发水分提高溶液的浓度，达到使溶液粘度增加便可进行纺丝，制得直径为 10 μm～1 mm 的冻胶纤维，将冻胶纤维加热到 910℃，保持 5 h，析出 $Y_1Ba_2Cu_3O_{7\sim8}$ 的超导电相结晶的超导电纤维。

6.4.3 熔融纺丝法

熔融挤出法：将棒状 $Y_1Ba_2Cu_3O_x$ 烧结体加热到 1 200～1 300℃下熔融，将熔融部分落入回转的圆鼓中牵引出细长的线状物，若线状物截面为 1.5 mm×0.3 mm，长 40 m，其 Jc 达到 300 A/cm^2。若熔融部分牵引出直径为 1.2 mm，长 10 mm 的线状物 Jc 为 650 A/cm^2。若能进一步降低线状物的尺寸，有希望进一步提高 Jc，接近理论值。

熔融速冷法：将 Y-Ba-Cu 的氧化物或合金加热熔融后急速冷却凝固，然后经 900℃热处理，制得超导电氧化物。应用此法制得厚度 0.5～5 mm 板状物，77 K 下，Jc 达到 130 A/cm^2。若采用制非晶体金属带的单轧辊液体急冷装置，试制氧化物的超导电带，例

如 $LnBa_2Cu_3Oy$(Ln＝Y，En，Dy，Ho，Er，Y6)的氧化物超导电带材，77 K 下，*Jc* 为 10～40 A/cm^2。

6.5 其它传导纤维

6.5.1 电磁波屏蔽纤维

电磁波是一种电波，它以与光波一样的速度在空气中传播，自然噪音、人造噪音都会发生电磁波，人造噪音比如数字仪器产生的电磁波有非常高的频率成分，易出现信号发射和诱导现象，这就是电磁波障碍。随着数字化电子仪器(电子计算机、传真机、电视等等)的高速发展，电磁波的障碍日益严重。比如，电视机旁打开收音机会出现杂音，计算机、工业仪器、汽车等出现误动作等已成为国际性的严重问题。电磁波泄漏还会危害人体并干扰医用设备和其他电子仪器的正常运作。为克服电磁波障碍，必须将电磁波屏蔽，或将电磁波吸收并转化为热能。将金属板等材料置于两个电磁区之间，防止一方磁场向另一方产生影响，便是电磁波屏蔽。屏蔽材料的电阻越低屏蔽效果越好，如金属板、金属网、碳纤维等。屏蔽效果 *SE* 取决于材料表面的发射损耗 *A*(dB)、材料(纤维)内部的吸收损失 *B*(dB)和反射损耗 *C*(dB)(见图 6-14)，$SE=A+B+C$。表面反射损耗与屏蔽材

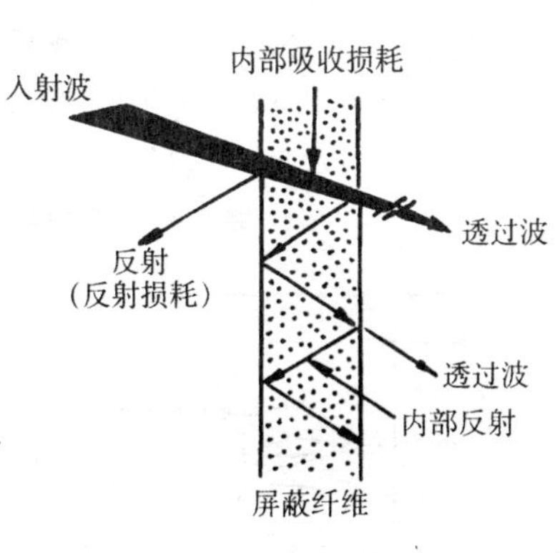

图 6-14　电磁波的反射与吸收的屏蔽效果

料的厚度无关,体积电阻越低越好。电导率与透磁率之积越大,吸收损耗越小,厚度越厚越好。导电纤维作为屏蔽材料主要考虑表面反射损耗。若屏蔽材料起到阻止来自外部的电磁波进入电子仪器内部,称之为被动屏蔽。而若电磁波的辐射处于屏蔽材料内部,阻止电磁波向外辐射,称之为主动屏蔽。正如表 6-9 所示,主动屏蔽时,必须完全覆盖[见(a)],若有一缝隙[见(b)],在屏蔽材料的内部反射的电磁波从缝隙中泄漏出去,缝隙周围产生比没有屏蔽材料时更强的电磁波。目前已实际应用的纤维屏蔽材料是镀金属织物。从持久性考虑,所镀金属多数用镍。为了提高电磁波的屏蔽效果,防止铜的氧化,有的屏蔽材料是在铜镀膜上再涂上镍。聚酯、聚丙烯腈等以织物形态进行电镀加工,这样电镀织物柔软,弹性好,易于裁剪和缝制。此外,将聚酯纱进行碱减量处理后,再施以镍镀层加工;对聚酯长丝和表面进行了防氧化处理的超细铜线经特殊捻丝加工制成复合纤维织物,这种织物可任意染色,主要用于造成围裙、孕妇服、工作服等防磁服装。日本帝人专利,先制备改性 PET 纤维,即 197 份二甲基对苯二甲酸酯,124 份乙二醇和 4 份 3-甲氧甲酰-5-钠代磺基苯酸钠,280℃真空缩聚而得改性 PET 树脂。改性 PET 经纺丝、拉伸、碱减量 15%后干燥,然后用 $SuCl_2$/HCl 敏化,$PdCl_2$/HCl 活化后,化学镀镍处理,便得具有屏蔽电磁波的纤维。用这种纤维制成服装,其屏蔽电磁波能力,水洗前后均

表 6-9 屏蔽电磁波的两种形式

种类	被动屏蔽	主动屏蔽
示意图		a　b
辐射源	屏蔽体外部	屏蔽体内部
接地	不需接地	需要接地

为 **60** dB。Gifu 公司和 Nagasaki 大学共同研制了一种在吸收电磁波方面具有高效的盘状碳纤维，这种碳纤维混入到树脂中去，制成电磁屏蔽罩壳可显著减少电磁波泄漏。碳纤维也可与纺织纤维混合来生产防电磁波的防护服。

6.5.2 驻极体纤维

1920 年日本的江口元太郎博士首次发现：将 24 烷基腊和松脂混合物经过熔融，并于高电压下冷却后得到的固体物质，这种物质在外部无电场的情况下，仍然保持电极，并对周围产生电，并称这种固体物质为驻极体，也称之为电石。驻极体分热驻极体、电解电子驻极体、机械驻极体等三种。将驻极体物质加热到软化点或熔融状，然后施以直流高电压进行冷却制得热驻极体。用电晕放电照射驻极体物质表面制得电解电子驻极体，是采用强制带电形式。将驻极体物质加压变形，在变形过程中产生电荷分离，使物质内部形成电荷而得到机械驻极体。

利用驻极体技术制成驻极体纤维，驻极体纤维的制造方法有薄膜驻极方式、非织造布驻极方式以及纤维驻极方式等，而用电解电子驻极，强制带电形式是制造驻极体纤维最常用的方法。而制得的驻极体纤维的最终形态为纤维的片状物。驻极体纤维的电荷分布形式因制造方法而定，有的驻极体纤维的内表面，一面分布着正电荷，另一面分布着负电荷（见图 6-15）。还有的驻极体纤维的表面同时混合着正负两种电荷。

驻极体纤维应用于空气过滤器和音响的扩音器及耳机零部件等，产业用途广。以往空气过滤器捕集原理是采用①惯性冲突，②直接遮挡，③重力沉降，④静电沉积，⑤布朗扩散等方法。后来利用超细纤维制造过滤器可以提高①、②、③法的除微粒子的效果，但存在超细纤维的直径越细压力损失越大的缺点，而用驻极体纤维

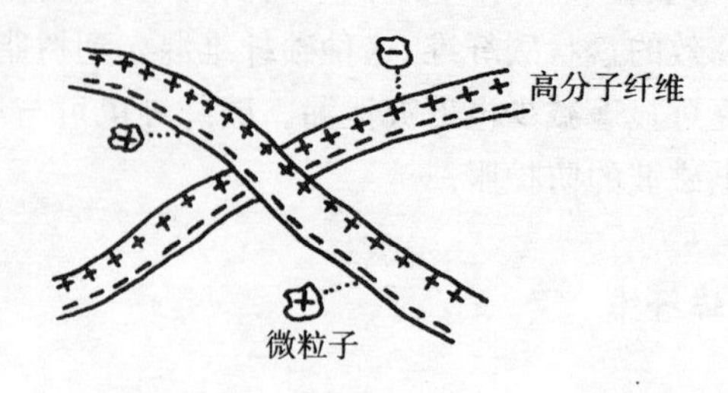

图 6-15　驻极体纤维的电荷分布与除尘原理

过滤器利用静电作用(见图 6-15)来克服这一缺点。若将驻极体纤维空气过滤器与玻璃纤维空气过滤器的除尘效果作比较,在相同的除尘效率下,驻极体纤维空气过滤器的压力损失低于玻璃纤维空气过滤器一位数。

参考文献

[1] 高绪珊等编．导电纤维及抗静电纤维．纺织工业出版社,1991

[2] 李福绵译．日本高分子学会高分子实验学编委会编．功能高分子．科学出版社,1983

[3] 松井雅男．纤维科学,1988,30(8)：58～65(日)

[4] 三菱人造丝,J62－162075 (87.7.17)(日)

[5] Beltsios K., Synth. Met., 1991, 41(3)：941～945(英)

[6] Medical Textiles, 1988, 4(11), 8(英)

[7] 可乐丽,J88－60154 (88.11.22)(日)

[8] 钟纺,J89－11747 (89.2.27)(日)

[9] 东洋纺,J63－270869 (88.11.8)(日)

[10] High Performance Textiles, 1989, 9(11)：1～2(英)

[11] 富部信二．纤维学会志,1985, 41(7)：199～200(日)

[12] 三菱人造丝．化学装置,1985, 27(3)：79～88(日)

[13] 戒能俊邦．纤维学会志,1986，42(4)：113～121(日)
[14] 仓敷化工,J61－115905 (86.6.3)(日)
[15] 戒能俊邦．纤维と工业,1988,44(9)：332
[16] 藤原国生．化学装置,1988.5，67～71(日)
[17] 加藤政雄．纤维と工业,1989，45(2)：51～56
[18] 俊藤共子．纤维と工业,1988，44(7)：249～252
[19] 王澄等编译．新一代化学纤维．纺织工业出版社,1993.6(北京)
[20] 宏田靖保．次世代江向けこの纤维素材の新たな展开讲演要旨集．纤维学会，24，(平成3年2月)
[21] J61－132677 (86.6.20)(日)
[22] 本宫达也．ンエヘ纤维の世界．日刊工业新闻社，1989
[23] 大森进,谷八．纤维学会平成2年度夏季ヤシナヘテキスト,1990，271
[24] 上海合成纤维研究所．特种合成纤维．上海人民出版社,1977
[25] 成晓旭等编．合成纤维新品种和用途．纺织工业出版社,1998.12
[26] 肖为维著．合成纤维改性原理和方法．成都科技大学出版社,1992.6

第7章　生物高分子活性纤维材料

7.1　前　言

生物工程技术是高新技术中最有发展潜力和前途的技术之一,因而受到各国学者和工程技术人员的极大关注。具有生物活性的纤维正处于迅速发展的时期,涉及范围较广,本章仅就如下几个方面择要进行介绍:生物反应器,膜传感器,高分子药物及其控制释放,离子交换纤维,医用水的纯化,农用高分子活性材料等。

7.2　生物膜反应器

7.2.1　引　言

中空纤维及其它膜材料已不再是单纯地用于分离,而正跨入反应范畴,即把分离与反应结合在一起的膜反应器。

膜反应器一般可分为两类,即:(1)惰性膜反应器,膜反应器所用的膜本身是惰性的,在反应过程中,利用膜对反应产物的选择透过性,不断地自反应区移送反应产物,从而达到移动化学平衡和分离产物的目的;(2)催化膜反应器,反应器用膜本身同时具有催化和选择性分离的双重功能。

反应器用膜既可是有机的,也可以是无机的;催化剂类型既有生物型的，也有无机型的；催化剂既可结合在膜的内部（固定式），也可以分散于膜的外部（游离式）。

与一般反应器相比，膜反应器具有如下特点：

（1）反应可在较低的温度和压力下进行，既有较高的转化率，又节约能源；

（2）反应选择性明显提高，副反应产物减少，提高了产物的纯净度；

（3）对受平衡限制的反应，膜反应能移动化学平衡，使反应转化率明显提高；

（4）有可能实现反应物的净化、化学反应、反应产物的分离等几个单元操作在一个膜反应器中进行，既简化过程，又节省投资。

与惰性反应器相比，催化膜反应器有更多的优点，其中尤以固定化酶为代表的有机膜催化反应器、以钯膜为代表的无机膜催化反应器最受人们的关注。

7.2.2 固定化酶生物膜反应器

由高分子膜与酶相结合所构成的膜反应器，早于 1966 年已由韦塔尔（Weetal）首先提出，随后被用于乙醇发酵，并实现了连续化生产。以后又开发出更高功能固定化酶膜，半透性微胶囊固定化酶膜也相继问世。

1. 酶及固定化酶

酶是一类分子量适中的蛋白质，是存在于生物体内的非常杰出的催化剂。其特点是：能在常温、常压下进行反应；具有很高的活性；如一个碳酸酐酶分子，能在一秒钟内使 600 000 个底物分子转化成产物；高度的底物选择性，它对光学异构体有选择性催化；控制的灵敏性；反应的规制性：很多种酶能组合成非常协调、统一的传递反应等。酶显示出合成催化剂远不能及的突出功能。

酶也存在一些重大缺点:如某些酶价昂娇贵;容易失活,酶是水溶性的,难以从反应体系中分离出酶且不失活;易污染产物;难重复使用。若通过某些手段,如化学键合、吸附或包埋,把酶固定在载体上,使之不溶于水,即能克服上述缺点。固定化酶的主要优点是:贵重酶能够回收和反复使用;催化剂可从反应混合物中分离出,不污染产品;使易变性酶更趋于稳定;把固定化酶制成膜状或珠状,采用柱层法等能使反应操作实现连续化、自动化,而出现生物反应器。固定化酶的缺点是酶的活性降低,但它能多次重复使用,即使活性低点,也是乐于被接受的。还可采用恰当的固定化方法,以最高限度地保持酶的活性。

被固定化的不局限于酶,凡是具有特异性或专一性的生理活性物质都可以进行固定化,如固定化抗原、抗体、细胞或细菌、亲合层析、生物反应器等,可用于分析、诊断,以及医疗上的免疫分析、生物探感器、“干”化学分析、以至酶疗法等。这些都是固定化酶原理的拓展和实际应用。

酶的固定化方法大致有:包藏在微胶囊中;在凝胶或离子交换体的立体结构中,或在无机物质的细孔中吸附或包含,利用酶的反应性基团,与活化的、不溶于水的高分子载体以化学链固定的方法。

固定化的选择包括载体和配基两部分内容。载体属传统高分子化学的内容;而配基是由蛋白质化学嫁接而来的,两者的结合形成功能高分子的重要内容之一。制备适用于使用目的的载体分子设计包括形状、亲水性、表面积、微孔的孔径和孔容、强度、以及对底物无专一性等。目前用得较多的天然载体如聚葡萄糖类,受到诸多方面的限制。而合成高分子载体却可以随意选配。如聚乙烯醇可称为较理想的合成载体。在配基上要考虑的是被固定的生理活性物质,能够保持较高的活性。应当指出,目前尚没有对任何被固定的生理活性物质都保证有高度活性的通用载体和配基,还需要进一步深入研究并总结其规律性。

2. 酶的固定化处理及固定化酶的性质

1)酶的精制

酶对 pH 和温度极为敏感,容易失活,故在精制过程必须严格控制条件。精制方法主要有:溶解度差方法,如盐析、脱盐、等电点沉淀、用金属或阳离子沉淀、用有机溶剂沉淀法等;选择变性法,如热、酸表面变性法等;吸附法;各种色谱法;电泳法等等,可按酶的性能而选择。最近又发展了浓度梯度超离心法、柱层分离法、区域电泳法等。结晶化是最后阶段常用的精制法。

酶以水溶液状态保存时,易于变性或混入微生物,因此应保存于适当的 pH 缓冲溶液中及冷暗的地方。

2)酶的固定化反应

由于酶易变性,故通常在水溶液中和温和的条件下进行,要有适当的离子强度,pH 为 4～10,温度 0℃～35℃。因酶的种类不同,需选择载体的种类,固定化的方法,以及严格控制反应条件。通常采用适当的 pH 缓冲溶液,并在恒温槽中进行。

所选用的载体必须是水不溶性的多孔性物质,希望具有亲水性的活性基团,要求酶固定在离载体骨架尽量远的位置上,因为底物的扩散是固定化酶显示活性的重要因素。

3)固定化酶的性质

酶在载体上的结合量,可测定固定化反应后残留液中酶的含量;也可直接测定固定化酶的含氮量。

固定化酶的活性较原酶低。测定酶的活性已有多种成熟方法。其活性仅保持原来的 5%～40%,而与低分子物质反应的酶,能保持原来活性的 40%～80%。但固定化酶能够反复使用,虽然活性较低也是有价值的。

固定化酶多数较天然酶稳定,对 pH 和温度的变化都比较稳定。

4)影响固定化酶活性的因素

多数酶经固定化后活性降低已如上述。这是由于在固定化过程中，酶蛋白活性中心的氨基酸残基有一部分被破坏，酶蛋白的高级结构也可能发生某些变化；底物分子或生成物分子要通过扩散才能接触或脱离酶，因而扩散速度也影响着酶促效果；连接酶的载体大分子链的空间阻碍，在一定程度上也阻碍了底物分子对酶的接近；载体表面的电荷分布，也在一定程度上影响酶的电荷分布，从而影响酶的活性。

固定化酶的活性除决定于酶本身原有的活性外，还决定于固定化所采用的方式和方法，载体的化学结构和物理形态，以及底物和生成物的性质，并且与固定化过程出现的微环境效应、扩散效应密切相关。

3. 酶的固定化方法及其活性

1)在微胶囊中的包埋

微胶囊是由聚合物构成的微量级中空球。将酶包裹于其中，底物分子透过半透膜进入中空球与酶接触，反应产物再逸出囊外，而酶的分子较大无法透过半透膜。包有酶的微胶囊的特点是酶本身没有反应。除有薄膜存在之外，与天然酶相同。而且酶促反应是在均相水溶液中进行的。

含酶微胶囊的合成方法通常有：水中干燥法、界面缩聚法和有机溶剂体系的相分离法等。

(1)水中干燥法。把酶水溶液分散于聚合物的苯溶液中形成乳液，再将此乳液分散于含有保护胶体的大量水中形成复合乳液。在稍加减压的情况下，使乳液保持在35℃～40℃，苯慢慢地蒸发，聚合物则在酶水溶液的液滴周围形成薄膜。所得微胶囊可经过滤或离心分离而获得。

(2)界面缩聚法。把二元胺(如己二胺)加至酶的水乳液中，然后使其在有机溶剂(如环己烷-氯仿)中乳化，再加入二元酸的酰氯

(如癸二酰氯)溶液,则在酶水溶液的液滴表面进行界面缩聚反应而形成聚酰胺微胶囊。由于中和酸需在碱的存在下进行,所以要求酶能耐酸、耐碱的作用。因形成的膜很薄,故操作较麻烦。

(3)有机溶剂体系的相分离法。把酶溶液乳化并分散于高聚物的有机溶液中,然后加入聚合物的非溶剂,使在酶水液滴周围形成高聚物膜。

微胶囊不只是以固定化酶的形式用作催化剂,在医疗上及其他方面的用途也在开发中。

2)物理吸附和包埋

不是以化学的方法结合,而是在载体的细孔内,以物理吸附和包埋的方法使酶固定化。吸附的缺点是在使用中酶较易脱除;包埋的缺点是大的底物或生成物的扩散较困难。虽有上述缺点,但处理得当仍能取得良好效果。

因酶的品种不同,对载体的要求也不同。无机载体通常采用多孔玻璃或硅胶,曾提及玻璃上能吸附尿酶和胃蛋白酶等。并且因玻璃的前处理方法不同,所得固定化酶的稳定性也不同。用硬脂钡前处理的比用脱氧胆酸处理的吸附性好。多孔玻璃作载体,酶的结合量比较低,但是机械强度高,特别是它对酶、微生物都是惰性的,化学稳定性好。还试探转化酶在木炭、氢氧化铝上的吸附。将木瓜酶、葡萄糖氧化酶吸附在玻璃上,其吸附量与玻璃表面积、微孔孔径及酶的大小有关。其他如磺化聚苯乙烯、羧甲基纤维素、硝化纤维素、醋酸纤维素、聚丙烯酰胺等都是良好载体。有人还作过在亲水性离子交换树脂、纤维素、葡聚糖上的吸附。

还可以在单体聚合的同时将酶包埋其中,如丙烯酰胺与N,N′-次甲基双丙烯酰胺在光引发下的共聚包埋,用X-或γ-射线使水溶性单体聚合而包埋共存的抗原等。还可以把腊质很薄地吸附在硅胶、氧化铝或石墨上,然后再进行吸附酶的处理。

3)在合成高分子载体上的化学结合

在载体上只是以物理吸附的酶在使用过程中易于脱离,因此常用化学键将酶固定在具有功能基的合成高分子上,即可克服上述缺点。

载体高分子要求为水不溶性的,但要求带有亲水性基团,能进行结合的功能基有:$-N_2X$,$-F$,$-COCl$,$-SO_2Cl$,$-NCO$,$-NCS$,$-NH_2$,$-OH$,$-SH$,咪唑基,苯基等进行化学联接。

以化学键固定的前提条件是:酶上的功能基即使参与反应,对活性无多大影响。反应条件要求温和,避免高温、强酸、强碱、有机溶剂等。

4)在天然载体上的结合

许多天然高分子可作为固定化酶的良好载体,如纤维素、琼脂糖等多种多聚糖。它们有疏水的骨架和亲水的羟基,可通过各种化学反应链上活性功能基。纤维素因便宜易得,亲水性好,易于化学加工等原因,而更常被用作载体。纤维素等多聚糖与酶的化学结合方法如下:

(1)重氮化法:使纤维素与硝基氯化苄基反应后,再还原得到氨基苄基纤维素,随后经重氮化后再与酶相联接。

$$\text{-OCH}_2\text{-C}_6\text{H}_4\text{-NO}_2 \xrightarrow{SnCl_2/HCl} \text{-OCH}_2\text{-C}_6\text{H}_4\text{-NH}_2$$

$$\xrightarrow[HNO_2]{NaNO_2} \text{-OCH}_2\text{-C}_6\text{H}_4\text{-N}\equiv\text{NX} \xrightarrow{NH_2\text{-Enz.}} \text{-OCH}_2\text{-C}_6\text{H}_4\text{-NH-Enz}$$

(2)叠氮化法:将羧甲基纤维素通过叠氮化而活化,再与酶结合。

$$\text{-O-CH}_2\text{COOH} \xrightarrow[H^+]{CH_3OH} \text{-CH}_2\text{COOCH}_3 \xrightarrow{N_2H_4} \underset{\text{酰肼衍生物}}{\text{-OCH}_2\text{CONH-NH}_2}$$

$$\xrightarrow[H^+]{NaNO_2} \underset{\text{叠氮化衍生物}}{\text{-OCH}_2\text{CON}_3} \xrightarrow{H_2N\text{-Enz}} \text{-OCH}_2\text{CONH-Enz}$$

(3)溴化氰法:聚多糖经溴化氰(BrCN)活化后,用于使酶固定化。

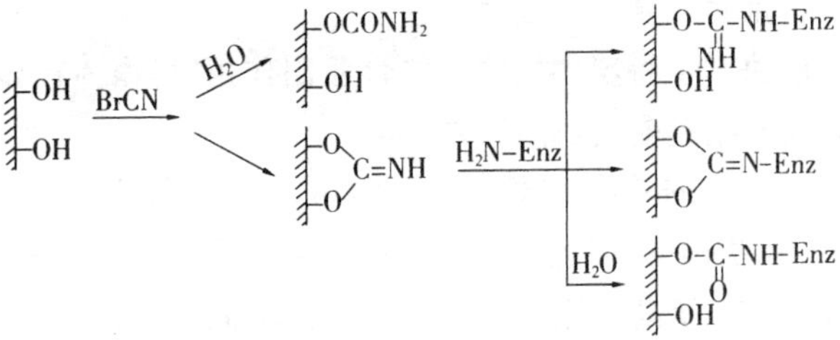

(4)三聚氰酰衍生物法:纤维素经三聚氰酸衍生物(如 R 为 NH_2,则为 2-氨基-4,6-二氯-S-三嗪)活化后,用于固定化酶。

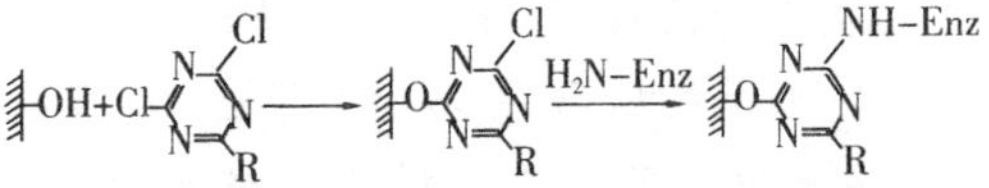

(5)异硫氰酸酯衍生物法:把交联葡聚糖转化为对硝苯氧基羟丙基醚衍生物,还原为氨基后,用硫光气与之反应,生成异硫氰酸衍生物,再与酶相联接。

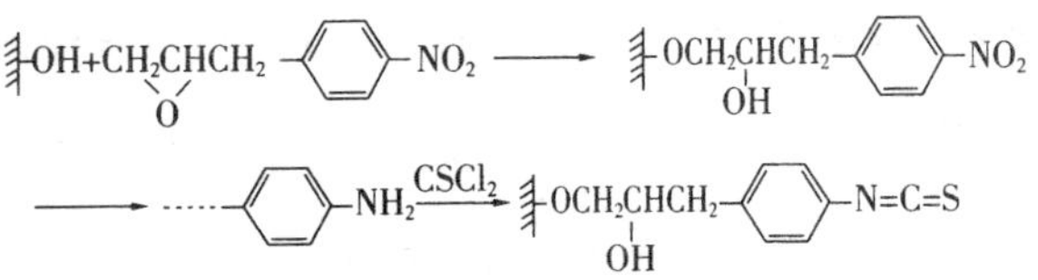

5)在无机载体上的结合

在无机载体上以化学键结合酶的例子较少,载体主要是玻璃珠或硅胶。使多孔性的硅胶或玻璃与10%的γ-氨丙基三乙氧基硅烷[$(C_2H_5O)_3Si(CH_2)_3NH_2$]的甲苯溶液共同煮沸,可获得烷氨基玻璃衍生物。在缩合剂双环已基碳化双亚胺(DOC)存在下,氨基能与羧基形成酰胺,即可把酶固定在无机载体上,如在烷氨基玻璃衍生物上再引入芳香族胺基，可进行重氮化、偶联来固定酶。

4. 固定化酶的应用

1)在生物化学上的应用

利用酶对于特定物质的选择性吸附作用，可作为特异吸附剂，用于分离和精制酶、抗体核酸酶等。

引人注目的是在免疫学上的应用，固定化酶可用来吸附和分离抗体，并获得高纯度物质。如用固定化蛋白酶可分离蛋白酶抗体；用琼脂糖-胰岛素进行胰岛素抗体的精制；用纤维素-牛血清白蛋白可以分离精制家鱼抗体等。

2)光学纯L-氨基酸的生产

把固定化酰酶(Acylase)装入分离柱中，让酰基化的D、L-氨基酸溶液连续地流经分离柱，固定化酰酶选择性催化L-氨基酸水解。流出液分离L-氨基酸后，残留物经外消旋化后，又流经固定化酶分离柱，如此往复循环，以制取光学纯L-氨基酸。

3)糖化反应和转化糖生产

以二乙氨乙基纤维素-淀粉糖苷酶为催化剂，并悬浮于30%的淀粉溶液中，在55℃搅拌下水解，可定量连续地得到葡萄糖溶液，经连续运转3～4星期活性无甚大变化。

以固定化葡萄糖异构化酶为催化剂，由葡萄糖异构化制得转化糖，成本较低。

4)合成化学上的应用

6-氨基青霉素酸是生产多种青霉素的原料。将青霉素胺酶结合在用2,4-二氯-6-羧甲氨基-S-三氮嗪(三聚氰酸衍生物)活化的二乙氨乙基纤维素，以此分解苄基青霉素得到6-氨基青霉素酸。

以羧甲基纤维素-核糖核酸酶为催化剂，可以合成以往很难合成的三核苷酸的UAA,UAG,UGA等。它们是生物合成蛋白质的末端密码。固定化核糖核酸酶容易离心分离，并继续再使用。

5)酶电极

酶法分析能定量地测定某些极微量的特定物质，灵敏度通常可达 10^{-10}g，而且具有特效性。在分析液中混有多种不同类型物质时，酶能测出其中某一特定物质的量，而不受干扰。使用包埋于交联丙烯酰胺凝胶中的酶，能自动分析被氧化的物质。如使用固定化葡萄糖氧化酶可以定量葡萄糖，从而发明了不用指示剂而灵敏度高的酶电极。在高灵敏度的氧电极上，覆盖上一层厚度为 20～50 μm，包埋有葡萄糖氧化酶的凝胶层，以此与生物组织液接触，则氧与葡萄糖扩散进入固定化酶层中。随着反应的进行，氧浓度降低，从而可测知葡萄糖的浓度。

葡萄糖$+O_2\rightarrow$葡萄糖酸$+H_2O$

也可用酶电极定量地测定尿素，在对 NH_4^+ 灵敏的正离子性玻璃电极上，制成包埋有尿酶的交联聚丙烯酰胺凝胶薄层，扩散至含酶凝胶中的尿素转变为 HCO_3^- 和 NH_4^-。由此可测知尿的浓度，如以 L-氨基酸氧化酶代替尿酶，则可分析 L-氨基酸的浓度。

7.3 生物膜传感器

7.3.1 引　言

我们的时代正进入一个崭新的信息时代，各种功能的电子计算机正不断地涌现，并向超微小型化和超高密度化发展。与此同时对传感器的要求也越来越高，需求量也越来越大。

研究与开发传感器，实际上是“使感觉人造化”的研究。近年来，对传感器的研究已取得十分明显的进展，从光传感器到影像传感器，从压力传感器到触觉传感器。目前正进入高级阶段，如对听觉、视觉、触觉、味觉、嗅觉等研究都取得较大的进展。

在感觉人造化的进程中，已研究多种类型的传感器，生物膜传感器是其中很有成效的一种。所谓膜传感器（Membrane Sensor）是一种借助中空纤维膜（或其它形式的膜）的特异功能来传递或转换各种信息，并以一定信号显示的器件。测定 pH 用的玻璃电极，就是最早开发的一种膜传感器。生物膜传感器，顾名思义是由生物物质固定化膜和电极构成的一种传感器。

7.3.2 生物膜传感器的原理

生物膜一般具有信息传递、物质输送、能量转换等多种功能。如能模仿这类生物膜的功能制成人造膜，由此制成的生物膜传感器将具有广泛的用途。制造这类人造膜的最好办法是，采用能严格区分和识别化学物质的生物物质，并把它固定在高分子膜上，即可制造具有识别分子功能的膜。

膜对化学物质的识别一般是通过与该物质的化学反应，从而产生新的化学物质或产生热变化，再把这些变化的信息转换成人们能够识别的信息，通常采用转换器以便把化学信息转换成电信息或其它信息。因此传感器应由具有识别分子功能的人造膜和转换器有机地组合起来。

不同的生物功能膜材料具有不同的识别方式，如何把这些不同的识别结果转化成可测量的信息呢？主要可通过如下手段进行测量：当产生化学反应、并产生电极活性物质时，如在电极存在下容易反应或感应的物质，一般可采用电极或半导体进行检测；当在膜上形成复合体时，可采用电极等根据荷电密度的变化而监测；在产生化学反应或形成复合体时，常伴随热的变化，可使用热计测器件进行监测；有些化学反应或生成复合体时同时伴有发光反应，则可采用光度计进行监测；此外，在发生反应的同时，常伴有声波、微波或激光的产生，这些也可通过相应的监测器进行测定。

综上所述，生物膜传感器是由生物膜与物理化学器件构成的，应用最广泛的器件是电极。电极型生物传感器在工作时，可把化学物质的转换以电讯号的形式表现出来，然后用电极及时测量出。电讯号的测量一般有电位分析法和电流分析法两种。电位分析法所用电极有氢离子电极、二氧化碳电极、铵离子电极、氨气体电极等；电流分析法用氧电极或过氧化氢电极。

7.3.3 生物传感器的应用

1. 酶膜传感器

酶膜传感器是由酶固定化膜和电极构成。最早的酶膜传感器是把葡萄糖氧化酶包埋在聚丙烯酰胺凝胶膜中，然后把它安装在氧电极上制成传感器。当把该传感器插入含葡萄糖的溶液中，扩散到酶膜上的葡萄糖($C_6H_{12}O_6$)，因葡萄糖氧化酶的作用而被氧化成葡糖酸内酯($C_6H_{10}O_6$)和过氧化氢，氧的消耗量可用氧电极测知，葡萄糖含量越高，耗氧量越大，电极上的电流值也越小，由电流值可直接测知葡萄糖的浓度。同样地，可测知过氧化氢而确定葡萄糖的含量。

同理，可用电流分析法测定下列物质的浓度：半乳糖、乳糖、麦芽糖、蔗糖、酒精、苯酚、丙酮酸、尿酸、L-氨基酸、单胺、磷脂、无机离子等。

利用电位分析法可以测定尿素、L-氨基酸、中性脂、青霉素、扁桃甙、肌酸酐和无机离子的含量。

2. 微生物膜传感器

以微生物代替酶识别分子的传感器，称为微生物传感器。它是以微生物的代谢功能等为指标的识别和计测化学物质的器件。微生物传感器的监测方式有两种，即以呼吸活性的变化监控、或以代谢产物的生成量监控。

测定呼吸活性的变化监控器由好气型微生物固定膜和薄膜氧电极组成。可用以计测乙酸、亚硝酸、甲醇、乙醇、甲烷、氨、二氧化氮、制真菌素、致癌物、引起代谢糖、葡萄糖、生物耗氧量(BOD)等。

计测代谢产物的传感器,通常采用计测生物耗氧量的传感器,它由微生物固定化膜和计测代谢产物的电极构成。由微生物生成的代谢产物中有氢、蚁酸、还原型增强酶、有机酸、二氧化碳等。该传感器可用以测定谷酰胺酸、赖氨酸、精氨酸、烟碱酸、天冬酰胺酸、头孢菌素、维生素 B_1 等。

此外,还开发了一次进行鉴别变异原和致癌物质的微生物传感器,同时开发了具有微生物功能和酶功能的混合型传感器。

7.4 医疗用水和高分子药物及其释放送达体系

7.4.1 医疗用水

在医院中有多种原因造成患者的感染,医疗用水的洁净度也是造成感染的原因之一。根据使用目的和要求,医疗用水大致可分为普通水、精制水(脱盐水)、灭菌精制水(灭菌脱盐水)和注射用水等四类。

1. 普通水

一般指自来水和井水,只能作为一般的洗涤用水。它含有氯等杂质,不能用于药剂制作。否则将使制剂产生异味、混浊和沉淀。

2. 精制水

普通水经过滤、精馏或离子交换等处理,使水脱盐软化即为精制水,可用于制剂和试液的配制,但不能用作注射水。

3. 灭菌精制水

精制水经灭菌后即为无菌精制水。它在医疗用水中占有重要地位,可用于眼药水等的配制。但它含有热源,所以不能用作注射水。

灭菌精制水通常可采取如下几种方法进行制造:

(1)煮沸法:虽可灭菌,但不能除去细菌尸体、发热物质、有机物质和盐类。

(2)精馏法:可获得无菌的高纯度水。

(3)微滤法:把预过滤柱、活性碳吸附柱、离子交换柱、微孔膜过滤器等组合,可制得无菌的纯水。

(4)紫外线杀菌法:紫外线杀菌效率较低,且紫外线易被水垢污染,而降低杀菌效率。和煮沸法一样,也存在细菌尸体、纯度和发热物质的问题。

(5)反渗透法:能除去水中的可溶性金属盐、有机物质、胶体粒子、细菌和发热物质等,可获得无菌的高纯度水。反渗透法生产的无菌精制水得到很多国家的公认。在美国1975年的药典中,进一步确认反渗透法生产的灭菌精制水可以用于注射用水。

4. 注射用水

注射用水必须满足以下要求:无菌检验时不能存在好气性菌、嫌气性菌、立克次氏体、真菌类、酵母菌、霉菌、病毒等物质;纯度必须达到精制水以上的标准,不能含有有机物质、无机盐类、胶体物和溶解性气体等物质;发热物质试验合格。

一般采用反渗透-活性炭-离子交换-超过滤组合技术制备注射用水。反渗透可使用醋酸纤维素膜,超滤可采用聚砜或聚丙烯腈膜。

7.4.2 高分子药物

普通药物多为有机化合物。它虽有较好的疗效，但也存在一系列缺点：在刚进药的短时间内，血液中药剂浓度远大于治疗所需浓度，但它在体内的代谢速度快，随着时间的推移，药剂很快降至治疗浓度以下而影响疗效；过高的药剂浓度常伴有过敏、急性中毒或副作用，故在发病期间必须频繁服药；普通药物进入人体某指定部位缺乏选择性，这也是使用药剂量增加，疗效较低的原因之一。

为克服普通药物的上述缺点，近年来对高分子药物的研究引起了广泛的兴趣。研究方向主要在于使药物可控制释放、持久释放、以及可把药物送达体内的特定部位。这样可降低用药总剂量，避免频繁服药，在体内保持恒定药物浓度，使药物的药理活性持久，提高疗效。

高分子药物大体可分为药理活性高分子药物和高分子载体药物两大类：

1. *药理活性高分子药物*

它只有整个高分子链才显示出医药活性，而它们相应的低分子模型化合物或低聚体却无药理活性。它是以低分子药物作为侧基连接在高分子骨架上的药物，也可通过聚合反应制得在主链中含有低分子药物链节的高分子药物。

相对分子质量大于 30 000 的聚 2-乙烯-N-氧吡啶是具有药理活性的高分子药物。对预防或治疗急、慢性矽肺有一定疗效。但其低聚物或低分子模型化合物异丙基-N-氧吡啶却完全没有药理活性。这是由于特殊的高分子效应在起作用。又如天然肝素(Heparin)含有$-SO_3^-$、$-NHSO_3^-$和$-COO^-$功能基，是一种多糖物质，它与血液有良好的相容性，具有优异的抗凝血性。模拟它的化学结构，合成含有这三种功能基的共聚物，也有较好的抗凝血性能。其他尚有聚肌胞、合成血浆、抗肿瘤、合成激素、抗结核剂、杀菌剂等具有药理活性的高分子药物。

2. 高分子载体药物

把一些低分子药物通过共价键结合在无药理活性的、水溶性的高分子载体上，或以离子交换、包埋、吸附等形式形成的高分子药物。高分子载体药物具有如下一系列优点：能控制药物的释放速度，有良好的治疗效果，并具有长效、稳定性良好、副作用小、毒性低等优点；载体能把药物输送到体内确定的部位，并能识别异状细胞，具有一定的选择性；药物释放后的高分子载体本身无毒，不会在体内长时间累积，可排出体外或经水解后被吸收。

如在聚乙烯醇-乙烯胺的共聚物上接上青霉素 G 侧基，它的药理活性比低分子青霉素 G 大 30～40 倍。同时提高了抗青霉素水解酶的能力，提高了稳定性。把一些维生素、抗癌药物、环磷酰胺、甲状腺素、吗啡等连在高分子骨架上，都可制成高分子载体药物。

7.4.3 高分子药物的释放和送达体系

所谓药物的释放和送达体系，就是将具有药理活性的分子与天然的或合成高分子载体结合或复合，在进入人体后，在不降低原来药效和抑制副作用的情况下，以适当的浓度和持续时间，导向和聚集到患病的器官、脏器或细胞部位，以充分发挥原来药物疗效的体系。药物释放体系基本可分为时间控制和部位控制两种类型，以及两者结合起来的“智能”型释放体系。

1. 时间控制型释放体系

又可分为零级释放和脉冲释放两种。所谓零级释放是单位时间内的恒量释放，即长期有效地维持一定的药物浓度。如把药物包埋于微胶囊中，可选择膜材料和控制膜的孔径，以控制药物的释放速度，达到体内有一定的药物浓度，也可使用降解性高分子与药物共混。药物的释放速度决定于基体高分子的溶解或降解速度。

脉冲释放是按需要的非恒量的释放体系，它因 pH 值、热、磁、某些化学物质等环境因素的变化而改变释放速度。如利用聚 N-烷基代丙烯酰胺相变的温度依赖性，在病人发烧时按需释放药物；还可利用对某些化学物质的敏感性，而引致的聚合物相变或构象变化，来改变药物的释放速度。

2. 部位控制型送达体系

部位控制送达体系能使药物集中在特定的脏器、病患部位、特定的受体，以及细胞膜的特定部位以发挥有效的生理活性。它可通过生理活性物质的专一性导向，或靠物理(如磁、热等)导向而加以控制。该体系一般由药物、载体以及特定部位识别分子(制导部分)所组成。要求该体系的生物相容性良好、抗原性低，同时要求药物在发挥药理活性前不分解，能在目标部位富集，最好能被细胞所吞噬，然后被溶菌体分解释出。

3."智能"型药物送达释放体系

如把时间控制和部位控制完美地结合起来，就能使药物在所定部位、所定时间、以所定剂量释放，这种释放体系堪称智能型释放体系。

7.5 高分子食品添加剂

7.5.1 引 言

在食品加工过程，为增加食品的色泽、味道，并延长食品的保存期，常在食品中加入各种色素、甜味剂、抗氧防腐剂等。

为保证食品的安全、美观和风味，对食品添加剂应有如下要求：

(1)优良的化学稳定性：在处理、运输、储存中不受光、热的影响，在消化道内不受酶和微生物的影响。一般而论，烃类骨架聚合物在食品处理和食用条件下较稳定。

(2)有一定溶解性能：有一定溶解性能可保证添加剂能均匀地分散在食品中，并提高食品的外观性能。如甜味剂要求具有水溶性；用于油和脂肪的食品抗氧剂，应加入一定量的亲脂性基团，以增加脂溶性。

(3)有较好的相容性和混合性。

(4)不影响食品的风味和外观，没有令人不快的气味和颜色。

(5)有足够大的相对分子质量：大的相对分子质量可保证添加剂不被消化道所吸收，只能随其它废物排出体外。相对分子质量一般要求在 10 000 以上，并要求相对分子质量分布较窄，以最大限度地减少能被人体吸收的低分子组分。

7.5.2 食品色素

一些有色材料常作为着色剂而被加入食品中，该材料被称为食品色素。不少低分子色素往往对身体有不利的影响，合成高分子色素受到重视就是理所当然了。

高分子色素的制备方法一般有：(1)通过接枝方法把低分子色素引入高分子骨架上；(2)在小分子色素中引入可聚合基团，再利用聚合反应制成高分子色素。高分子色素因不能被肠道所吸收，故对人体无害。为提高高分子色素的水溶性，常在高分子骨架上引入亲水基团。

偶氮苯是一类具有鲜明颜色的低分子化合物，但它具有对人体不利的生物活性，是潜在的致癌物质。一种偶氮型色素在引入甲基丙烯酰基作为聚合基团，经聚合后为橘红色的高分子色素。经高分子化的色素即不能被人体所吸收。

其他如蒽醌、蒽吡啶、蒽吡啶酮、苯并蒽酮、硝基苯胺、二苯甲基衍生物等低分子色素等，都可通过高分子化后制成食品色素。

7.5.3 高分子非营养性甜味剂

人们食用的天然糖类甜味剂数量充足，种类繁多。但这种甜味剂作为人体的一种主要营养成分，参与人体的代谢过程，被人体吸收后易成为脂肪而被积累，是造成肥胖症的因素之一；而且食糖也是造成龋齿的重要因素之一；还会加重糖尿病人症状，造成严重后果。在合成的甜味剂中，有一些不参与人体代谢、没有营养成分的合成(或某些天然)化合物，被称之为非营养甜味剂。但其中还有不少能被人体吸收，造成不利的生理影响。如果把这类甜味剂高分子化，既可保留甜味成分，又能克服其不利的影响。如把一种高效甜味剂通过共价键键合到琼脂糖衍生物上，即可制成高分子化的甜味剂。

与此相反，作为家禽或家畜的饲料，则希望饲料能被完全吸收，以发挥出饲料的最大作用。如在饲料中加入某些高分子添加剂，如加入0.01%～0.05%的聚乙烯基吡咯烷酮，即可提高饲料利用率，显著提高家禽、家畜对饲料的吸收，加快增重速度。

7.5.4 高分子食品抗氧化剂

食品容易因氧化而改变风味，引起质量下降，特别是食用油或脂肪食品更是如此。许多酚类化合物被用作食品抗氧化剂，但其中多数小分子酚类化合物易被人体吸收，或有副作用，或因易挥发而失去抗氧化作用。高分子抗氧化剂属非挥发性物质，可长期保存其抗氧化性；大分子的非吸收性，可避免对人体产生不利的影响，以保证高分子化后仍有足够的抗氧化性。

7.6　农用高分子活性材料

7.6.1　引　言

塑料薄膜与管材等高分子材料在农业上的应用早已为人们所熟知,它为以增产为目的的农业绿色革命起了重要作用。随着人口的增长,环境问题的日益严重,对农用高分子材料的要求也日益提高。

农药和化肥在农业上的应用、对农业的发展作出重大的贡献,但大量化学药品无节制的使用也给生态环境造成很大破坏。据统计,目前的施用技术和气候条件下,农业施用的化学药品大约有90%被流失或挥发掉,仅有10%起到作用,其浪费和对环境造成的污染是可想而知的。因此,利用功能高分子控制释放技术、提高农用化学品的施用效率是急需解决的重要课题。

利用生物活性物质与高分子材料相结合,是实现农用化学品控制释放的主要途径。一般可通过物理方法或化学方法两种途径进行结合。

1. *物理方法*

主要使用有释放作用的高分子材料,对农用化学品加工处理,通过高分子材料的缓释和保护作用实现控制释放。具体处理如下:

(1)把生物活性物质包埋在多孔型的中空纤维或微胶囊中,活性物质通过中空纤维或微胶囊的微孔进行控制释放。扩散速率可按费克(Fick)扩散定律进行计算:

$$R_{\mathrm{d}} = \frac{\mathrm{d}M}{\mathrm{d}t} = \frac{A}{h}D(C_{\mathrm{s}} - kC_{\mathrm{e}})$$

式中：R_d——活性物质的扩散速率；

A——中空纤维或微胶囊的表面积；

h——厚度；

D——活性物质在纤维壁的扩散系数；

C_s、C_e——活性物质在高聚物中的饱和溶解度和在环境中的浓度；

k——活性物质在聚合物中和周围环境中的分散系数。

(2)把活性物质分散或溶解在聚合物中，活性物质的释放主要通过聚合物的降解和腐蚀，其释放速率可按下式粗略地估算：

$$R_r = \frac{dM}{dt} = kC_0A$$

式中：R_r——释放速度；

k——聚合物的降解腐蚀常数；

C_0——活性物质在聚合物中的含量；

A——聚合物的表面积。

2. 化学方法

使活性物质通过化学键与天然或合成高分子结合而成。也有两种结合方法：一种是通过接枝方法，把活性物质结合到聚合物骨架上；另一种是在活性物质中引入可聚合基团，再通过聚合而制成高分子活性物质。化学法制成的高分子生物活性物质的释放速率受高分子的降解速率控制，并与聚合物的结构和环境条件有关。

7.6.2 肥料的高分子化

化肥为植物提供养分，并促使其生长，是重要的农用化工产品。常用的化肥多是水溶性的，有些在常温下易挥发，因此大部分没有起到作用而白白流失。尤其是氮肥的流失现象(与磷、钾肥相比)更严重。氮肥通常以硝酸盐和铵的形式存在，在土壤中很不稳定，容易流失或挥发，对氮肥的控制释放更为重要，同样可通过物理或化学方法加以控制。

1. 物理方法

把化肥包埋于中空纤维膜或微胶囊中，化肥的控制释放可通过化肥的扩散透过；或通过膜的降解释放。

2. 化学方法

通过化肥的高分子化；或制成低水溶性化肥可达到控制化肥的释放速度，以提高化肥的利用率。如亚异丁基二脲或甲醛和尿素的缩合物，吸水性较低，肥效的持续时间长。

控制释放化肥使肥效持续时间明显延长，可减少施肥次数和施用量，提高化肥的利用率，同时降低成本和对环境的污染。

7.6.3 高分子除草剂

杂草能与栽种植物争夺营养、水分和阳光，除草一直是农业的主要任务之一。除草剂对杂草有触杀作用，而对农作物无害或损害程度很小，以达到除草的目的。为在一个较长时间内防止杂草的生长，需大剂量地多次使用除草剂，也同样存在大多数除草剂未被充分利用，而又污染环境的问题。除草剂的高分子化能降低毒副作用，降低使用次数和剂量，延长有效期，使除草剂更理想。

除草剂高分子化的方法主要有两种：一种是把高效除草剂键接到高聚物上；另一种是先在除草剂引入可聚合基团，再进行聚合反应而获得高分子除草剂。前者除草剂有效成分的释放是通过离子交换反应来控制，其制造过程较简单，稳定性好，但引入大量无生物活性的骨架，使除草剂的有效密度较低，从而增大了药剂的使用量，有效成分释放后留下的高聚物对环境造成一定污染。后一种除草剂有效成分的释放由聚合物的降解速度控制，主要降解过程为水解反应或光降解，改变除草剂的亲水成分可在一定程度上控制降解速度。该除草剂的活性密度较高,残留物质较少,但合成过程较复杂。

为减少高分子除草剂残余高聚物造成的二次污染,应尽可能采用可生物降解的高聚物,如纤维素或淀粉的衍生物等;此外,还可以使用含氮元素(如硝基或氨基)较多的聚合物,聚合物降解后释放出的含氮物质可作为肥料被植物吸收,起到除草兼化肥的双重功能;还可把除草剂结合到吸水性树脂上,除草活性成分释放后,留下的树脂可作为保水剂,作为沙质土壤的改良特别合适。

7.6.4 灭螺剂

血吸虫病是一种以钉螺为宿主、传播广泛的疾病。防治血吸虫病的主要手段是消灭钉螺。但是,消灭钉螺需大量使用灭螺剂,其中绝大部分未被利用而流失,严重影响环境。人们主要从两方面入手以解决上述缺点:一种是研究对人和动物无毒或低毒的灭螺剂,如生物制剂,但其有效时间短、使用次数多、施用量很大,费用昂贵限制了它的发展;另一种是使灭螺剂高分子化,使灭螺剂的活性成分达到控制释放,它既延长有效作用时间,减少使用量,又降低对环境污染的程度。如果把钉螺吸引剂同时加入高分子灭螺剂中,则可明显提高灭螺效果。

商品名为 Baylucide(2,5-二氯-4-硝基水杨酰苯胺)是一种较好的灭螺剂,通过高分子化后,可明显减少其对环境的影响程度。

参考文献

[1] 王庆瑞,刘兆峰,关桂荷．高技术纤维．中国石化总公司继续工程教育系列教材,1997

[2] 王学松．膜分离技术及其应用．科学出版社,1994

[3] 赵文之,王亦军．功能高分子材料化学．化学工业出版社,1996

[4] 王国建,王公善．功能高分子．同济大学出版社,1996

[5] 施良和,胡汉杰．高分子科学的今天与明天．化学工业出版社,1994

第8章 甲壳质与壳聚糖纤维

8.1 前 言

甲壳质纤维(Chitin Fiber)和壳聚糖纤维(Chitosan Fiber)是用甲壳质或壳聚糖溶液纺制而成的纤维，是继纤维素纤维之后的又一种天然高聚物纤维。

甲壳质(Chitin)是由虾、蟹、昆虫的外壳及菌类、藻类的细胞壁中提炼出的一种天然生物高聚物。壳聚糖(Chitosan)是甲壳质经浓碱处理后脱去乙酰基的产物。

在自然界中，甲壳质的年生物合成量在1 000亿t以上，是一种仅次于纤维素的蕴藏量极为丰富的有机再生资源。

自从1811年法国人Braconnot发现甲壳质，1859年，Roughet发现壳聚糖以后，世界各国的科学家对甲壳质与壳聚糖的结构、性质，包括它们的生物医药特性等开展了多方面的研究，至本世纪60年代，有关甲壳质、壳聚糖及其衍生物的研究更是日趋活跃。1977年，在美国召开了有关甲壳质、壳聚糖开发研究的第一次国际学术会议，至1994年已相继在日本、意大利、挪威、美国、波兰等国家召开了6次国际科学讨论会及区域性多次产业与商贸研讨会，发表了许多有关甲壳质的研究和应用论文。迄今，对甲壳质的研究已形成了一门独立的学科——甲壳质化学，并成为当今世界七大前沿学科领域之一。

因为甲壳质与壳聚糖的溶液具有优良的可纺性，故早在1926

年 Von Weimarn 就提出可溶解甲壳质的盐类的溶解能力为：

$$LiCNS > Ca(CNS)_2 > CaI_2 > CaBr_2 > CaCl_2$$

并考虑用甲壳质纺制纤维。1936 年，G. W. Rigby 得到了用于生产壳聚糖及从壳聚糖生产薄膜和纤维的专利。1939 年，C. J. B. Thor 首先提出用磺酸盐法制造甲壳质纤维。1960 年，Nogushi、Tokura 和 Nishi 用类似于 Thor 和 Henderson 的磺酸盐法制备甲壳质纤维，凝固浴成份是硫酸 10%、硫酸钠 25%，及硫酸锌 1%，用乙酸作拉伸浴。所得纤维干强 1.03～0.79cN/dtex，干伸 11.2%～39%，湿强和湿伸都比较差。这些用磺酸化的衍生物制备的甲壳质纤维，干湿强度均未达到实用化的标准。

1975 年，P. R. Austin 建议用有机溶剂来直接溶解甲壳质制备纺丝溶液。K. Kifune 及其合作者采用三氯乙酸和二氯甲烷作为甲壳质溶剂，纺得纤维干强可达 1.47～2.73 cN/dtex。1976 年，R. C. Capozza 提出用六氟异丙醇作甲壳质的溶剂，采用干纺法纺制纤维。Tokura、Nishi 和 Noguchi 用甲酸、二氯乙酸和异丙醚作甲壳质的混合溶剂，采用不同凝固浴体系纺制甲壳质纤维。由于三氯乙酸和二氯乙酸有腐蚀性且使聚合物降解，含氯烃将污染环境，六氟异丙醇和六氟丙酮有毒性，所以研究者们只能重新寻找新的溶剂体系。1977 年，Rutherford 和 Austin 建议用二甲基乙酰胺(DMAc)-氯化锂(LiCl)或 N-甲基吡咯烷酮(NMP)-LiCl 体系作甲壳质的溶剂，用丙酮作凝固浴进行湿法纺丝。1980 年，日本吴羽化学工业公司的小杉淳一以甲壳质为基料制成纤维而获得发明专利。同年大日精化工业公司的山南隆德也报导了类似的甲壳质纤维成形技术。1983 年，日本 Unitika 公司用 DMF-LiCl 为溶剂纺制了甲壳质纤维，强度达 3.35 cN/dtex。在这以后，Unitika 公司陆续发表了不少有关甲壳质纺丝方面的专利。1989 年，苏联学者用 DMAc/NMP-LiCl 混合体系来制备甲壳质纺丝溶液，用乙醇：1，2-亚乙基二醇＝50：50 作凝固浴。Kifune 等分别于 1987 年、1990

年发表专利介绍用 NMP-LiCl 或 DMAc-LiCl 配制甲壳质纺丝溶液，以乙醇作凝固浴进行湿法纺丝。

经研究证实，甲壳质与壳聚糖纤维不但具有良好的物理机械性能，而且具有优良的生物活性。该纤维无毒性，具有能被人体内溶菌酶降解而被人体完全吸收的生物可降解性；该纤维对人体的免疫抗原性小，且具有消炎、止痛及促进伤口愈合等生物活性，引起了医学界的瞩目。K. Koji 等于 1982 年报导了用蟹壳甲壳质粉为原料纺制成的甲壳质单纤维捻制成外科用可吸收手术缝合线，其质量完全符合日本药典标准。同年，日本专利昭 57-16999 提出了医用甲壳质纤维纸的制造工艺。1983 年，日本专利昭 58-183169 报导了用雪蟹壳甲壳质纺制成甲壳质纤维加工成可吸收外科手术缝合线的工艺等等。近年来，我国山东威海用壳聚糖试制人造皮肤获初步成效。

我国早在《神农本草经》、《本草纲目》、《食疗本草》等古文献中，都明确记载甲壳质具有攻毒、散风活血、通脉消肿、止血生肌等功能。50 年代我国对甲壳质的制备和应用进行了小规模的研究，并有产品问世，将壳聚糖作为涂料印花的成膜剂，代替阿克拉明应用于印染工业。

70 年代以来，我国甲壳质理论研究和应用开发工作取得了飞速进步，涉及的行业有医药、卫生、食品、化妆、化工、环保、纺织、轻工、农林、渔业、生物等领域，发表的成果超过 400 件，其中包括综述文章、化学、质量分析研究，药理和毒理学研究，制剂学研究，临床医学研究等。药理和毒理研究比较有深度，临床医学研究比较全面，疗效显著，这对今后甲壳质产品开发是十分有帮助的。近几年又用于无甲醛织物整理，印染工业普遍使用的“707”、“750”BF、“605”FD 等粘合剂均含有壳聚糖成份，其它作为絮凝剂、烟草粘合剂也得到广泛的应用。山东“威海生物材料有限公司”研制的人造皮(Chimeherb)“奇美好”，由壳聚糖、角朊乙酸盐、中草药构成，在不同类型烧伤创面上应用,取得了比较满意的效果。青岛海洋大学用壳聚糖配以明胶制造可吸收止血海绵,已批量上市。

江苏无锡、陕西咸阳有单位用壳聚糖及胶原为原料制造可吸收手术缝合线并已商品化。中国纺织大学与上海昆虫研究所、长征医院联合开发用从蚕蛹中提炼制取的甲壳质制成的可吸收医用缝合线,已于1992年通过专家鉴定,国家医药管理局批准试生产。中国纺织大学采用市售虾蟹壳甲壳质纺制成纤维并进一步加工成的甲壳质非织造布医用敷料已于1993年通过上海市科委鉴定,并于1994年经上海市医药管理局批准试生产。

此外甲壳质与壳聚糖纤维还可用于净水、环保等行业。具有50～80 nm直径的壳聚糖纤维,可除去水中的氯臭而净化自来水。含有2%壳聚糖纤维的天然或再生纤维素复合物可以生物降解,在深埋5 cm地下,经3个月就可以被土壤中的有机体彻底分解。

除了甲壳质与壳聚糖能纺制成纤维,甲壳质的衍生物也能制成纤维。例如各种醚化和酯化甲壳质,包括羧甲基甲壳质、羟乙基甲壳质、乙醚化甲壳质、磺化甲壳质等。

8.2 甲壳质与壳聚糖的结构简介

甲壳质又称甲壳素、壳质、几丁质,是一种带正电荷的天然多糖高聚物。它是由2-乙酰胺基-2-脱氧-D-葡萄糖通过β-(1→4)糖甙连接起来的直链多糖,它的化学名称是(1-4)-2-乙酰胺基-2-脱氧-β-D-葡聚糖,或简称聚乙酰胺基葡糖。

壳聚糖是甲壳质大分子脱去乙酰基的产物,故又称脱乙酰甲壳质、可溶性甲壳质、甲壳胺。它的化学名称是(1-4)-2-脱氧-β-D-葡聚糖,或简称聚氨基葡糖。经计算壳聚糖的理论含氮量为8.7%,而目前壳聚糖成品的含氮量仅在7%左右,说明产品壳聚糖分子中尚有相当一部分乙酰基未脱除。壳聚糖的乙酰度一般可用甲壳质分子中脱除乙酰基的链节数占总链节数的百分数来表示。凡是脱乙酰度在70%以上时即称壳聚糖。正是由于壳聚糖大分子中大量氨基的存在,才使壳聚糖的溶解性能大为改善,化学性质也较活泼。

甲壳质、壳聚糖与纤维素有相似的结构,它们可以看作是纤维素大分子中碳 2 位上的羟基(—OH)被乙酰胺基(—$NHCOCH_3$)或氨基(—NH_2)取代后的产物。它们的化学结构如下(图 8-1):

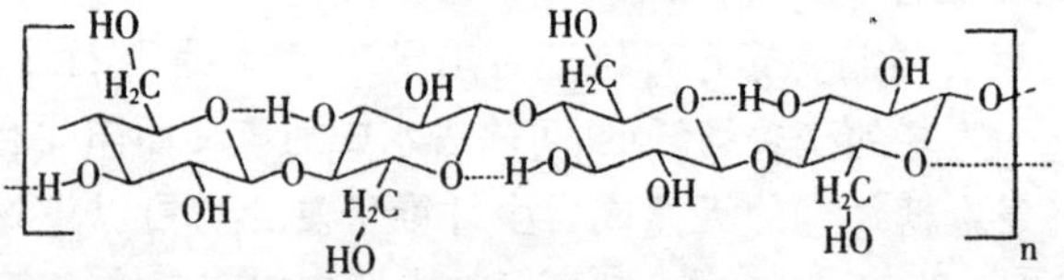

纤维素

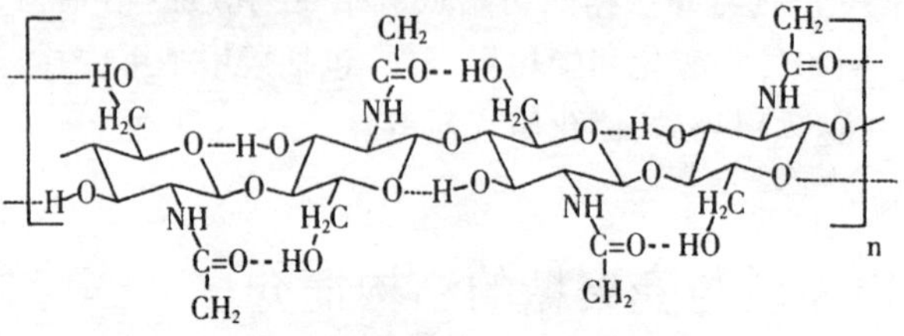

甲壳质

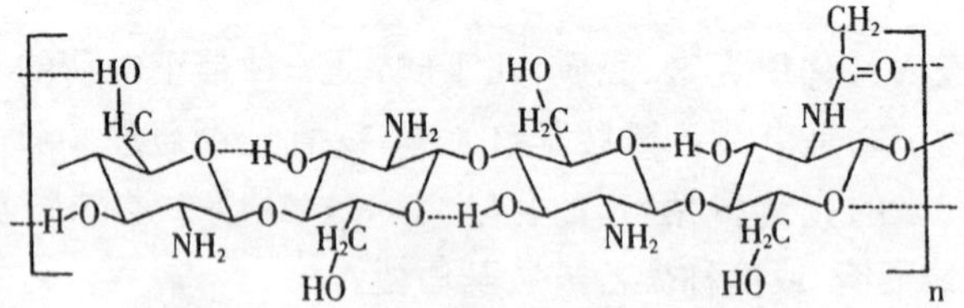

壳聚糖

图 8-1 纤维素、甲壳质、壳聚糖的化学结构式

由于甲壳质的分子间存在—O—H……O—型及—N—H……O—型的强氢键作用,使大分子间存在着有序结构。甲壳质在自然

界中是以多晶形态出现的，其结晶形态有三种，即 α、β、γ。其中 α-甲壳质存在于虾、蟹、昆虫等甲壳纲生物及真菌中，其结晶结构最稳定，在自然界中的藏量也最丰富；β-甲壳质存在于鱿鱼骨、海洋硅藻中，在其 β-结晶中含有结晶水，故其结构稳定性较差；γ-甲壳质很少见，可在甲虫的茧中发现。α-甲壳质结晶中分子链呈平行排列，形成堆砌紧密的结晶形态。β-甲壳质中分子链呈平行排列，分子堆砌密度低于 α-甲壳质，并且在 β-结晶中存在着结晶水，因而其结构稳定性差，可以通过溶胀或溶解再沉淀转变成 α-甲壳质。γ-甲壳质结晶中每两条平等排列的分子链存在一条平行排列的分子链。

8.3 甲壳质与壳聚糖的制备

一般来讲，从虾、蟹壳中提取甲壳质比较方便。虾、蟹壳主要由三种物质组成，即以碳酸钙为主的无机盐、蛋白质和甲壳质，另外，还有痕量的虾红素或虾青素等色素。虾、蟹壳中甲壳质的含量一般为 15%～25%，从虾蟹壳制备甲壳质主要由两部分工艺组成，第一步用稀盐酸脱除碳酸钙；第二步用热稀碱脱除蛋白质，再经脱色处理便可得甲壳质。甲壳质再用浓碱处理脱去乙酰基后，即得壳聚糖。它们的制备工艺流程如图 8-2。即把原料虾、蟹壳用水洗净后用 1 mol/L HCl 在室温下浸渍 24 h，使甲壳中所含的碳酸钙转化为氯化钙溶解除去，经脱钙的甲壳水洗后在 3%～4%NaOH 中煮沸 4～6 h，除去蛋白质，得粗品甲壳质。把粗品甲壳质在 0.5%高锰酸钾中搅拌浸渍 1 h，水洗后在 1%草酸中于 60℃～70℃搅拌 30～40 min 脱色，再经充分水洗、干燥后即得白色纯甲壳质成品。

上法制得的粗品甲壳质用 50%NaOH 于 140℃加热 1 h 得白色沉淀，水洗干燥后即为壳聚糖成品。

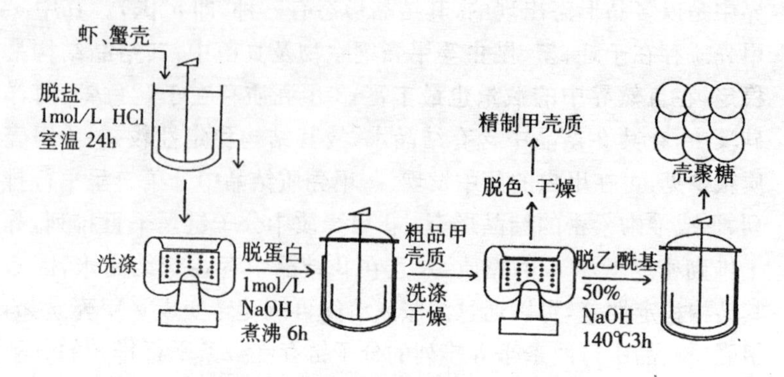

图 8-2　甲壳质与壳聚糖制备工艺流程

8.4　甲壳质与壳聚糖纤维的成形

目前较普遍采用的纺制甲壳质或壳聚糖纤维的方法是湿法纺丝法。把甲壳质或壳聚糖先溶解在合适的溶剂中配制成一定浓度的纺丝原液，经过滤脱泡后，用压力把原液从喷丝头的小孔中呈细流状喷入凝固浴槽中，在凝固浴中凝固成固态纤维，再经拉伸、洗涤、干燥等后处理就得到甲壳质或壳聚糖纤维。其主要工艺流程如图 8-3 所示。

K. Koji 等报导的甲壳质纤维生产工艺是：取 3 份甲壳质粉，溶解在 5℃的 50 份三氯乙酸和 50 份二氯甲烷的混合溶剂中配成甲壳质纺丝浆液，用 1 480 目不锈钢网过滤，再抽真空脱泡。纺丝时第一凝固浴用 14℃丙酮，喷丝头孔径为 0.08 mm，孔数为 48 孔，纺丝速度 10 m/min。为确保纺丝顺利进行，在喷丝头前的输浆管用循环热水加热，以保证甲壳质纺丝浆液的温度为 20℃。凝固后的丝条通过输送带使纤维在无张力状态下引入第二凝固浴(15℃甲醇)，处理时间为 5 min，然后以 9 m/min 的速度卷绕，将绕好的纤维浸在 0.3 g/l KOH 的水溶液中中和 1 h，用无离子水

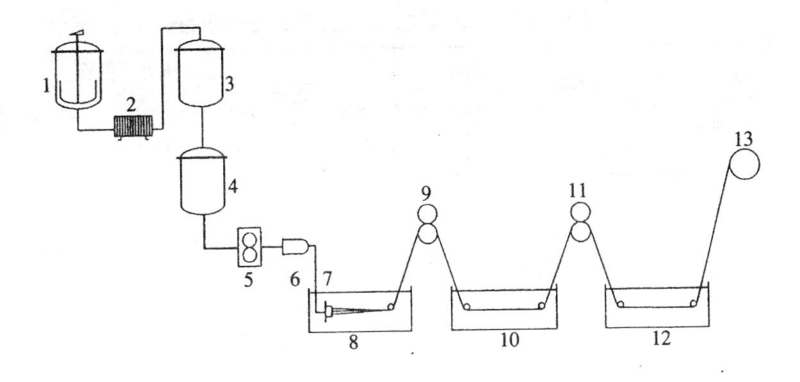

1. 溶解釜； 2. 过滤器； 3. 中间桶； 4. 贮浆桶； 5. 计量泵；
6. 过滤器； 7. 喷丝头； 8. 凝固浴； 9. 受丝辊； 10. 拉伸浴；
11. 拉伸辊；12. 洗涤浴； 13. 卷绕辊

图 8-3 甲壳质与壳聚糖纺丝工艺流程图

洗至中性，干燥后即得甲壳质纤维。

木船紘尔在公开特许公报中提出，将甲壳质在室温下溶解，溶剂是含有氯化锂的二甲基乙酰胺溶液，其比例是 LiCl ∶ DMAc＝1 ∶ 20。甲壳质浓度为 3%，过滤脱泡后即得透明粘稠的纺丝浆液。纺丝凝固浴用异丙醇，凝固后的纤维用无离子水充分洗净，干燥后得甲壳质纤维。

仑桥五男等在公开特许公报中介绍了壳聚糖纤维的制备方法。在搅拌下把壳聚糖溶解在由 5%醋酸水溶液和 1%尿素组成的混合液中，经过滤脱泡后得到浓度为 3.5%，粘度为 1.52 Pa・s 的纺丝浆液。用孔径 0.4 mm、180 孔的喷丝头，将纺丝浆液挤出到室温的凝固浴中，凝固浴为不同浓度的氢氧化钠与乙醇的混合液，凝固的纤维用温水洗涤，按 1.25 倍的伸长率卷绕，在张力状态下，80℃干燥 0.5 h 即得壳聚糖纤维。凝固浴组成对纺丝状态和纤维性质的影响见表 8-1。

表 8-1 凝固浴组成对纺丝状态和纤维性质的影响

试验编号	凝固浴组成		纺丝状态	纤维力学性质		
	氢氧化钠浓度（%）	氢氧化钠水溶液：乙醇（体积比）		线密度（tex）	强力（cN）	伸长率（%）
1	5	90：10	优	0.36	119.7	17.2
2	5	70：30	良	0.37	112.8	15.3
3	5	50：50	良	0.34	117.7	15.5
4	5	30：70	差	—	—	—
5	5	10：90	差	—	—	—
6	10	90：10	优	0.36	107.0	15.9
7	10	70：30	优	0.37	110.9	17.1
8	10	50：50	优	0.36	112.8	16.9
9	10	30：70	良	0.38	105.0	15.6
10	10	10：90	差	—	—	—
11	20	90：10	良	0.34	106.0	15.2
12	20	70：30	优	0.34	111.8	15.8
13	20	50：50	优	0.32	110.9	16.9
14	20	30：70	差	—	—	—
15	20	10：90	差	—	—	—

用甲壳质或壳聚糖制造纤维的工艺还很多，但其主要原理、操作过程是相似的，只是在溶剂、凝固浴的选择、溶解、纺丝及后处理工艺等方面加以调整而已。

除了甲壳质与壳聚糖可以生产纤维外，它们的衍生物也可以生产不同用途的纤维。

甲壳质与壳聚糖纤维可纺制成长丝或短纤维两大类。长丝主要用于捻制或编织成可吸收医用缝合线，切成一定长度的短纤维，经开松、梳理、纺纱、织布制成各种规格的医用纱布。将开松的甲壳质或壳聚糖短纤维经梳理加工成网，再经叠网 、上浆、干燥或用针刺即成医用非织造布。这种纱布或非织造布由于多孔，有良好的透气性和吸水性，透气量为 1 500 $l/m^2 \cdot s$，吸水性为 15%，裁剪成各种规格，经包装消毒，就成为理想的医用敷料。另外，可把甲壳质与壳聚糖短纤维制成各种规格与用途的纤维纸和纤维毡等，用于水和空气的净化。

8.5 主要的性质和指标

8.5.1 外观、色泽及相对分子质量

纯甲壳质和纯壳聚糖都是白色或灰白色半透明的片状或粉状固体，无味、无臭、无毒性，壳聚糖略带珍珠光泽。

生物体中甲壳质的相对分子质量为 100 万～200 万，经提取后甲壳质的相对分子质量约 30 万～70 万，由甲壳质制取壳聚糖的相对分子质量则更低，约 20 万～50 万。生产中甲壳质与壳聚糖相对分子质量的大小一般用它们粘度高低的数值来表示。商品壳聚糖视其用途不同而有三种不同粘度的产品，即高粘度 0.7～1 Pa・s 、中粘度 0.25～0.65 Pa・s、低粘度＜0.25 Pa・s。纺制壳聚糖纤维则必须用高粘度壳聚糖。

8.5.2 化学性质

在一定的条件下，甲壳质与壳聚糖都能发生水解、烷基化、酰基化、羧甲基化、磺化、硝化、卤化、氧化、还原、缩合、络合等化学反应，从而生成各种具有不同性能的甲壳质衍生物，扩大了甲壳质的应用范围，见图 8-4 和表 8-2。

甲壳质与壳聚糖分子中有活泼的羟基和氨基，具有强的化学反应能力。在碱性条件下 C-6 上的羟基可以发生如下反应：

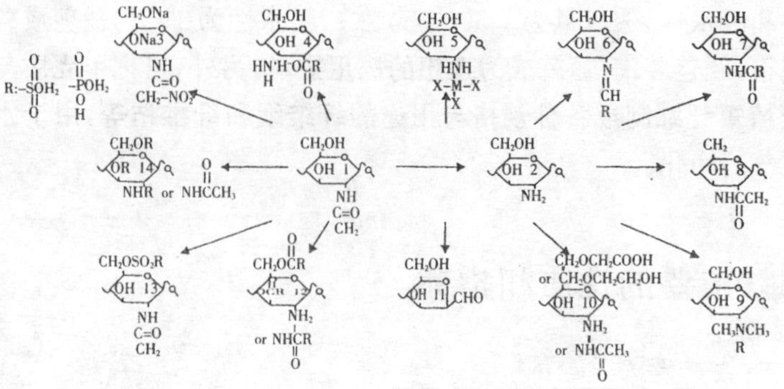

1. 甲壳质； 2. 壳聚糖 3. 碱甲壳质；
4. 聚电介质络合物； 5. 金属螯合物； 6. N-亚芳基或 N-亚烷基衍生物；
7. N-酰基衍生物； 8. 脱氧卤衍生物； 9. N-烷基衍生物；
10. 羧(羟)基衍生物； 11. 解聚衍生物； 12. O-酰基衍生物；
13. O-硫酰衍生物； 14. 磷酸盐等衍生物

图 8-4 甲壳质、壳聚糖的主要衍生物示意图

表 8-2 甲壳质与壳聚糖的用途

应用领域	主要用途
化工	凝聚剂、重金属离子吸收剂、涂料、分离膜、粘合剂、吸附剂、生化酶载体、纤维
医疗	人工透析膜、人造皮肤、可吸收手术缝合线、抗菌剂、药物缓释剂、止血棉、抗凝血剂
农业	杀虫剂、土壤改良剂、促进剂
食品	增稠剂、蓬松剂、食品添加剂、生化水处理剂、保健食品、保鲜剂
其它	保湿剂、香烟滤嘴、抗静电剂、成膜剂、接触镜片、化妆品

羟乙基化-甲壳质和壳聚糖与环氧乙烷进行反应，可得羟乙基化的衍生物。

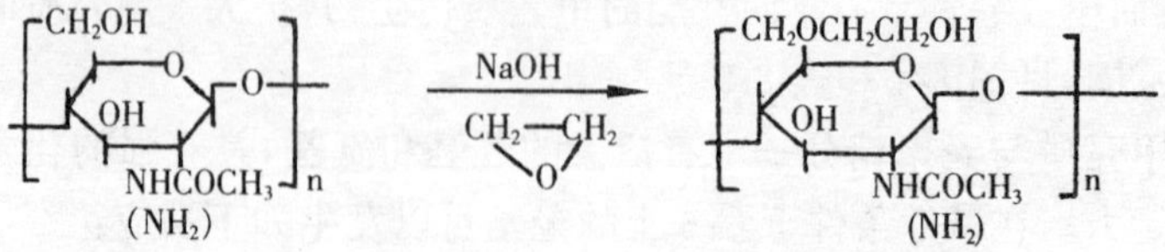

羧甲基化-甲壳质和壳聚糖与氯乙酸反应便得羧甲基化的衍生物。

氰乙基化-丙烯腈和壳聚糖可发生加成反应，生成氰乙基化的衍生物。

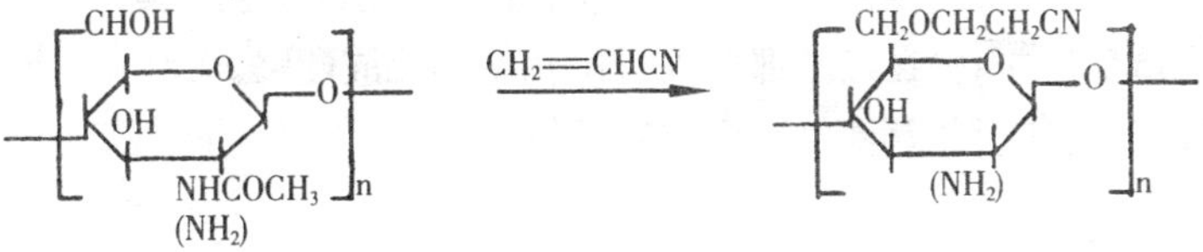

上述反应在甲壳质和壳聚糖中引入了大的侧基，破坏了其结晶结构，因而其溶解性提高，可溶于水，羧甲基化衍生物在溶液中显示出聚电解质的性质。

在酸性条件下可发生以下反应：

水解反应-甲壳质和壳聚糖在盐酸溶液中加热到 100℃，便能充分水解生成氨基葡萄糖盐酸盐。

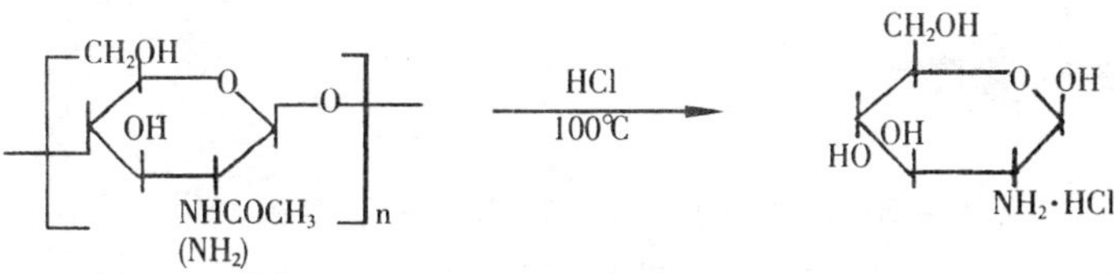

酰化反应-甲壳质和壳聚糖与酰氯或酸酐反应，导入不同相对分子质量的脂肪族或芳香族酰基。酰化反应可在羟基或氨基上进行。

$$\left[\text{CH}_2\text{OH};\ \text{OH};\ \text{NHCOCH}_3\right]_n \xrightarrow[\text{HCl}]{(\text{CH}_3\text{CO})_2\text{O}} \left[\text{CH}_2\text{OCOCH}_3;\ \text{OCOCH}_3;\ \text{NHCOCH}_3\right]_n$$

$$\left[\text{CH}_2\text{OH};\ \text{OH};\ \text{NH}_2\right]_n \xrightarrow[\text{CH}_3\text{OH}]{(\text{CH}_3\text{CO})_2\text{O}} \left[\text{CH}_2\text{OH};\ \text{OH};\ \text{NHCOCH}_3\right]_n$$

酯化反应-甲壳质和壳聚糖可以与浓硫酸,发烟硫酸、三氧化硫/吡啶、二氧化硫/吡啶,氯磺酸等反应,反应产物在结构上与肝素相似,具有抗凝血作用。硫酸酯化剂最常用的是氯磺酸。在与甲壳质反应中,只在羟基部位进行磺化生成硫酸酯键。而对壳聚糖除羟基外,还会与氨基反应生成磺氨键。

$$\left[\text{CH}_2\text{OH};\ \text{OH};\ \text{NHCOCH}_3\right]_n \xrightarrow{\text{ClSO}_3\text{H}} \left[\text{CH}_2\text{OSO}_3\text{H};\ \text{OH};\ \text{NHCOCH}_3\right]_n$$

$$\left[\text{CH}_2\text{OH};\ \text{OH};\ \text{NH}_2\right]_n \xrightarrow{\text{ClSO}_3\text{H}} \left[\text{CH}_2\text{OSO}_3\text{H};\ \text{OH};\ \text{NHSO}_3\text{H}\right]_n$$

8.5.3 溶解性能

由于甲壳质大分子内具有稳定的环状结构和大分子间存在强的氢键作用,使它的溶解性能较差,它不溶于水、稀酸、稀碱和一般的有机溶剂中。甲壳质在浓硫酸、盐酸、硝酸、85%磷酸等强酸中能溶解,但同时发生剧烈的降解,使分子量明显下降。甲壳质的溶剂主要有六氟丙酮、六氟异丙醇、甲酸-二氯乙酸、三氯乙酸或二氯乙酸与含氯烃类的混合物、二甲基乙酰胺-氯化锂、N-甲基吡咯烷酮-氯化锂混合溶剂等。甲壳质在这些溶剂中均能被溶解而制成具有一定浓度的稳定溶液。

壳聚糖分子中由于大量-NH_2基的存在，使其溶解性能大大优于甲壳质。它能溶解在甲酸、乙酸、盐酸、环烷酸、苯甲酸等的稀酸中制得均匀的壳聚糖溶液。因为壳聚糖大分子的活性较大，所以壳聚糖稀酸溶液即使在室温时也易分解，使溶液粘度逐渐下降，最后可完全水解成氨基葡萄糖。虽然壳聚糖溶液的稳定性比甲壳质溶液差，但与一般成纤高聚物溶液相比并不逊色，完全能满足纺制纤维之用。

8.5.4 可纺性

甲壳质与壳聚糖均可在合适的溶剂中溶解而被制得具有一定浓度、一定粘度和良好稳定性的溶液，这种溶液具有较好的成膜或成丝强度，故它们都具有良好的可纺性，可采用湿法或干湿法成形方法纺制甲壳质与壳聚糖纤维或薄膜。

8.5.5 生物医药性质

(1)甲壳质与壳聚糖无毒性、无刺激性，是一种安全的机体用材料，见表 8-3。

(2)从甲壳质与壳聚糖的大分子结构上来看，它们既具有与植物纤维素相似的结构，又具有类似人体骨胶原组织结构，这种双重结构赋予了它们极好的生物特性，例如它们与人体组织有很好的相容性，可被人体内溶菌酶分解而被人体吸收等 。

(3)具有消炎、止血、镇痛、抑菌、促进伤口愈合等作用。这为甲壳质及其衍生物在医药领域的应用奠定了其独占鳌头的基础。

表 8-3　壳聚糖(脱乙酰度 80 %)的安全性试验

试验项目	内　容	结　果	安全性评定	试验机构
诱变性试　验	用类似于 TA98 的鼠伤寒沙门氏菌 TA100 时包括代谢活性的回复诱变性进行观察	突然变异诱发性阴性	合　格	日本食品分析中心
急性毒性试　　验	依照 DECD 原则的第 401 条,对试验鼠按每公斤喂食 2 000 mg,根据肉眼和显微镜观察组织学变化,体重变化和死亡数	10 只鼠中有 1 只喂食 24 h 后死亡,这只鼠喂食的试料吸入肺部,这只鼠的试验条件发生了变化其它没有变化	合　格	Battelle. Institut ev. Frankfurt.
亚急性毒性试　　验	试验鼠按每公斤体重分别喂食 100 mg, 400 mg, 1 000 mg 试料,口服连续喂食 28 d,检查体重变化,饮食量变化和尿检、血液检查	无死亡例,解剖所见组织和重量异常是由于强制喂食所致	合　格	丹羽免疫研究所
慢性毒性试　　验	试验鼠按每公斤体重分别喂食 50 mg,200 mg,500 mg 试料,连续喂食 6 个月,进行体重变化,饮食变化检查和尿检、血液检查	无死亡例,解剖所见组织和重量异常,不是由于被检物质的毒性所致	合　格	丹羽免疫研究所
致热性试　验	在 270 ml 生理盐水中加入 9 g 试料,加热抽取按兔子每公斤 10 ml 注入耳朵静脉	致热性物质阴性	合　格	日本食品分析中心
溶血性试　验	在 270 ml 生理盐水中加入 9 g 试料,加热抽取加入 1%的兔子脱纤维血	经 37℃,24 h 后无溶血性	合　格	日本食品分析中心
变态反应试　　验	20 个成人,每日 30 mg 试料,连续口服二周	药物诊断,血管症状全部阴性	合　格	丹羽免疫研究所

8.5.6 产品规格和质量指标

甲壳质、壳聚糖纤维及其捻制的缝合线，报导的文献很多，严格来说，尚处于开发阶段，尚未制订统一的国际标准，国内也仅有某单位的企业暂行标准。甲壳质与壳聚糖纤维的主要质量指标见表 8-4。用甲壳质或壳聚糖纤维加工制成的医用缝合线，为与国家专业标准统一，暂参照国家医药管理局 1989-05-15 发布的医用羊肠线的规格代号、物理指标、试样实测和医院使用结果，制订相应的可吸收性医用甲壳质缝合线的规格、代号、线径及其物理指标见表 8-5。

表 8-4 甲壳质和壳聚糖纤维的质量指标

品 种	线密度(tex)	强度(cN/dtex)		伸长(%)		打结强度 cN/dtex
		干强	湿强	干伸	湿伸	
甲壳质纤维	0.17～0.44	0.97～2.20	0.35～0.97	4～8	3～6	0.44～1.14
壳聚糖纤维	0.17～0.44	0.97～2.73	0.35～1.23	8～14	6～12	0.44～1.32

表 8-5 甲壳质医用缝合线物理指标

规格代号	直径(mm)	断裂强力(cN)	打结断裂强力(cN)
3/0	0.07±0.014	≥250	≥125
1	0.15±0.030	≥600	≥300
4	0.21±0.021	≥900	≥450
5	0.24±0.024	≥1 200	≥600
7	0.27±0.027	≥1 400	≥700

缝合线强力测试方法参照 GB3916 标准实施。

8.6 临床应用

甲壳质与壳聚糖纤维制成的医用缝合线在胆汁、尿、胰液中可很好地保持其强度，使用后可自行吸收，不引起过敏，还能加速伤口愈合。上海市长征医院、中国科学院昆虫研究所、中国纺织大学联合对甲壳质缝合线的酶组织化学研究，结果证明：甲壳质缝合线对机体无毒性及刺激性，具有良好的生物相容性，其慢性组织反应较羊肠线更为轻微，而降解吸收速度比羊肠线快。这种缝合线作为外科手术线具有足够的强度和柔性，且其表面摩擦系数小，容易进入组织，打结性好。将手术线在体内分别放 5 d、10 d、20 d、30 d 后取出，测定勾结强度的保留值，分别是 74%、52%、13%、0%，即这种缝合线在体内承受大约 10 d 的一定强度后可迅速被机体吸收。这也是我们所希望的。

杭州市第一人民医院普外科于 1993 年 2～5 月应用甲壳质缝合线做各类手术共 100 例，男 48 例，女 52 例，其中胆道 21 例、甲状腺 19 例、肝脏 7 例、大肠 6 例、疝 9 例、皮脂囊肿 6 例、胃 7 例、其它 7 例。100 例病人 110 例次组织缝合中，一期愈合率 97%，显效率 100%。术后观察组织愈合良好，甲壳质线针孔反应对组织刺激小于羊肠线缝合者，深层组织及腹腔内缝合者未发现异常反应。缝线可被吸收，不留异物，优于丝线。

上海市第一人民医院整形科于 1993 年 1～5 月用甲壳质缝合线在手、头部及腹部切口作了临床手术共 36 例，其中男性 11 例，女性 25 例；年龄最小 5 岁，最大 72 岁。甲壳质缝合手部及腹部采用间断缝合法，面部、颈部采用皮内连续缝合法，皮下肋膜的缝合均采用间断缝合法。除面、颈部用细线外，其余均用粗线。

上海市长海医院烧伤科采用中国纺织大学研制的甲壳质不织布医用敷料，选择 50 例Ⅱ°烧伤创面病员试用。年龄在 19～48 岁之间，烧伤面积在 4%～46%TBSA 之间。选典型的Ⅱ°创面，清创后用瑞典产 EPIC 型 Servo Med 蒸发仪测定创面在敷贴甲壳质敷料(单层)前后的水分蒸发量($\overline{X}\pm S$)。测得敷料覆盖前创面水分蒸发量为(88.80±22.18)g/(cm^2·h)，敷料覆盖后为(89.40±

30.02) g/(cm^2 · h)，经统计分析论证了该敷料确有透气透水性能良好的特点，这就保证了敷料下不积液，为控制感染、促进伤口愈合创造了条件。

日本尤尼吉卡公司与法国 Roussel Medica 公司于 1988 年 4 月联合推出甲壳质非织造布，商品名为 Beschitin-W 人造皮肤。10 cm×12 cm 的人造皮肤售价 150 美元。

8.7 今后的研究和开发方向

8.7.1 提高原料甲壳质与壳聚糖的质量是纺制优质纤维的首要条件

纺制甲壳质与壳聚糖纤维对原料甲壳质与壳聚糖有很高的质量要求。例如：我们要求原料既有优良的溶解性能又有足够高的相对分子质量，对原料的灰分、色泽、含水等都有一定的要求，这对目前尚未成熟的原料制造厂来说尚有不少值得研究的问题。

为提高甲壳质与壳聚糖的质量，近十年中提出了一些新的制备方法。林瑞洵等人采用分步加酸法生产甲壳质的工艺具有产品质量好、酸利用率高、成本低、排放废水无污染等优点。井上胜博建议改进之处是甲壳质在配制纺丝溶液之前再用醋酸酐和甲醇的混合液在 57℃时浸渍搅拌 4 h。这样处理过的甲壳质改善了溶解性能，在溶解过程中不发生降解，制得之纤维的机械特性高。Xituno，Koji 等提出要求原料甲壳质配制成纺丝浆液的粘度能达到 1.5 Pa · s 以上，甲壳质的灰分含量小于 0.1%。如此高聚合度且灰分含量很低的甲壳质，可以用弱酸和乙醇处理的方法得到。D. Vanluyen.，V. Rossbach 作者提出制备壳聚糖的新方法，在碱处理过程中，将中间产物用水冲洗多次，为减小链降解的程度，可在混合物中加入苯硫酚或硼氢化钠($NaBH_4$),也可使脱乙酰反应在惰性气体保护下进行。为避免多糖的降解,碱处理过程应尽可能在低温下进行。如果在脱乙酰化反应进行以前采用一种特殊的热处理方法,那末有可能打开甲壳质中的微纤结构,这样可以提高甲壳质的反应活性,使得脱乙酰基反应即使在低于100℃的温度下也可在1 h内完成。杨继生等采用微波处理制取壳聚糖,在相同条件下微波脱乙酰和普通脱乙酰相比,降解要小,成品粘度要高得多。微波干燥8 h粘度为485 mPa·s,电炉干燥8 h粘度为450 mPa·s。研究人员在不断探索新的生产甲壳质与壳聚糖的方法的过程中,发现了一些丝状真菌细胞壁中存在着可观的甲壳质,近几年美、日等国相继开展了这方面的研究,已有报导。随着发酵技术的进展,用生物技术大规模生产甲壳质与壳聚糖将成为一种新的途径。

8.7.2 大力开发甲壳质与壳聚糖的衍生物,采用干—湿法成形技术,是提高纤维质量、扩大纤维用途的有效途径

George V. Delucca等介绍,杜邦研究人员已由甲壳质乙酯/甲酯衍生物制备出强度4.84 cN/dtex以上的甲壳质纤维;用壳聚糖乙酯/甲酯衍生物制备出强度达5.28 cN/dtex以上的壳聚糖纤维,两者模量为132 cN/dtex。发明特点:用甲壳质或壳聚糖衍生物配制成各向异性纺丝溶液,采用干-湿法纺丝技术即丝束经惰性气体层后进入凝固浴,再用碱处理制得高强度甲壳质或壳聚糖纤维。现举例如下。

甲壳质乙酯/甲酯的制备

200 ml二氯甲烷和255 ml甲酸(95%~98%)加入带搅拌和氮气入口的1 L容器中,冷却至0℃。把228 ml醋酸酐加入上述溶液中再冷至0℃,加入20 g甲壳质后缓慢添加6 ml 70%高氯酸,混合物在0℃搅拌12 h。悬浮液用甲醇、丙酮、10%碳酸氢钠、水分

别洗涤，最后再用丙酮彻底洗涤。抽气除去溶剂后，固体用空气干燥约 12 h，得到 24 g 白色甲壳质乙酯/甲酯。

甲壳质乙酯/甲酯的纺丝

将用上法制得的甲壳质乙酯/甲酯在 24℃时溶解于 60/40 三氯乙酸/二氯甲烷混合物中，配成 13.5 %浓度的溶液，溶液经测试证明为各向异性溶液，用图 8-5 装置进行干－湿法纺丝。溶液经 10 孔(孔径 0.013 cm)喷丝帽以 15.2 m/min 的喷速挤出，经 1.25 cm 空气层进入 0℃甲醇凝固浴(凝固浴长 66～100 cm；任何适于甲壳质及其衍生物的非溶剂都可代替甲醇作凝固浴)中，最后以 15.5 m/min 速度绕到筒子上。纤维性能见表 8-6。

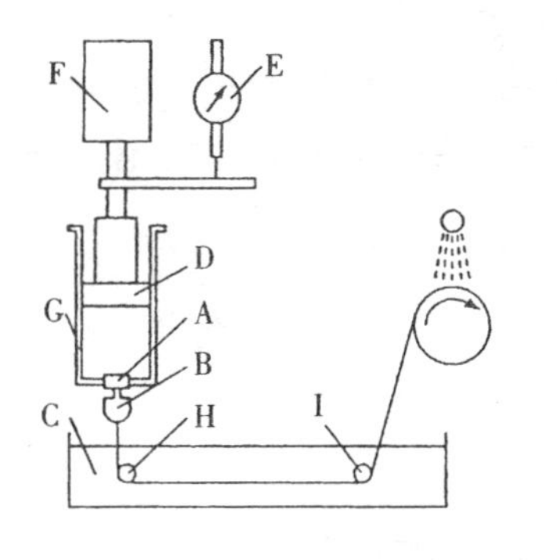

图 8-5 甲壳质各向异性溶液纺丝装置

由于甲壳质、壳聚糖及其衍生物纺制的纤维独具优良的生物医药性能，在医学领域有广泛的用途。除了用它们制造可吸收医用缝线与人造皮肤等医用敷料外，还可作为骨缺损填充材料；可作为桥接周围神经缺损的桥接材料，试验证明，甲壳质作为非神经组织代替自体神经组织修复周围神经损伤是一种较为理想的新型生物材料。甲壳质、壳聚糖及其衍生物制作的人工透析膜，具有较大的机械强度，对 NaCl、尿素、维生素 B_{12}等均有较好的渗透性，且具有良好的抗凝血性能。用甲壳质、壳聚糖及其衍生物纤维制作的内衣

表 8-6　甲壳质、壳聚糖及其衍生物纤维性能

实例	种　类	纤维性能				
		取代度 乙酯：甲酯	单丝纤度 (tex)	强度 (cN/dtex)	伸长 (%)	模量 (cN/dtex)
A	甲壳质	1.0：0.0	1.74	1.14	2.6	94.2
B	甲壳质乙酯	2.9：0.0	0.78	2.20	7.3	79.2
1	甲壳质乙酯	2.0：0.0	0.50	3.78	4.5	148.7
2	甲壳质乙酯	1.4	0.60	5.19	6.4	181.3
3	甲壳质乙酯/甲酯	2.0：0.3	0.57	5.19	6.8	142.6
4	壳聚糖乙酯/甲酯	0.4：1.4	2.12	6.16	6.8	170.7
5	壳聚糖乙酯/甲酯	0.3：1.5	2.38	5.46	5.8	162.8

裤，具有抑制微生物、菌类繁殖和吸臭功能。这类纤维与棉纤维混纺制成的面料挺括、不皱不缩、色泽鲜艳，光亮度好。制成运动衣穿在身上感觉舒适、爽滑、富有弹性、吸汗性好，对人体无刺激无静电作用，且不褪色。

参考文献

[1]　池田纪子．蟹壳的秘密．青春出版社，1995

[2]　R. A. A. Muzzarelli. "Chitin". Pergamon Press Ltd, Oxford. 1977

[3]　Roughet C. Comp. Rend, 1859, 48 : 792～795

[4]　P. P. von Weimarn. Can. Chem . Metall, 1926, 10 : 227～228

[5]　P. P. von Weimarn. J. Textile Inst, 1926, 17 : 642～644

[6]　G. W. Rigby. US Patent 2,040,879, 1936

[7]　C. J. B. Thor. "Chitin Xanthate". US Patent 2,168,375, 1939

[8]　J. Noguchi, S. Tokura and N. Nishi. Studies on the Preparation of Chitin Fibers. Muzzarelli R A A, Pariser E R, Eds. In Proceedings of the First International Conference on Chitin and Chitosan. Boston.

Massachusetts. MIT Sea Grant Program. Cambridge, 1977, 315～326
[9] P.R.Austin. US Patent 3,879,377, 1975
[10] K.Kifunem, Y.Yamaguchi and H.Tanse. US Patent 4,651,725, 1987
[11] K.Kifune, K.Inome and S.Mori. US Patent 4,932,404, 1990
[12] R.C.Capozza. US Patent 3,988,411, 1976
[13] S.Tokura, N.Nishi and J.Noguchi. Studies on Chitin Ⅱ: Preparation of Chitin Fibers. Polym. J. Tokyo, 1979, 11(10): 781～786
[14] F.A.Rutherford Ⅱ, and P.R.Austin. "Marine Chitin Properties and Solvents". In Proceedings of the First International Conference on Chitin and Chitosan. Boston. Massachusetts. R. A. A. Muzzarelli, E.R.Pariser, Eds. MIT Sea Grant Program. Cambtidge, 1977, 182～192
[15] P.R.Austin. US Patent 4,059,457, 1977
[16] 小杉淳一．公开特许公报．昭 55－90503
[17] 山南隆德．公开特许公报．昭 55－123635
[18] Unitika Co., Ltd.. Japanese Patent 50,127,736, 1983
[19] T.E.Sukhanova, A.V.Sidorovich, G.I.Goryinov, G.M.Mikhailov and Mitterpakhova. Vysokomol. Soedin. Ser.B 31, 1989, 5: 381～384. Chem. Abstr, 111(20): 175985n
[20] T.E.Sukhanova, A.V.Sidorovich, G.I.Goryainov, G.M.Mikhailov and Mitterpakhova. Vysokomol. Soedin., Ser. B 31, 1989, 5: 381～384
[21] K.Kifunem, Y.Yamaguchi, H.Tanse. US Patent 4,651, 725, 1987
[22] K.Kifune, K.Inome, S.Mori. US Patent 4,932,404, 1990
[23] Rudall K M. Adv Insect. Physiol. 1, 1963, 257～313
[24] J. Blackwell. Proceedings of the First International Conference on Chitin and Chitosan, 1977
[25] 粟田惠辅．化学の领域,1981,35(12): 930
[26] 粟田惠辅．有机合成化学,1984,42(6): 567

[27] L. I. Batura, et al. Cellul. Chem. Tech., 1981, 5 : 487
[28] K. Koji, et al. EP 051421, 1982
[29] JP 59, 227, 901, 1984
[30] EP 77, 098, 1983
[31] US Patent 4,572,906, 1986
[32] US Patent Office 3,297,033, 1967
[33] Riccardo A A. Muzzarelli. Chitin and Its Derivatives: New Trends of Applied Reseach. Carbohydrate Polymers, 1983, 3 : 53~75
[34] 清水庆昭等. 染色工业,1990, 38(12) : 592~602
[35] 濑尾 宽. 纤维学会志,1990,46(12) : 564~569
[36] 木船紘尔. 公开特许公报,昭 58-183169
[37] 仑桥五男等. 公开特许公报,昭 60-59123
[38] JP 58-214512, 1983
[39] JP 60-40224, 1985
[40] 特开平 2--17642
[41] Canadian Patent, 1,108,366, 1980
[42] E P 0328050, 1989
[43] Du Pont, et al. High Perf. Tex., 1989, 9(9)
[44] 特许公报. 昭 61-25741
[45] Seiichi Tokura, et al. Polymer J., 1980, 12(10) : 695
[46] 公开特许公报. 昭 56-26049, 1981
[47] 中岛正治等. 医科器械学,1983,53~130
[48] 中岛正治等. 人工脏器,1985, 14(2) : 868
[49] 侯春林等. 上海生物医学工程,1992,2(37) : 38~40
[50] Tatsuya. New Fibres, 1991, 123~125
[51] CN 1986,86106726
[52] 井上胜博,JP 84-227901
[53] D. van Luyen. Chemiefasern, 1992, 35(3) : 19~20
[54] 杨继生等. 化学工程师,1995,50(5) : 14~15
[55] George V, De Lucca, et al. US Patent 5,021,207
[56] 卢建煦等. 修复重建外科杂志,1990, 4(3) : 171~172

第9章 芳香族聚酰胺纤维

9.1 前 言

自从美国杜邦公司科学家Carothers 1935年发明脂肪族聚酰胺，即聚己二酰己二胺(尼龙66)纤维以来，聚酰胺纤维作为工业用纤维，发挥了很大作用。一直到60年代，有好多种新聚酰胺产品问世，其中最重要的发现是杜邦公司1962年发表的聚间苯二甲酰间苯二胺纤维(当时称为HT-1)，以后正式商品的名称为Nomex®。到1966年又发表更令人注目的高性能聚对苯二甲酰对苯二胺纤维(当时称为FiberB)，其正式的商品名为Kevlar®。为了区别于脂肪族聚酰胺的通称，1974年，美国政府通商委员会把芳香族聚酰胺通称定名为Aramid，泛指酰胺基团直接与两个苯环基团连接而成的线形高分子，用它制造的纤维就是芳香族聚酰胺纤维(Aramid纤维)。在我国又称为芳纶，间位Aramid纤维称做芳纶1313，对位Aramid纤维称做芳纶1414，其数字部分表示高分子链节中酰胺键和亚胺键与苯环上的碳原子相连接的位置(参见芳纶的分子结构式)。

芳纶和普通聚酰胺纤维相比，性质和用途有很大区别。芳纶1313耐高温性好，不会熔融；芳纶1414强度高、模量高又耐高温。这类纤维主要用在工业技术性能上有特殊要求的产品中，因此最初就称为特种合成纤维。同时，以芳纶为代表的特种纤维，无论对高分子的合成技术还是纤维成形工艺方面，都反映着高科技的水平，工艺步骤有时非常复杂，物料的管理十分严格，在基础理论上也引入了许多新的概念，例如刚性链大分子结构、高分子液晶理论、干湿法纺丝成形技术等，有许多研究工作目前还在深入下去。芳纶 1313 和芳纶 1414 纤维，前者作为耐热纤维，后者作为高强度高模量纤维都得到了很大的发展。当时同期研究开发芳香族聚酰胺的还有其它一些纤维公司，大多数公司都碰到如高分子的相对分子质量做不高、溶解方面选不出合适的溶剂等等困难而中止了研究。其中美国 Monsanto 公司开展了改性芳纶的研究工作，称为 X-500，由对氨基苯酰肼(PABH)和对苯二甲酰氯，在二甲基乙酰胺(DMAc)氯化锂的质量分数为 5%的溶剂体系中，低温溶液缩聚反应，反应浆液用碳酸锂中和，并调配成聚合物的质量分数为 7.7%的纺丝原液，是各向同性溶液，经过湿法纺丝拉伸后得到纤维，但是纤维的综合性能没有 Kevlar®纤维好，以后放弃了工业化研究，这是最早对位芳纶的化学改性尝试。

Kevlar®纤维的问世，代表着合成纤维向高强度、高模量和耐高温的高性能化方向达到了一个新的里程碑，成为高科技纤维工业的先驱。

9.1.1 芳香族聚酰胺纤维发展简史

芳纶的开发是在脂肪族聚酰胺研究的基础上进行的，60 年代 H. Mark 在用苯环基团($-\langle\bigcirc\rangle-$)替代脂肪基团($-CH_2-$)时，发现大分子链变得坚韧、熔点上升、吸湿性降低等现象，因此进行了系统的研究，其中芳纶 1313 缩聚浆液可以作为纺丝原液，容易制成纤维。同时期，美国政府正在实施宇宙太空计划，迫切需要耐热纤维材料，使得耐热纤维的研究显得更加重要。杜邦公司 1962 年发表的间位 Aramid 纤维(HT-1)，1966 年完成工业化，于

1967 年正式以 Nomex®的商品名上市，是耐高温性能极好的纤维。目前该公司在美国本土的生产能力为 1.5 万 t/a，在西班牙的独资企业生产规模 1993 年为 5 000 t/a。在太空竞争中，前苏联也开发了相类似的芳香族高分子纤维，建造了工业生产装置。

在芳香族聚酰胺的研究中，从分子构造的理论与实验可以推测，对位连接的芳酰胺有利于提高强度，又因它的玻璃化温度高，熔点高于热分解温度，常规有机溶剂中不溶解，用普通的纺丝方法无法制得纤维。1966 年杜邦公司科学家 S. L. Kwolek 发现在某些条件下，对位芳纶可溶解在浓硫酸中，达到临界浓度时，形成高分子液晶溶液，发明了液晶纺丝技术，纺出的纤维强度非常高。1971 年杜邦公司完成试生产设备(100～200 t/a)，1972 年正式公开的商品名称为 Kevlar®。1996 年美国本土的生产能力 2.1 万 t/a，在英国北爱尔兰的工厂 5 000 t/a，在日本与东丽公司合资的东海工厂 2 500 t/a，近期将扩大一倍，因此杜邦公司的 Kevlar®总生产能力超过 3 万 t/a。在欧洲，1975 年开始研究对位芳纶，1995 年生产能力为 5 000 t/a。

在日本，芳香族聚酰胺纤维也得到开发，1972 年帝人公司发表了芳纶 1313 同类产品，商品名称为 Teijin Comex®，目前年生产能力为 2 300 t。1987 年发表芳香族共聚酰胺纤维，化学结构不同于 Kevlar®，但生产规模只有 750 t/a。

俄罗斯的芳香族聚酰胺纤维，主要是含杂环类的共聚芳纶，机械性能和耐热性方面比较好，由于没有形成规模效应，因而产量少，成本高，目前只应用于航天器材和高性能复合材料等领域。

9.1.2 芳香族聚酰胺的结构与性能

芳香族聚酰胺最简单的化学结构聚对苯甲酰胺(PBA)，-AB-型缩聚物，而 PPTA 是-AA-BB-型缩聚物，酰胺键之间可以连接多种苯环基团，形成各式各样的刚性链结构，其共同的特征是链节单位在大分子链上呈同轴或平行的伸展结构，表 9-1 列举典型芳香族聚酰胺纤维的实例。

表 9-1　能生成高强度高模量纤维的芳香族聚酰胺

结构式	强度 (GPa)	伸长率 (%)	模量 (GPa)	
①[—NH—C_6H_4—CO—]	2.2	1.6	130	(PBA)
②[—NH—C_6H_4—NHOC—C_6H_4—CO—]	2.8	4.0	63	(Kevlar-29)
(HM)	2.7	2.4	120	(Kevlar-49)
③[—NH—$C_6H_3(Cl)$—NHOC—C_6H_4—CO—]	2.1	6.0	47	
④[—NH—C_6H_3—C_6H_3—NHOC—C_6H_4—CO—]（两苯环间 HN—CO 桥接）	3.3	2.3	140	
⑤[—(NH—C_6H_4—NHOC—C_6H_4—CO) —(NH—C_6H_4(间位)—O—C_6H_4—NHOC—C_6H_4—CO)—]	3.1	4.4	70	(Technora)
⑥[—(NH—C_6H_4—NHOC—C_6H_4—CO) —(NH—C_6H_4—O—C_6H_4—NHOC—C_6H_4—CO)—]	2.8	4.4	68	
⑦[—NH—C_6H_4—CONHNHOC—C_6H_4—CO—]	2.2	2.4	105	

从表 9-1 中数据可看出，聚合物的机械性能与其结构有密切关系，有的结构如⑤、⑥、⑦因为引入了非线性链节的基团，连液晶性能也没有了，但是聚合物的溶解度提高了，拉伸性能也改善了，

所以纤维强度还是较高。总之为了得到高强度和高模量的纤维，在聚合物的结构改变和刚性伸直链构象之间选择一定的平衡是至关重要的。

聚间苯二甲酰间苯二胺纤维(MPIA)，聚对苯二甲酰对苯二胺纤维(PPTA)及聚3,4-二苯醚撑对苯二甲酰对苯二胺纤维(DPEPPTA)是芳香族聚酰胺纤维中的三个典型实用的例子，其分子结构式如下所示。

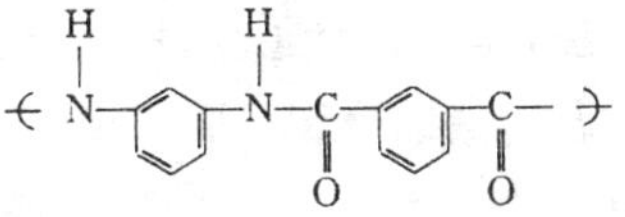

MPIA

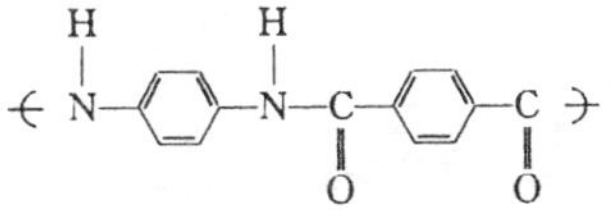

PPTA

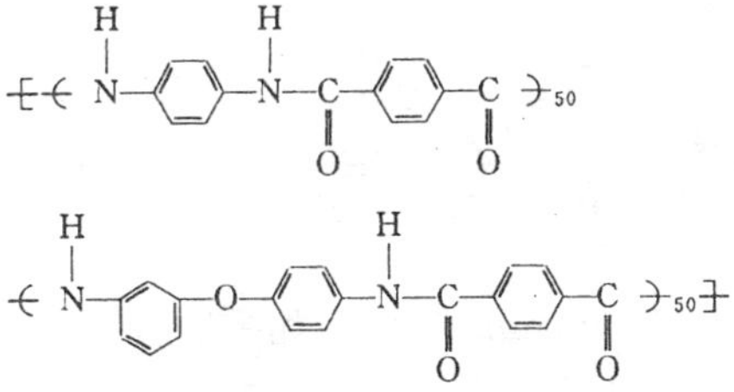

DPEPPTA

MPIA分子结构中酰胺键和间位苯环连接，间位苯环上的共价键内旋转位能低，可旋转角度大，因此MPIA大分子是柔性链结构，所以在力学性能上接近普通的柔性链纤维，但苯环基团含量高，耐热性能就大于脂肪族纤维。而PPTA纤维是对位连接的苯酰胺，酰胺键与苯环基团形成共轭结构，内旋位能相当高，成为刚性链大分子结构，分子排列规整，因此分子结晶和取向极高，所以纤维的强度和模量相当高。这种结构上的差异，使间位芳纶和对位芳纶在力学性能上区别特别大，因而在应用上也有很大的不同(在后面章节再详细介绍)。

9.2 聚对苯二甲酰对苯二胺纤维

9.2.1 单体和合成

和通常的聚酰胺一样,PPTA 用缩聚的方法合成。但由于熔融温度高于聚合物的分解温度,不能用熔融缩聚的方法,只能用界面缩聚、溶液缩聚和乳液聚合的方法,作为研究还有固相缩聚和气相聚合的方法。工业生产上常用低温溶液缩聚和界面缩聚的方法,由芳香族二胺与芳香族二酰氯,在酰胺型溶剂体系中反应制备聚合物,其反应式如下所示。

$$X-\underset{\underset{O}{\|}}{C}-C_6H_4-\underset{\underset{O}{\|}}{C}-X + H_2N-C_6H_4-NH_2 \longrightarrow$$

$$[-\underset{\underset{O}{\|}}{C}-C_6H_4-\underset{\underset{O}{\|}}{C}-\overset{\overset{H}{|}}{N}-C_6H_4-\overset{\overset{H}{|}}{N}-]_n + 2nHX$$

其反应是 Schotten-Baumann 型反应,如下所示。

$$-Ar-\underset{\underset{X}{|}}{\overset{\overset{O}{\|}}{C}}+H-\underset{\underset{H}{|}}{\ddot{N}}-Ar' \rightleftharpoons -Ar-\underset{\underset{X}{|}}{\overset{\overset{O^{\ominus}}{|}}{C}}-\underset{\underset{H}{|}}{\overset{\overset{H}{|}}{N^{\oplus}}}-Ar' \longrightarrow -Ar-\overset{\overset{O}{\|}}{C}-\underset{\underset{H}{|}}{N}-Ar'+HX$$

因此反应与 $-X$ 基团的性质有关,能形成酰胺键的 $-X$ 有下列几种:

$-COCl$	X:卤素
$-COOR$	X:OR(R:烷基,芳基)
$-COOH$	X:羟基

这些化合物中,当 $-X$ 为卤素 $-Cl$ 时,作为反应单体活性最高,因

此芳香族二酰氯是首选单体，对苯二甲酰氯用得最多。

1. 界面缩聚

界面缩聚法是两种单体分别溶解在两个不相混溶的溶剂中，即把对苯二甲酰氯溶解于与水不相溶的有机溶剂中，对苯二胺溶解在水相中，当两种溶液相互混合时，在相的界面就发生缩聚反应生成聚合物，因为聚合物不溶解在两个溶剂里，因此以沉淀形式析出，在界面缩聚反应时，单体及聚合物的浓度分布如图 9-1 所示。

图中的界面层是发生缩聚反应的区域，水相中高浓度的二胺向有机相扩散，扩散速率决定着缩聚的速度，在 P 点产生聚合物的沉淀，其浓度最小。在界面缩聚中，反应发生在界面层里，因此界面的产生、更新及二胺的扩散速率等反应条件起了重要作用，对聚合物的相对分子质量影响很大。

2. 低温溶液缩聚

采用反应活性大的单体如二酰氯和二胺，在非质子极性溶剂如 DMAc、N-甲基吡咯烷酮(NMP)、六甲基磷酰三胺(HMPA)等酰胺型溶剂，在温和的条件下进行缩聚反应的方法称为低温溶液缩聚法。适合于反应活性大，热敏

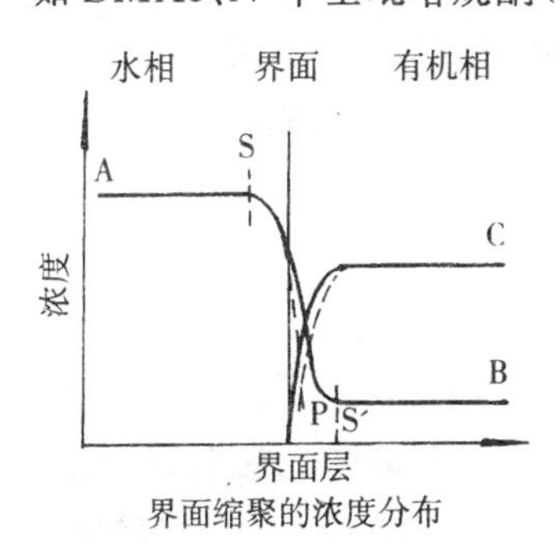

A——水相中二胺的浓度；
B——有机相中二胺浓度；
C——有机相中二酰氯的浓度；
P——溶液中聚合物浓度；
S-S′——界面层

图 9-1　界面缩聚的浓度分布

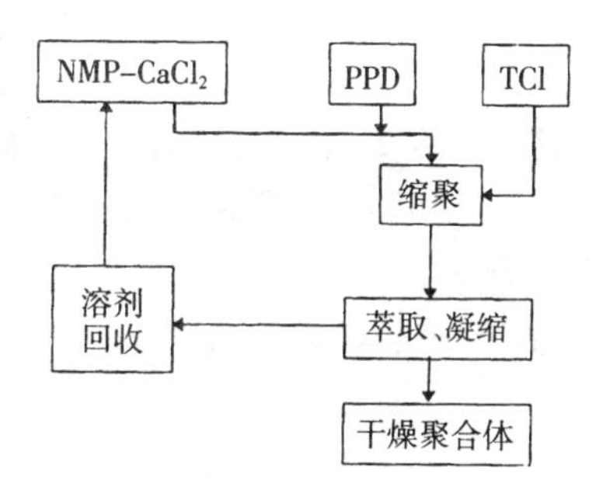

图 9-2　低温溶液缩聚工艺示意图

性高的单体，在室温以下进行反应，可以避免副反应发生，得到高的相对分子质量的聚合物，这个方法符合芳香族聚酰胺合成的要求，下面将详细介绍。

3. 固相缩聚

缩聚过程物料以固体形式进行化学反应，得到高相对分子质量的方法称为固相缩聚，一般先把单体缩聚成低相对分子质量的聚合物，再进一步在高真空下，或在惰性气氛保护下加热到熔点附近，发生链增长的缩聚反应，这个方法在芳香族聚酰胺的合成中用得极少。在芳香族聚酯中，初生纤维的长时间热处理过程，有点类似固相缩聚的方法。

工业生产上使用低温溶液缩聚法制备 PPTA 聚合物。对苯二甲酰氯（TCl）和对苯二胺（PPD）为单体，NMP-$CaCl_2$ 即酰胺-盐溶剂体系为缩聚溶剂，选择合理的缩聚反应工艺是得到高相对分子质量、具有伸展链结构 PPTA 的关键。

1)PPTA 缩聚工艺流程

对苯二胺与对苯二甲酰氯的低温溶液反应工艺流程见图 9-2 所示，它和通常的缩聚反应一样，遵循 Flory 有关缩聚的公式：

$$P=1/(1-p)$$

$$P=1+[A_0]kt$$

$$P=(1+r)/(1-r)$$

可见聚合度 P 与反应程度 p，单体摩尔配比 $r=[A_0]/[B_0]$，反应时间 t 密切相关，其中$[A_0]$、$[B_0]$分别是两个单体的初始摩尔浓度。工业化生产时，由于设定 p,t 条件相同，因此两个单体的摩尔配比 r 对聚合物的相对分子质量影响就特别明显。

2)单体纯度

单体的纯度和缩聚反应时的操作条件如计量精度、溶解完善与否等机械因素，都会影响两个单体的摩尔配比 r。从上述的公式可以看出，只有在等摩尔配比时，才会得到高相对分子质量的聚合体。工业化生产时，由于机械设备已经定型，操作高度自动化，所以机械因素的影响可以排除，而单体的纯度就十分重要了。二个单体中对苯二甲酰氯性质特别活泼，存储和使用时稍有不当，纯度就有变化，而这种变化不容易发现，因此使摩尔配比发生偏差直接影响相对分子质量，它的大小可用对数比浓粘度 η_{inh} 表示，相互关系如表 9-2 所示。表中数据显示，对苯二甲酰氯的纯度稍有变化，对聚合物的相对分子质量影响相当大，要获得高 η_{inh}，纯度就要 99.9%以上。同样另一个单体对苯二胺也要求纯度高，只有这样才能精密计量，如果对苯二胺纯度不高，还会使聚合物的颜色变深。

表 9-2 对苯二甲酰氯纯度与聚合物的 η_{inh} 关系

纯度(%)	PPTA 的 η_{inh}
99.91	5.50
99.70	4.30
99.42	3.92

3)溶剂体系

低温溶液缩聚反应，使用溶剂的数量大，对苯二甲酰氯反应活性大，热力学上的惰性溶剂才可使用，同时为了获得高相对分子质量，要尽量增加聚合物在溶液中的溶解度，以便提高反应程度，所以只有酰胺型溶剂体系才符合上述条件，它们的性质列于表 9-3。

杜邦公司的专利曾报道，制造高相对分子质量 PPTA 常使用酰胺类混合溶剂，比单一溶剂效果更好，如 HMPA-NMP，HMPA-DMAc 等混合溶剂，其中因为 HMPA 吸收反应副产物盐酸好，两个溶剂产生协同效应，对 PPTA 的溶解性也高，所以普遍使用。但是 1975 年以后，人们发现 HMPA 有致癌作用，且回收上有难度，从那时起放弃使用 HMPA。工业生产上改用酰胺-盐溶剂体系，单独采用 NMP 溶剂，它是比较安全的，但性能上比 HMPA 混合溶剂稍差些，可通过加入碱或碱土金属盐，产生溶剂分子与金属阳离子的多级缔合作用，例如组成如NMP-$CaCl_2$，NMP-LiCl 等体系，溶剂中存在的金属阳离子，将增加体系溶剂化作用，

表 9-3 缩聚溶剂的性质

结构式		熔点(℃)	沸点(℃)	密度($g \cdot cm^{-3}$)	粘度($10^{-3}Pa \cdot s$)	偶极矩	PKa(在水中)
$[(CH_3)_2N]_3PO$	(HMPA)	7.2	230	1.020	3.47	5.45	–
$H_2C—CH_2$, H_2C, $C=O$, $N—CH_3$	(NMP)	−24.4	202	1.027	1.65	4.50	+0.20
$CH_3—C(=O)—N(CH_3)_2$	(DMAc)	−20.0	165	0.937	0.92	3.79	+0.10
$H—C(=O)—N(CH_3)_2$	(DMF)	−61.0	153	0.944	0.80	3.25	−0.70
$CH_3—S(=O)—CH_3$	(二甲基亚砜)	−18.2	189	1.100	2.47	3.90	–
$(CH_3)_2N\,C(=O)\,N(CH_3)_2$	(TMU)	−1.2	177	0.969	–	3.37	+0.40
$H_2C—CH_2$, H_2C, $C=O$, $N—COCH_3$	(NAP)	–	231	–	–	–	–

加强溶剂体系与 PPTA 之间亲合，增加 PPTA 的溶解性，促进缩聚反应的程度。在 NMP-$CaCl_2$ 体系中，$CaCl_2$ 的含量对聚合物的粘度 η_{inh}的关系见图 9-3 所示，当 $CaCl_2$ 质量分数达到一定值时，聚合物的相对分子质量最高。

不同的溶剂体系对 PPTA 的合成反应影响也是不同的，因为溶剂化作用不同，吸收或排除缩聚过程中放出的副产物如盐酸的程度不同，还有副反应的控制也不一样，所以选择溶剂体系对合成 PPTA 至关重要。

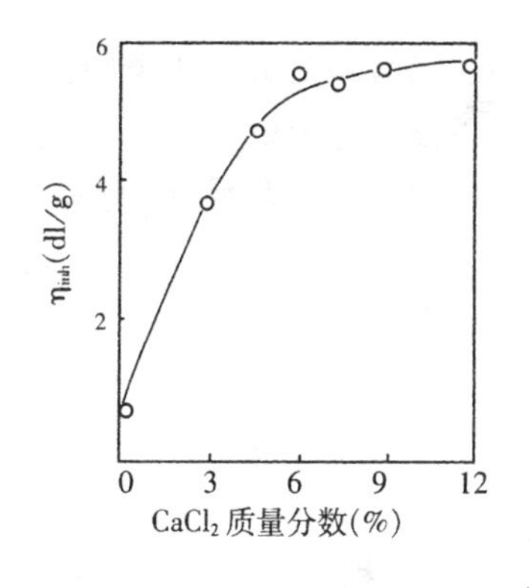

图 9-3　PPTAη_{inh}与溶剂中 $CaCl_2$ 质量分数的关系

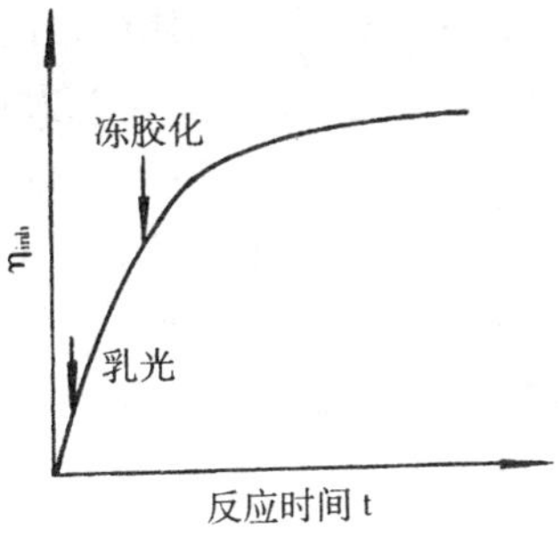

图 9-4　PPTAη_{inh}与反应时间关系

4)反应时间

缩聚反应是逐步聚合过程，缩聚公式表明相对分子质量与反应时间有关，PPTA 合成时，其对数比浓粘度 η_{inh}随反应时间的变化如图 9-4 所示。反应速度极快，反应开始 30～90 s，反应体系产生乳光效应，几分钟后产生爬杆现象，随即发生冻胶化，对初生冻胶体加以强力剪切作用，聚合物的 η_{inh}会增加，反应后期 η_{inh}不再增加。

5)反应温度

对苯二胺与对苯二甲酰氯的缩聚反应速度极快，又是一个放热反应，根据反应热效应的测定，缩聚反应热为－199 kJ/mol，反应体系总的反应热大致在－245～265 kJ/mol，因此控制剧烈放热下的反应温度相当重要。反应温度过高，将会增加副反应和聚合物的降解，选择低的反应初始温度，有利于得到高相对分子质量的聚合物。按照制备高强高模纤维的要求，聚合物的 η_{inh}为 5.5～6.5 dl/g 时，才适合进行纺丝。

上面讨论了 PPTA 合成的工艺条件，工业化生产聚合物希望缩聚过程能够连续进行自动化控制，以降低成本、稳定纤维的质量。针对缩聚反应单体严格的摩尔分数，随着相对分子质量增加、反应体系迅速冻胶化、以及大量反应热下反应温度的控制等等，工业生产已经设计了特殊的反应混料器，使对苯二胺的酰胺-盐溶液和熔融的对苯二甲酰氯，连续迅速地混合反应，用计量泵精确控制单体的摩尔分数，物料在混合室里停留极短时间，立即进入双螺杆反应器，在高剪切下完成缩聚反应，温度也控制在较低的范围内，最后高相对分子质量的聚合物粉碎以屑粒形式排出，缩聚溶剂回收利用，聚合物干燥后供给纺丝工序。

PPTA 在浓硫酸溶液中，特性粘度[η]与相对分子质量 Mr 有如下的关系

$$[\eta] = 7.9 \times 10^{-5} Mr^{1.06}$$

通常特性粘度值在 4 以上时，PPTA 相对分子质量大于 27 000。

PPTA 其它的合成方法有气相缩聚法、固相缩聚法等。还有不用对苯二甲酰氯，直接采用对苯二甲酸和对苯二胺，在吡啶及苯基亚磷酸盐催化剂作用下发生直接缩聚。但是这些方法聚合物的相对分子质量目前还做不高，尚在继续研究中。一些新的合成方法，如络合催化的方法等也有文章报道。

PPTA 由于规整的刚性大分子结构和分子间氢键的作用，溶解性能不理想，缩聚溶剂和纺丝溶剂不一样，带来诸多不便。PP-TA 纤维开发成功后，为了改进性能，对共聚 PPTA 进行开发，其中代表性的芳香族共聚酰胺是日本的 DPEPPTA，由 3,4-二氨基苯醚(3,4-ODA)、对二苯胺与对苯二甲酰氯在 NMP 酰胺型溶剂中低温溶液缩聚，反应方程式如下所示：

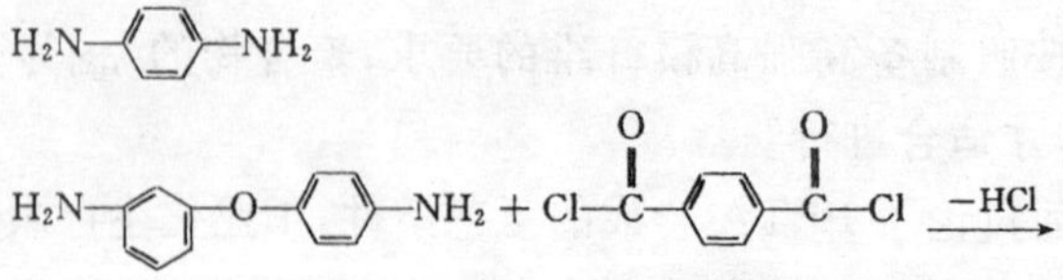

$H_2N-C_6H_4-NH_2$

$H_2N-C_6H_4-O-C_6H_4-NH_2 + Cl-C(=O)-C_6H_4-C(=O)-Cl \xrightarrow{-HCl}$

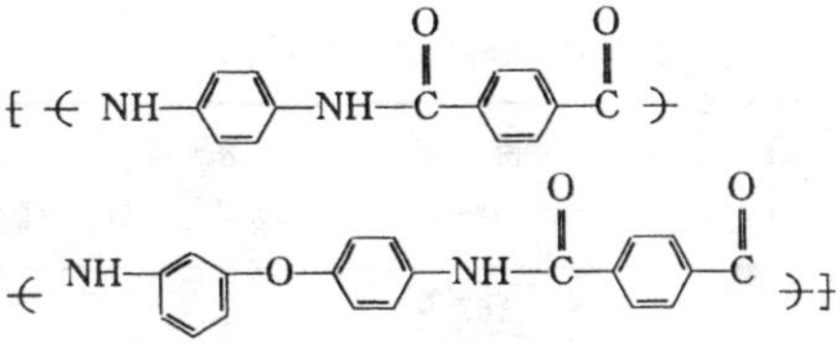

$$\left[\left(NH-\langle C_6H_4\rangle-NH-\overset{O}{\overset{\|}{C}}-\langle C_6H_4\rangle-\overset{O}{\overset{\|}{C}} \right)\right.$$

$$\left.\left(NH-\langle C_6H_4\rangle-O-\langle C_6H_4\rangle-NH-\overset{O}{\overset{\|}{C}}-\langle C_6H_4\rangle-\overset{O}{\overset{\|}{C}} \right)\right]$$

得到聚合物溶液用氧化钙中和，调整溶液中聚合物的质量分数为6%就成为纺丝原液，这个溶液呈现各向同性性质，因为大分子链上引进了醚键和间位苯环基团，提高了聚合物的溶解性，反应产物能够溶解在缩聚溶剂中，简化了溶剂回收工艺。

9.2.2 纤维成形

PPTA 纤维成形技术是典型的由刚性链聚合物形成液晶性纺丝溶液，采用杜邦公司发明的干喷湿纺的液晶纺丝方法，制取高强度高模量纤维。和传统的熔融纺丝、湿法纺丝及干法纺丝的方法相比，引进了新的概念和理论基础。在工艺技术上，如聚合物在浓硫酸中溶解时，溶液的粘度开始很高，聚合物质量分数达到临界值后，溶液粘度逐步下降，呈现液晶的特征，溶液体系只有在高于转变温度时才成为液态状，因此纺丝溶液的制备要碰到高粘度的搅拌和脱泡的技术困难，还要克服聚合物在高温溶解条件下的降解问题等等。这些技术难题正是利用了高分子溶液的液晶理论和干喷湿纺的纺丝工艺技术，得到完美的解决使高性能 PPTA 纤维实现了工业化生产。

1. 纺丝原液的制备

刚性链的 PPTA 在大多数有机溶剂中不溶解，也不熔融，只在少数强酸性溶剂中例如浓硫酸、氯磺酸和氟代醋酸等强酸溶剂里才溶解成适宜纺丝的浓溶液。表 9-4 是几种强酸的物理性质。从工业化生产上考虑，选择浓硫酸做 PPTA 的溶剂比较适合。硫酸

表 9-4　强酸溶剂的性质

溶剂	熔点（℃）	沸点（℃）	密度（$g \cdot cm^{-3}$）	比热容（$kJ \cdot kg^{-1} \cdot k^{-1}$）
甲磺酸	—	167.0	1.48	—
氯磺酸	−80.0	155.0～156.0	1.77	1.20
硫酸(100%)	10.5	257.0	1.83	1.40
发烟硫酸	—	69.8	2.00	1.59

酸性强，溶解性能适中，挥发性低，回收工艺成熟，比较经济，和其它强酸比优点较多。硫酸分子与刚性链 PPTA 分子可能以下列形式化合：

$$-C_6H_4-\underset{\underset{O}{\|}}{C}-\overset{\overset{H}{|}}{N}-C_6H_4- + H_2SO_4 \rightleftharpoons -C_6H_4-\underset{\underset{OH}{|}}{C^{\oplus}} = \overset{\overset{H}{|}}{N}-C_6H_4- + HSO_4^{\ominus}$$

沿着大分子链发生质子化作用，促进了溶解进程，测定聚合物在溶剂中溶解后的特性粘度，可以评价溶解情况。PPTA 分别溶于 100%和 96%的硫酸中，其特性粘度值之比为 10～15，说明在 100%的硫酸中溶解性比较好，特性粘度值比较高。从上面的反应式也看出，自由负离子 $HSO_4^{\ominus}$ 的浓度，将影响溶解性能，如果体系中存在水分，会使自由负离子浓度增加，则体系的溶解性下降，所以 96%的硫酸溶解性比 100%的硫酸要差。

研究表明浓度为 99%～100%的硫酸，对 PPTA 的溶解性最好。随着 PPTA 的浓度增加，溶液粘度上升，当到达临界浓度以后，粘度又开始下降，因为刚性棒状大分子，在低浓度时，溶液是各向同性体，所以粘度随浓度而上升。当溶液浓度过了临界浓度以后，刚性分子聚集形成液晶微区(Domain)，在微区中大分子呈平行排列状，形成向列型液晶态(Nematic Liquid Crystal)，但各个微区之间的排列，呈无规状态。当溶液受到一点外力场作用时，这些微区很容易沿着受力方向取向，因此粘度又开始下降，其关系如图9-5所示。随着温度上升，曲线向右移动，表明临界浓度值向高浓度一侧移动，有利于高浓度纺丝浆液的生成，有利于纺丝纤维的强度变大。

根据Flory理论，溶液中刚性链大分子的临界值浓度(V_c)与大分子轴比(X)的关系，近似地可用下式表示

$$V_c \approx (8/X) * (1 - 2/X)$$

刚性大分子的轴比与其相对分子质量成正比，因此V_c值与相对分子质量有密切关系，从V_c值可以粗略地估算大分子链的长度和形成液晶的情况。

对于溶液纺丝来说，一般希望聚合物相对分子质量尽量的大些，纺丝原液的浓度应该高些，而其粘度要低些以利于成形加工。从PPTA-H_2SO_4纺丝原液的相图，(图9-6)来看，在聚合物质量分数为18%～22%的范围里，溶液的粘度在90℃时，处于可纺性良好的低粘度区(参看图9-5)，低于80℃时体系呈固态，所以相图和相转变的研究，对于纺丝原液的制备十分重要。

溶液纺丝时要求凝固浴的温度低一些，有利于大分子取向状态的保留和凝固期间纤维内部孔洞的减少，低温凝固浴的温度为

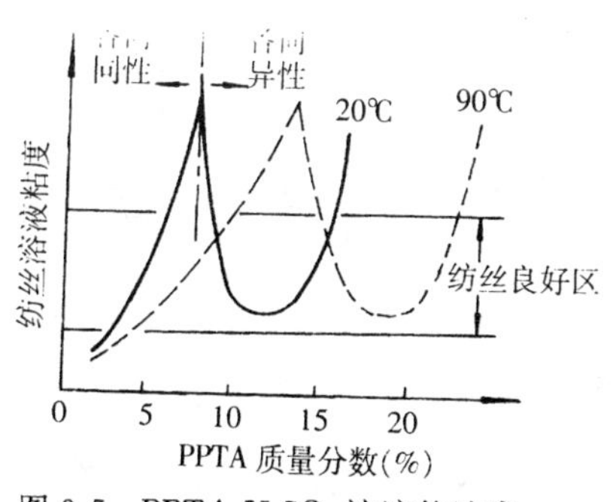

图9-5　PPTA-H_2SO_4溶液的浓度与体系粘度的关系

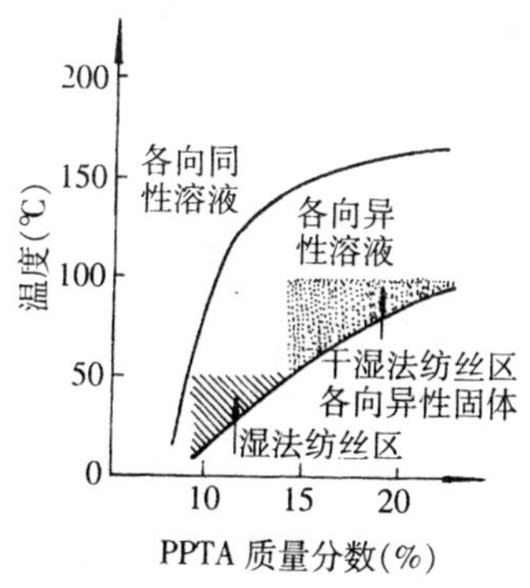

图9-6　PPTA-H_2SO_4的相图

0℃～5℃,而纺丝原液是高温状态,因此喷丝头不能浸入凝固浴中,而干喷湿纺过程,允许高温原液和低温凝固浴的独立控制。

2. 纤维制造

用上述的方法纺丝成形,称为液晶纺丝法。PPTA 高相对分子质量,高的质量分数硫酸溶液,具有典型的向列型液晶结构。纺丝原液通过喷丝孔时,在剪切力和伸长流动下,全体向列型液晶微区沿纤维轴向取向,刚出喷丝孔的已经取向了的原液细流,在空气层中进一步伸长取向,到低温的凝固浴中冷冻凝固成形,分子取向结构被保留下来,因此初生丝不经过拉伸就能得到高强度高模量的纤维,纺丝装置示意图如图 9-7 所示。

这种纺丝装置充分发挥液晶纺丝的优点,中间空气层间隙可使高温纺丝喷丝头和低温凝固浴保持温差,同时在空气层中进行适宜的喷头拉伸,增加取向度,并且纺丝速度也比湿式纺丝速度高得多,可达 200～800 m/min,有的研究试验中已达到 2 000 m/min 的高速,显然有利于工业化大生产。

纺丝工艺参数中,喷丝头拉伸比 SSF(Spin Stretch Factor,卷绕速度/喷丝速度)是纺丝过程重要的参数,图9-8是SSF与初生丝(as spun yarn)强度的关系。随着 SSF 增大,原液细流的拉伸

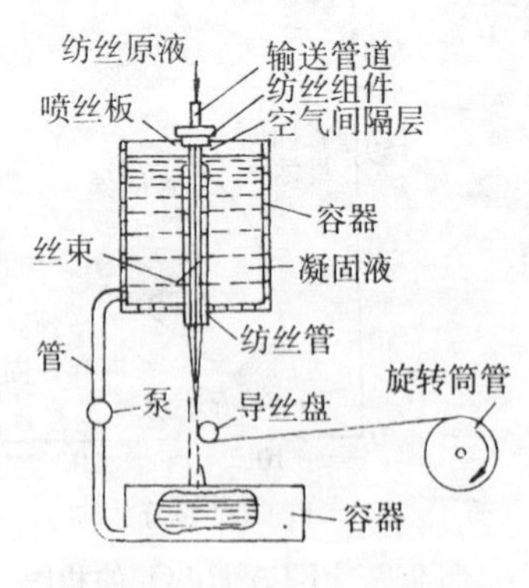

图 9-7　干喷湿纺纺丝装置

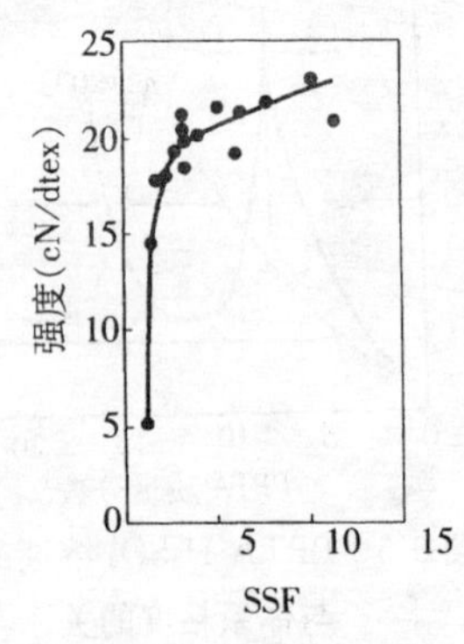

图 9-8　SSF 对初生丝强度影响

流动取向增强，纤维强度迅速增加，因为液晶大分子取向后，其松弛时间比较长，伸直取向的分子结构还来不及解取向，就在冷的凝固浴中被冻结凝固成形，使纤维保持高强度和高模量。纺出的丝束用纯水洗涤，除去残留的硫酸，上油后卷绕成筒管，即为 PPTA 长丝产品。把水洗中和好的丝束，再经过 500℃以上高温热处理后，纤维的模量几乎增加一倍左右，而强度变化很小，如图 9-9 所示。

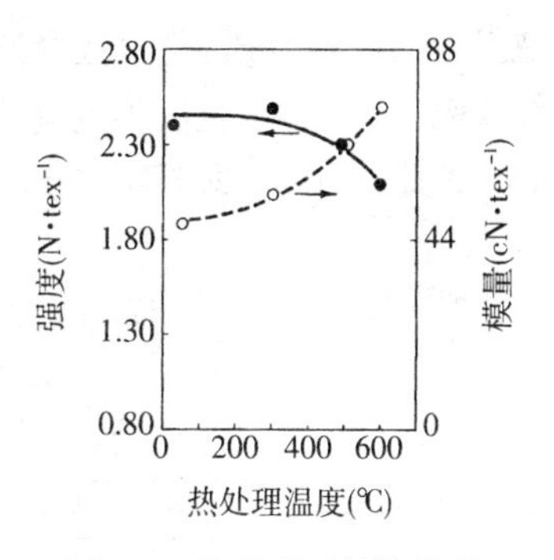

图 9-9　热处理对纤维强度和模量的影响

3. 纺丝管

图 9-7 干湿法纺丝装置中，引导凝固液流动的一根管子，称做纺丝管。在纺丝管中原液细流和凝固液按同一个方向流动，这样减少了相互之间的摩擦，使丝束受到的张力变小，有利于纺丝速度的提高。按照下述的经验公式，纺程中的丝束张力 F 与卷绕速度 V_1、凝固液流速 V_2、纺丝管长度 L 及纺丝温度 t 等有关：

$$F = 2.17 \times 10^{-9} t^{1.5} (V_1 - V_2)^2 L$$

所以 $V_1/V_2 \to 1$ 时，丝束受力最小，而凝固液的流速与纺丝管的形式和结构有关，一般封闭式纺丝管比敞开式纺丝管其凝固液流速要高 4～5 倍，V_2 增加了也有利卷绕速度的提高，因此纺丝管的结构也是一个重要的参数。

PPTA 的液晶纺丝开创了生产刚性链高性能纤维的先例，但是它在缩聚时，聚合物从 NMP-$CaCl_2$ 溶剂中沉析，再重新溶解于浓硫酸制成纺丝浆液，所以工艺复杂，设备要求耐强酸的腐蚀。为了改进聚合物的溶解性，采用共聚芳纶 DPEPPTA，在大分子主链上引入柔性链节(3,4-ODA)，共缩聚后得到聚合物的溶液，该溶液呈各向同性性质，经过浓度调整后即可直接进行纺丝，初生纤维经高温高倍拉伸，也能得到高强度的纤维。它与 PPTA 液晶纺丝的工艺路线比较，见图 9-10 所示。

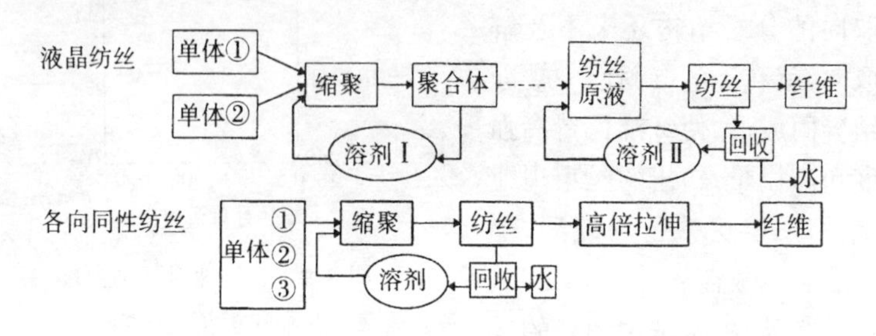

图 9-10　液晶纺丝与各向同性溶液纺丝工艺路线比较

刚纺出的 DPEPPTA 初生丝，强度比较低，要经过高温(500℃左右)下高倍拉伸(Super Draw)，纤维的强度才能上升，它们的关系如图 9-11 所示。一般拉伸 10 倍以上，纤维的强度可达 2.2～2.5 N/tex，模量为 521.9 N/tex 左右，这种超高倍拉伸的方法，引起纤维界人士很大的兴趣。

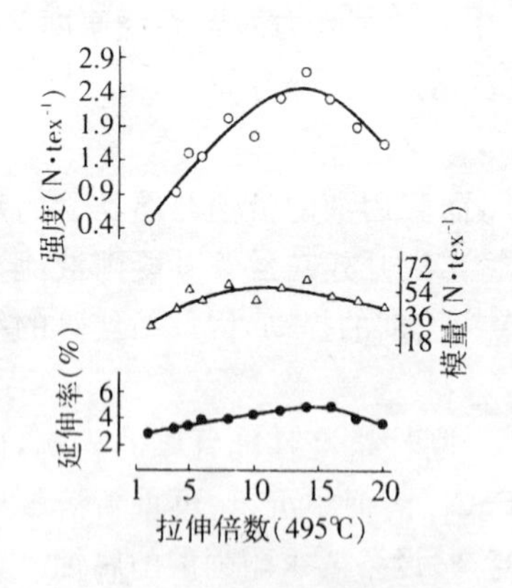

图 9-11　DPEPPTA 纤维的拉伸倍率与性能的关系

9.2.3　纤维结构和性能

如前所述，PPTA 纤维的结构与性能和普通聚酰胺、聚酯等有机纤维有很大差别。这些纤维大分子链多数以折叠、弯曲和相互缠结的形态呈现，就是经过拉伸取向后，纤维的取向和结晶度也比较低，其结构常用缨状胶束多相模型来描述，但这些理论已经不能解释 PPTA 高强高模的原因。PPTA 大分子的刚性规整结构、伸直链构象和液晶状态下纺丝的流动取向效果，使大分子沿着纤维轴的取向度和结晶度相当高，与纤维轴垂直方向存在分子间酰胺基团的氢键和 Van DerWaals 力，但这个凝聚力比较弱，因此大分子容易沿着纤维纵向开裂产生微纤化。

对 PPTA 纤维的结构，用 X-射线衍射、扫描电镜以及化学分析等方法进行解析，提出许多结构模型，比较有代表性的如 Dobb 等人提出的“辐向排列褶裥层结构”模型，Ayahian 等人的“片晶柱状原纤结构”模型，Prunsda 及李历生等人提出的“皮芯层有序微区结构”模型，这些微细构造的模型示意图列于图 9-12，基本上反映了 PPTA 纤维的主要结构特征：

(1)纤维中存在伸直链聚集而成的原纤结构；

(2)纤维的横截面上有皮芯结构；

(3)沿着纤维轴向存在 200～250 nm 的周期长度，与结晶 O 轴呈 0°～10°夹角相互倾斜的褶裥结构(Pleated Sheet Structure)；

(4)氢键结合方向是结晶 b 轴；

(5)大分子末端部位，往往产生纤维结构的缺陷区域。

通常纤维的抗张强度主要取决于聚合物的相对分子质量、大

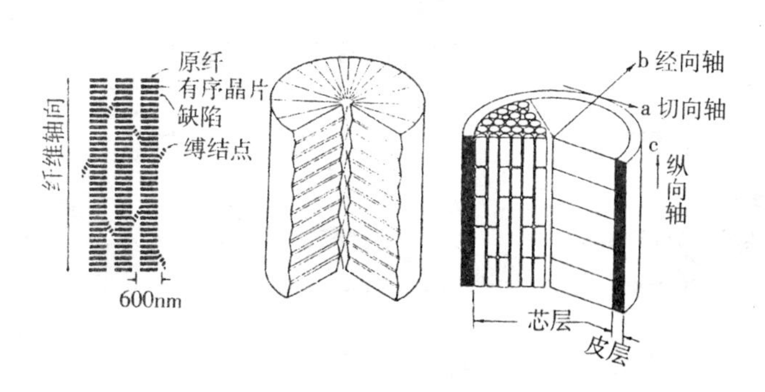

图 9-12　PPTA 纤维的各种微细构造模型

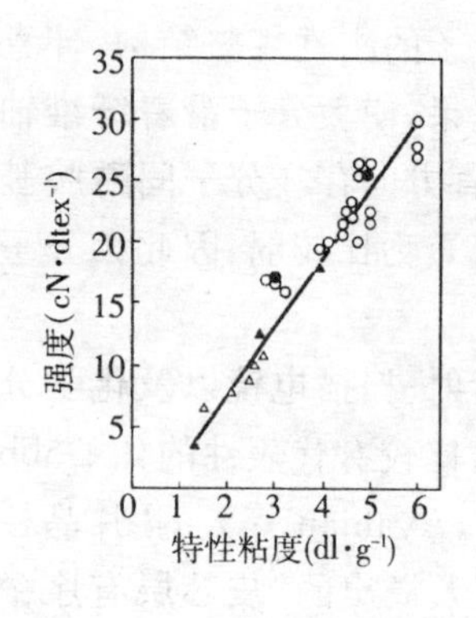

图 9-13 PPTA 纤维的强度与特性粘度的关系

分子的取向度和结晶度、纤维的皮芯结构以及缺陷分布。

图 9-13 所示是 PPTA 纤维的强度与相对分子质量(特性粘度)的关系,随着粘度的增加,纤维强度迅速上升,显然相对分子质量的增加,大分子链长度变长,同时减少了分子末端数,改进分子的规整性,有利于纤维强度的提高。对 PPTA 初生纤维进行紧张热处理,进一步完整纤维的结晶结构,提高纤维的模量,因此不同的工艺条件得到不同性能的 PPTA 纤维,表 9-5 是 PPTA 纤维系列的力学性能比较。

PPTA 纤维的理论强度是 30 GPa,理论模量为 182 GPa,现在纤维的强度实际达到 3 GPa 左右,模量最高达到 173 GPa,实测结晶模量已经达到 156 GPa,可以看出纤维的模量和理论值相当接近了,而纤维的强度只有理论值的 1/10,差距很大,这一方面说明高强度纤维的强度受到纤维结构缺陷的影响,另一方面也反映了目前有关纤维结构缺陷的理论还有许多不完善的地方,是今后

表 9-5 PPTA 系列纤维的力学性能

	K-29	K-49	K-149	K-129	DPEPPTA
强度(GPa)	2.9	2.8	2.3	3.4	3.1
模量(GPa)	68	124	173	96	70
实测结晶模量(GPa)	153	156	—	—	91
理论模量(GPa)	182	182	—	—	—
伸长(%)	3.6	2.5	1.5	3.3	4.4
密度($g \cdot cm^{-3}$)	1.43	1.45	1.47	1.44	1.39
吸水率(%)	6.0	4.3	1.5	4.3	2.0

研究的重要方向。

PPTA 纤维大分子刚性和伸直链的结构，不仅使纤维有高强度高模量的力学性能而且还有良好的耐热性，它的玻璃化温度是345℃左右，在高温下不熔融，热收缩也很小，有自熄性，在 200℃下，强力几乎保持不变，随着温度上升，纤维逐步发生热分解或炭化，其分解温度大约在 560℃，限氧指数值(LOI)为 28～30。

图 9-14 是经热处理过的高模量 PPTA 纤维的 X-射线衍射图，图中标线是纤维方向，图上赤道方向有两个较强的衍射斑，(110)面和(200)面，说明纤维有很高的结晶度和取向度，取向角约为 9.0°～9.6°，子午线方向有明显的等同周期衍射条纹及清晰的对称层线，其等同周期为 1.292 nm，PPTA 纤维的结晶结构系单斜晶体。

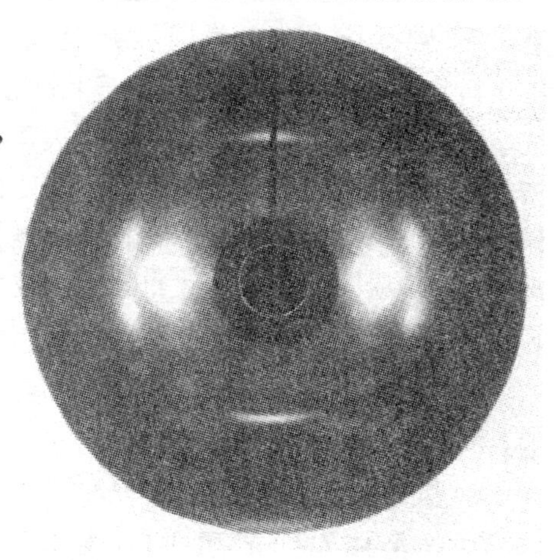

图 9-14　PPTA 纤维 X-射线衍射图

晶胞参数：

$a=0.780$ nm

$b=0.519$ nm

$c=1.29$ nm

$\alpha=\beta=\gamma=90°$

$Z=2$(单位晶胞中的分子数)

$\rho=1.50\ g \cdot cm^{-3}$(结晶密度)

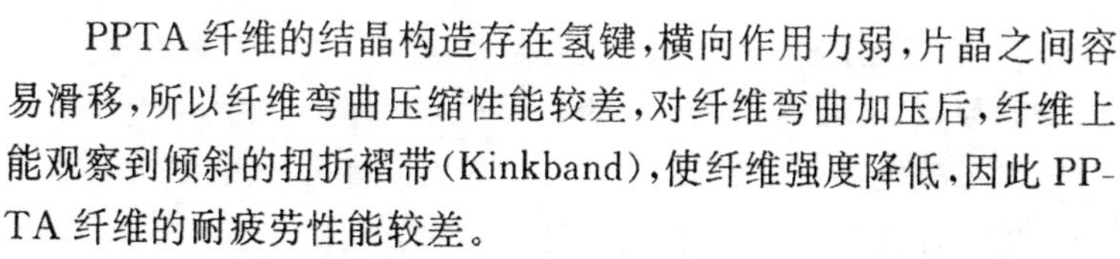

PPTA 纤维的结晶构造存在氢键，横向作用力弱，片晶之间容易滑移，所以纤维弯曲压缩性能较差，对纤维弯曲加压后，纤维上能观察到倾斜的扭折褶带(Kinkband)，使纤维强度降低，因此 PPTA 纤维的耐疲劳性能较差。

DPEPPTA 纤维在主链上引入 3,4-ODA 单体，非对称弯曲柔性的二苯醚基团，部分地破坏了PPTA的规整结构，导致结晶和取向程度降低，在X-射线衍射图中看不到清晰的衍射斑，它的微晶尺寸较小，经过高温高倍拉伸，分子结构比较致密，因此纤维的强度也很高，耐疲劳性能明显改善。

9.2.4 芳纶的浆粕化

芳纶浆粕(PPTA-Pulp)是近十多年来新开发的对位芳纶差别化产品，80年代初美国杜邦公司发表Kevlar-979(Aramid Pulp)，是一种高度分散性的原纤化芳纶产品，它的外观类似木材纸浆纤维，平均长度2 mm，平均比表面积6 m^2/g，有丰富的绒毛微纤和一定长度分布，和PPTA纤维具有同样的优良物理机械性能，因此作为石棉的理想替代纤维，在摩擦密封材料领域中有广泛的应用。进入90年代中期，欧美等地区开展禁止使用石棉的环境保护运动，PPTA-Pulp因此得到迅速的发展。1996年全世界PPTA-Pulp的市场销售量大约是9 000 t，是对位芳纶总量的40%左右，占据很大的份额。

商业上PPTA-Pulp的制造方法是利用PPTA纤维容易产生纵向原纤化的现象，把PPTA长丝切断后，在水中分散进行机械叩解和研磨，纤维被撕裂而原纤化，表面产生微纤状毛羽，所以在纺丝切断之前的工序，与纺制PPTA长丝基本相同，后面增加切断、悬浮分散、叩解及脱水干燥等几个工序，相比之下工艺过程比较长。

1984年，韩国Yoon申请了直接法制造PPTA-Pulp的专利。在缩聚时使用NMP-LiCl-Py(吡啶)三元溶剂体系，加入对苯二胺与对苯二甲酰氯进行缩聚反应，迅速生成液晶高分子溶液。在高速搅拌作用下，PPTA大分子链沿搅拌力作用方向高度取向，当相对分子质量达到某个范围时，体系形成冻胶态。如果此时停止搅拌，冻胶体系保留了 PPTA 大分子高度取向状态，分子间的临界链间距平均为 2.4 nm。分子与三元溶剂之间在极性基团的极化诱导下，分子还可以生长增加相对分子质量。随着分子的成长，溶剂被析出，大分子链堆积结晶形成原纤化结构，再加入沉淀剂经过粉碎、中和水洗和干燥，就得到具有一定长径比和比表面积的 PPTA-Pulp，其对数比浓粘度在 4.5～6.5 dl/g 之间。

杜邦公司的 Kevlar-Pulp T-979 有三种规格，如表 9-6 所示。

表 9-6　Kevlar-Pulp T-979 的规格

		1F368	1F356	1F358
公称长度(mm)		0.8	2.0	5.0
筛	14 (%)	2	12	45
网	35 (%)	22	23	20
目	80 (%)	33	25	11
数	200 (%)	43	40	24
比表面积($m^2 \cdot g^{-1}$)		8.5～9.5	6.5～9.5	5.5～7.0

采用吡啶为助溶剂的直接法制造 PPTA-Pulp 的问世，引起各国研究者的关注。在此基础上，1987 年 Park 等人提出二步法直接制造工艺。1990 年 Roland 等人发表的连续缩聚装置，利用具有液晶性的预聚物浆液，通过模口挤压成形，PPTA 分子沿流动方向高度取向，生成“软”冻胶落在传送带上，在一定温度的隋性气氛中，“熟成”变为“硬”冻胶，同时 PPTA 相对分子质量上升聚集成原纤结构，最后在沉淀剂里粉碎，中和水洗，生成 PPTA-Pulp。

我国在研制芳纶 1414 的同时，开展了共聚芳纶的缩聚反应研究工作。1986 年中国纺织大学王曙中等发现某些二胺类第三单体加入到对苯二胺与对苯二甲酰氯共缩聚反应时，有加速缩聚的效应。进一步研究发现，被加速的反应体系，在生成冻胶体后，有助于大分子链的增长和堆砌，利用这个方法制备 PPTA-Pulp，可以不用吡啶(Py)助溶剂，在 NMP-CaCl 二元溶剂体系中，直接制造

PPTA-Pulp，1992 年该法申请了中国专利(CN 1079516A)。由于溶剂体系中不使用吡啶，改善了劳动条件，简化了溶剂回收工艺，有利应用推广。图 9-15 是三种典型的制造 PPTA-Pulp 的方法比较示意图。

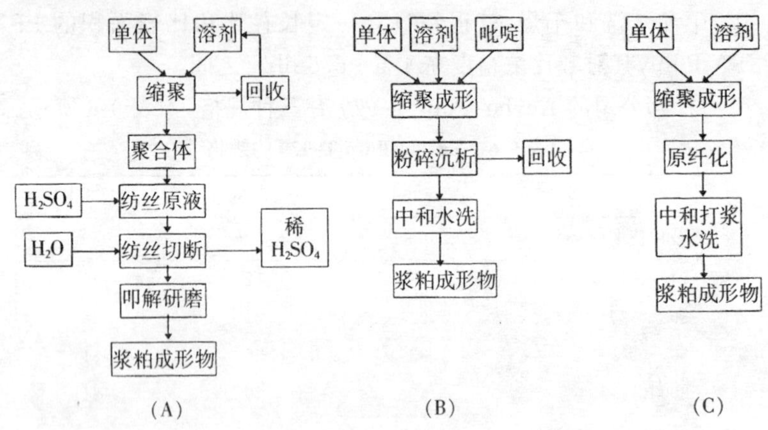

A：纺丝切断法工艺　B：YOON 直接法工艺　C：中纺大直接法工艺

图 9-15　PPTA-Pulp 三种制造方法比较

PPTA-Pulp 合成时，工艺技术要点基本上与 PPTA 合成时规律相同，只是当反应体系生成冻胶状态后，要停止搅拌，因此希望达到冻胶体时的 PPTA 相对分子质量要尽量的高，图 9-16 是相对分子质量(对数比浓粘度)与反应单体质量分数、溶剂中 $CaCl_2$ 的质量分数的关系，只有在最优化的工艺条件下，才能达到高相对分子质量。

PPTA-Pulp 成型过程和原纤结构的生成，用偏光显微镜观察，不同反应时间的样品，在正交偏振光下得到的照片如图 9-17 所示，开始的一张丝状纹线是无序液晶微区之间边界的反映；中间一张是液晶大分子平行排列，在光路下反映为明暗条纹织态；最后一张是晶须状原纤结构，反映出条带明暗周期更加规整。

这些变化用X-射线衍射也能看到。图9-18是不同反应时间

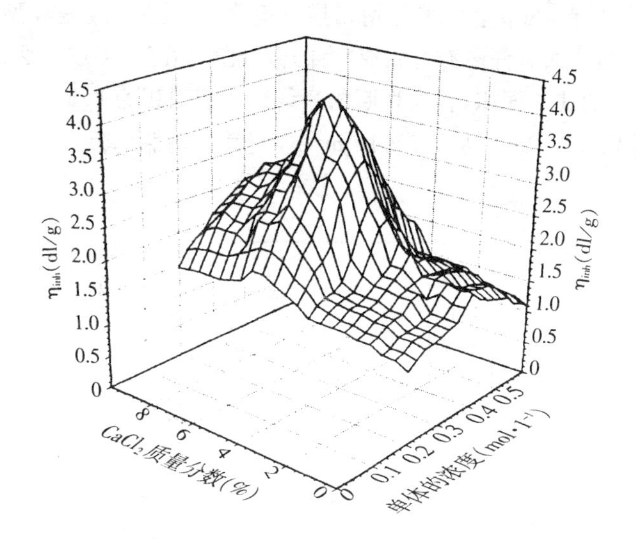

图 9-16 PPTA-Pulp 合成最优化工艺

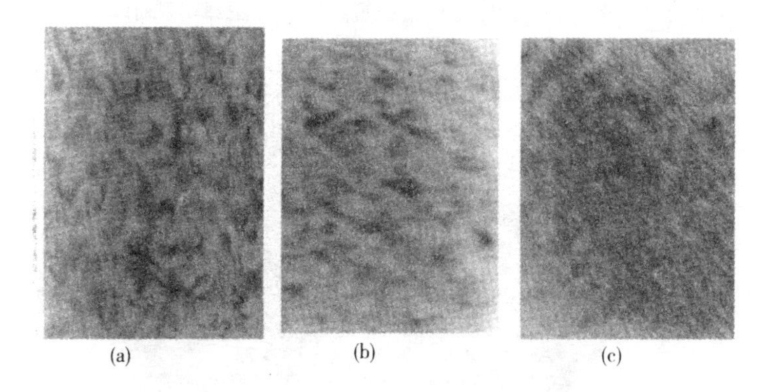

图 9-17 PPTA-Pulp 成型过程中偏光显微镜照片

的样品，得到不同的衍射强度曲线，开始是无定形漫射背景曲线，中间一条有衍射峰了，最后出现了清晰的二个峰，特征和 PPTA 纤维一样，但不是很尖锐，表明 PPTA-Pulp 的结晶和取向程度没有 PPTA 纤维高。

PPTA-Pulp 表观形态用扫描电镜测定。图 9-19 是典型的电镜照片，表面有许多微纤组成，有的微纤游离在外，形成毛羽，因此有很大的比表面积，长丝切断的短纤维比表面积为 0.5～0.8 m^2/g，而 PPTA-Pulp 达到 6～18 m^2/g，使其与树脂的复合有很好亲和性。

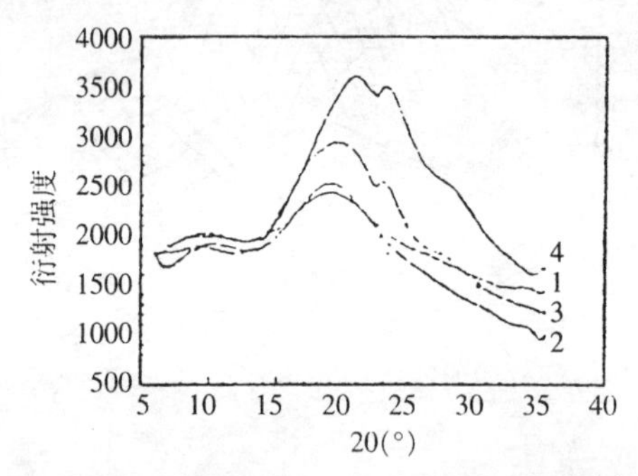

1. 10 min；　2. 20 min；　3. [illegible] min；　4. 40 min

图 9-18　PPTA-Pulp 成型过程中 X-射线衍射曲线

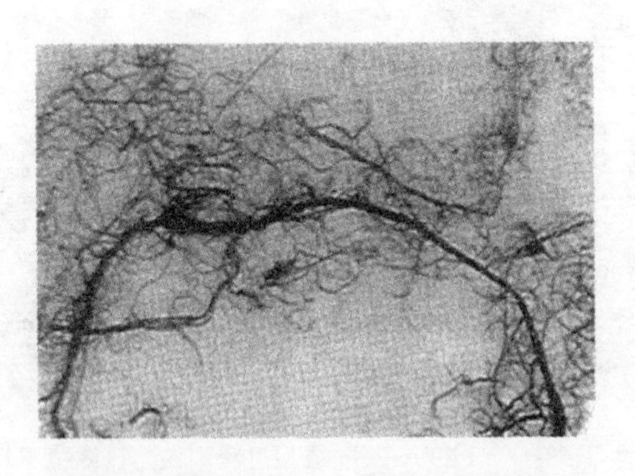

图 9-19　PPTA-Pulp 的扫描电镜照片

PPTA-Pulp 主要作为石棉替代纤维在摩擦材料领域，如离合器衬片、制动器垫片和刹车片等产品中应用，有效地利用其高强度、优良的耐热性和摩擦性能，它具有较高的吸收能量功能，密度比石棉低，所以制品质量轻，和对耦件的磨损小，摩擦系数稳定，寿命是石棉制品的 2～3 倍，很受摩擦材料厂家的欢迎。PPTA-Pulp 在密封材料上作为增强填料，可提高密封垫圈的耐压性、耐腐蚀性，在高技术的领域里得到应用。PPTA-Pulp 还可以造高级的合成纸、耐击穿电压高耐高温的绝缘纸和树脂层压成很薄的印刷线路板等等。总之随着高科技产业的发展，其应用范围还在不断地开拓。

9.2.5 用途

对位芳纶是近年来纤维材料中发展最快的一类高科技纤维，主要在产业用纺织品上应用，特别是产品要求轻量化、高性能化的场合，只能使用芳纶制品。人类社会即将进入 21 世纪，"可持续发展性"正成为大家的共识，一大批高新技术产业的兴起，如深海工程开发、污染少的高速交通工具开发、环保产业的发展、新型建筑材料的应用、宇宙的开拓以及新能源的推广应用等等，都需要芳纶等高性能纤维材料，下面列出芳纶的具体用途。

国内高性能纤维的市场已经初步形成，目前的需求量约是 4 150 t/a，分布在下面的几个工业领域中：

产业用过滤布	650 t/a
绝缘材料	1 000 t/a
产业用防护服	1 500 t/a
特殊防护衣	200 t/a
增强复合材料	100 t/a
摩擦密封材料	500 t/a
体育运动服	50 t/a
光缆	150 t/a

- 用途分类
  - 产业用纺织品
    - 缆绳类——海洋石油平台系留绳，快艇绳索，升降机吊索，体育用绳索，天线等大型物件固定缆绳等
    - 编织线绳类——耐热缝纫线，发热线，回收火箭飞船用线，射箭弓弦光缆等
    - 编织带类——耐热带，安全带，运输带，建筑用绳索等
    - 织物——篷布，耐热帆布，降落伞用布，过滤布等
    - 非织造布——耐热毡
    - 土工布——增强格栅材料，木材增强材料等
  - 防护衣服
    - 防弹衣——防弹背心，防弹头盔等
    - 切割料——安全手套，安全围裙，运动衣等
    - 防腐蚀衣——工作防护衣，耐焊花飞溅衣等
  - 增强材料
    - 轮胎——汽车轮胎帘子线，防切割帘子布等
    - 动力带——传送带，传动带
    - 胶管——高压软管，耐热软管，海洋工程软管等
    - 复合材料——航空机部件，压力容器，电子机械，体育用品，塑料增强材料，润滑部件等
  - 石棉替代
    - 摩擦材料——刹车垫片，离合器衬垫
    - 密封材料——密封垫片，汽缸垫
    - 工业用纸——耐热绝缘纸，工业特种用纸
  - 水泥补强
    - 建筑材料——幕墙，地基材料，屋顶材料
    - 补强材料——钢筋替代材料，筒管基材，盆槽基材等

根据发展的情况介绍以下几个例子。

1. 土木建筑领域

近年来高层建筑、海边或海洋中构造建筑及大型桥梁等新型建筑要求采用重量轻、强度高和耐久性好的材料，同时希望建筑施工安全省力，工程更加合理化。在土建用纺织品方面，已大量使用土工布，有关的报道很多，就不介绍了。下面介绍高性能纤维替代钢筋，增强混凝土的用途。一般的增强纤维有芳纶、碳纤维和玻璃纤维。纤维的形状有丝束或编织成辫子状绳索，浸渍树脂固化。芳纶辫绳的强度通常是钢筋的 5 倍，而密度只有它的 1/5，模量是它的 2/3，且加工方便。图 9-20 是纤维在混凝土中补强时的各种形

状示意图。用它们可做成棒状硬件，也有制成绳状软件的，可预加应力，根据需要还可编成框状。芳纶浸渍环氧树脂(FiBRA)的拉伸强度为1 500 MPa，拉伸耐疲劳性在应力幅度374 MPa下、200万次以上还没有破坏；耐化学药品(除了硫酸外)、在海水中浸渍30日，强度仍保持在90%以上；FiBRA和水泥的粘着性与普通钢筋相仿，因此采用FiBRA可使构件轻量化、耐久性好，在地面、柱子和梁结构施工中都有所应用。

	棒状	丝束	绳状	格子	矩形
形状					

图9-20　纤维的各种形状

应用FiBRA施工十分方便。在日本阪神大地震后，日本的技术人员利用它作为修补及加固材料，对高速公路、新干线的桥墩、建筑物的立柱、烟囱等，如有开裂修复经FiBRA加固后可长期使用，修理工期快节省资金，更重要的是经过这种高性能纤维增强的建筑物，由于材料具备振动阻尼特性，抗地震能力提高了十多倍。它的施工示意图见图9-21。

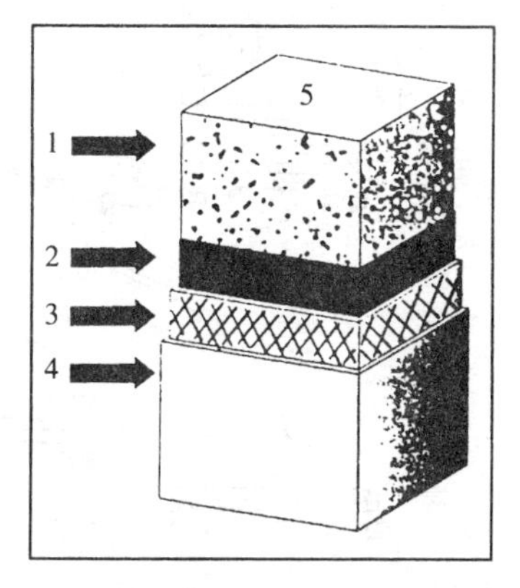

1. 基础处理；　2. 初步涂层；
3. 薄片的粘合；　4. 整理；
5. 立柱

图9-21　用FiBRA补强柱子

用高性能纤维增强的水泥，还有非磁性和不导电的特点，在超导磁力交通导轨、非磁建筑等新应用方面都有利用可能。

2. 交通运输领域

高性能纤维最开始是应用在

航天航空方面，现在交通运输向高速化发展是势在必行，高速公路和高速列车竞相开通，就要求对原来的车辆、路况和辅助设置进行改造。车辆的轻量化可通过大量采用纤维增强材料来实现。欧洲和日本的大型载重汽车的车体，使用高性能纤维增强材料后质量可减轻一吨多且比钢铁更坚固更耐用，绝热性能也大大提高，显示出很好的经济性。

采用芳纶为帘子线的轮胎，与目前使用的常规轮胎相比，质量可减轻 3 kg 而成本仅上升 10%，但轮胎使用寿命延长，能耗减低，乘座相当舒服。在汽车工业上芳纶还可应用于离合器衬垫、增强软管、汽缸垫、汽缸绝热毡等方面。在减少污染的新型汽车上(NGV)，要使用天然气为清洁能源，装在压缩气罐里，而这种气罐主要采用高性能纤维预浸带压制，质量只有钢制品的 1/4。上海东海天然气油田的投产，需要使用天然气的运输贮存和灌装配送时的压力容器，分配灌装的过程如图 9-22 所示，这种压力容器有相

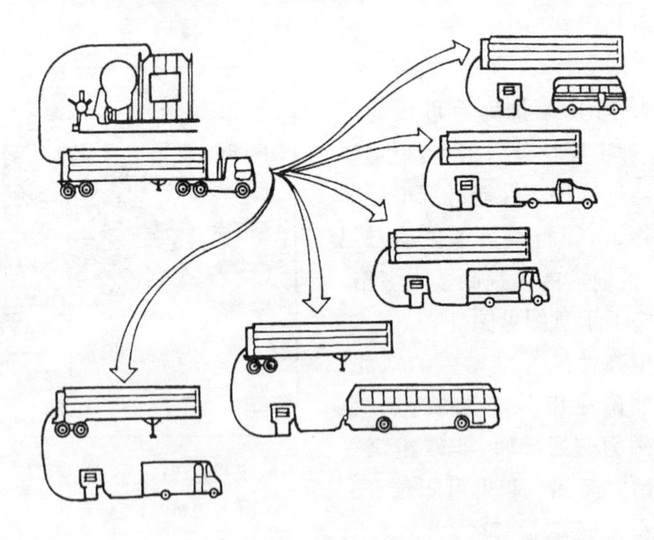

图 9-22　芳纶气罐的天然气装灌示意图

当大的市场。当然所有这些产品都有一个认识和开发过程，市场从无到有，从小到大，关键在于开拓。

高速列车在我国已经列入发展规划，要使列车达到预定的目标速度 300～350 km/h，降低列车的总质量是必要的措施之一。车厢内部隔板和天花板，采用芳纶蜂窝板复合材料，其质量只有原先材料的一半而强度提高两倍，且降低了车辆的重心，减少了车辆和轨道的负荷，增加了旅客的舒适感。芳纶夹芯板不仅强度高质量轻，而且耐高温不燃烧，大大提高了安全性，表面光洁美观有流线感，在国外这种材料已在高速列车上广泛应用。

3. 复合材料领域

复合材料中使用高性能纤维增强树脂的材料称为先进复合材料(ACM)。在波音 767 飞机中使用的 ACM 材料达二吨多，应用的树脂大多是热固性的环氧树脂。目前正在开发的高性能纤维增强热塑性材料和产业用纺织品有密切的关系，取向纤维增强热塑性材料以 O-TPC (Oriented Fiber Reinforced Thermo Plastic Composites)略记，O-TPC 材料的机械性能比普通短纤维增强塑料要高出许多，其原因一个是纤维取向，而更重要的是纤维的体积分数可达 50%以上。采用 O-TPC 可以克服熔融树脂粘度高，不容易向纤维束浸润的难点。它的特点是比较强韧，耐冲击性好，加工时没有固化反应，因此操作环境清洁，没有污染，成形材的存放和后加工性比较方便，适应性强，可回收再生利用，缺点是基体粘度高，加工成形温度高。

O-TPC 的成形法基本上有两种，预浸成形和非浸渍成形，前一种主要把高性能纤维以长纤维束单轴取向形式，直接浸入熔融的基体树脂池内，冷却即得 O-TPC 预浸布带，如图 9-23 所示。后者是把高性能纤维与树脂纤维混纺，加热加压成形，得到棒状材料，当然也可混纺成织物，层压加热成形得到板材和管材如图 9-24 所示。用户可以根据产量大小、材料的成本、部件加工的难易等

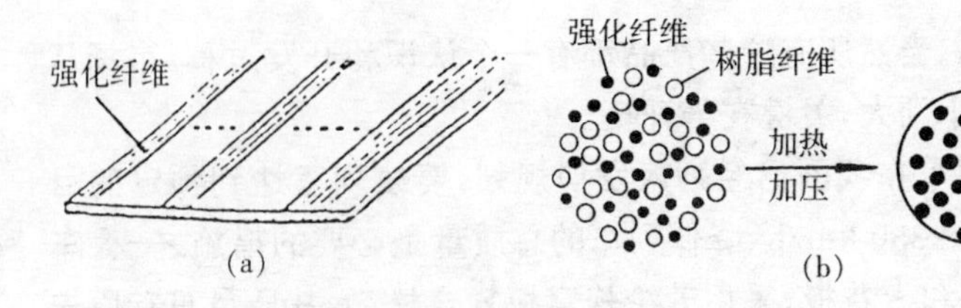

图 9-23　O-TPC 预浸布带

图 9-24　O-TPC 板材和管子

进行选择加工的方法。

PPTA 纤维在高科技产业上的应用,已经有 20 多年的历史。目前它的生产工艺已相当成熟,产品也形成系列化和多样化,以适应市场发展的需要。新的应用领域还在不断地开拓,今后将在性能/价格比方面与其它高科技纤维进行竞争。

9.3　聚间苯二甲酰间苯二胺纤维

芳香族聚酰胺纤维中另一个大品种就是聚间苯二甲酰间苯二胺纤维,我国称为芳纶 1313。它由美国杜邦公司在 60 年代初首先研制成功,1967 年以商品名 Nomex 推向市场。Nomex 纤维具有优良的耐高温性和难燃性,纺织加工性和天然棉花相同,因此当时顺应了宇宙太空开发计划的需要,作为耐高温纤维材料,得到迅速发展。一般认为能耐 200℃以上高温连续使用而不出现热分解,同时保持一定的物理机械性能,这样的纤维才能称为耐高温纤维。以前工业界广泛应用的天然石棉纤维是很好的耐高温纤维,但近年发现石棉对人体有危害,对环境有污染,已经逐步减少使用。30～40年代开发的玻璃纤维,有耐热性、绝缘性和强度上优势,在电气和塑料增强材料方面得到应用。

随着高科技产业的兴起,在最近30年里已经研究了许多耐高温纤维的品种,如聚丙烯腈预氧化纤维、聚苯并咪唑纤维(PBI,见第11章)、聚酰亚胺纤维、聚苯硫醚纤维(PPS)及聚四氟乙烯纤维(PTFE)等等,新近又开发成功三聚氰胺缩甲醛纤维。然而大多数耐高温纤维仍处于小量生产和供应开发阶段,只有间位芳纶的年产量达到3万吨左右,具有经济规模水平。

间位芳纶的市场基本上由美国杜邦和日本帝人两家占领。在1996年3月他们两个公司为了适应市场的需求,共同投资在香港注册成立杜邦帝人先进纤维公司,以Metamax/美塔斯为商标,在中国(包括香港和澳门地区)使用,原来的Nomex和Teijin Conex商标停止在中国使用。

9.3.1 Metamax的合成

和Kevlar一样,由于Metamax不能熔融,它的合成也用界面缩聚法及低温溶液缩聚法,由间苯二胺(MPD)和间苯二甲酰氯(ICl)缩合反应而得,反应式如下所示。

$$H_2N-C_6H_4-NH_2 + ClOC-C_6H_4-COCl \longrightarrow [HN-C_6H_4-NHCO-C_6H_4-CO]$$

杜邦公司一般采用界面缩聚法进行合成Metamax,把ICl溶于四氢呋喃(THF)有机溶剂中,然后边强烈搅拌边把ICl的THF溶液加入MPD的碳酸钠水溶液中,在水和THF的有机相界面立即发生缩聚反应,生成Metamax聚合物沉淀,经过分离、洗涤干燥后得到固体聚合物。有机相溶剂可以采用THF、二氯甲烷及四氯化碳等与间苯二甲酰氯不起反应,而能溶解的有机溶剂,在水相中可加入少量酸吸收剂，如三乙胺、无机碱类化合物，以中和反应生成的盐酸，增加缩聚反应程度，得到高相对分子质量的聚合物，不同的溶剂有不同的反应速率，用模型化合物间硝基苯胺与苯酰氯在不同的溶剂中反应，测定反应速度常数及反应活化能，如表 9-7 所示。所以要合成高相对分子质量聚合物，选择合适的溶剂相当重要，其它如二个单体的摩尔分数、搅拌的形式、反应的温度、反应浓度等都是反应取得成功的重要条件，要进行仔细的选择。

表 9-7　不同溶剂中反应速度常数 k 及活化能 E

溶　剂	$k*10^2/l \cdot mol^{-1} \cdot s^{-1}$	$E/kJ \cdot mol^{-1}$
四氯化碳	0.36	57.1
异丙醚	1.00	45.8
苯	1.41	45.7
硝基苯	31.60	38.5

Metamax 也可采用低温溶液缩聚方法合成，先把间苯二胺溶解在二甲基乙酰胺(DMAc)溶剂中，在搅拌下加入间苯二甲酰氯，反应在低温下进行，并逐步升温到 50℃～70℃直至反应结束。在 DMAc 中也可加入少量叔胺添加剂，促进缩聚反应，反应完成后在溶液中加入氧化钙，以中和部分生成的盐酸，使溶液体系成为 DMAc-CaCl 酰胺盐溶剂系统，增加聚合物溶解的稳定性，经过浓度调整，这种溶液可以直接进行湿法纺丝。

为了得到高相对分子质量的 Metamax 聚合物，反应在低温下进行，以减少副反应的发生和聚合物的分子降解，起始反应温度与聚合物的相对粘度关系，如图 9-25 所示。

二个反应单体的摩尔配比，对相对分子质量也有很重要的关系。理论上它们的配比是等摩尔配比最好，但实际上由于间苯二甲酰氯性质特别活泼，与空气中水分或溶剂发生副反应而要损耗一点，因此间苯二甲酰氯总要过量少许，才能得到高的相对分子质量 Metamax，如图 9-26 所示。

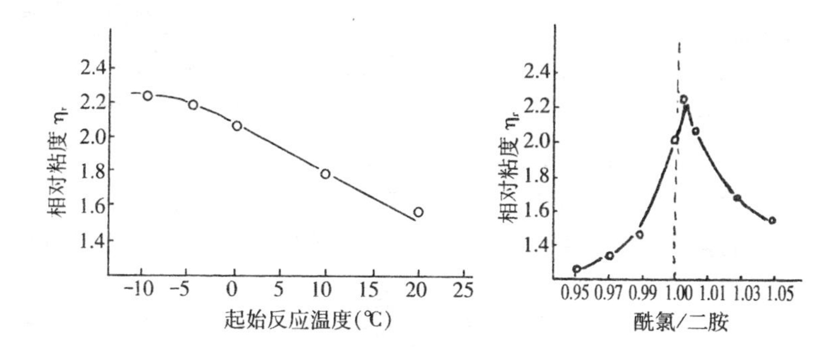

图 9-25　反应起始温度与聚合体相对粘度的关系

图 9-26　单体摩尔配比与聚合体相对粘度的关系

界面缩聚和低温溶液缩聚相比较，各有优缺点。界面缩聚反应速度快相对分子质量高，聚合物经过洗涤，可以配制高质量的纺丝原液。采用干法纺丝技术，纤维质量优异，纺丝速度也高，但设备比较复杂，工艺技术要求严格，纺丝机台数增多，投资增加。低温溶液

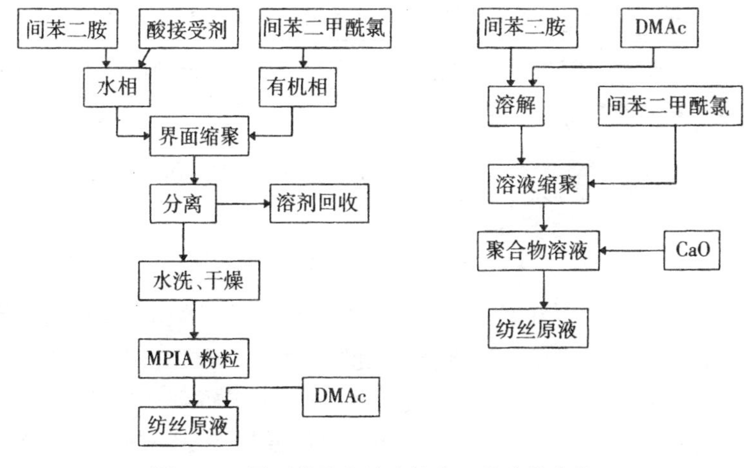

图 9-27　界面缩聚与溶液缩聚工艺路线比较

缩聚，反应比较缓和，聚合物直接溶解在缩聚溶剂中，反应得到的浆液直接纺丝，工艺简便，适宜用湿法纺丝，产量大，但纤维质量没有干法纺丝的好。它们的工艺路线比较如图 9-27 所示。

工业化大规模生产 Metamax 也有两种方法，连续化的或者间歇式的。无论何种方法，由于间苯二胺与间苯二甲酰氯反应要放出大量反应热，反应速度又快，为了更好控制反应，采用两段界面缩聚或者两步法溶液缩聚的方法，以缓和缩聚反应过程，制备高相对分子质量的聚合物。

两段界面缩聚法是一种改进的界面缩聚方法，先在有机相中二个单体在温和条件下缓慢反应，生成低相对分子质量的活性中间体，在第二阶段将活性中间体与含有酸接受剂的水溶液，在强力搅拌下混合，在界面进一步发生缩聚反应，得到高相对分子质量的聚合物，因为反应分二个阶段控制，延缓了反应时间，反应过程比较容易掌握和稳定，Metamax 的质量也稳定。

两步法溶液缩聚也是采用缓和反应的原理，间苯二胺全部溶解于溶剂后，进一步降低温度，然后只加入 1/2～2/3 量的间苯二甲酰氯，生成氨端基的低相对分子质量中间体，调整反应体系的温度，再加入剩余的间苯二甲酰氯达到完善反应，得到高相对分子质量的聚合物。

9.3.2 纺丝成形

MPIA 纤维可采用干法纺丝和湿法纺丝两种方法制备，这两种方法与常规的化学纤维干法纺丝与湿法纺丝基本相似，只要根据前道聚合工序生产的聚合物，配制或调整纺丝原液，至可纺性良好的范围，经过滤进入喷丝孔纺丝，凝固成形得到初生纤维，水洗后第一道沸水拉伸，再干燥后第二道高温（300℃以上）拉伸，就可得到成品纤维。

在 PPTA 液晶溶液的干湿法纺丝技术获得成功之后，也有人研究把这种干湿纺的技术应用于 Metamax 的纺丝，先制得高浓度的纺丝原液，加热纺丝原液使温度升高，达到可纺性良好的粘度区域，在喷出纺丝孔后，在空气层中伸长流动，提高喷头拉伸倍数，纺丝细流进入冷的凝固浴成形，保留了纤维中大分子取向的效果，从而使纤维强度高，结构紧密，耐热性更好，用这种方法可以得到高质量的 Metamax 纤维。

以上三种纺丝方法相比较而言，各有利弊。干法纺丝和干湿法纺丝一般适合纺制 Metamax 长丝，喷头孔数少，纺丝速度高，得到的纤维质量好，而机械设备复杂，成本相对比较高。湿法纺丝由于喷丝孔多达 30 000 孔以上，设备简单，产量高，适宜 Metamax 短纤维的生产，但纤维的性能稍差些。所以要根据具体的产品应用范围、技术条件来选择相应的工艺路线。

9.3.3 纤维的结构和性能

Metamax 纤维是由酰胺基团相互连接间位苯基所构成的线型大分子，和 Kevlar® 纤维相比，间位连接共价键没有共轭效应，内旋转位能相对低些，大分子链呈现柔性结构，其弹性模量的数量级和柔性链大分子处于相同水平，它们的分子链轴方向的模量列于表 9-8。

表 9-8 各种大分子的结晶模量比较

	纤维模量(GPa)	结晶模量(GPa)	
		实测值	理论值
PPTA	68.0～132.0	156	183
MPIA	6.7～9.8	88	90
PET	19.5	108	122
PP	9.6	27	34
PAN	9.0	—	86

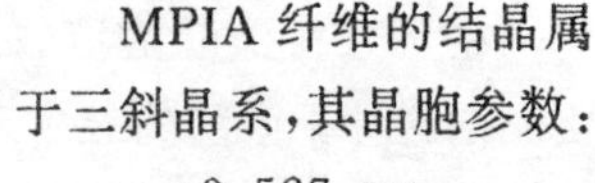
MPIA 纤维的结晶属于三斜晶系，其晶胞参数：

$a=0.527$ nm

$b=0.525$ nm

$c=1.130$ nm

$\alpha=111.5°$

$\beta=111.4°$

$\gamma=88.0°$

$Z=1$

$\rho=1.47\ g/cm^3$

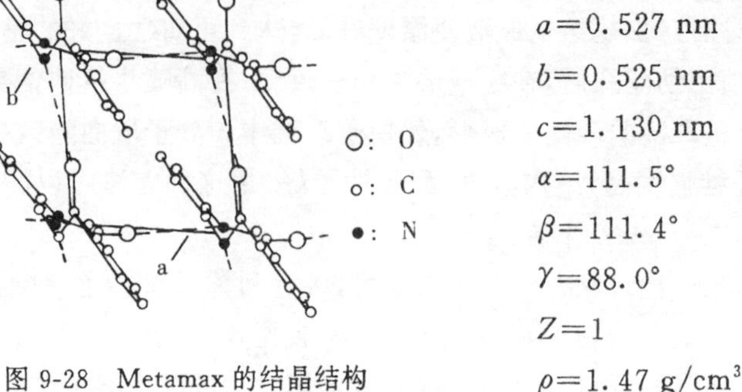

图 9-28　Metamax 的结晶结构

Metamax 的结晶结构如图 9-28 所示，在它的晶体里氢键在两个平面上存在，如格子状排列。由于氢键的作用强烈，使 Metamax 化学结构稳定，具有优越的耐热性能，同时阻燃性、耐化学腐蚀性也相当好。Metamax 纤维的玻璃化转变温度为 270℃左右，热分解温度高达 400℃～430℃，在 200℃以下，工作时间长达 20 000 h，强度仍能保持原来的 90%，260℃热空气里可连续工作 1 000 h，而强度维持原来的 65%～70%，耐热性明显优于常规的合成纤维如涤纶等。Metamax 纤维不熔融，温度超过 400℃纤维劣化直至炭化分解，高温分解产生的气体主要是 CO、CO_2，在火焰中燃烧时散发的烟密度也大大低于其它纤维，纤维离开火焰就自熄。Metamax 纤维进入 900℃～1 500℃高温环境时，会产生一种特别的隔热及保护层，外部热量暂时不能传递入内部，这对防御高温是非常有效的。

Metamax 纤维具有优良的物理机械性能，强度比棉花稍大些，伸长也大，手感柔软，耐磨牢度好，和其它无机耐高温纤维，如玻璃纤维等比较，Metamax 纤维的纺织加工性能良好，穿着舒适耐用，它与几种常用的纤维机械性能比较列于表 9-9。

表 9-9　几种常用纤维的机械性能比较

	芳纶 1313	Metamax	尼龙	涤纶	棉花
强度(cN/dtex)	3.52～4.84	3.34～6.16	3.96～6.60	4.14～5.72	2.64～4.31
(GPa)	0.5～0.7	0.5～0.8	0.4～0.7	0.6～0.8	0.4～0.7
伸长(%)	20～50	35～50	25～60	20～50	6～10
模量(cN/dtex)	52.8～79.2	48.4～70.4	8.80～26.4	22.00～61.6	61.6～79.2
(GPa)	7.5～10.9	6.7～9.8	1.0～3.0	3.1～8.5	9.5～12.0
密度($g \cdot cm^{-3}$)	1.37	1.38	1.14	1.38	1.54
LOI	28～32	29～32	20～22	20～22	19～21
炭化温度(℃)	400～420	400～430	250 熔化	255 熔化	140～150

Metamax 纤维还具有化学稳定性，耐水解和蒸气的作用，另外耐辐射性能也比涤纶、锦纶等纤维有较高的残余强力。所以作为耐高温纤维 Metamax 的综合性能较好，已经在高科技产业中得到广泛的应用。

9.3.4　Metamax 纤维的用途

耐高温纤维中 Metamax 纤维是品质优秀的、发展得最好的纤维，即使如此它与常规纤维比较，其价格也要高出 5～10 倍左右。由于它们的独特耐高温性能，在需要这些纤维的场合，性能价格比还是合理的，从耐高温纺织品、高温下使用的过滤材料、防火材料到高级大型运输工具内的结构材料，用途十分广泛。

高温过滤袋和过滤毡是 Metamax 纤维应用量最多的地方，对高温烟道气、工业尘埃具有除尘特性优异，高温下长期使用仍可保持高强力、高耐磨性。因此在金属冶炼、水泥和石灰石膏生产、炼焦、发电和化工等行业中使用高温过滤除尘袋，有利于改善劳动环境，回收资源。

耐高温防护服、消防服和军服是Metamax纤维最重要的用途之一，它有优秀的防火效果，当意外的火灾发生时，可在短时间内耐高温，不自燃或熔融烫伤皮肤，因此起到保护和逃生作用。Metamax纤维由于自身大分子固有的结构特性，具有很高的阻燃耐热性能，点火温度800℃以上，在火焰中燃烧时散发的烟雾极少，因此作为防火隔热的防护衣服有独特的性能。用该纤维做成的面料，当其暴露于高热或靠近火焰时，纤维会稍稍膨胀，从而面料与里层之间产生空气间隙，起到隔绝热量传递的作用，保护人体不受高热的伤害。研究表明，改进对Metamax纤维纺织品的结构设计，可以制造出各种高耐热性规格的织物，如Nomex Delta系列产品面料，把Nomex与一种超细碳纤维为芯层，尼龙为鞘的包芯纤维P140混纺织物，产品称Nomex Delta A，因为P140纤维具有导电性，所以面料有永久抗静电性，瞬间抵消每个电荷，特别适用于做石油化工行业的耐热抗静电工作服。Nomex Delta T产品是Nomex与25% Kevlar®纤维的混纺织物，由于Kevlar®纤维起到强大的骨架作用，使织物耐热性能大大优于纯Nomex织物，面料在高温下不会收缩，用它制成的接触强热源的高防护性工作服，受到钢铁厂工人和消防人员的欢迎。这些耐热衣服的一个共同特点是柔软轻巧，穿着舒适性好，在高温下有高的机械强度，与传统老式的防护工作服相比，由于重量的降低，耐热水平的提高，意味着人员受保护有更长的时间，有较多的活动能力去从事抢险工作和逃离危险现场，起到减少损失保护生命的重大作用。

工业上耐高温产品的部件，如工业洗涤机衬垫、烫衣衬布等，复印机内的清洁毡条，耐高温电缆，橡胶管等等均使用Metamax纤维。

Metamax还可以做成浆粕纤维，和5mm的Metamax超短纤维混合打成纸浆，用普通造纸方法抄纸，得到强度高、耐高温的工业用纸，用在电气绝缘纸材料上是高级的H级绝缘纸。这种纸制成的蜂窝芯，表层用纤维增强复合材料板粘贴后具有优良的防火性能，强度高、质量轻、表面光滑是高级航空内装饰板材，适于制造天花板、隔板、内部结构件和柜台等设施。现在这种材料已经扩展到高速列车的内部构件，从而降低了列车的总质量，满足了火车高速化对车重的要求。

随着社会的发展，Metamax 纤维还用于高层建筑的阻燃纺织装饰材料，老人小孩的阻燃睡衣和床上用品，可见 Metamax 纤维大有发展前景。

参考文献

[1] Wulfhorst B. Chemiefasern. 12.P，1986，1271

[2] 王曙中．北京:全国产业用纺织品研讨会论文集，1995

[3] 岛田惠造．纤维学会志，1981，37.P ：125

[4] 神吉正弥．塑料，1985，36.P ：4

[5] 杨宏汉．合成纤维，1981，10(3).P ：36

[6] 今井淑夫．高分子，1978，27.P ：723

[7] Kakida H. J. Polym. Sci.，Polym. Phys. Ed.，1976，14.P ：427

[8] Yang H H，Allen S R，施祖培译．Advanced Fiber Spinning Technology，P.130～159

[9] 王曙中．吡啶类添加剂对 PPTA 缩聚反应的影响及机理研究．特殊性能高分子学术论文集．中国化学会编，桂林．1984，P.416

[10] 王曙中．华东纺织工学院学报，1984，10(1)，P.41

[11] Du Pont. USP 3817941，3869429，4340559

[12] Jingsheng B. J Appl. Polym. Sci.，1981，26 ：P.1211

[13] 陈旭炜．产业用纺织品，1992，10(2) ：P.1

[14] 王曙中．CN 1079516A

[15] Wang Shuzhong. Preprints First East-Asian Polymer Conference，

1995, P. 163

[16] 高胜玉．产业用纺织品,1996, 14(6) : P. 31

[17] Du Pont. Enginerring Fiber Systems Kevlar

[18] 王曙中．上海国际产业用纺织品和非织造布研讨会论文集,1997, P. 127

[19] 功刀利夫,太田利彦,矢吹和之．高强度高弹性率纤维．东京:共立, 1988

[20] 高田忠彦．纤维学会志,1998,54. P : 3

第10章 芳香族聚酯纤维

10.1 前 言

芳香族聚酯纤维(Polyarylate Fiber)是继全芳香族聚酰胺纤维(Aramid Fiber)开发成功之后，又一个通过高分子液晶纺丝而制得的高科技纤维。只是PPTA溶解于浓硫酸形成溶致性液晶体系，制备的纺丝原液粘度相当高，溶解工程设备和工艺都比较复杂，溶剂回收投资昂贵。虽然PPTA纤维强度高、模量高又耐高温，但价格也很高，因此在研究PPTA化学结构的时候，有人提出用酯基团替代酰胺基团，由聚酰胺改为聚酯，即全芳香族聚酯结构，用熔融纺丝的方法，来得到高性能纤维，对此人们注入了很大的热情。芳香族聚酯最简单的结构是聚对羟基苯甲酸(PHBA)和聚对苯撑对苯二甲酸酯，其化学结构式如下：

$$\left[O-\langle\bigcirc\rangle-CO \right]$$

$$\left[O-\langle\bigcirc\rangle-O-CO-\langle\bigcirc\rangle-CO \right]$$

它们的化学结构刚性太强，熔融温度分别为610℃和600℃，而分解温度为400℃～450℃，所以不能采用熔融加工成形；它们也不溶解于强酸之类溶剂中，只能像陶瓷粉末那样烧结成形，要进行熔融纺丝必需使聚合物的融点下降至分解温度以下，从热力学公式$T_m=\Delta H_f/\Delta S_f$可知，要使熔点$T_m$下降，要么熔融热焓$\Delta H_f$变小，要么熵变$\Delta S_f$增大。对于刚性链特征的大分子，因为熔融而分子形态变化极少，只有降低分子的刚性，才能使 ΔS_f 变大，促使熔点下降，为此对芳香族聚酯的分子设计进行了研究。

用共聚方法导入不规整分子基团、柔性的基团或芳香环上接置换基团，才能达到上述目的。

Griffin 等人根据芳香族聚酯改性的方法，归纳为如图 10-1 所示的三种类型。从图中可见三种不同的改性方法，都不同程度的降低了聚合物的熔点，PHBA 为 600℃以上，共聚改性后，熔点大约在 230℃～280℃。因为大分子改性后也使聚合物的结晶度降低了，所以熔融焓减小而降低了熔点，聚合物刚性程度的降低，使 ΔS_f 变大。聚合物分子链的特征相关长度的大小，是分子刚性的一种量度，和 PPTA 相比数据如表 10-1 所示。

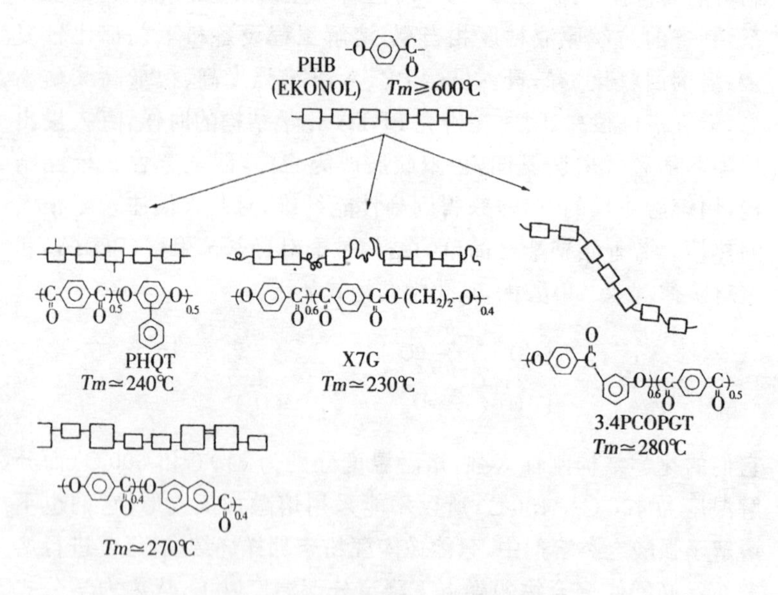

图 10-1 芳香族聚酯的改性方法

芳香族聚酯的相关长度比溶致性液晶的 PPTA 通常要小得多，而比柔性链聚合物则要高，也有条件形成高分子液晶态。

表 10-1　典型聚合物的相关长度及 Mark-Houwink 指数 a

聚合物	相关长度 (nm)	a
柔性链聚合物 PE	0.6	0.50
PPTA	20.0～40.0	1.06
3,4-PCOPGT	2.0	0.73～0.76
P(HBA/HNA)	6.0～9.0	0.98

芳香族聚酯加热熔融后，呈现向列型有序状态，一般液晶有三种类型，如图 10-2 所示。向列型液晶态(Nematic Liquid Crystal)，分子呈棒状、沿分子长轴方向非常有序地相互平行排列，用偏光显微镜观察时，有丝状结构，属于一维有序液晶构造，芳香族聚酯熔融时生成的液晶就称为熔致性液晶。在熔融纺丝时，大分子同样容易沿着流动方向取向，和溶致性液晶纺丝的原理相同，有利于得到高强度高模量的纤维。另一种液晶是近晶型液晶(Smectic Liquid Crystal)，有序大分子的层状结构。还有一种

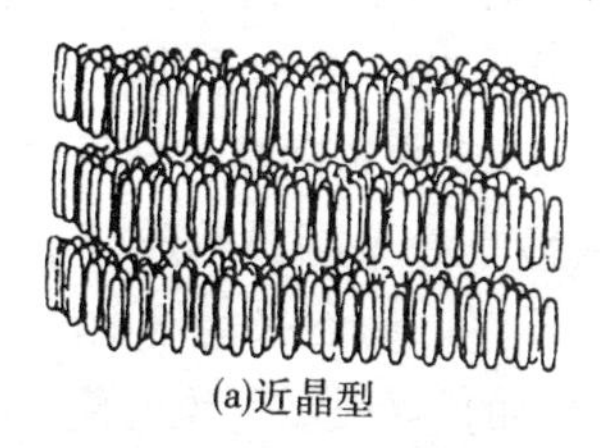

(a)近晶型

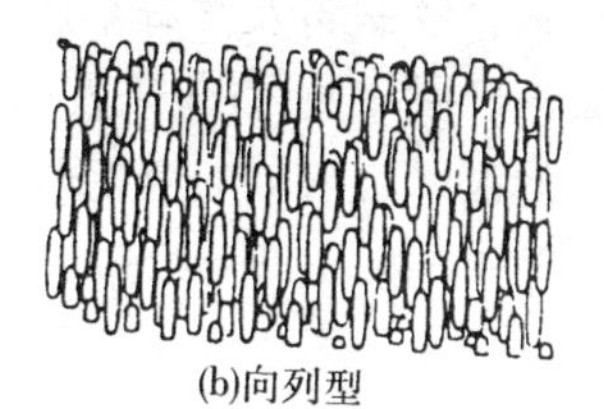

(b)向列型

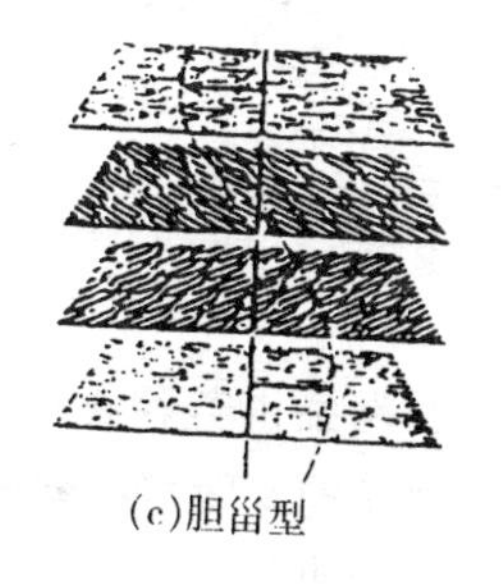

(c)胆甾型

图 10-2　液晶高分子的类型

是胆甾型液晶(Cholesteric Liquid Crystal),它也是层状组合,但相邻两层中大分子的排列方向依次旋转一定角度,纵向就形成螺旋状结构。两种液晶都是二维有序结构。

芳香族聚酯纤维由美国杜邦公司、金刚砂公司(Carborundum)、塞拉尼斯公司(Celanese)科学家进行开发。最先由 Jackson 发现 PET(聚对苯二甲酸乙二醇酯)与刚性构造的对羟基苯甲酸共聚,1976 年发表时称为 X-7G,纺成纤维强度和模量比较低。以后金刚砂公司的加入联苯的共聚酯,也有液晶性质。他们和日本住友化学公司合作开发的 Ekonol 纤维强度为 4.1 GPa,模量为 134 GPa,达到高科技纤维的水平。

对芳香族聚酯虽然进行了很多研究工作,但能形成商品化产品的并不多。纺丝采用熔融液晶成形,初生丝力学性质较低,要经过长时间的热处理,纤维性能才能上升,因此能耗大,生产效率低。由于在聚合物制备及其纤维成形上还存在种种难题,许多共聚酯的产业化进展缓慢。近年来人们从工艺研究和纤维高性能开发中,找到新的技术突破,初生丝强度就可达到 0.9～1.8 N/tex 左右,再进行简单的热处理,便于工业化规模生产,引起产业界的兴趣。美国塞拉尼斯公司和日本可乐丽公司合作开发的 Vectran 纤维首先实现了工业化,使芳香族聚酯的研究又趋向活跃。

10.2 芳香族聚酯的合成

芳香族聚酯由芳香族二羧酸、芳香族二元酚以及羟基苯羧酸等能形成液晶的基团熔融缩聚得到,表 10-2 所示的能形成液晶的单体都可选择使用。

从图 10-1 所示的各种聚酯的改性方法,选择不同的单体进行共聚,熔融缩聚设备一般利用普通PET的缩聚装置,下面介绍几

表 10-2　形成液晶性的单体

芳香族二元酚	芳香族二羧酸	芳香族羟基羧酸
$HO-C_6H_4-OH$	$HOOC-C_6H_4-COOH$	$HO-C_6H_4-COOH$
$HO-C_6H_3(CH_3)-OH$	$HOOC-C_6H_3(CH_3)-COOH$	$OH-C_{10}H_6-COOH$
$HO-C_6H_3(Cl)-OH$	$HOOC-C_6H_3(Cl)-COOH$	
$HO-C_6H_3(C_6H_5)-OH$	$HOOC-C_6H_4-C_6H_4-COOH$	
$HO-C_6H_4-C_6H_4-OH$	$HOOC-C_{10}H_6-COOH$	
$HO-C_{10}H_6-OH$		

种有代表性芳香族聚酯的合成。

(1)聚对羟基苯甲酸(PHBA)

由对乙酰氧基苯甲酸(ABA)熔融缩聚合成，反应式如下：

$$CH_3-\underset{\underset{O}{\|}}{C}-O-C_6H_4-\underset{\underset{O}{\|}}{C}-OH \xrightarrow{-CH_3COOH} \left[O-C_6H_4-\underset{\underset{O}{\|}}{C} \right]$$

PHBA 分子结构刚性太强，熔点 610℃高于热分解温度，又不溶于强酸之类的溶剂，因此用在纤维成形上没有实用价值，PHBA 在一定的缩聚条件下，可形成晶须状的结晶体。

(2)X-7G

美国伊斯特曼(Eastmen)公司，用聚对苯二甲酸乙二酯(PET)与对乙酰氧基苯甲酸(ABA)反应，得到共聚酯，反应式如下所示：

$$\left[O-CH_2-CH_2-O-\underset{\underset{O}{\|}}{C}-C_6H_4-\underset{\underset{O}{\|}}{C} \right] + CH_3-\underset{\underset{O}{\|}}{C}-O-C_6H_4-\underset{\underset{O}{\|}}{C}-OH$$

$$\xrightarrow{-CH_3COOH} \left[\left(O-CH_2-CH_2-O-\underset{\underset{O}{\|}}{C}-C_6H_4-\underset{\underset{O}{\|}}{C} \right)\left(O-C_6H_4-\underset{\underset{O}{\|}}{C} \right) \right]$$

共聚酯的熔点显著降低，ABA 的含量在 40%～90%范围内形成熔致性液晶，根据 NMR 解析聚合物是无规共聚酯，称为商品名 X-7G 的有两种共聚比，PET/ABA 为 40/60 和 20/80 两种。

(3)Ekonol

美国金刚砂公司用对乙酰氧基苯甲酸(ABA)、p,p-二乙酰氧基联苯(ABP)、对苯二甲酸(TA)、间苯二甲酸(IA)四元共缩聚，该共聚物的商品名称为 Ekonol，其组成比为 ABA/ABP/TA/IA 为 10/5/4/1，少量的间苯二甲酸，能改进共聚酯的加工性能，其反应式如下所示：

$$CH_3-\underset{\underset{O}{\|}}{C}-O-C_6H_4-\underset{\underset{O}{\|}}{C}-OH + CH_3-\underset{\underset{O}{\|}}{C}-O-C_6H_4-C_6H_4-O-\underset{\underset{O}{\|}}{C}-CH_3$$

$$+ HO-\underset{\underset{O}{\|}}{C}-C_6H_4-\underset{\underset{O}{\|}}{C}-OH + HO-\underset{\underset{O}{\|}}{C}-C_6H_4-\underset{\underset{O}{\|}}{C}-OH \xrightarrow{-CH_3COOH}$$

$$\left[\left(O-C_6H_4-\underset{\underset{O}{\|}}{C} \right)\left(O-C_6H_4-C_6H_4-O \right)\left(\underset{\underset{O}{\|}}{C}-C_6H_4-\underset{\underset{O}{\|}}{C} \right) \right]$$

(4)Vectran

美国塞拉尼斯公司用 ABA 与 2-乙酰氧基-6-萘甲酸(ANA)共聚反应，得到的共聚物其商品名称为 Vectran，它的熔点随(ANA)基团含量的变化而变化，ABA/ANA＝70/30 时，共聚酯的熔点最低。ABA 与 ANA 在醋酸钾催化剂和氮气流保护下经过酯交换反应，脱除醋酸，再在真空下进一步缩聚，加快搅拌同时提高真空度，有利于醋酸的蒸出，对反应温度进行多段控制，可得到高相对分子质量的聚合物，其反应式如下所示：

$$CH_3-\underset{\underset{O}{\|}}{C}-O-C_6H_4-\underset{\underset{O}{\|}}{C}-OH + CH_3-\underset{\underset{O}{\|}}{C}-O-C_{10}H_6-\overset{\overset{O}{\|}}{C}-OH$$

$$\xrightarrow[200℃]{N_2}\text{透明熔融体}\xrightarrow[250\sim280℃]{1\sim3\ h}\text{混浊熔融分散体}\xrightarrow[280\sim340℃\text{真空}]{10\ min\sim1\ h}$$

$$\left[\left(O-C_6H_4-\underset{\underset{O}{\|}}{C}\right)\left(O-C_{10}H_6-\overset{\overset{O}{\|}}{C}\right)\right]$$

(5)PHQT

美国杜邦公司采用苯基对二乙酰氧基苯(PHQD),与对苯二甲酸(TA)共聚反应,生成带有侧基的共聚酯(PHQT),其结构如下式所示:

$$\left[O-C_6H_3(C_6H_5)-C-\underset{\underset{O}{\|}}{C}-C_6H_4-\underset{\underset{O}{\|}}{C}\right]$$

与萘二甲酸也可共聚,结构式如下所示:

$$\left[O-C_6H_3(C_6H_5)-O-\underset{\underset{O}{\|}}{C}-C_{10}H_6-\overset{\overset{O}{\|}}{C}\right]$$

由于主链上引入苯基这样体积较大的侧基,因此熔点下降较大,也能得到性能很好的纤维。

10.3 纤维成形

芳香族聚酯的纺丝成形方法,与 PET 的熔融纺丝法差不多。

聚合好的共聚酯熔体可以直接进入纺丝机，也可制成切片，经过处理后再熔融挤出纺丝。一般纺丝速度在100～2 000 m/min，喷丝头拉伸倍数超过10以上，有较大的流动伸长变形。挤出过程中，熔体温度控制在熔点稍高一些范围，低于分解温度以避免聚合物热分解。大多数芳香族聚酯的纺丝温度控制在275～375℃，此时熔体呈熔致性液晶结构，通过喷丝孔时，受到剪切应力，大分子很容易沿着纤维轴向取向，还来不及热松弛，纺丝细流就冷却固化成形，分子取向几乎完全保持，使初生纤维有较高的力学性能。

芳香族聚酯的熔体粘度和剪切速率的关系，比较HBA/HNA共聚酯与PET的熔体行为，见图10-3所示。因为是向列型液晶性质，稍受外力大分子沿着力场取向，所以共聚酯的熔体粘度受剪切力影响比PET大得多，粘度受剪切速率的增加而下降，有利于高η聚合物的熔融纺丝，和PPTA液晶纺丝一样，相对分子质量越高，纺出的纤维强度越大，但是聚合物的相对分子质量也不能太高，因为熔融粘度会急剧上升，使纺丝发生困难强度反而降低（见图10-6）。

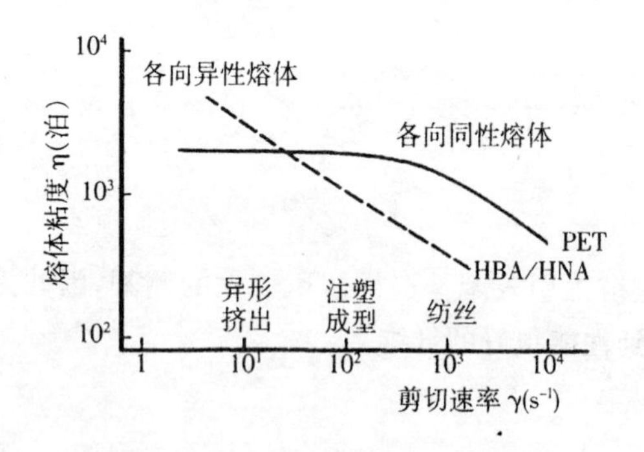

图10-3　熔体粘度与剪切速率关系

随着纺丝技术的进步，目前熔致性液晶纺丝有两种方法：

①开始使用较低相对分子质量，即粘度较低的熔体纺丝，工艺

条件容易控制，但初生纤维强度较低，要经过长时间的高温热处理，类似于固相缩聚反应的效果，使纤维的相对分子质量进一步提高，从而提高强度。

②采用适当高的相对分子质量，熔体粘度在高温和高剪切速率下，仍处于熔融纺丝的范围内纺丝，所得初生纤维的强度为9～18 cN/dtex，用比较短的热处理时间，即可进一步提高纤维的强度和模量。

还有根据Zimmerman研究报道，高相对分子质量的共聚酯其结晶熔融热ΔH在10 J/g以下时，也可在纺丝温度稍低于熔点而略微高于凝固点的范围里进行过冷纺丝，在比较低的纺丝速度下卷绕，可避免拉伸共振现象的发生，达到稳定纺丝，这样聚合物仅产生轻微的热分解，所得初生纤维强度可高达13.2 cN/dtex以上，只需要短时间的热处理，强度上升到26.5 cN/dtex左右，使人们很感兴趣。

一般情况下芳香族聚酯纺丝成形后，不需要延伸工序，这点与柔性链PET纺丝不同。由于初生纤维的线密度就是最终成品纤维的线密度，所以为了得到线密度小的纤维，要用细小的喷丝孔径，大的纺丝剪切速率，从图10-3可知大的剪切速率下，熔融粘度较低，有利于纺丝成形。图10-4是纺丝细流冷却固化时纤维直径的变化情况，和PET纤维相比，芳香族聚酯HBA/HNA纤维在喷丝口下10 cm左右处急剧变细固化，直至卷绕，纤维的大分子取向和结构的形成都在这10 cm内完成。

热处理对于芳香族聚酯纤维的成形是相当关键的工序，要控制升温速率和丝束的张力，在惰性气氛保护下或减压下，加热到接近纤维熔点的温度，连续除去生成的小分子副产物，增加纤维的相对分子质量，提高纤维的强度，如表10-3给出H. H. Yang综合文献得到的数据。初生纤维经过热处理后性能变化的情况，图10-5给出了η_{inh}与热处理纤维强度的关系。芳香族聚酯纤维经过热处理后，强度有大幅度的提高。目前认为由于热处理提供了分子末端运动的机会，发生进一步固相缩聚，同时后结晶使纤维的结晶更加完善，因此提高了纤维的强度。

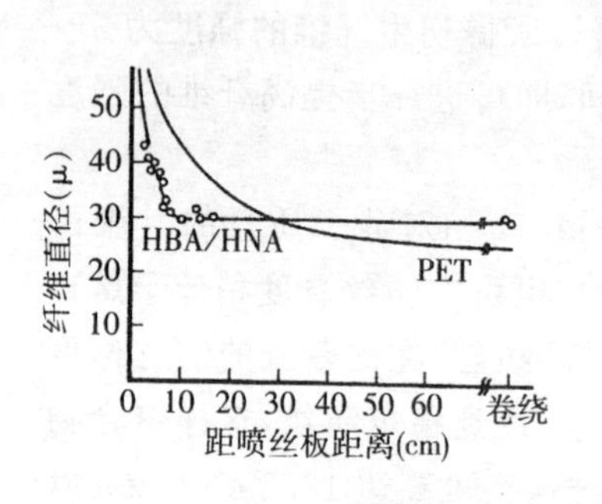

图 10-4　熔体细流的直径变化

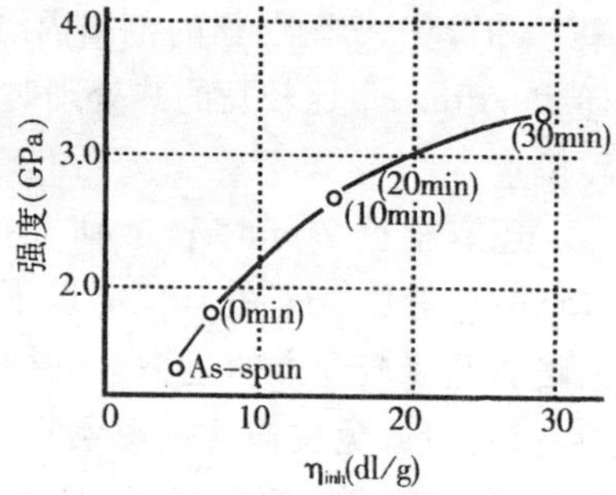

图 10-5　η_{inh}与热处理纤维强度的关系

表 10-3　共聚酯 Vetran 初生纤维与热处理纤维的性能

HBA/HNA	初生纤维		热处理		热处理纤维	
	T	*M*	温度(℃)	时间(h)	*T*	*M*
60:40	2.1	72.4	250	90.0	2.9	67.3
70:30	1.5	68.7	250	90.0	2.5	69.9
73:27	—	—	270	0.5	3.7	—

T:强度(GPa)，　*M*:模量(GPa)

热处理的机理比较复杂，许多认识还来自于经验的积累。经过多年的研究，芳香族聚酯的热处理时间，已经从过去的几十小时缩短到现在的几十分钟，但是热处理仍然是芳香族聚酯生产区别于普通合成纤维的地方，也是生产成本居高不下的原因，今后它的研究方向仍然是提高纤维的性能和进一步改进生产工艺技术，以提高成本效益。

10.4 纤维的结构和性能

芳香族聚酯纤维作为高科技纤维中重要的一个品种，研究开发历史还比较短，共聚酯中各种单体和配比种类繁多，结构比较复杂，能商品化开发成高性能纤维的还比较少，但从纤维的物理机械性能看，可与芳香族聚酰胺纤维相媲美，表 10-4 是代表性纤维的性能比较。和 PPTA 纤维一样，芳香族聚酯纤维的强度与聚合物的相对分子质量有关，随相对分子质量增大而增加，如图 10-6 所示。

表 10-4 芳香族聚酯纤维的性能比较

	Ekonol	Vectran	PHQT	3,4-PCOPGT
强度(GPa)	4.1	2.9	2.9	3.9
模量(GPa)	134	69	82	51
伸长(%)	3.1	3.7	4.3	7.0
密度($g \cdot cm^{-3}$)	1.40	1.41	1.23	—
熔点(℃)	380	270	342	282
吸水率(%)	0	0.05	0	—

芳香族聚酯纤维的结构由改性的方法不同、随原料的组成不同而变化，但基本构造仍是伸直链高取向的原纤结构，Vectran 的微细构造，可观察到约 5μm 的大原纤（Macro Fibril）、0.5 μm 的原纤(Fibril)和 0.05 μm 的微原纤(Micro Fibril)，偏光显微镜中看到条纹结构

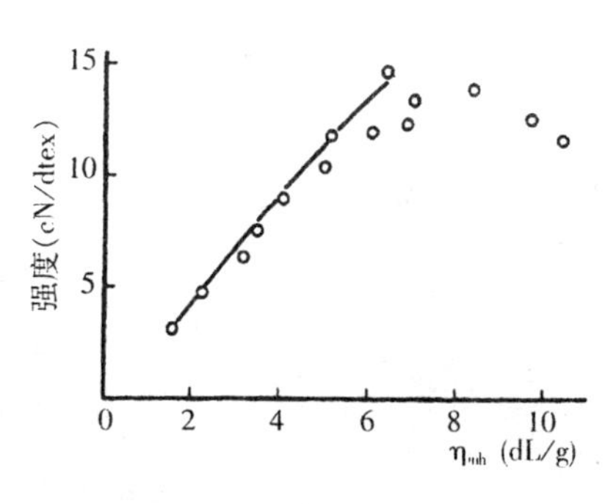

图 10-6 芳族聚酯对数比浓粘度与初生纤维强度的关系

和 PPTA 纤维中的结构非常相似(见图 10-7)。

芳香族聚酯大多是共聚酯,其结晶构造分析比较困难,少数几个已有文献报道,列于表 10-5 所示。

表 10-5　芳族聚酯的晶胞参数

	Vectran	3,4-PCOPGT	PHBA
晶型	斜方	斜方	单斜
a(nm)	0.792	1.251	0.742
b(nm)	0.552	0.755	0.563
c(nm)	1.354	6.583	1.255
α(°)	90	90	90
β(°)	90	90	90
γ(°)	90	90	92.8
z	2	4	2
ρ($g \cdot cm^{-3}$)	1.47	1.47	1.52

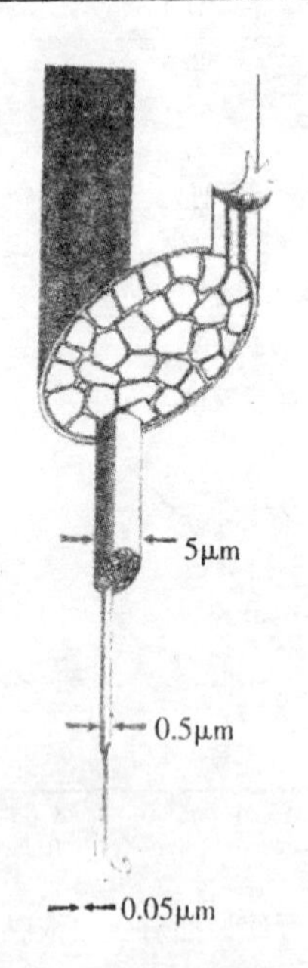

图 10-7　Vectran 微细构造

现在 Vectran 已经开发成几个品种,有中强低伸纤维,强度 1.5 GPa,伸长 2%,模量 70.9 GPa;高强型纤维,强度 3.3 GPa,伸长3.5%,模量95.3 GPa;超高模量型纤维,强度 2.65 GPa,伸长 2.2%,模量 106.4 GPa,以适应不同的用途需要。

从上面可知 Vectran 纤维具有高强度、高模量,耐蠕变尺寸稳定性好,有极低的吸湿率和耐化学腐蚀性,在 200℃干热和 100℃湿热条件下收缩率为零,因此可与 PPTA 纤维相媲美,在耐水性、耐酸碱性及耐磨损方面还优于PPTA纤维，将在各个产业部门得到广泛应用。

10.5 用 途

芳香族聚酯纤维有长丝、短纤维及纸张等形式，主要应用于产业部门。作为高科技纤维的一个品种将参与市场的竞争，以其独特的性能，在高性能船用缆绳、远洋捕鱼网、传送带及电缆增强纤维、新一代体育器材、防护用品以及高级电子仪器结构件等等方面得到应用。

作为增强纤维材料，在光缆、特种电线中起支撑保护作用，与橡胶复合可制造耐高压软管、传送带、耐磨密封件及汽车用橡胶部件，和树脂复合可成为超薄型印刷电路基板。

纤维织物耐切割性好，是防护服、手套等安全用品的好材料，也是优秀的耐高温耐腐蚀的工业过滤布。

芳香族聚酯纤维特别适合编织渔网、养殖业围网、船用绳索，它不怕潮湿，强度大，使用寿命长，又可轻量化。

在体育器材方面，如网球板、头盔及雪撬等也在开始使用。总之随着芳香族聚酯纤维工业化进程的发展，各种用途正在不断开拓。新工艺、新的共聚物的研究成功以及工业技术的突破，预计芳香族聚酯纤维的性能会进一步提高，成本也会大幅度下降，因此是一种有发展前景的高科技纤维材料。

参考文献

[1] 中川润洋．纤维学会志,1991，47.P：589

[2] Griffin B P，at al. Polym. J.，1980，12.P：147

[3] Sweeny W，at al. and SPSJ Internat. Polym. Conf.，1986，P.23

[4] Yang H H. Aromatic High-Stregth Fiber. Johm Wiley & Sons Inc. New York，1989

[5] 王睦铿．材料导报，1994，3.P：58

[6] 植田启三．纤维学会志，1897，43.P：135

[7] 杉岛博．纤维学会志，1998，54.P：12

第 11 章　芳香族杂环类纤维

11.1　聚对苯撑苯并双噁唑纤维(PBO)

芳纶(PPTA 纤维)作为高强度高模量纤维首先开发成功，在产业用纺织品上开发了多种用途，同时也促进了高科技纤维的发展。PPTA 纤维虽然有高的比强度和比模量，但是单位面积的力学性能比钢丝差，耐热性还不够高，如果从分子结构上引入杂环基团，限制分子构象的伸张自由度，增加主链上的共价键结合能，就有可能大幅度提高纤维的模量、强度和耐热性。

早在 60 年代初美国空军材料实验室，对咪唑类聚合物进行了研究。它和塞拉尼斯纤维公司在 80 年代初成功得到的聚苯并咪唑纤维(PBI)都具有很高的耐热性，其限氧指数 LOI 值为 41，在惰性气氛中 350℃下经历 300h 也没有明显的老化效应，但 PBI 纤维的力学性质和普通化纤相仿(PBI 纤维将在下一节详述)。美国空军材料实验室对芳香族杂环类聚合物的继续研究，开发了一系列的杂环聚合物，其化学结构式如下所示：

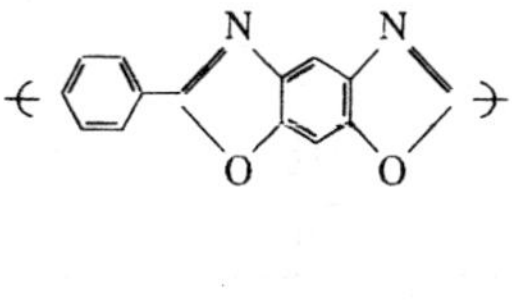

顺式聚对苯撑苯并双噁唑

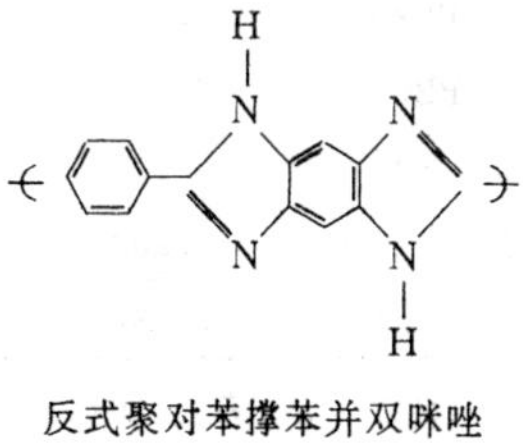

反式聚对苯撑苯并双咪唑

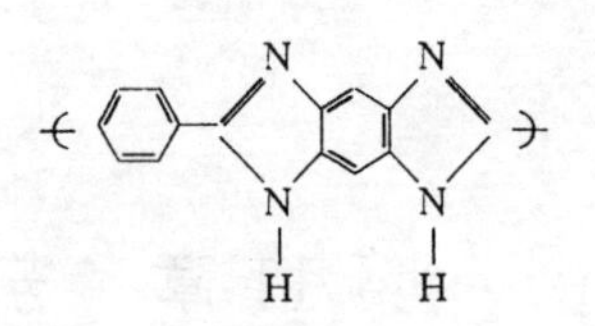

反式聚对苯撑苯并双噁唑

顺式聚对苯撑苯并双咪唑

反式聚对苯撑苯并双噻唑

聚 2,5-苯并噁唑

顺式聚对苯撑苯并双噻唑

聚 2,6-苯并噻唑

对这些聚合物,Wierschke 等人从理论上计算力学性能,并和实验值进行比较,它们的结果列于表 11-1。从表中看到 PBO 比 PBZT 的力学性能优异,这也是主链杂环上的氧元素与硫元素的差异引起的,而顺式 PBO 的理论模量比反式 PBO 高,有点例外。

表 11-1　弹性模量计算值和结晶模量、纤维模量的比较

	分子横断面积 (nm^2)	理论计算值 (GPa)	结晶实测值 (GPa)	纤维模量 (GPa)
cis-PBO	0.194	690	475	350
trans-PBO	0.192	680	—	—
cis-PBZT	0.207	580	—	—
trans-PBZT	0.206	605	385	300
cis-PBI	0.209	630	—	12
trans-PBI	0.209	640	—	—
PPTA	0.202	182	156	125
UHMW-PE	0.182	362	240	160

注:cis 顺式,trans 反式,UHMW 超高相对分子质量。

由于 PBO 在性能和成本等方面优于 PBZT，并且 Stanford 研究所(SRI)取得了有关单体和聚合物合成的基本专利，以后美国道化学公司得到授权，对 PBO 进行了工业性开发，同时改进了原来单体合成的方法，新工艺几乎没有同分异构体副产物生成，提高了合成单体的收率，为产业化打下了基础。1991 年道化学公司和日本东洋纺公司合作，共同开发 PBO 的纺丝技术，1995 年春东洋纺公司得到道化学公司的授权，开始 PBO 纤维的中试生产研究工作，并且取得了小批量的 PBO 纤维产品。

11.1.1 合　成

PBO 的合成采用 2,6-二氨基间苯二酚盐酸盐与对苯二甲酸缩聚，其单体合成方法的反应式如下：

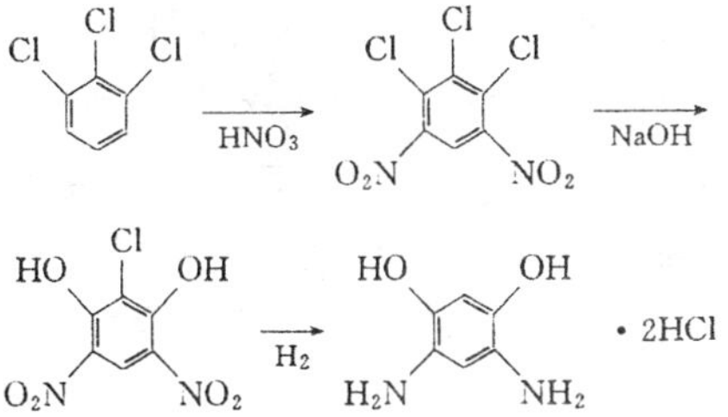

Cl Cl Cl $\xrightarrow{HNO_3}$ Cl Cl Cl O_2N NO_2 $\xrightarrow{NaOH}$

HO Cl OH O_2N NO_2 $\xrightarrow{H_2}$ HO OH H_2N NH_2 · 2HCl

由三氯化苯为原料，经过三步反应制得，产物过滤，洗涤后减压干燥，可用于缩聚反应。

另一个单体是对苯二甲酸，是聚酯合成用的大宗产品，这两个单体在多聚磷酸(PPA)溶剂中溶液缩聚反应，P_2O_5 作为脱水剂，其反应式如下所示：

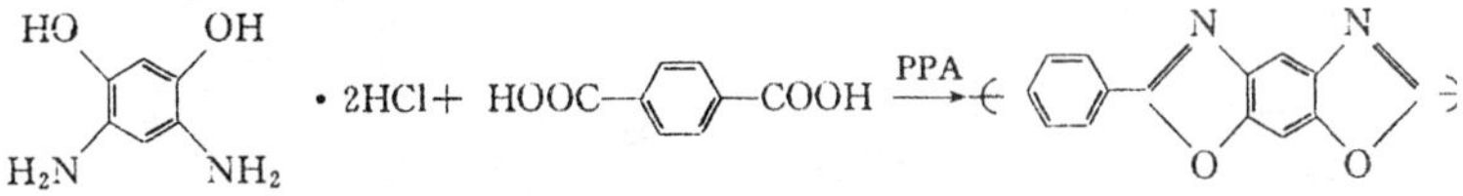

HO OH H_2N NH_2 · 2HCl + HOOC—⟨苯环⟩—COOH $\xrightarrow{PPA}$ PBO

二氨基间苯二酚盐酸盐　　对苯二甲酸　　PBO

PBO 的合成也可以 2,6-二氨基间苯二酚盐酸盐与对苯二甲酰氯在甲磺酸(MSA)溶剂和 P_2O_5(质量分数为 40%～50%)中加热反应制得,反应时间短,收率高,缩聚反应式如下所示:

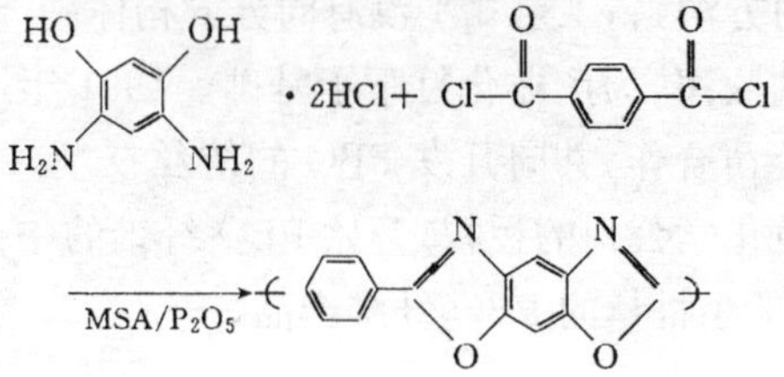

$$(HO)_2C_6H_2(NH_2)_2 \cdot 2HCl + Cl{-}\overset{O}{\overset{\|}{C}}{-}C_6H_4{-}\overset{O}{\overset{\|}{C}}{-}Cl \xrightarrow{MSA/P_2O_5} {-}\!\!\left[PBO \right]\!\!{-}$$

聚合物溶液中,大分子链的刚性程度,用特征相关长度(Persistence Length)定量表现,对于给定长度 L 的分子链,其在溶液中的构象用蠕虫状链模型(Wormlike Chain)来描述:

$$\overline{h}^2 = 2aL[1 - (1/x)(1 - e^{-x})]$$

式中:$\overline{h}^2$ 为均方末端距;a 为特征相关长度;$x=L/a$;h 为链末端距

当 x 值很大时,即 $L \gg a$　$\overline{h}^2 \approx 2aL$ 是高斯链;

x 值很小时,则 $L \approx a$　$h=L$ 是完全伸直链(完全刚性链)。因此特征相关长度 a 可以定量描述大分子链的刚性程度,表 11-2 是 PBO 与 PPTA 等聚合物的特征相关长度的比较。PBO 在多聚磷酸中平均特征相关长度为 84 nm,而在 MSA 溶液中,由于发生质子化作用,分子链伸直度下降,平均特征相关长度只有 19～25 nm,从表 11-2 中看出刚性链聚合物的特征相关长度还是比较长的,像 X-500 的相关长度较小,因此没有液晶性。

表 11-2　各种聚合物的特征相关长度 a

聚合物	a(nm)	聚合物	a(nm)
PBO	84.0	X-500	7.5
PBA	40.0	PBZT	120.0
PPTA	20.0	PE	0.6

11.1.2 纤维制造

PBO 在 PPA 中的缩聚溶液即可作为纺丝原液，溶质的质量分数调整到 15%以上，用干湿法液晶纺丝装置，空气层为 20 cm，稍有喷头拉伸，就能得到强度 3.7 N/tex，模量 114.4 N/tex 的初

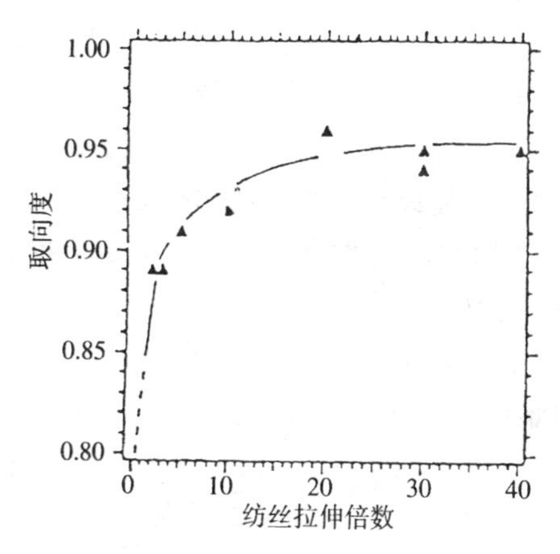

图 11-1 液晶纺丝时的 PBO 分子取向

生纤维，因为纺丝浆液经过喷丝孔和喷头拉伸时，大分子链很容易沿纤维轴方向取向，形成刚性伸直链原纤结构，纺丝时分子取向度用 X-射线衍射法在线测定。图 11-1 所示在极小的流动伸长率下初生丝的取向度增加很大，再把初生丝在张力下 600℃左右热处理，纤维弹性模量上升为 176 N/tex，而强度不下降，经过热处理的 PBO 纤维表面呈金黄色的金属光泽。

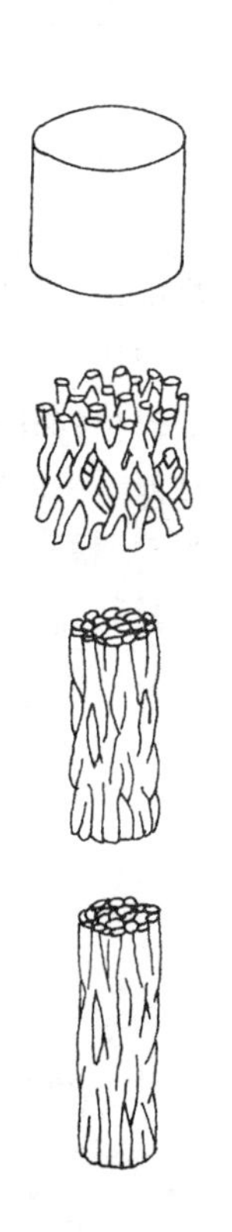

图 11-2 纤维构造形成模型图

11.1.3 纤维的结构和性能

PBO纤维的模量比Kevlar-149要高一倍以上。从表11-1的比较，纤维的结晶弹性模量已经达到理论值的70%，纤维的模量不到理论值的60%，比较其它的高性能纤维一般只达到理论值的10%，PBO纤维的优异性能是很有魅力的。PBZT纺丝原液具有向列相液晶性质，在凝固成形时，其结构的变化如图11-2所示，伸直链分子聚集微纤网络，高度取向和结晶组成原纤构造，初生丝结晶大小约10 nm，纤维经过热处理后，结构进一步致密，结晶也更加完整，晶粒尺寸增长到20 nm，所以纤维模量增加很多。

PBO及PBZT的结晶结构如图11-3所示，它们呈相互重叠的扁平板状，晶胞参数见表11-3。

目前日本东洋纺公司中试生产的PBO纤维的性能见表11-4，它的强度、模量、耐热性和难燃性都比有机高性能纤维好得多，强度和模量超过了碳纤维及钢纤维，见图11-4所示。耐热性和限氧指数与其它的有机纤维比较如图

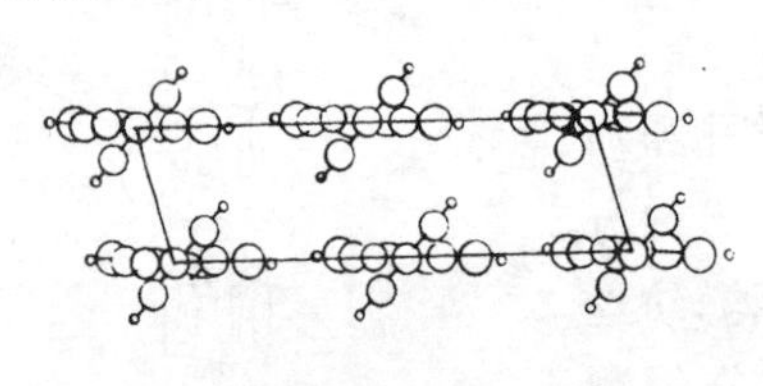

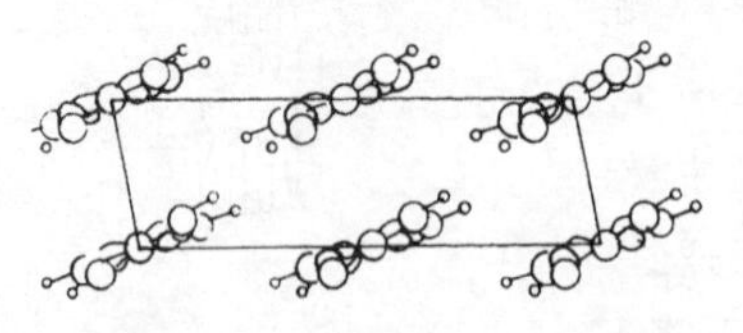

图11-3 PBO(下)、PBZT(上)结晶结构图

表11-3 晶胞参数

	PBO	PBZT
晶系结构	单斜	单斜
a(nm)	1.120	0.597
b(nm)	0.354	0.362
c(nm)	1.205	1.245
α(°)	90	90
β(°)	90	90
γ(°)	101.3	95.2
单位晶胞中分子数	1	1
结晶密度($g \cdot cm^{-3}$)	1.66	1.65

表 11-4　PBO 纤维的性能

	PBO-AS	PBO-HM
单丝线密度(tex)	0.17	0.17
密度($g \cdot cm^{-3}$)	1.54	1.56
强度(N/tex)	3.7	3.7
(GPa)	5.8	5.8
模量(N/tex)	114.4	176.0
(GPa)	180	280
伸长(%)	3.5	2.5
吸湿(%)	2.0	0.6
热分解温度(℃)	650	650
LOI	68	68
介电常数 100 kHz		3
介电损耗		0.001

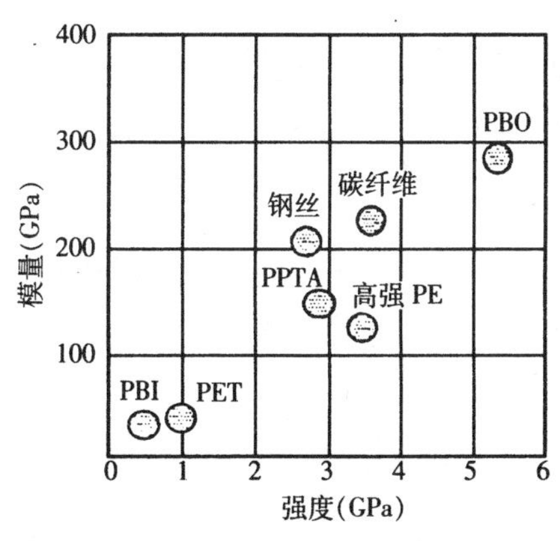

图 11-4　强度、模量的比较

11-5 所示，比耐热性好的聚苯并咪唑纤维(PBI)要高出许多，它在火焰中不燃烧不收缩且仍然非常柔软，因此是十分优异的耐热纺织面料。

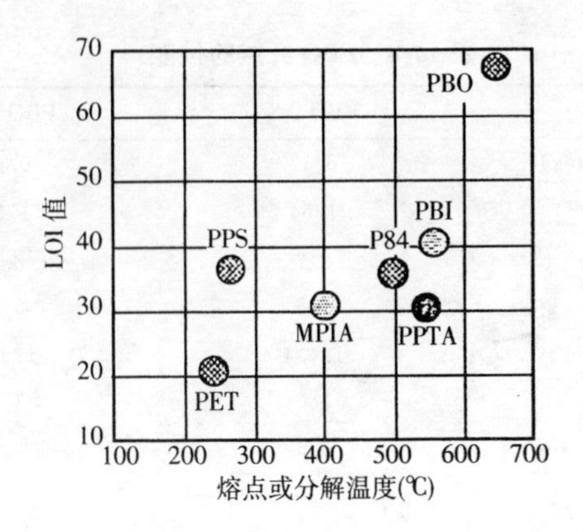

图 11-5　耐热性和 LOI 值的比较

11.1.4　用　途

PBO 纤维的具体用途分类如图 11-6 所示。

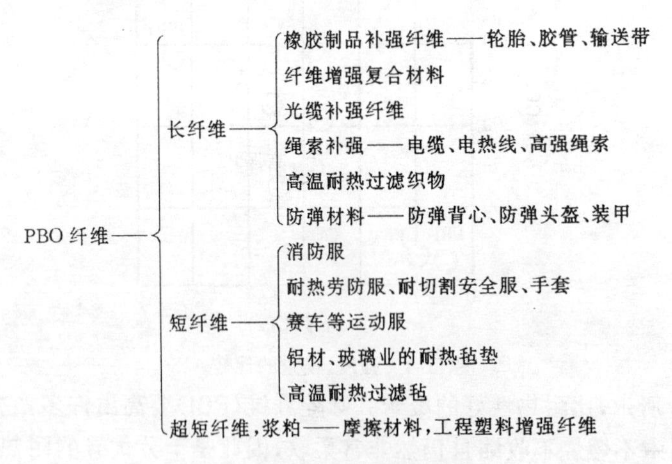

图 11-6　PBO 纤维的用途分类

PBO 纤维的主要特点是耐热性好，强度和模量高，在耐热的产业用纺织品和纤维增强材料两个领域应用。

在耐热难燃材料方面，铝型材及铝合金、玻璃制品等成形时，初制品的表面温度达500℃以上的高温，冷却移动过程中很容易碰伤磨毛，需要耐高温柔软的衬垫保护。目前使用PPTA纤维与预氧化纤维混合的针刺毡，但耐热性不够理想，寿命较短，如果用PBO纤维做的衬垫，就能提高使用寿命，节省更换衬垫的时间。在消防服方面，现在还缺少进入火海作业的防护服，用高强度、高耐热性的PBO纤维，可以制造性能更优异的消防服，引人注目。

PBO纤维在力学性能上的优势，在超级纤维复合材料上表现更突出。其耐冲击强度远远高于碳纤维增强的复合材料，也高于PPTA纤维增强的复合材料。PBO纤维在强度和模量、耐热难燃性以及轻量化上的优点，使得人们期待着开发更高性能的先进复合材料，在下一世纪的新型高速交通工具上、宇宙空间器材上和深层海洋的开发上得到应用。

11.2 聚苯并咪唑纤维(PBI)

11.2.1 发展简况

聚苯并咪唑纤维(PBI)是美国塞拉尼斯公司研制开发并且工业化的耐高温、耐化学腐蚀、纺织加工性优良的高科技纤维之一。在60年代初期，Vogel和Marvel发表制备全芳香族聚苯并咪唑的方法，其中应用3,3,4,4-四氨基联苯胺(TAB)和间苯二甲酸二苯酯(DPIP)为单体，缩聚合成的聚[2,2-间苯撑-5,5-二苯并咪唑]即是PBI，是具有工业应用价值的优良的耐高温纤维材料。1969年美国空军材料实验室为了选择耐高温纺织制品，对它发生了很大兴趣，组织了试验和评估工作，促进了PBI纤维的研究进程。用它做的飞行服，模拟耐热试验数据表明，其提供了优良的耐高温性能和耐炎性，其限氧指数值 LOI 达到 41，并有非常舒适的服用性能。1983 年塞拉尼斯公司建立了工业化生产装置，并正式投入生产。

11.2.2 聚合物结构和合成方法

聚苯并咪唑可用多种四氨基化合物，如四氨基苯、四氨基联苯及四氨基联苯醚等化合物，与对苯二甲酸、间苯二甲酸、萘二羧酸以及间苯二甲酸二苯酯等苯二酸、二苯酯缩聚反应合成。不同的基团结构会引起性能上的一些变化，如芳香苯环的增多，提供高的热稳定性，而加工性下降。主链引进醚基，侧链引入甲基会增加可溶性和柔软性，但降低了耐热性，因此要根据聚合物的不同用途，如粘合剂、塑料还是纤维产品，选择合适的化学结构，从工业化生产规模和纤维性能的角度出发，则聚[2,2-间苯撑-5,5-二苯并咪唑]比较有竞争力，两个单体原料容易得到，聚合体有适宜的纺丝溶剂，在商业上有发展前景，它的合成反应式如下所示：

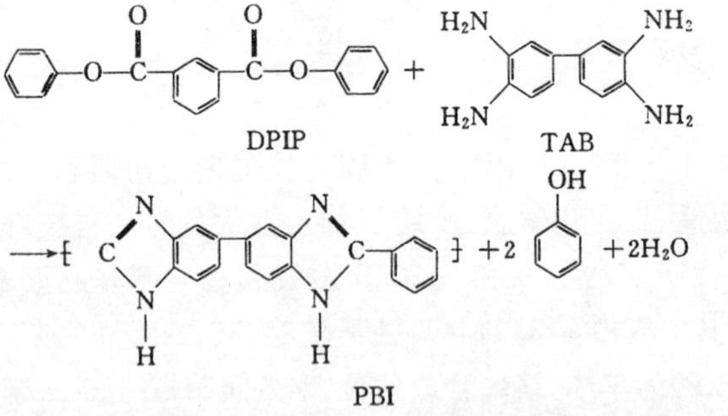

DPIP + TAB ⟶ PBI + 2 苯酚 + $2H_2O$

由 TAB 和 DPIP 缩聚反应，文献上报道有三种不同的制备方法。

(1)在多聚磷酸中溶液缩聚，用比较低的反应温度(180℃以下)，得到均匀的聚合物溶液，但它的含固量只有 3%～5%，是实验室常用的合成方法。

(2)在熔融的二苯砜中，反应缩聚也能得到高相对分子质量的PBI，最后去除分离二苯砜，这对工业生产来说不适合。

(3)用固相缩聚法生产PBI，可直接溶解成纺丝原液进行纺丝，下面介绍二步法缩聚的典型工艺。

按化学计量的TAB和DPIP加入反应器内，在氮气保护下，消除反应系统里的剩余氧气，加热到150℃反应物熔化，反应生成的苯酚和水被析出，熔体粘度上升，温度直至250℃，保温1.5～3.0 h，第一阶段反应结束，冷却后把预聚物粉碎成20目大小的微粒，进行第二阶段反应，温度慢慢升至370℃～390℃，时间3～4 h，用氮气吹扫去除残余苯酚和水分，提高聚合度达到特性粘度大于0.75 dl/g，得到晶状粉末。

PBI缩聚反应要求TAB和DPIP的纯度非常高，尤其TAB的纯度，是PBI缩聚中的关键因素。TAB在沸水中溶解，经过活性碳过滤，冷却重结晶，生成稍带米色的细小片晶，纯化时要在绝氧条件下进行，避免处于邻位氨基的氧化。PBI在硫酸溶液中，相对分子质量 Mr 与特性粘度 $[\eta]$ 的关系式如下式所示：

$$[\eta] = 1.3533 \times 10^{-4} M_r^{0.73}$$

11.2.3 纤维成形

PBI聚合物溶解在DMAc、LiCl组成的溶剂中，溶解在高温下进行，纺丝原液浓度大约为20%～23%，氮气保护隔绝氧气，以避免产生氧化交联形成凝胶。溶解完全后，纺丝原液经过仔细过滤，进入喷丝孔纺丝细流通过热的纺丝甬道，溶剂挥发被回收，凝结的丝束卷绕在多孔的筒管上，残留在纤维上的氯化锂和少量溶剂，经水洗除去，干燥后即得到初生纤维。PBI纤维干法纺丝工艺流程如图11-7所示。

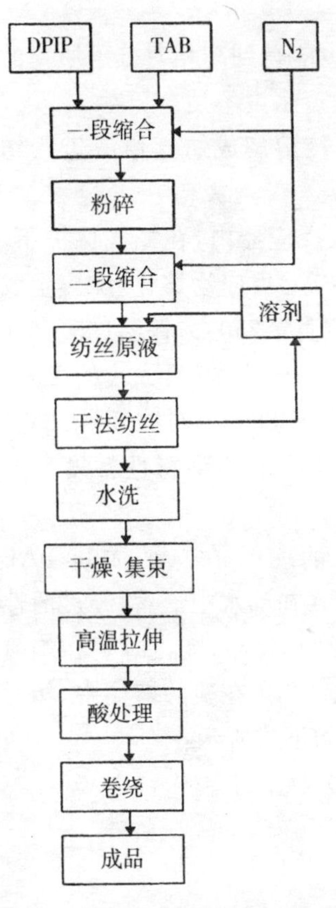

图 11-7　PBI 纤维生产工艺流程示意图

初生丝集束后，通过加热在大于 400℃高温进行拉伸，整个过程也需氮气保护，防止氧气的影响。为了减少 PBI 纤维在高温环境中的收缩性能，用硫酸的水溶液处理纤维，形成咪唑环结构的盐，当受热后发生结构的重排，达到热稳定的效果，其结构变化如图 11-8 所示。最后苯环上的磺化基团，使整个化学结构更加稳定，这在热失重试验中得到证明，热失重曲线见图 11-9，经过稳定处理的 PBI 纤维具有更高的耐热性能。

11.2.4　纤维性能

PBI 纤维具有一系列特殊的性能，如耐高温性、阻燃性、尺寸稳定性和耐化学腐蚀性，还有穿着舒适性等等，表 11-5 是 PBI 与 MPIA 纤维的一些物理性能的比较。从表中看出 PBI 纤维具有优异的耐高温性和高温下的尺寸稳定性，同时具有高的回潮率，在穿着舒适方面和棉纤维一样，受人欢迎，因此可纺织加工成机织物、针织物及非织造布等产品。

PBI 纤维在恶劣环境中耐化学腐蚀性相当杰出，在酸及碱溶液中浸泡 100 h 以上，强度保持率达到 90%，在 150℃左右蒸气下，经过 70 h，纤维强度保持率为 96%，对各种有机液体，几乎不

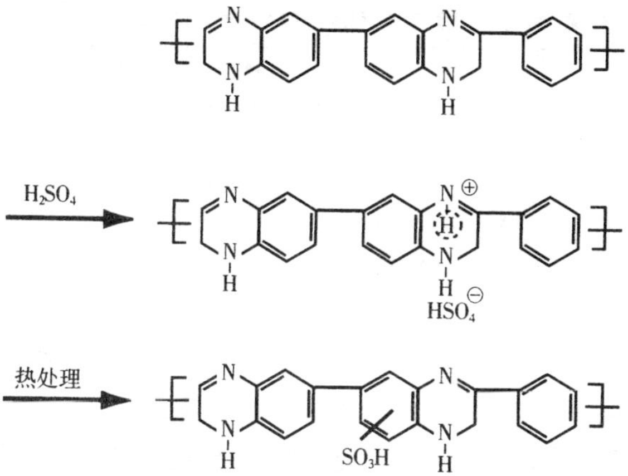

N
N
H
N
N
H

H_2SO_4
N
N
H
$N^{\oplus}$
H
N
H
$HSO_4^{\ominus}$

热处理
N
N
H
SO_3H
N
N
H

图 11-8　PBI 纤维酸化处理后结构的变化

受影响，这样好的化学稳定性在纺织纤维中也很少见的。表 11-5 中对比的间位芳纶，也是优秀的耐高温纤维之一，但在上述的条件下将被损坏。

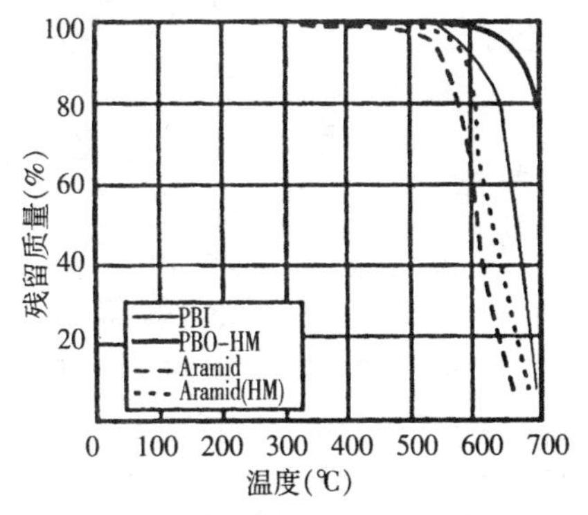

图 11-9　PBI 纤维热失重曲线

11.2.5　用　途

PBI纤维最大的特点是耐高温性能优良，因此从一开始就应用于特殊纺织制品，如宇航服、飞行服等防护服装，太空飞船中密封垫、救生衣，可以防止身体被大面积烧伤。近年来由于发现石棉危害人体和污染环境，需要石棉替代材料，而 PBI 是一种极好的替代纤维，应用于金属铸造工序、玻璃行业等的隔热防护材料，如手套，工作服，输送带。用 PBI 纤维可耐 850℃的高温，寿命比石棉制品长 2～9 倍。还有高温过

表 11-5 PBI 与 MPIA 纤维的物理性能比较

	PBI	PBI(稳定化处理)	MPIA
强度(g/d)	3.70	2.29～2.73	3.52～4.66
伸长(%)	30	25～30	35～45
模量(g/d)	79.2	39.6	48.4～70.4
密度($g \cdot cm^{-3}$)	1.39	1.43	1.38
回潮率(%)	13.0	15.0	5.0～5.5
限氧指数 LOI	41	41	30
烟雾散发性	微	微	少量
收缩性(700℃,2s)	50	6	损坏

滤材料,PBI 纤维做的过滤袋具有很长使用寿命。

PBI 制品在各种恶劣的环境中使用,仍能保持纤维的服用性能,因此优于其它纤维材料,可用于特殊用途的工业用纺织品和防护服。PBI 纤维在高温下还具有石墨化的倾向,因此用于制造石墨纤维。

参考文献

[1] Ulrich D R. Polymer, 1987, 28.P : 533

[2] Wierschke S G. MRS. Symp. Proc., 1989, 134.P, 313

[3] (SRI), U.S.P, 4225700, 4533692, 4533693, 4533724

[4] (DOW), U.S.P, 4766244

[5] Bubeck R A, at al. A.C.S.Preprints. PMSE, 1994, 71.P : 328

[6] 吴平平等．功能高分子学报,1992, 5(3).P : 169

[7] Martin D C, at al. MRS, Sump. Proc., 1989, 134.P, 415

[8] Fratini A V, at al. MRS. Sump. Proc., 1989, 134.P, 431

[9] 日本东洋纺公司．PBO Fiber 产品说明书

[10] 矢吹和之．纤维机械学会志, 1995, 48.P : 448

[11] Menachem, Lewin, at al. 陈时达等译．High Technology Fibers 第六章:聚苯并咪唑纤维

[12] Hiroshi Hirahata at al. 机能材料,1996, 16.P, 5

第12章　高强高模聚乙烯纤维

12.1　前　言

70年代以来，超过22.6 cN/dtex这一类超高强纤维的研制突飞猛进。在线性聚合物中，首先获得成功的是刚性链高强高模纤维，例如聚对苯二甲酰对苯二胺纤维。它的问世，促使人们进一步思索这样一个问题：已经发展成大规模工业化生产的常规纤维品种——聚酯、聚酰胺、聚丙烯腈、聚乙烯醇、聚烯烃这一类柔性链成纤高聚物能否成为高强高模纤维呢？怎样才能使它们成为高强高模纤维？20多年来，各国科学家从理论和实践两个方面进行了大量、深入细致的研究工作，终于促使超高强聚乙烯纤维、超高强聚乙烯醇纤维、超高强聚丙烯腈纤维等相继诞生并开始了工业化生产。其中，特别是超高强高模聚乙烯纤维的发展尤为迅速。

70年代初期，英国Leeds大学I. M. Ward教授首先用熔融纺丝法得到了中强聚乙烯纤维（15.8～18.0 cN/dtex），并将此法转让给了美国Celanese公司及意大利的Snia纤维公司。1989年之后，这两个公司分别推出了Certran（梭穿）和Tenfor（推福）这两种商品注册商标的超高相对分子质量聚乙烯纤维。然而，真正制得超高强聚乙烯纤维，在技术上取得重大突破的是凝胶纺丝法和增塑纺丝法。70年代末期，荷兰D. S. M.矿业公司发表了凝胶纺丝法纺制超高强高模聚乙烯纤维的专利，以这个专利为基础，美国Allied公司、日本东洋纺公司、荷兰D. S. M.公司相继开始了超高强高模聚乙烯纤维的工业化生产。日本三井石油化学公司同期开发了增塑纺丝新工艺，亦进行了工业化生产。表12-1、表12-2分别是国外超高强聚乙烯纤维的生产规模、商品牌号及其性能。从表中所列的聚乙烯纤维(简称PE纤维)的优良力学性能充分说明了凝胶纺丝的重要意义。而用这种方法能够得到强度超过66.8 cN/dtex纤维的报道更加引起人们探索研究的兴趣。

表12-1　国外公司超高强高模PE纤维的生产规模

公司厂商	商品牌号	生产规模	投资数	价　格
Allied-Sighal	Spectra 900	1987年为450 t/a		49.61美元/kg
(U.S.A.)	Spectra 1000	1991年增至900 t/a		
D.S.M.＋东洋纺	Dyneema SK-60	1988年为200 t/a	20亿日元	3 000～5 000
(荷兰、日本)合资		计划先扩大至500 t/a		日元/kg
		再扩大到10 000 t/a		
三井石油化学	Teckmilon Ⅰ	1989年为300～500 t/a	数十亿日元	约70美元/kg
(日本)	Ⅱ			
D.S.M.(荷兰)	Dyneema SK-65	1990年中期500 t/a	一亿盾	
	SK-66	纤维及数千吨聚合体	(荷兰)	
	Dyneema UD-66			

表12-2　国外公司超高强高模PE纤维性能

生产日期	商品牌号	规　格 $(dtex \cdot f^{-1})$	强　度 $(cN \cdot dtex^{-1})$	模　量 $(cN \cdot dtex^{-1})$	伸　长 (%)
1989年初	Dyneema SK-60	154/36	26.5	882～1 650	2.8
1988年4月	Spectra 900	1 333/98	26.5	1 235.2	3.5
	Spectra 1000	722/120	30.9	1 764.6	2.7
1989年	Tekmilon Ⅰ	1 111/200	29.1	997	3.0
	Tekmilon Ⅱ	555/60	25.0	897.3	3.0

注：1991年荷兰D.S.M.公司又将纤维强度提高了30%。

12.2 凝胶纺丝的由来和依据

按照分子链断裂机理,从理论上分析,超高强高模纤维的主要结构特征是非晶区及晶区中大分子链充分伸展,将无限长的大分子链完全伸展之后所得纤维的抗张强度就是大分子链极限强度的加和(见表12-3)。而分子链的极限强度可由分子链上碳-碳原子之间共价键的强度(0.61 N)和分子链截面积计算得到:

$$极限强度=\frac{0.61}{分子链截面积(nm^2)}$$

$$=\frac{75}{密度(g/cm^3)\times分子链截面积(nm^2)}\ (cN/dtex)$$

$$=\frac{5.92}{密度(g/cm^3)\times分子链截面积(nm^2)}\ (GPa)$$

表12-3 大分子链的极限强度

聚合物	分子链截面积 (nm^2)	极限强度	常规纺丝法纤维强度
聚乙烯(PE)	0.193	405 cN/dtex(32 GPa)	9.80 cN/dtex
聚酰胺6(PA6)	0.192	344 cN/dtex(32 GPa)	10.34 cN/dtex
聚甲醛(POM)	0.185	287 cN/dtex(33 GPa)	—
聚乙烯醇(PVA)	0.228	257 cN/dtex(27 GPa)	10.34 cN/dtex
聚对苯二甲酰对苯二胺(PPTA)	0.205	255 cN/dtex(30 GPa)	27.22 cN/dtex
聚对苯二甲酸乙二酯(PET)	0.217	253 cN/dtex(28 GPa)	10.34 cN/dtex
聚丙烯(PP)	0.348	237 cN/dtex(18 GPa)	9.8 cN/dtex
聚丙烯腈(PAN)	0.304	213 cN/dtex(20 GPa)	5.44 cN/dtex
聚氯乙烯(PVC)	0.294	184 cN/dtex(21 GPa)	4.36 cN/dtex

从表12-3可以看出:成纤聚合物,特别是柔性链聚合物,理论上的极限强度与目前常规纺丝法得到的纤维实际强度之间存在着

很大的差距，仔细分析造成的原因有以下两个方面：

(1)目前各种常规纺丝法所用聚合体相对分子质量往往较小，即大分子链的长度十分有限，使纤维中的分子末端增多，由分子末端造成纤维结构上的微小缺陷也必然增多。当纤维受到较大张力作用时，微原纤之间总是会产生相对滑移，大分子端部微小缺陷会不断扩大而最后导致断裂。因此，相对分子质量大小是影响纤维强度的重要因素之一。同样道理，若提高聚合体大分子的相对分子质量，减少末端造成的微小缺陷，必然会有助于纤维强度的增加。日本金元等学者在超拉伸 PE 的研究中证实：当相对分子质量由 200 万增加到 600 万，纤维强度可以从 1.1 GPa 提高到 1.6 GPa。但是，目前常规纺丝方法限制了聚合体相对分子质量的大幅度增加。因为相对分子质量一增加，纺丝用熔体或聚合体浓溶液的粘度将随之巨增，使溶解、纺丝变得十分困难，甚至无法进行。

(2)目前各种常规纺丝法的最大拉伸倍数较小，无法使大分子链、特别是柔性链沿轴向充分伸展。具有交联高分子网络结构的各种成纤聚合体，它的最大拉伸倍数(λ_{max})，按照经典的橡胶弹性理论，与交联点之间的统计链节数(N_c)有着如下的关系：

$$\lambda_{max} = N_c^{1/2}$$

即交联点之间的统计链节数愈大，则可拉伸倍数也愈大。为了提高拉伸倍数，就必须增加统计链节数。关键就在于设法大幅度降低大分子之间的缠结点密度，而要做到这一点，对于采用熔体或浓溶液作纺丝原液的常规纺丝法就十分困难，目前难于做到。

另外，分析纤维的结构知道纤维中存在着晶区和非晶区相互交叉并存的复杂结构，晶区和非晶区的排列及连接方式对纤维的力学性能起着很大的影响。根据 Peterlin 形态结构模型，在常规法纺制的纤维中，微原纤是由原约 10 nm 的折叠链片晶和非晶区交替排列呈串联的连接方式。图 12-1 表示的就是这种结构及相应的串联力学模型。从图上可以很明显地看到：当纤维被拉伸时，实际上张力都集中在片晶之间的非晶区部分，而模量很高的片晶部分却对纤维的力学性能几乎没有什么贡献，因此，具有这种结构的纤维，即使结晶度很高，其力学性能仍为非晶区所支配。而且，由于非晶区中缚结分子(Tie Molecule)极少，力学性能较差，所以，要尽可能地增加非晶区的缚结分子数量，使纤维具有缚结分子和非晶区分子并联以后再与晶区串联的结构。这种结构及相应的力学模型如图 12-2 所示。具有这种结构的纤维，当它经受拉伸时，主要由缚结分子承受张力，缚结分子越多，非晶区与缚结分子并联的那个区域的强度和模量就越高，纤维就越能承受超倍拉伸。在较大的张力作用下，越来越多的非晶区分子先后被拉直而成为缚结分子，进而形成伸直链，使纤维结构向仅含结晶结构的方向发展，宏观上，纤维的强度和模量向理论方向靠拢。

图 12-1　常规纺丝法纤维的原纤结构模式图(串联力学模型)

图 12-2　纺制高强高模纤维应具有的原纤结构模式图(并串联力学模式)

那么，怎样才能使纤维具有图 12-2 所表示的那种结构呢？关键还在于要较大幅度降低大分子之间的缠结点密度。只有使缠结点密度下降到适当的程度，才能使非晶区相当部分的大分子在拉伸初期较容易地转化为缚结分子。因而能承受较大张力，使超倍拉伸成为可能。

从上述分析不难发现，柔性链聚合体纤维的超高倍拉伸化必须从以下四个方面去努力：

(1)尽可能提高聚合体大分子的相对分子质量。

(2)尽可能提高非晶区缚结分子的含量。

(3)尽可能减少晶区折叠链的含量，增加伸直链的含量。

(4)尽可能将非晶区均匀分散到连续的结晶基质中去。

近 20 年来，人们在柔性链聚合体纤维超高强化方面探索、研究的实践也证实了这种分析。表 12-4 列出了从文献上收集到的一些主要的超高强化的方法。图 12-3 和图 12-4 是以 PE 为例，把各种方法得到的纤维强度、模量的数据与相对应的大分子相对分子质量和分子长度关系用图的形式表达出来。图中实线是各种方法制得纤维最大强度和最高模量的连线。纵坐标中的 Tc 为 PE 的极限强度 405 cN/dtex，To 为实测强度；Ec 为理论晶区模量，Eo 为实测模量。两图中最高点为拉伸 300 倍所得的强度和模量。它分

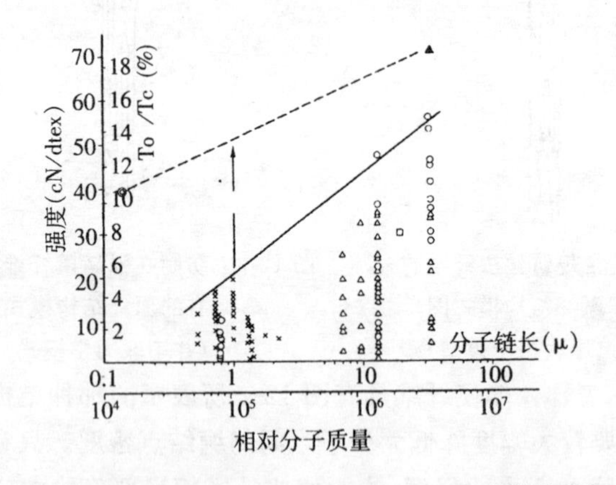

图 12-3 强度、相对分子质量和分子长度的关系

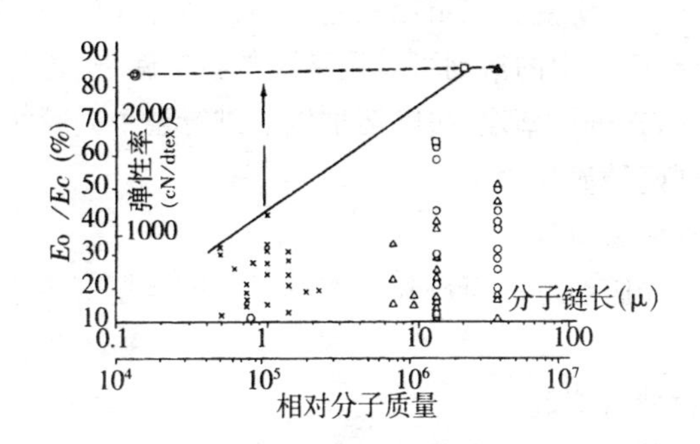

E_0 为实测模量； E_c 为理论晶区模量(图中符号与图 12-3 相同)

图 12-4　模量、相对分子质量和分子长度的关系

别和 Kevlar 纤维的强度、模量连成虚线表示分子链长度对强度和模量的效应(极限值)。虚线两端相应两试样都近似地认为是完全伸直链结晶的纤维。因此，虚线与实线间的垂直间隙可看作是分子链未充分伸直导致的强度和模量的下降。从这些图表中，我们可以得到如下几点结论性意见：

(1)对成形后的初生纤维进行超倍拉伸是柔性高聚物纤维高强化的必要条件。

(2)各种不同方法得到的初生纤维是不同的。一般地说，凡采用稀溶液或半稀溶液作为分散原液的方法，所用原料是超高相对分子质量的聚合体。其初生纤维能经受的拉伸倍数也高，纤维的强度也随之升高。

(3)目前已经实现了工业化的方法是凝胶纺丝法。

凝胶纺丝的基本工艺及其原理。

凝胶纺丝的基本工艺可分为两大部分：

第一部分是把超高相对分子质量的聚合体溶解成半稀溶液，使它依次经过脱泡、过滤、计量、纺丝及凝固浴的冷凝，形成含有大量溶剂的凝胶丝条。

第二部分是使凝胶丝条经受超倍热拉伸，同时去除溶剂。拉伸之后，残留在纤维中的溶剂可以用萃取的方法除去。也可以在超倍热拉伸之前，先进行萃取，去除溶剂以后进行整个凝胶纺丝法工艺可以用下列两种流程表示：

①先萃取后拉伸

溶解→凝胶纺丝→凝胶丝萃取→干凝胶丝超倍热拉伸→成品纤维

②先拉伸后萃取

溶解→凝胶纺丝→湿凝胶丝超倍热拉伸丝条中残留溶剂萃取→成品纤维

这两种流程主要是拉伸和萃取工序先后次序不一致。对于易挥发的溶剂而言，区别不大。若采用不易挥发的溶剂，一般以先萃取后拉伸为好。因为热拉伸后丝条中残留溶剂太多的话，会影响纤维的性能。

表 12-4　柔性聚合体高强化的各种方法

序号	名　称	具体制备方法	主　要　特　征
1	超倍热拉伸法	拉伸倍数大于 20 倍，拉伸温度高于聚合体的结晶分散温度，所用聚合体相对分子质量略高于常规纺丝法	这是最早开始应用的方法。用此法，PE 强度达 20 cN/dtex 以上，PP 和 PA6 强度在 16 cN/dtex 以上，此方法关键还在于要有通过特殊方法得到缠结点较少的未拉伸丝条给予配套
2	区域拉伸法	将未拉伸丝条在一定张力下通过长度仅数毫米的加热区使拉伸在极小范围内进行。加热区温度要大于聚合的结晶分散温度	由于局部加热，可防止纤维拉伸后因松弛而出现分子链“后折叠”或热劣化现象。用此方法 PVA 的强度可达到 24 cN/dtex。本方法作为拉伸装置，最好与其他方法配合使用

续表

序号	名　称	具体制备方法	主　要　特　征
3	高压固态挤压法	以几十 kg/cm^2 的压力将子弹形固态聚合体从锥形钢模中挤压出来，用钢模的横截面积之比进行拉伸，所用聚合体相对分子质量略高于常规纺丝法	拉伸倍数较低，但容易导致晶区折叠链的伸展，只是得到的纤维强度不高，伸长较大
4	纤维状结晶生长法	相对分子质量大于 106 的 PE 制成 0.5%的稀薄溶液，置于由不转动的外圆柱体和转动的内圆柱体组成的库爱特(couette)容器中，并使它保持过冷状态，引入纤维状晶种，经诱导以 0.3～0.6 m/min 速度从内圆柱体表面拉出纤维状结晶体，同时进行必要的拉伸，使分子链伸展	得到的 PE 纤维模量达 100 GPa，强度达 4 GPa，但纤维成形速度太慢，拉伸操作要求苛刻，目前工业化可能性较小
5	单晶垫超拉伸法	将超高相对分子质量 PE 制成浓度为 0.05%～0.2%的稀溶液进行等温结晶得到晶片。然后，将晶片层压成片状，称单晶垫，将它超倍拉伸，或挤压成形	经过 200～300 倍拉伸后，纤维强度、模量分别达到 4 GPa 和 210 GPa，但近年研究发现实际上等温结晶达到的不是单晶，而是复晶。目前处于实验室阶段
6	增塑熔融拉伸法	将高相对分子质量聚乙烯与溶温下是固态的增塑剂均匀混合溶融纺丝。然后，超倍拉伸并去除纤维中增塑剂	PE 在熔体中浓度可达 30%～60%，这种方法的关键是要设法除尽未拉伸丝条中的增塑剂，纤维性能低于凝胶法，正在研究之中
7	凝胶纺丝超拉伸法	用浓度为 2%～10%的超高相对分子质量聚乙烯半稀溶液纺丝达到凝胶纤维。然后超倍拉伸并去除溶剂	这是目前已经实现工业化的方法，规模已达 1 000 t/y
8	原始聚合物法	在聚合时达到大分子缠结受到控制的固体薄膜，然后进行拉伸	所得成品的强度和模量分别达到 3.2 GPa 和 125 GPa

比较典型的凝胶纺丝工艺流程及设备示意图如图 12-5 所示。

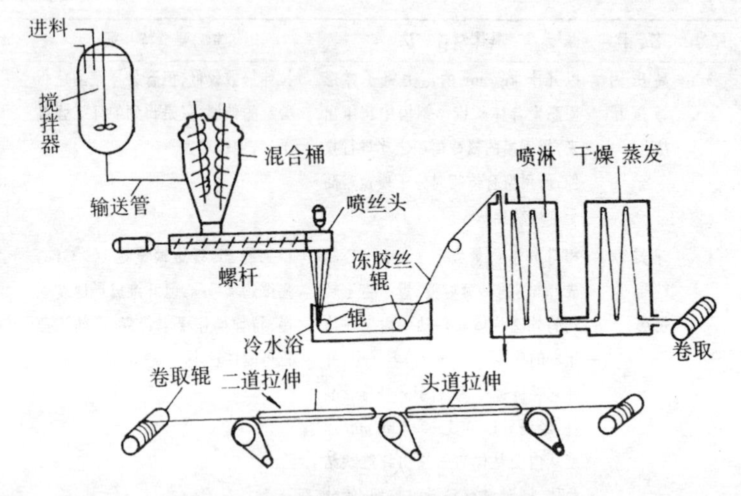

图 12-5 凝胶纺丝工艺流程及设备示意图

12.3 纺丝成形工艺及其原理

12.3.1 凝胶丝条的形成

凝胶纺丝采用的原料是超高相对分子质量 PE，在没有溶剂存在的条件下，即使温度升到 PE 熔点以上几十度，超高相对分子质量 PE 仍然没有流动性，无法加工成形。因此，用溶剂来溶解，使纺丝原液具有流动性和可纺性是实现纺丝成形的必要条件。但溶解的本质并不仅仅是为了具有可纺性，而是利用溶剂分子的热运动，达到体系中大部分大分子解除缠结的目的。从差示扫描量热法(DSC)分析结果表明：即使在溶剂存在的条件下，PE 分子解缠结所需能量高于晶体熔融，故 PE 的溶解实际上是 PE 熔体的溶解过程，溶解温度高于 PE 结晶熔点。具体的温度随溶解的不同而改变。如采用十氢化萘作溶剂时，溶解温度为150℃；而用石蜡油作溶剂时，溶解温度要大于180℃。溶解温度在一定程度上也限制了溶剂的选择。如庚烷、葵烷、十二烷、甲苯、二甲苯、四氯化碳、三氯三氟乙烷等沸点较低或毒性较大的溶剂均不宜采用，只能作为凝胶丝条的萃取剂。国外采用的主要溶剂是十氢化萘和石蜡油。

纺丝原液的浓度是一个关键问题。凝胶纺丝采用的浓度介于稀溶液和浓溶液之间，称为半稀溶液。就PE而言，半稀溶液的浓度在2%～10%之间。主要是人们从有利于凝胶纤维进行超倍拉伸的角度出发，希望纺丝原液中维持少量的大分子缠结。

若纺丝原液采用稀溶液，溶液中大分子之间的缠结很少，几乎不存在。冷却后形成的凝胶丝条中仍然保持原有状态，缠结很少，那么，拉伸时大分子之间很容易产生滑移，不利于大分子的伸展。除非其拉伸速度很慢，如纤维状结晶生长法那样，丧失了工业化的意义。相反，若溶液浓度较浓，大分子之间缠结点太多，冷却成形后凝胶丝条受到张力作用时，力的传递受阻，同样无法达到超倍拉伸的目的。唯有纺丝原液浓度为半稀状态，凝胶丝条中适当数量的缠结和缠结分子的存在，使张力的传递能顺利进行，才能达到超倍拉伸的目的。

通过对溶液弹性模量的测定，可以了解到半稀溶液比浓溶液中大分子缠结的确少得多。但半稀溶液的流变特性基本上与浓溶液相似，属于典型的假塑性流体。剪切应力(σ)与剪切速率(γ)关系：

$$\sigma = k\gamma^{n}$$

只是非牛顿指数n一般比浓溶液小。这说明剪切速率对表观粘度的影响较大，也就是原液中的缠结点在较小剪切应力作用下容易拆散。

柔性链大分子半稀溶液具有较高的弹性。施加较大剪切应力时容易发生弹性湍流现象。所以，要提高纺丝速度应从相对分子质量及其分布、溶剂性质、纺丝温度、喷丝孔道长径比以及孔道进口处前锥体角度等方面综合加以考虑。在原液中添加少量助剂，降低溶液与喷丝孔壁之间的粘附力，也是提高纺丝速度的一个有效措施。

凝胶纺丝一般都采用干湿法。就是原液自喷丝孔喷出以后，先经过一段几厘米的空气层，再进入凝固浴冷却成形，即冷凝成凝胶丝条。如同一般的凝胶体一样，凝胶丝条具有两相结构。就PE而言，凝胶丝的网络骨架是由PE占30%～40%的浓溶液组成，微孔中则充满了PE为0.4%～0.5%的稀溶液。而且，凝胶体系是个不稳定体系，随时间的增加，凝胶丝网络会不断收缩，并把微孔中稀溶液逐步挤出。这种现象有利于部分溶剂的回收。

12.3.2 凝胶丝条的超倍拉伸

凝胶丝条只有进行了超倍拉伸才能成为超高强高模的纤维。在超倍拉伸过程中，除了能使大分子取向促进应力诱导结晶外，还能使原有折叠链结晶解体，改造成伸直链结晶，使纤维具有无定形区均匀分散在连续的伸直链结晶的基质中的结构。

超倍拉伸的总倍数一般大于20，这是获得柔性链超高强纤维所需的最低拉伸倍数。有效拉伸倍数超过20倍以后，纤维强度还能继续直线上升，而模量的增长就比较缓慢。这里的有效拉伸是指增塑和温度适当时，可达到改善纤维结构的拉伸，而不是接近于粘流态的无效拉伸。

在第一部分中已经阐述了原液浓度对纤维最大拉伸倍数的影响。Smith在研究PE凝胶纺丝过程中提出最大拉伸倍数(λ)与PE在原液中的体积分数 φ_2 存在下列关系：

$$\lambda_{max} = (Ne/\varphi_2)^{1/2}$$

式中 Ne 代表缠结点之间统计链节数。对PE熔体 Ne 等于13.6，所以，$\lambda_{max}=(13.6/\varphi_2)^{1/2}$。

从式中可知，原液愈稀，则最大可拉伸倍数愈大。表 12-5 列出了以十氢化萘为溶剂制得凝胶纤维的最大拉伸倍数和原液浓度的关系。

表 12-5 原液浓度对最大拉伸倍数的影响

原液浓度(%)	拉伸条件		最大拉伸倍数
	凝胶丝浓度(%)	拉伸温度(℃)	
100	100	120	5
85～90	85～90	120	5
2	2	120	32
2	100	120	22

表中原液浓度 100%为纯 PE 熔体，85%～90%是浓溶液。而最后一个试样，凝胶丝用甲醇萃取，去除全部溶剂，所以凝胶丝浓度为 100%。由表可见：1. 影响拉伸倍数的关键因素不是溶剂的存在，而是大分子解缠程度；2. 溶剂存在对提高拉伸倍数是有益的，但不是必须的。

实际上，凝胶丝内部除了包含大量溶剂外，还存在大量微孔。溶剂的增塑作用能降低大分子链节跃迁的活化能。微孔的存在增加了自由体积，同样能降低大分子链节的跃迁活化能。所以，接近于理论极限的拉伸倍数只能在纤维中存在大量微孔或大量溶剂的情况下才能实现。Pennings 等对 PE 干凝胶丝（即溶剂先萃取去除）的拉伸进行了仔细研究，发现超倍拉伸大致可分为三个阶段：

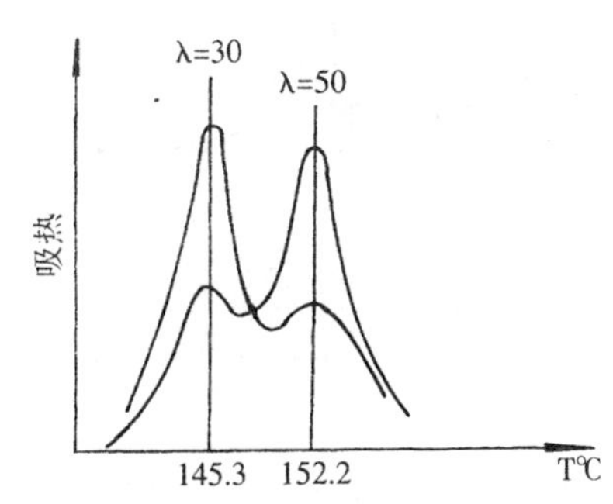

图 12-6 超倍拉伸 PE 纤维的 DSC 曲线

(1)开始时，温度较低，约 90℃～133℃，其活化能值较小，约 50 kJ/mol，纤维结构主要发生分离的微纤和折叠链片晶的运动。

(2)温度上升到 143℃以下，活化能值达 150 kJ/mol，片晶开始熔化，微纤聚集，纤维变形的能量壁垒上升。

(3)当温度大于 143℃，活化能值为 300～600 kJ/mol 时，分子运动激烈，微纤分裂，折叠链片晶解体重排为伸直链结晶。

对经过超倍拉伸得到超高强高模聚乙烯纤维结构性能的初步研究表明：表征常规法纤维结构区别的参数——结晶度和取向度的作用已不大。因为 20 cN/dtex 以上纤维的 X 射线广角衍射图中已看不到无定形区导致的晕圈，结晶度和取向度都趋向饱和。在 DSC 热分析图谱上，有效拉伸超过 20 倍以上的纤维开始出现第二个结晶熔融峰(152℃)，而且第一个结晶熔融峰的面积随纤维拉伸倍数的提高而逐渐减少，第二个结晶熔融峰不断增大面积(见图 12-6)。因为第一个结晶熔融峰(146℃)是 PE 折叠链结晶熔融，而第二个结晶熔融峰是伸直链结晶的熔融。

由聚乙烯和其他柔性链高分子制得普通纤维的微纤结构和通过凝胶纺丝法制得超高强高模纤维的微纤结构分别由图12-7的

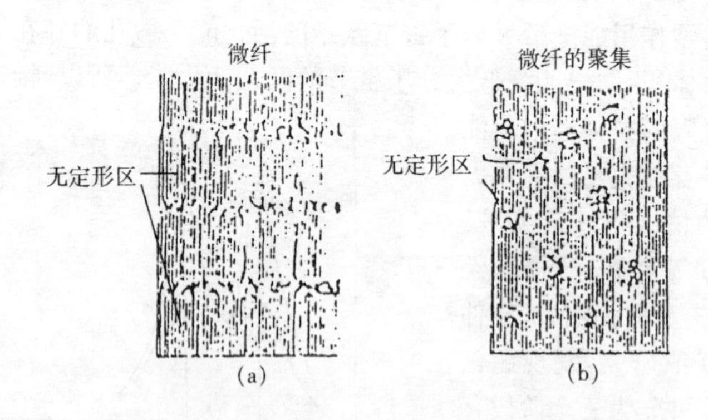

(a)纤维和凝胶纺丝法 PE 纤维；　(b)结构示意图

图 12-7　常规法 PE

(a)、(b)来表示。由(a)和(b)比较可知:通过凝胶法纺丝之后,非晶区和晶区原有的缺陷被分散,大部分分子都参与了伸直链结晶,构成了结晶均匀和连续的基质,缺陷则呈间断分布。

12.4 纤维的性能及用途

12.4.1 高强高模聚乙烯纤维的性能

1. 良好的力学性能

图 12-8 是各种纤维的应力—应变曲线。从图上可以看到:强度在 27.2～43.5 cN/dtex(2.2～3.5 GPa)范围内,它的断裂伸长是 3%～6%。相对于碳纤维、玻璃纤维和芳纶来说,拉断该纤维所花费的能量是最大的。

同时由于高强聚乙烯纤维的密度特别小,仅只有 970 kg/m³,所以它的比强度、比模量特别大。图 12-9 是几种纤维比强度、比模量比较。从图可以看出,高强高模聚乙烯纤维的比强度、比模量明

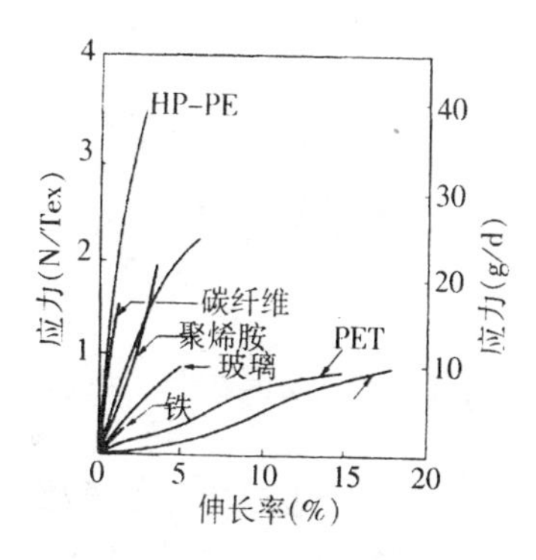

图 12-8 各种纤维的应力—应变曲线图

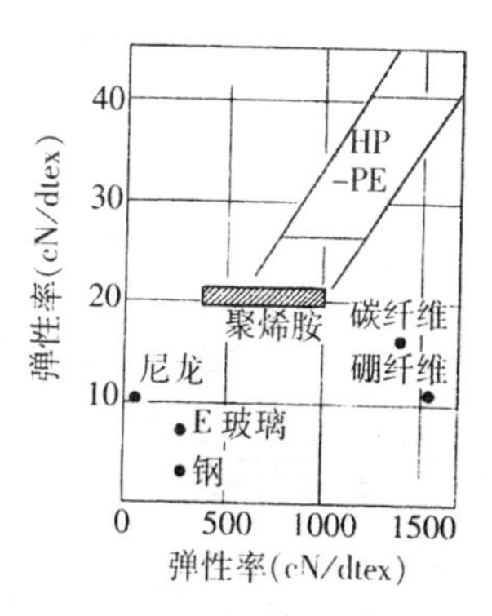

图 12-9 各种纤维的比强度、比模量

显高于其它纤维。也就是说，相同质量的材料中，它具有最高的强度。这在复合材料的应用领域具有很重要的意义。

除此之外，高强高模聚乙烯纤维还具有很高的勾结强度和结节强度(如表12-6所示)。所以，理所当然，具有很好的耐疲劳性和耐摩擦性。从图12-10可见，它的耐疲劳性和耐摩擦性均优于芳纶和碳纤维，而与常规的尼龙纤维和聚酯纤维相仿。因此，该纤维可以用普通纤维常用的加捻、机织、针织等工艺进行后加工。

表12-6 各种纤维的勾结强度和结节强度

	勾结强度(cN/dtex)	结节强度(cN/dtex)
高强聚乙烯	15.24～25	13.07～20.67
聚酰胺	10.89～18.50	7.62～9.80
碳纤维	0.11	0
聚酯纤维	7.62～8.71	4.90～5.99
尼龙6	7.62～8.71	5.99～7.62
聚丙烯	7.62～8.71	4.90～5.99

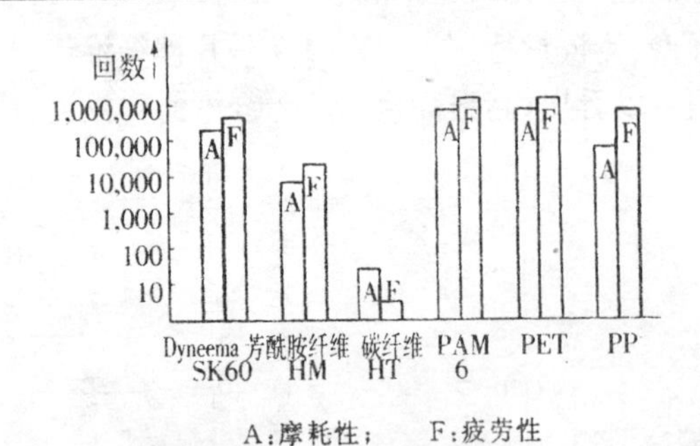

A:摩耗性； F:疲劳性

图12-10 高强高模聚乙烯纤维的耐磨擦性和耐疲劳性

2. 良好的耐冲击性能

图12-11是各种纤维耐冲击的比较。从图上表示的数据看出，高强聚乙烯纤维的耐冲击强度高于芳纶、碳纤维和聚酯，仅小于尼龙。在高强纤维中，它是最高的。图12-12是纤维遭受高速冲击时

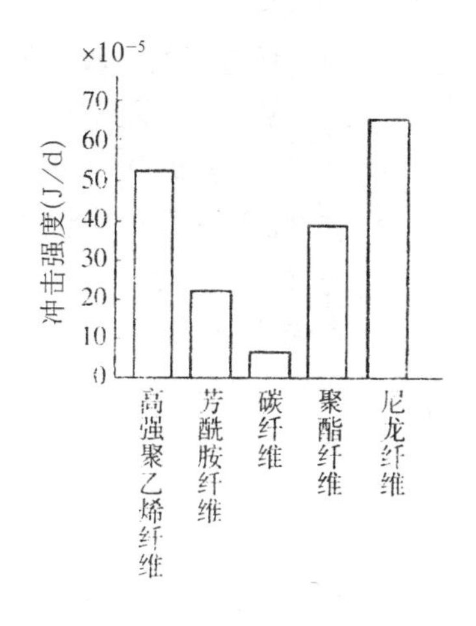

图 12-11　高强纤维的冲击强度

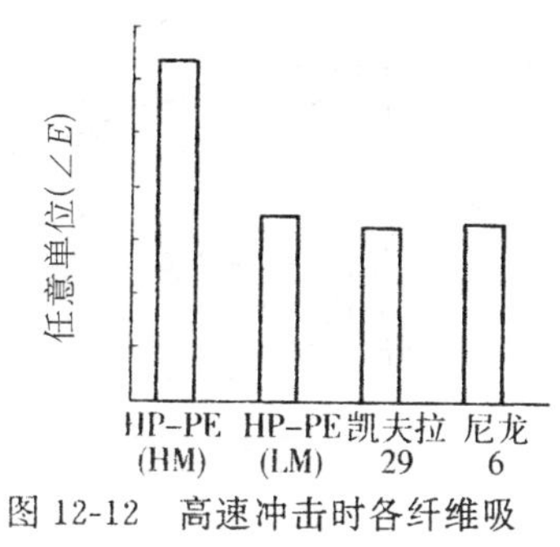

图 12-12　高速冲击时各纤维吸收冲击能量的比较

吸收能量的表征图。可以明显地看到高模聚乙烯纤维吸收冲击能量的能力是芳纶或尼龙的2倍。这种性能完全符合作防弹材料。

3. 优良的耐光性

图 12-13 是各种纤维耐光性的比较。十分明显，高强聚乙烯纤维的耐光性是纤维中最好的一种。经过 1 500 h 的光照之后，纤维的强度保持率还有 60%左右，而其它纤维均在 50%以下。

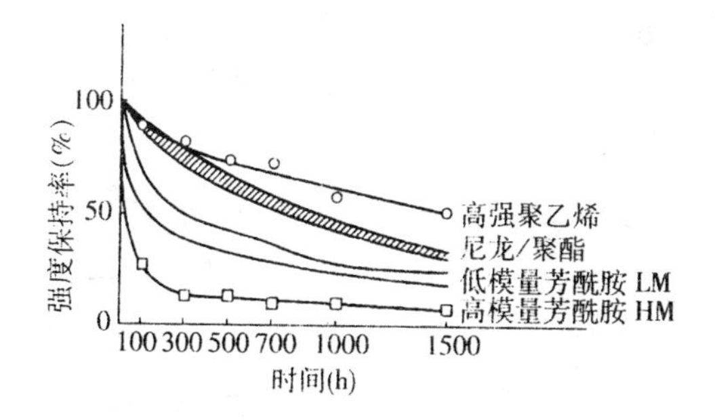

图 12-13　纤维耐光性的比较

4. 优良的耐化学腐蚀性

图 12-14 是纤维在强酸、强碱中长时间浸渍(2 000 h)后纤维

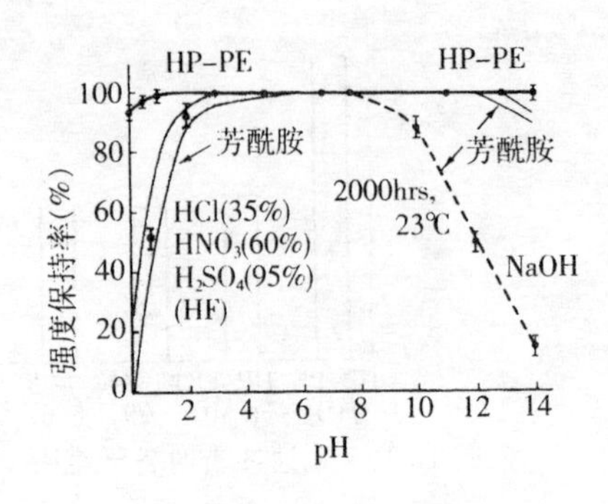

图 12-14 高强聚乙烯纤维的耐腐蚀

强度保持率的比较。芳纶在强碱、强酸中浸渍后强度下降得十分厉害，几乎只有原有强度的 20%。相反，高强聚乙烯纤维不管在什么介质中，强度均能保持在 90%以上。

5. 高强聚乙烯纤维的热性能

普通聚乙烯纤维的熔点为 134℃，高强聚乙烯纤维由于大分子高度取向，其熔点上升了 10℃～20℃。测定时，加在纤维上张力大，其熔点就高；若不加张力，则熔点就只有 144℃(见图 12-15)。图 12-16 是不同温度条件下高强聚乙烯纤维的应力－应变曲线。在 80℃时，其强度和模量约损失 30%。

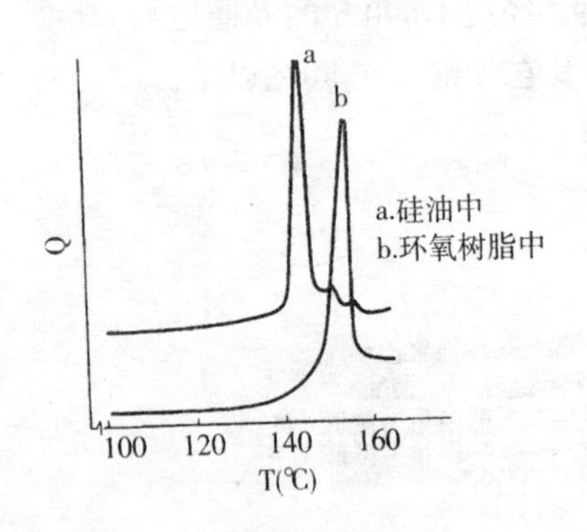

图 12-15 高强聚乙烯纤维的熔融行为

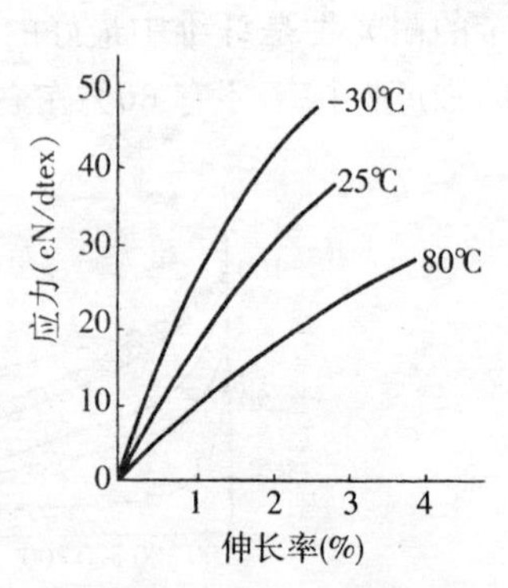

图 12-16 高强聚乙烯纤维在不同温度条件下的应力－应变曲线

高强聚乙烯纤维在 130℃条件下保持 3 h 后，强度还可以保持 80%。这种情况已经能够基本满足加工成复合材料时工艺温度的需要。

6. 高强聚乙烯纤维的蠕变行为

图 12-17 是高强聚乙烯纤维在 80℃、500 MPa 张力下的蠕变行为。凝胶纺丝时所用各种不同的溶剂对纤维的蠕变影响差异很大。若采用易挥发性溶剂，则纤维中溶剂的残留量很小，相应的蠕变就小。

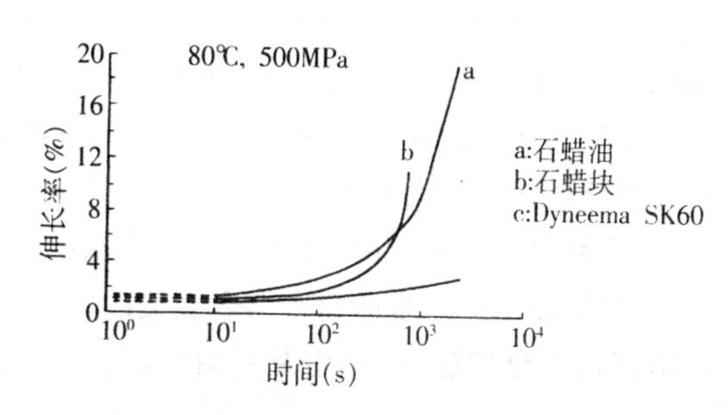

图 12-17 高强聚乙烯纤维的蠕变行为

上述的这些性能汇总于表 12-7。纵观高强聚乙烯纤维的性能，我们可以说，它在低温和常温的领域内有着极其广阔的应用前景。

表 12-7 高强聚乙烯纤维性能汇总表

优越的性能	良好的性能	存在缺陷的性能
低密度	弹性率	蠕变性
强度	后工程通过性	高温特性
耐冲击性(高速时)	耐冲击性(低速时)	压缩性
耐光性		
耐磨耗性	低温特性	
疲劳特性		
耐腐蚀性		
结节强度		
耐水/耐湿性		
电器绝缘性		

12.4.2 高强聚乙烯纤维的用途

(1)绳索类。由于聚乙烯强度高、模量高、密度小、耐腐蚀性好，因此特别适合于作海洋航行用绳索。在空中，它的绳索自重断裂长度达 336 km，是芳纶的 2 倍。无论是降落伞用绳或海洋底层矿产开发，均以高强聚乙烯纤维为首选对象。

(2)防弹材料。高强聚乙烯纤维优良的吸收冲击能量的本领、纤维的可加工性及特别小的密度都使它在作防弹或防切割衣服方面具有其他纤维无法比拟的优点。

(3)用作复合材料的增强材料。优良的力学性能赋予它成为增强材料的特性，只要设法进一步改进与各种树脂的粘结性能，其复合材料的应用领域十分广泛，如军用及民用头盔、比赛用帆船、赛艇。

参考文献

[1] 太田利彦. 纤维学会志，1984，40(6)：407

[2] 金元哲夫，大滨俊生，大津修，田中公二，竹田政民，Porter. R. S. 高分子学会预稿集，1987，36：3003

[3] Peterlin A. J. Mater. Sci，1971，6：490

[4] 八木和雄. 纤维学会志，1989，45(10)：416

[5] 张安秋，陈克权，鲁平，胡祖明，吴宗铨. 合成纤维工业，1988，11(6)：23

第13章　其它高强柔性链高分子纤维

13.1　前　言

作为柔性链高分子的典范——超高相对分子质量聚乙烯通过凝胶纺丝方法得到高强纤维的技术得到突破，实现工业化生产的事实，大大解放了人们的思想，打开了其它柔性链线性成纤高聚物实现高强化的道路。

从高强聚乙烯凝胶纺丝的实践中，可以概括如下几点凝胶纺丝的工艺特点及其作用：

(1)以超高相对分子质量聚合体为原料。也就是说，相对分子质量比纺制常规纤维用的聚合体要高好几倍。相对分子质量大了以后会产生两个方面的作用：①可大大减少分子链末端所造成的结构缺陷，有利于提高纤维的强度和模量；②相对分子质量越大，凝胶丝所能承受的最大拉伸倍数越大，所得纤维强度就越高。

(2)采用半稀溶液作为纺丝原液。半稀溶液的概念是指溶液中聚合物的粘度介于稀溶液和浓溶液之间。形象化的说明见图13-1。若以超高相对分子质量聚合体为原料，使它处于熔融或浓溶液状态，则几乎每个分子都具有为数众多的缠结点，熔体或浓溶液粘度很大很大。一是纺丝成形加工十分困难，二是拉伸倍数不可能大，产品纤维的结构只能是折叠链结构，纤维强度不可能高。第二种情况是使超高相对分子质量聚合体处于稀溶液状态，大分子之间的缠结几乎没有，纺丝之后的初生纤维也不可能经受高倍拉伸。

因为大分子之间作用力太小，很容易产生滑移，因此，也不可能得到高强纤维。唯有使超高相对分子质量聚合体处于半稀溶液状态，大分子链的大部分缠结被拆散，为初生纤维的超倍拉伸创造了必

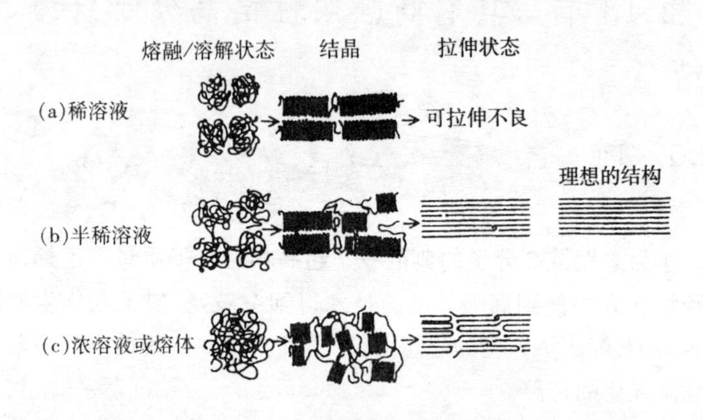

图 13-1　缠结控制概念的示意图

要的条件，可以得到流动性能、流变性能、可纺性能、稳定性能均良好的纺丝原液。图 13-2 是强度、浓度和特性粘数之间关系图。

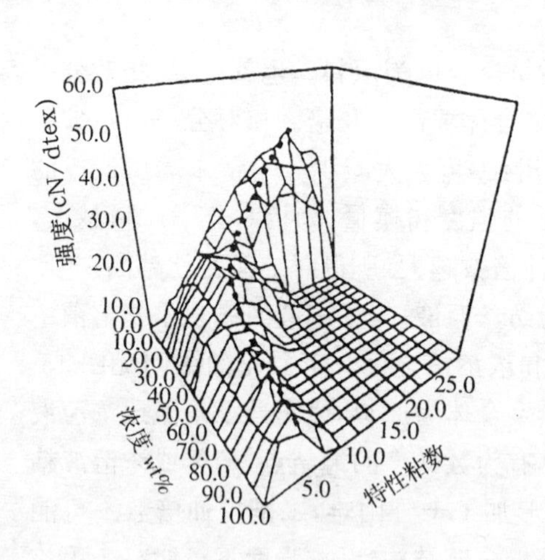

图 13-2　强度、浓度和特性粘度的关系

(3)必须进行超倍热拉伸。拉伸倍数一般在 30 倍左右，甚至 40 倍以上。这样高的拉伸倍数肯定是多级拉伸。通过多级拉伸，线性高分子具有比常规纤维高得多的取向度和结晶

度，而且形成了含有伸直链结晶的串晶结构，无定形部分均匀地分散在结晶基质中。

根据上述原理，人们对几乎所有的柔性链成纤高分子都开展了大量的研究和实验，申请了很多专利，但真正有工业化前景的是聚乙烯醇和聚丙烯腈两种纤维。

13.2 高强高模聚乙烯醇纤维的进展及其工艺原理

13.2.1 高强聚乙烯醇纤维

聚乙烯醇纤维的理论强度和模量分别是210 cN/dtex和2 003 cN/dtex，比其它成纤高聚物高。而且，它在结晶结构中的分子链与聚乙烯相仿，同样是平面锯齿形。因此，人们深信聚乙烯醇纤维通过凝胶纺丝法可以得到高强度高模量的纤维。

对于聚乙烯醇而言，称为凝胶纺丝法就是其纺丝原液中采用那种一旦冷却，体系就呈现凝胶化的溶剂，例如：乙二醇、甘油、二乙二醇、三乙二醇等。将高聚合度的聚乙烯醇在高温下溶于这些溶剂中，制成纺丝原液，然后用干法或干湿法纺丝。为了提高冷却效果，也有设置冷却浴来代替湿法纺丝的凝固浴。作为冷却液体最好不会改变纺丝原液组成而仅仅只起冷却的作用，可以用萘烷、三氯乙烯、三氯化碳及石蜡等。

日本许多单位都研究开发了凝胶法高强聚乙烯醇纤维，大体的情况归纳为表 13-1 和表 13-2。

表 13-1 关于高强力 PVA 纤维的主要日本专利情况

申请厂家	公开专利号	纺丝方法	PVA 平均聚合度	强度 (cN/dtex)	初始模量 (cN/dtex)
联合公司	特开昭 59-130314	凝胶纺丝	31 000	20.9	595
东丽	特开昭 60-126311	干湿法	4 500	22.0	523
东丽	特开昭 60-126312	干湿法			
东丽	特开昭 61-108711	凝胶纺丝	3 900	21.9	468
东丽	特开昭 61-408712	凝胶纺丝			
东丽	特开昭 61-215711	干湿式	3 100	19.6	452
		凝胶纺丝	2 100	19.8	438
东丽	特开昭 61-289112	干湿式或凝胶纺丝	50 000	32.0	
可乐丽	特开昭 62-85013	添加硼凝胶纺丝	12 000	23.8	684
DSM	特开昭 62-90308	凝胶纺丝	2 600	17.6	550
DSM	特开昭 62-90309	凝胶纺丝			
可乐丽	特开昭 62-104912	凝胶状干湿式	3 400	21.2	550
可乐丽	特开昭 62-125010	凝胶纺丝	12 000	23.8	653
尤尼吉卡	特开昭 62-149909	加硼凝胶状干湿式	4 500	28.2	542
可乐丽	特开昭 62-162010	凝胶状干湿式	6 600	24.8	625
生物材料宇宙公司	特开昭 62-223316	凝胶纺丝	4 600	28.3	500

* 作为 PVAc 的相对分子质量为 2.7×10^6,而 PVA 估计为其一半

表 13-2 学术杂志和学会上发表的主要 PVA 纤维

研究集团	报告年份	纺丝方法	PVA 平均聚合度	强度 (cN/dtex)	初始模量 (cN/dtex)
康涅尔大学	1985	凝胶拉伸	2 600		198
联合公司	1985	凝胶纺丝		21.8	653
东京理科大学	1986	单晶面层的拉伸	7 700		569
京都工艺纤维大学	1987	加硼的凝胶状干湿式	1 800	24.0	474
京大医用高分子研究中心	1987	凝胶纺丝	4 800	26.0	

13.2.2 新型聚乙烯醇系纤维

1. 引　言

超高相对分子质量聚乙烯通过凝胶纺丝，达到超高强度纤维的开发成功，鼓励着众多研究者对柔性链高分子高性能化的研究，一般来说它们运用的凝胶纺丝基本原理与聚乙烯的凝胶纺丝相类似，然而聚乙烯醇由于羟基引起的分子间氢键的存在，在超级拉伸时会有困难，为此作了许多努力，其中日本可乐丽公司成功地开发了“溶剂湿式冷却凝胶纺丝”技术，实现了聚乙烯醇的高性能纤维化生产技术，生产的产品称为 Kuralon K-Ⅱ。

可乐丽公司从 1996 年 4 月公开它的研究开发工作，1996 年 10 月中试完成月产 10 t 的工厂建设，1997 年 7 月起开始试销中试产品，预计到 1998 年 4 月完成第一阶段工业化目标，生产规模达到 7 000 t/a，到 2000 年计划扩大至 20 000 t/a，销售价大约在 800～2 000 日元/kg。

2. 高性能聚乙烯醇纤维(K-Ⅱ)制造方法

(1)制备原理。湿法纺丝是把纺丝原液从浸在凝固浴中的喷丝头里，吐出喷丝孔凝固成纤维的纺丝方法，和熔融纺丝、干法纺丝及干喷湿纺相比较，其纺丝速度很低，初生纤维的皮芯结构明显，这种结构的不均一性，容易形成非圆形截面的纤维，用溶剂湿式冷却。

凝胶纺丝法：从喷丝孔里挤出的纺丝原液，首先直接急速冷却，成为冷却固化的凝胶状丝条，因而丝束内结构均匀稳定，然后进行脱溶剂，这样得到纤维断面圆形的、结构均匀的纤维，再通过后道拉伸和热处理工序，使纤维中大分子的取向、结晶提高而获得高性能纤维。图 13-3 是溶剂湿式冷却凝胶纺丝工艺流程示意图，图 13-4 是它与普通湿法纺丝固化状态及脱溶剂后状态的初生纤维结构示意图。

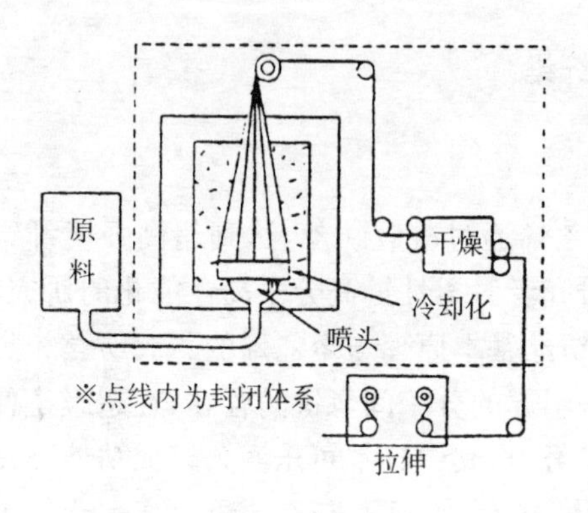

图 13-3　溶剂湿式冷却凝胶纺丝工艺流程

(2)制备特点。用溶剂湿式冷却凝胶纺丝法时，要选择对聚乙烯醇溶解性能好的有机溶剂作为纺丝原液的溶剂，同时凝固浴的液体也选择有机溶剂，这种溶剂的选择技术和冷却条件就是该新型纺丝方法的最重要特点。由于在有机溶剂中，不同皂化度的聚乙烯醇聚醋酸乙烯系，酯化纤维素等多种原料聚合物可以溶解制成纺丝原液，因此可用单独的聚乙烯醇或用混合的聚乙烯醇、多种原料聚合物来配制不同组成的纺丝原液。从而为制备各种不同功能的纤维开创了一条基础的技术方法。

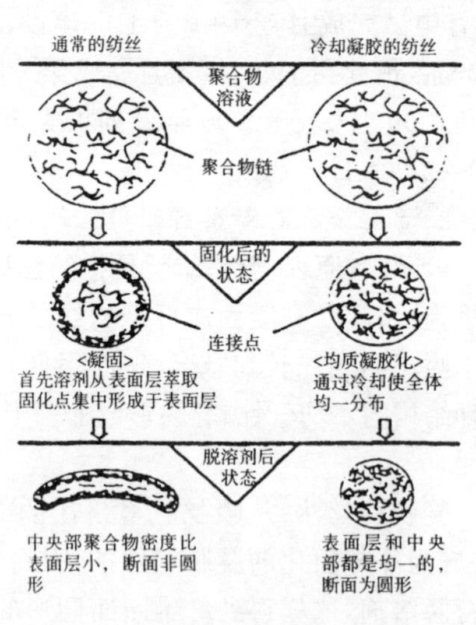

图 13-4　普通工艺与冷却凝胶纺初生纤维结构变化示意图

对于本工艺方法而言，纺丝原液的溶剂和凝固浴液的溶剂在一个完全封闭系统里循环，没有废液产生，因此是一种“绿色”纤维的生产工艺，值得推广应用。

(3)原料聚合物的要求。聚乙烯醇的分子构造如下所示。由于羟基存在有很高亲水性能，聚乙烯醇(A)由聚乙烯醋酸酯(B)水解

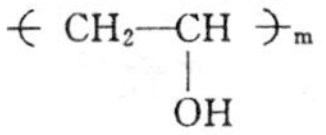

$$\underset{(A)}{\leftarrow CH_2-\underset{|}{\overset{}{CH}}\rightarrow_m \atop \quad\quad OH} \qquad \underset{(B)}{\leftarrow CH_2-\underset{|}{CH}\rightarrow_n \atop \quad\quad OCOCH_3}$$

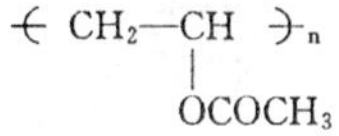

皂化度 DS/(mol%)＝m/(m＋n)×100

皂化而转变，皂化度 DS 由上式定义，DS 越高表示大分子侧基的羟基含量就越多，所以 DS 值与聚乙烯醇在水中的溶解性有关系。当 DS＝60%以上时，因为大分子之间羟基形成氢键能力加强，使聚乙烯醇在水中溶解困难，同时熔点也升高；DS＝99.5%以上时，聚乙烯醇纤维化时由于纤维的取向度、结晶度也很高，即使在100℃的水中也不溶解，它们的关系如表 13-3 所示。但是高 DS 值和低 DS 值的聚乙烯醇在有机溶剂中都有很好的溶解性，因此利用 K-Ⅱ的工艺技术，可以使用的原料聚合物就更加多种多样了。

3. 用 K-Ⅱ工艺制造三种类型的聚乙烯醇纤维

可乐丽公司利用 K-Ⅱ工艺技术，可以制造出三种不同性能的聚乙烯醇纤维。

(1)水溶性类型。采用低 DS 值的聚乙烯醇聚合物，不同的 DS 值将影响纤维在不同的温度水中的溶解性能，而低 DS 的聚乙烯醇在通常以水为纺丝原液溶剂的湿法纺丝中，纤维成形相当困难。用该法制得的聚乙烯醇纤维，由于低 DS 值的区别，就可分别在0℃～100℃区域的不同温度水中溶解，根据用途有了选择的余地。该纤维还具有热压粘结性能，普

表 13-3 DS 值与聚乙烯醇性能关系

DS 值	高	低
强度	高	低
水溶解性	低	高
熔点	高	低

通的聚乙烯醇纤维不是热塑性的聚合物，没有热压粘结性，不适合热压延法生产干式非织造布的工艺流程；但是用 K-Ⅱ 工艺技术生产的纤维，例如用高 DS 的聚乙烯醇（高熔点、高结晶性）与低 DS 的聚乙烯醇（低熔点、高粘结性）混合纺丝能得到海岛型结构的纤维，岛的成分达到 0.1 μm 的水平，具有热压粘接性能，在纤维受到热和压力的作用时，岛的成分变成熔融状态，渗出纤维表面，起到相互粘接缠结，其粘合机理示意图如图 13-5 所示。

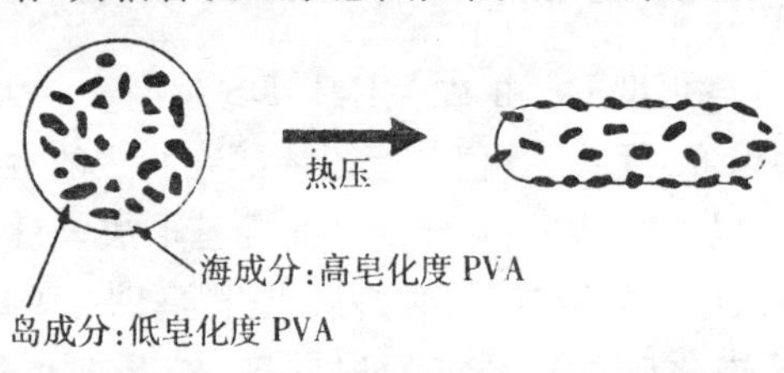

图 13-5　热压粘合性纤维的粘合机理示意图

（2）高强力类型。用溶剂湿式冷却凝胶纺丝方法，能够制造纤维断面圆形结构均匀的初生纤维，再经过拉伸和热处理工序，使纤维中大分子取向、结晶进一步提高变得比较容易进行，得到高性能的聚乙烯醇纤维。和采用同样原料聚合物、普通湿法纺丝得到的聚乙烯醇纤维相比较，其强度和模量等性能都比较高。

（3）容易原纤化类型。如前述那样，采用 K-Ⅱ 工艺纺丝时，可应用不同 DS 值聚乙烯醇聚合物相混合制备混合纺丝原液，其中能溶解于水的成分，在纤维经过水流处理或造纸叩解工序时，就熔化进入水中，剩余不溶性的成分变成原纤化的微纤状态，纤维直径在 1 μm 以下。由于不同成分之间有界面效应，混合纤维增强橡胶时，在混练机受到剪切力作用，也容易发生原纤化作用，均匀分散在橡胶基体中，达到补强效果。几种类型纤维的性能汇总于表 13-4。

表 13-4　K-Ⅱ纤维性能汇总

类　型		牌号	强度 (cN/dtex)	伸长 (%)	水溶温度 (℃)	热压温度 (℃)
水溶性（热压粘结性）		WJ2	4	28	<5	≥110
		WJ5	4	23	<5	≥150
		WJ7	5	20	<5	≥180
		WJ9	7	12	70	≥200
高强力	非织造布用	DQ1	10	8	—	≥210
	纺织用	EQ2	11	8	—	—
	增强材料用	EQ5	14	6	—	—
易原纤化		SA	7～11	7～12	—	—

13.3　高强高模聚丙烯腈纤维的进展

根据专利报道，将相对分子质量大于100万的聚丙烯腈聚合体溶解在现有的几种溶剂中，如NaSCN水溶液、DMSO、DMAc等，浓度控制在5%～10%，通过干湿法纺丝，在10℃以下的低温下凝固成形形成凝胶纤维，再在水、丙三醇等浴中多级拉伸，最后通过干热拉伸，可以得到21.7 cN/dtex高强纤维。但迄今为止，市场上已出现的纤维强度达到14.2～16.3 cN/dtex，估计聚丙烯腈新纤维的高强化不久会实现工业化。因为它作为原丝应用将会很大幅度地提高碳纤维的强度和模量。

参考文献

[1] Schultze-Gebhardt F. Dormagen. Technische Textillen/Technical Textiles, 1993, 36(10): T194

[2] 刘兆峰,胡祖明,陈自力. 中国产业用高性能化学纤维的技术发展前景. 北京:第五届国际化纤会议论文集, 1994,226

[3] Graessley W. W. J. Chem, Phys, 1971, 54 : 5143

[4] 松生胜. 日本レオロジヘ学会志, 1985, 13 : 4

[5] 柴山充弘. 高强聚乙烯醇纤维的开发动向＜机能材料＞,1988, No3 : P16～24

[6] 工业材料(日文), 1996,44(8) : 14

[7] 特开昭 61-97415,特开昭 63-182317,特开平 1-104816

第 14 章　碳纤维

14.1　前　言

14.1.1　定义及制造方法

碳纤维是指纤维化学组成中碳元素占总质量 90%以上的纤维。由于碳在各种溶剂中不溶解，在隔绝空气的惰性气氛中(常压下)在高温时也不会熔融，只有在 10^7Pa 下，3 800 K 以上高温才能不经液相直接升华。因此，碳纤维不可能按一般合成纤维那样通过熔融纺丝或溶液纺丝的方法来制造。低分子烃气体和氢气在高温下与铁或其它过渡金属接触时气相热解等方法生长碳纤维，制造条件十分苛刻，而且目前只能得到长度仅 1 cm 左右的高强度石墨单晶。要制造长丝型的碳纤维工业上只能通过高分子有机纤维的固相炭化来得到。

并不是所有的高分子有机纤维都能通过固相炭化得到碳纤维的。只有在固相炭化过程中不熔融、不剧烈分解的高分子有机纤维才能作为碳纤维的原料。有一些纤维要经过简单的预氧化处理后，才能在固相炭化过程中不熔融、不剧烈分解。沥青纤维经过不熔化以后亦能满足不熔融、不剧烈分解的条件。迄今为止，经过探索可以用来制备碳纤维的有机纤维有：纤维素纤维、木质素纤维、聚丙烯腈纤维、酚醛纤维、聚酯纤维、聚酰胺纤维、聚乙烯醇纤维、聚氯乙烯纤维、聚对苯撑纤维、聚酰亚胺纤维、聚苯并咪唑纤维、聚二噁唑纤维、沥青纤维等。然而，由于炭化得率、生产技术的难易以及成本等各种因素的作用，实际上仅有纤维素纤维、聚丙烯腈纤维和沥青纤维制备碳纤维的方法实现了工业化。近年来，从成本和性能方面比较，纤维素基碳纤维已逐渐被淘汰。但它作为航空飞行器中的烧蚀材料有其独特的优点，由于含碱土金属离子少，飞行过程中燃烧时产生的钠光弱，雷达不易发现，所以，在军事工业方面还保留少量的生产。

14.1.2 目前生产情况

碳纤维的研制并实现工业化生产始于本世纪 50 年代。1996 年全世界碳纤维总产量已经达到 17 000 t(见表 14-1 和表 14-2)。其中聚丙烯腈(PAN)纤维占 85%，其余是沥青基碳纤维。由于聚

表 14-1 1994～1996 年世界 PAN 基碳纤维主要生产厂家生产状况

集团	公司名	生产能力(t/a)		
		1994 年	1995 年	1996 年
东丽	东丽(日)	2 550	2 900	2 900
	Soficar(法)	700	700	700
东邦人造丝	东邦人造丝(日)	2 300	2 300	2 300
	Tenax Fibers(德)	480	720	7 200
三菱人造丝	三菱人造丝(日)	500	500	1 200
	Grafil(美)	450	700	7 000
其它	Hercules(美)	1 715	1 715	1 715
	Amoco(美)	850	1 210	1 210
	Akzo Noble(美)	770	2 270	2 270
	台湾塑胶公司(中国)	550	620	620
总计		10 865	13 635	14 335

表 14-2　沥青基碳纤维 1996 年主要生产厂的生产能力

沥青原料	系列	生产厂家	生产能力(t/a)	商　标
中间相沥　青	石油系	Amoco	230	Thornel P
		东燃	24	フオルカ
		Petoca	22	カーボニッケ
			70	メルブロン(熔喷非织造布)
	煤系	日本石油	50	ゲラノッフ
		新日本制铁	40	エスカイノス
		三菱化学	500	ダイアリード
		吴羽化学	900	クレカ
各向异性沥　青	石油系	鞍山东亚精细化工有限公司	200	(熔喷非织造布等)
	煤系	Donac	300(拟扩至 750)	
		大阪瓦斯	300	ドナカーボ

丙烯腈纤维作原料，其生产工艺比较简单，产品的力学性能优良，因此得到了大力发展。沥青基碳纤维，由于原料来源丰富，价格便宜，而且含碳量高，炭化以后得率高，所以正在迅速发展，有可能在碳纤维的民用工业方面获得很好的推广应用。

14.1.3　应用情况

碳纤维是特种纤维中的主要品种之一。它与我们熟悉的常规纤维不一样，不是起取代天然纤维作衣着用的纤维，而是起取代钢铁、铝合金的作用。碳纤维主要的用途是作为增强材料(如环氧树脂、酚醛树脂、碳、金属及其合金、橡胶、陶瓷等)，经过一定的复合工艺制成一种新型复合材料。

衡量复合材料的主要物理性能参数是比强度和比模量。比强度越大，则这种结构材料制成同样强度构件的质量越轻，这对航天航空工业有着特别重要的意义。如宇宙飞船的质量每减轻 1 kg，就可以使推送它的火箭减轻 500 kg 的质量。又如使用碳纤维/碳复合材料作导弹的鼻锥时，除了质量轻之外，而烧蚀率低、烧蚀均匀，从而明显提高了导弹的突防能力和命中率。碳纤维的复合材料，其比模量可以比钢和铝合金高 5 倍，比强度也可以比钢和铝合金高 3 倍。同时，碳纤维增强的复合材料还具有一般碳材料的各种优良性能，如密度小、耐热性好、耐化学腐蚀、耐热冲击、热膨胀小，耐烧蚀等。在 2 000℃以上的高温惰性气氛环境中，碳材料是唯一强度不下降的材料。因此，碳纤维增强的复合材料的生产和应用得到了迅速发展，并将成为 21 世纪的主体材料之一。

14.1.4 分　类

碳纤维的分类，按习惯大致有以下三种方法：

（1）按原料分类：纤维素基（人造丝基）；聚丙烯腈基；沥青基（各向同性、各向异性中间相）。

（2）按照制造条件和方法分类：碳纤维（炭化温度在800℃～1 600℃时得到的碳纤维）；石墨纤维（炭化温度在2 000℃～3 000℃时得到的碳纤维）；活性碳纤维；气相生长碳纤维。

（3）按照力学性能分类：通用级（GP）：拉伸强度低于 1.4 GPa，拉伸模量小于 140 GPa 的纤维；高性能（HP）：其中包括中强型（MT）、高强型（HT）、超高强型（UHT）、中模型（IM）、高模型（HM）、超高模型（UHM）。大致的范围如图 14-1 所示。

碳纤维及其复合材料的应用领域正在不断拓宽，归纳其用途如表 14-3 所示。

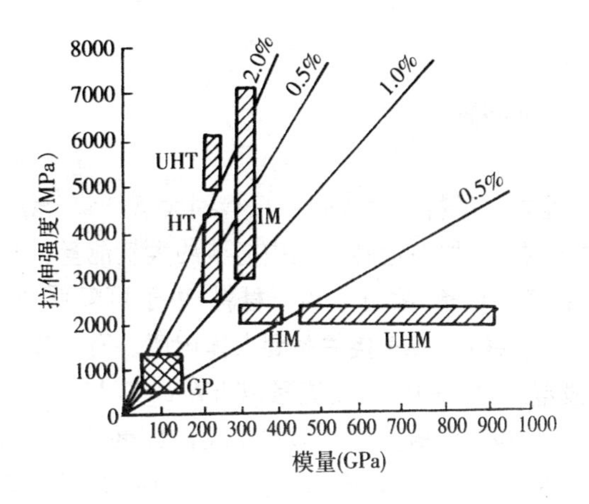

图 14-1　按力学性能分类的碳纤维

表 14-3　碳纤维的主要用途及利用形态

利用形态			用　途	有关产业
单　丝			高温隔热材料(a)	电子、汽车、飞机、原子能
			密封材料(a)	化学、石油化工、石油、汽车
复合材料	树脂系(CFRP)		功能材料(滑动、导电、耐腐蚀材料等)(a、b)	电子、电工、机械、汽车、飞机、化学
	炭系(CFRC)		结构材料(重量较高模量的一次,二次结构用材)(b)	运动器材、飞机、宇宙、电工、医疗
			烧蚀材料(a、b)	宇宙
	金属系(CFRM)		摩擦材料(a、b)	汽车、铁道、飞机、机械
			炭、石墨材料(a)	钢铁、电工
	无机系		有关电池的基材(a、b)	电力、汽车
			建筑、土木材料(a、b)	船舶、住宅建设

(a)通用级;
(b)表示高性能;实线为已经实际应用,虚线则为正在开发或具有潜在市场

14.1.5 存在问题

碳纤维复合材料的优异性能已得到大家一致公认。由于它能使运动物体更轻,故在运转过程中能节约大量能量;由于材料耐腐蚀,物体的寿命更长,故可节约原材料;由于可降低环境污染及在人体中作生物材料,故直接关系到人体健康。有文献报道,制造碳纤维增强塑料(CFRP)所耗能量以 kWh 计,与传统工业材料如钢、铝以及聚氯乙烯树脂(PVC)相比较,无论是按密度还是按单位体积计算都是最低的,按比强度来计算时更是低得多(见表 14-4)。因此,碳纤维及其复合材料是值得大力推广应用的新材料。然而,目前限制碳纤维应用的仍然是其昂贵的价格。显然,碳纤维及其复合材料要想在民用工业部门得到推广应用,就必须改进工艺,降低生产成本。

表 14-4 制造 CFRP 与传统工业材料所需能耗的比较

	kW·h/dg	kW·h/L	kW·h·mm²/LN
AI(e=2.8 g/cm³)	37.3	104.5	232.2
Fe(e=7.9 g/cm³)	6.8	53.6	26.8
CFRP(e=1.5 g/cm³)			
1D	3.7	5.6	3.5
2D	3.7	5.6	6.9
PVC(e=1.4 g/cm³)	7.9	11.1	1 110

注:e:密度

14.2 聚丙烯腈基碳纤维

14.2.1 制造的基本工艺流程

由聚丙烯腈纤维制取碳纤维及其系列产品的工艺流程如图

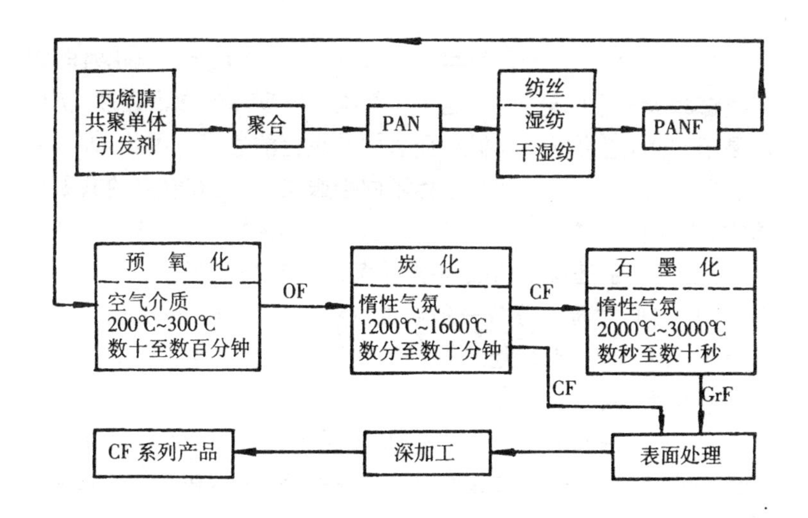

图 14-2 工艺流程图

14-2 所示。

从上述基本工艺流程图中可以看到碳纤维制造过程中最重要的环节有:(1)聚丙烯腈原丝的制备;(2)原丝的预氧化;(3)预氧丝的炭化或进一步石墨化;(4)碳纤维的后处理。下面就这四个环节分别阐明基本原理及发展的动向。

14.2.2 聚丙烯腈原丝的制备

在碳纤维的生产过程中所用的原料——聚丙烯腈原丝是影响碳纤维质量的关键因素之一。因此,我们希望原丝强度要高;热转化性能要好;杂质要少;缺陷要少;线密度要均匀。

生产碳纤维用的原丝与服用聚丙烯腈纤维在生产工艺流程方面基本一致。但由于用途不相同,必然会存在不少差异,主要表现在:

（1）聚合时加入少量的共聚单体，目的是使原丝预氧化时既能加速链状大分子的环化，又能缓和纤维化学反应的激烈程度，使反应易于控制，还可以大大提高预氧化及炭化的速度。因此，加入第二、第三单体的种类及数量必然不同于服用纤维。在众多的共聚单体中，不饱和羧酸类：如甲叉丁二酸、甲基丙烯酸、丙烯酸、丁烯酸、顺丁烯二酸、甲基反丁烯酸、α-亚甲基戊二酸等占有重要位置。在聚合时，它们的质量分数一般在 0.5%～3%之间，当质量分数低于 0.5%时，环化引发效果不明显；高于 3%时，易生成低聚物和引入金属杂质等。

（2）纺丝一般采用湿法纺丝，而不用干法。主要是干法生产的纤维溶剂不容易洗净。如果纤维中残留少量溶剂，在预氧化及炭化等一系列热处理过程中，溶剂挥发或分解会使纤维粘结；产生缺陷，所得碳纤维发脆或毛丝多、强度低。表 14-5 说明了纺丝过程中水洗的重要性。

表 14-5　原丝纺丝过程中水洗时间与产品碳纤维性能之间关系

		水洗时间(s)				
		3	6	10	12	27
原丝	残留溶剂(%)	4.46	2.93	0.24	0.10	0.01
	强度(cN/dtex)	3.33	3.82	4.21	4.67	5.25
	模量(cN/dtex)	91.7	107	117	126	141
碳纤维	强度(Gpa)	1.10	1.45	1.83	2.65	2.85
	模量(GPa)	1.0	1.40	1.80	2.40	2.60

近年来发展起来的纺丝新方法——干湿法纺丝（见图 14-3）是指纺丝液由喷丝板喷出之后先经过一小段（3～10 mm）空气层，然后再进入凝固浴。此法的特点是喷丝孔孔径较大（0.10～0.30 mm）可使高粘度纺丝液成纤；空气干层是有效拉伸区，不仅可提高纺丝速度，而且容易得到高强度高取向的原丝，原丝的结构均匀

致密，它的强度可达到7.62～10.88 cN/dtex。比4.9～6.53 cN/dtex的湿法原丝的强度高50%以上。因此，得到的碳纤维强度也高得多。

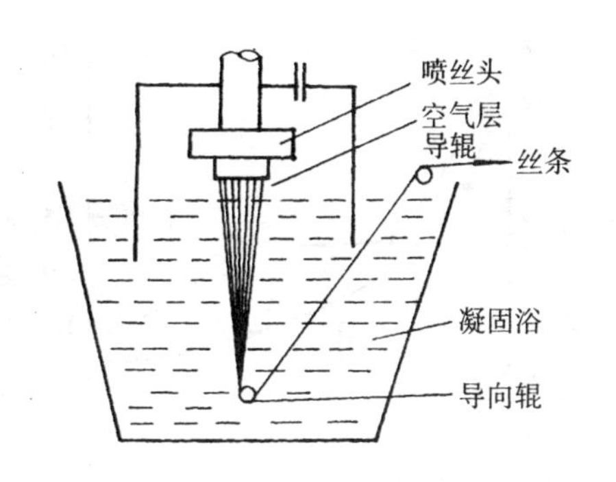

图 14-3　干喷湿法示意图

（3）作为碳纤维原丝必须纯度高。因为原丝中若含各类杂质和缺陷必然要"遗传"给碳纤维。要达到纯度高有两方面的措施：首先，使用的原料——丙烯腈、共聚单体、引发剂、溶剂、水等都必须精密过滤。其次，经过精密过滤的纺丝溶液必须在洁净的无尘纺丝车间进行纺丝，避免空气中的尘埃粒子污染原丝。图14-4表明了原丝纯度对碳纤维强度的影响。

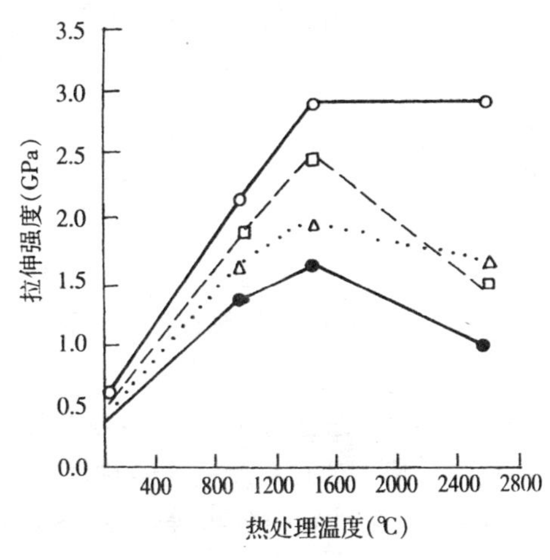

图 14-4　原丝的纯度对碳纤维强度的影响

（4）除此之外，原丝的细旦化亦是制备高力学性能原丝和碳纤维的主要技术措施。其主要原因是：

①喷丝孔小了以后，喷出的纤维直径细，外层相对芯部所占比例增加，有利于丝条在凝固过程中进行双扩散，

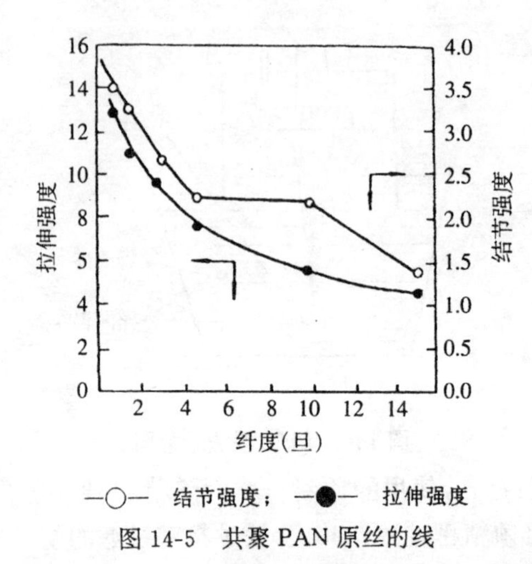

图 14-5　共聚 PAN 原丝的线密度与强度关系

易得到结构均匀的原丝。

②纤维直径细，外表面积大，有利于预氧化过程中的双扩散，易得到均质的预氧丝和碳纤维。

③根据体积效应和最弱连接理论，直径细，单位长度纤维中包含大缺陷的几率减少，因而碳纤维强度随原丝直径的减小而得到增加(图 14-5)。

14.2.3　原丝的预氧化

聚丙烯腈原丝的预氧化——原丝在 200℃～300℃的空气介质中进行预氧化处理。目的是要使线型分子链转化为耐热的梯型结构，使其在高温炭化时不熔不燃，保持纤维形态，从而得到高质量的碳纤维。因此，可以说碳纤维的质量和产量与预氧化工艺息息相关。

预氧化过程中，纤维颜色从白经黄、棕色的变化之后，逐渐变黑，表明其内部发生了复杂的化学反应。通过对产生气体的分析，以及预氧丝的红外光谱、元素分析、X 射线衍射分析等，一般认为有以下几种最主要的反应：

1. 环化反应

环化

2. 脱氢反应

未环化的聚合物链或环化后的杂环均可由于氧的作用而发生脱氢反应，这可由氧化时产生大量的水得到证实。

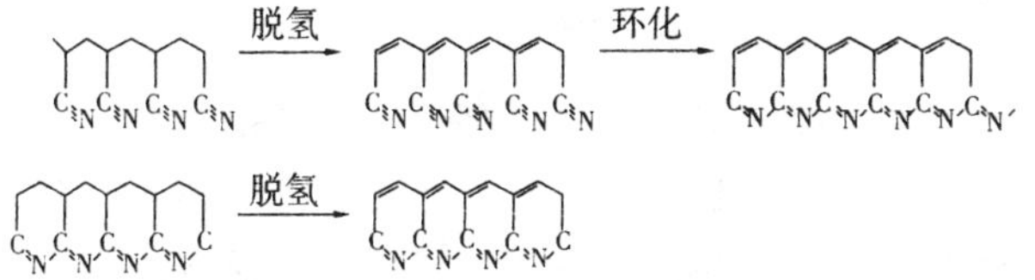

3. 氧化反应

除了脱氢之外，同时氧还直接被结合到预氧丝的结构中去。若纤维被充分预氧化的话，预氧丝中含氧甚至可高达 16%～23% 一般控制在 6%～12%，主要生成羟基、羰基、羧基等。同时，也生成环氧型。其结构如下：

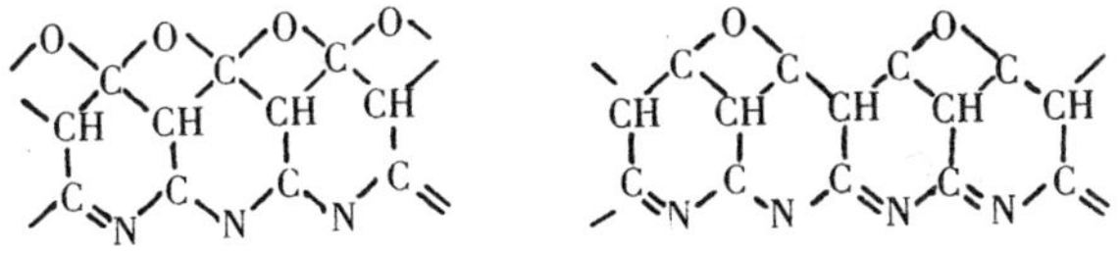

在预氧化过程中的这些最主要的反应都是放热反应，放热总量可达 1 000 kca/kg。这些热量必须瞬间排除，否则会发生局部温度剧升而导致纤维断裂，所以，瞬时带走预氧化过程中释放出的反应热是设备放大和工业生产的技术关键所在。

除此之外，在预氧化过程中还发生较大的热收缩。一方面是经过拉伸的原丝，大分子链自然卷曲产生物理收缩。另一方面，大分子环化过程中产生化学收缩。为了要得到优质碳纤维，继续保持大分子主链结构对纤维轴的择优取向，预氧化过程必须对纤维施加张力，实行多段拉伸。

预氧化程度直接与预氧化纤维及其碳纤维的性质有关，是一项重要的控制指标。测量的方法有不少，主要有以下几种：

(1)芳构化指数 AI。亦称炭化指数。是指预氧化过程中聚丙烯腈大分子线型分子链转化为环化梯型结构的程度，具体来说：

$$AI = \frac{S_2}{S_1 + S_2}$$

式中 S_1 是指纤维在 $2\theta=17°$ 时 X-射线衍射强度，S_2 是指纤维在 $2\theta=26°$ 时 X-射线衍射强度。一般 AI 控制在 0.5～0.6 相当于纤维中有 50%～60%的大分子链已转化为梯型结构。

(2)预氧化纤维含水率。由于预氧化之后，纤维结构中含有氧的极性基团，所以含水率明显提高，一般控制在 6%～9%。

(3)密度。当预氧化丝密度小于 1.35 g/cm^3 时，表明预氧化程度不足。当密度大于 1.50 g/cm^3 时，预氧化过头了。

(4)极限氧指数。是指纤维在持续燃烧时所需氧的最低百分数。预氧化丝的极限氧指数应该在 40 以上。

(5)用色谱法直接测定氧含量[9]。一般控制在 6%～12%。

除此之外，还有红外光谱法、声速法、点燃法、定长收缩法、差热法等。

14.2.4 预氧化丝的炭化

预氧丝在惰性气体保护下，在 800℃～1 500℃范围内发生炭化反应。纤维中的非碳原子如 N、H、O 等元素被裂解出去，预氧化时形成的梯形大分子发生交联，转变为稠环状结构。纤维中的含碳量从 60%左右提高到 92%以上，形成一种由梯形六元环连接而成的乱层石墨片状结构。炭化时保护气体一般采用高纯度氮气（含量为 99.990%～99.999%）。

炭化过程中，低温时（600℃以下），氢主要以 H_2O、NH_3、HCN

和 CH_4 的形式从纤维中分离出来，氮主要以 HCN、NH_3 的形式从纤维中分离出来。高温时(600℃以上)，氢主要以 HCN、CH_4 和分子态氢分离出来，氮主要以 HCN 和氮气的形式分离出来。氧在700℃时以 H_2O、CO_2 和 CO 的形式分离出来。这些热解产物的瞬间排除是炭化时的技术关键所在。因为这些热解产物如不及时排出，粘附在纤维上造成表面缺陷，甚至造成纤维断裂。所以，一般采用减压方式进行炭化，纤维内部的热分解物在压力差和浓度差的作用下可以达到瞬时排出的目的。

同样，炭化时纤维会发生物理收缩和化学收缩。因此，要得到优质碳纤维，炭化时也必须加适量的张力进行拉伸。

为了获得更高模量的碳纤维，可将碳纤维放入2500～3 000℃的高温下进行石墨化处理，以得到含碳量在99%以上的石墨碳纤维。

为防止氧化，石墨化处理是在高温密闭装置中进行的，所用的保护气体为氩气或氦气，不能使用氮气，氮气在 2 000℃以上可与碳反应生成氰。石墨化处理过程中，结构不断得到完善，非碳原子几乎全部排除，C-C 键重新排列，层平面内的芳环数增加，结晶碳的比例增多，纤维取向度增大，纤维内部由紊乱分布的乱层石墨结构转变为类似石墨的层状结晶结构。

碳纤维分子结构与石墨相类似是层状六方晶体结构，同一层的碳原子之间距离小，结合力比较大，而层与层之间距离较大，结合力小，只相当于层内碳原子之间结合力的 1%，因而，层与层之间很容易滑移。因此，碳纤维中碳原子沿着纤维轴方向有着很强的结合力，强度和模量都十分高，而垂直于纤维方向的强度和模量都很低，纤维比较脆，怕打结或加捻。一束碳纤维用很大的力也难于拉断。但如果一打结或扣一个环，马上就能拉断，人们利用碳纤维的优点制成复合增强材料就可以避开它的弱点。

14.2.5 碳纤维的后处理

碳纤维的主要用途是作复合材料中增强材料。因此,增加纤维与基体树脂材料之间的粘结力,提高复合材料的层间剪切强度十分重要。一般作为工程结构材料,层间剪切强度最好在 80 MPa 以上,而未经后处理的碳纤维,其复合材料的层间剪切强度一般在 50～60 MPa 以上,达不到使用要求。因此,在制备碳纤维工艺流程中都要设置碳纤维表面处理工序和上浆工序。表面处理工序主要使碳纤维表面增加含氧官能团和粗糙度,从而增加纤维和基体之间粘结力,使其复合材料的层间剪切强度提高到 80～120 MPa,从而满足实用要求。正是界面层可有效传递载荷,从而使碳纤维的强度利用率由 60%左右提高到 80%～90%。上浆工序的目的是避免碳纤维起毛损伤,所以碳纤维总要在保护胶液中浸胶。保护胶液一般由含树脂的甲乙酮或丙酮组成。

碳纤维的表面处理方法很多,如图 14-6 所示:

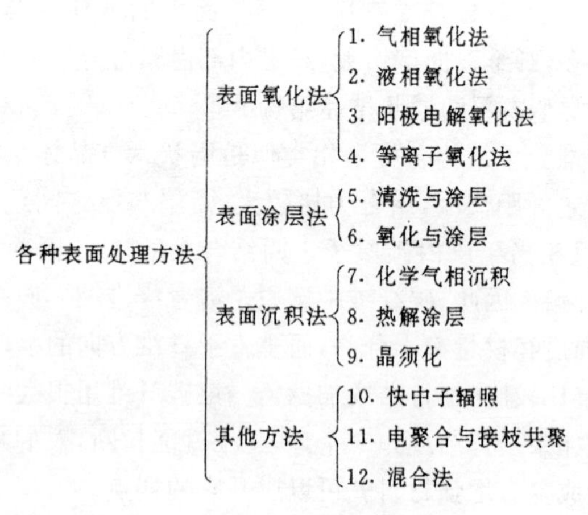

图 14-6 各种表面处理方法

但在工业化碳纤维生产线上得到实际应用的主要有阳极电解氧化法和气相氧化法(O_3)。

14.3 沥青基碳纤维

14.3.1 制造的基本工艺流程

沥青是一种以缩合多环芳烃化合物为主要成分的低分子烃类混合物,也含有少量氧、硫或氮的混合物。一般含碳量都大于70%,平均相对分子质量在200以上。沥青资源丰富,可从石油或煤焦油的副产品中提取,也可由聚氯乙烯裂解而得。由沥青制得的碳纤维目前主要有两种类型:一是力学性能较低的所谓通用级沥青基碳纤维。根据沥青的光学性质,又称之为各向同性沥青碳纤维;另一种是拉伸强度特别是拉伸模量较高的中间相沥青基碳纤维,也被称为各向异性沥青基碳纤维。两者性能上的差别源于结构的差别。而结构的差别是纺丝原料沥青的性能所决定的。因此,普通沥青原料变成适合纺丝用的沥青原料的调制过程是控制所得碳纤维性能的关键。当然,纺丝、不熔化处理炭化及石墨化工序的工艺条件对碳纤维性能都有影响。图14-7是不同性能沥青基碳纤维的生产流程简图。

14.3.2 沥青的调制

作为碳纤维原料的沥青必须要满足如下的要求:①纺丝用沥青必须具备良好的纺丝流变性能。②纺丝之后的纤维不熔化处理是通过化学反应来完成的。所以,纺丝用沥青必须具有一定的化学反应的活性。③必须具有沥青碳纤维力学性质所需要的化学结构、

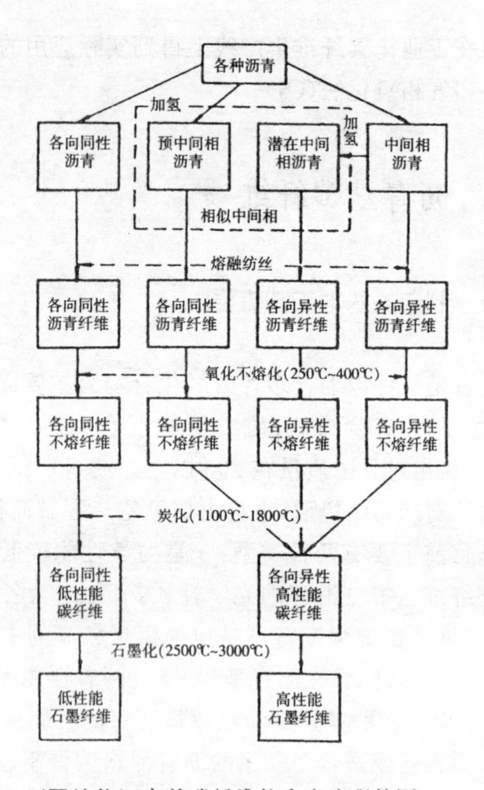

图 14-7　不同性能沥青基碳纤维的生产流程简图

相对分子质量及其分布。总之,为了得到合格的沥青,需要调整沥青的化学成分和结构,称为调制。

调制的具体方法有:①适当的热处理;②蒸馏;③溶剂萃取;④加氢处理;⑤添加树脂或其他化合物。

14.3.3　沥青纤维的形成

沥青的熔纺与一般高分子不同,它们在极短时间内固化后就不能再进行拉伸,得到的沥青纤维十分脆弱,强度仅 10~50 MPa,

断裂伸长仅 0.2%～2.0%，因此纺丝时就要求能纺成直径在 15μm 以下纤维，以提高最终碳纤维的强度。

通用级沥青基碳纤维多以短丝形式出现。它们可由离心法、熔吹法或涡流法来制造。

纺制高性能长丝还是用熔融法，使用一般合成纤维用熔融纺丝机。

14.3.4 沥青纤维的不熔化处理

为了使沥青纤维在炭化时，不发生软化熔融而无法保持纤维形状，因此，在炭化前必须要进行不熔化处理。主要是通过氧化作用使沥青分子间缩合或交联，达到提高熔点的目的。

不熔化处理的方法大致有两种：

①气相氧化——纤维在空气、O_3、SO_3、NO_2 等氧化性气氛中进行处理。

②液相氧化——纤维在 HNO_3、H_2SO_4、HCl、H_2O_2 等氧化性液体中进行处理。

经过不熔化处理后纤维的氧含量增加，对于直径在 20μm 以下的纤维，氧质量分数在 5%～8%时较合适。有的专利还指出，氧化后不熔化丝应满足下述条件：

$$0.025 \leqslant O/C \leqslant 0.045$$

$$H/C \leqslant 0.45$$

$$75 \leqslant QI\% \leqslant 95$$

QI 指喹啉不熔物等杂质。

14.3.5 不熔化纤维的炭化

不熔化纤维在惰性气体保护下，在 1 000℃～1 500℃时进行炭化处理。纤维中非碳原子经各种化学变化后被排出，使其转变为具有乱层石墨结构的碳纤维。若继续在更高温度下(2 500℃～3 000℃)进行热处理，即可获得石墨纤维。在炭化过程中施加张力是十分必要的。施加张力可使强度增加 40%，模量增加 25%。

14.4 纤维素基碳纤维

纤维素是葡萄糖残基联接的线状天然化合物，其结构单元表示如下：

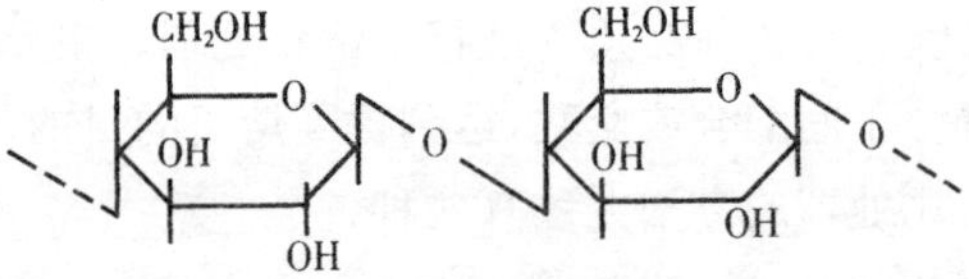

从分子结构式可知，纤维素含有大量氢、氧原子，因此在炭化时理论收率只有 55%，实际炭化率低至 10%～30%。最早用天然纤维，如棉纤维经热分解得到碳纤维。粘胶纤维是再生纤维素纤维，在 50 年代末就被用来制取碳纤维，是工业上最早作为碳纤维原丝使用的化学纤维。

14.4.1 粘胶基碳纤维的基本工艺流程

粘胶基碳纤维的制造工艺流程如下：

粘胶原丝→加捻→稳定化处理→干燥、低温炭化→卷绕→高温炭化→络筒→制造复合材料

粘胶基原丝有专门的质量控制指标，一般要求性质均匀，含杂量少，将原丝加捻，并把原来的油剂洗净。在惰性气氛中进行炭化，纤维素基将发生许多反应，放出 H_2O、CO 及 CO_2 等，所以必须进

行稳定化处理，加入适当的催化剂，促进反应平稳地进行，可以提高碳纤维的强度1～2倍，这时的温度控制在200℃～400℃。高温炭化在一个衬石墨的套管中进行，其温度为1 400℃～2 400℃，获得含碳量为90%～99%的碳纤维。为了保持碳纤维良好的力学性能，高温炭化在一定张力下进行，有时还要对碳纤维进行石墨化处理，可得到超高模量的碳纤维。

14.4.2 粘胶基碳纤维形成机理

粘胶纤维的热分解和炭化过程非常复杂，R. Bacon详细地论述了由粘胶纤维制取高模量碳纤维的形成原理。这里简单地介绍过程的四个重要阶段：开始阶段是粘胶纤维中物理吸附水的解脱；第二阶段纤维素葡萄糖残基发生分子内的化学反应，羟基(OH)消除和C=C键形成，释放H_2O及CO；第三阶段残基的糖甙环发生热裂解，在高于240℃温度下，纤维素环基彻底破裂；第四阶段在高温下发生芳构化，使残留的碳形成石墨样层状结构，如果在张力作用下进行石墨化处理，就能提高层面的取向，从而提高了碳纤维的强度和模量。

粘胶基碳纤维的生产在美国和俄罗斯有一定的发展，特别在军工生产和航天飞行器中还有特殊的应用价值。例如太空飞行器重返大气层时，外层的耐烧蚀材料，用粘胶基碳纤维作为外层的增强材料具有更多的优越性。但是从总的发展趋势看，由于粘胶纤维的炭化率低，热解时化学反应复杂，加工过程比较长，能耗较多等原因，粘胶基碳纤维未能得到更大的发展，目前有被聚丙烯腈基碳纤维取代的趋势。

14.5 活性碳纤维

14.5.1 活性碳纤维基本特点

活性碳纤维是以碳纤维为原料的一种高技术新产品。活性碳纤维亦可以理解为多微孔质的碳纤维。它在70年代开始迅速发展,现已进入工业化规模生产。主要用于:①吸附废气,净化环境;②回收溶剂及有机化合物;③净化水;④化学防护;⑤高效电容和各种电极材料。

它与活性碳相比,具有下列几方面的优点:

(1)吸附量大,特别是对具有恶臭味的硫醇,吸附量相差40倍。而且,活性碳纤维对浓度低于10 ppm的痕量污染物也具有很大吸附能力。

(2)吸附速度快。把活性碳和活性碳纤维做成同样厚度的吸附层,气态甲苯以同样速度吹向吸附层,若以出口处浓度达10 ppm作为穿透的话,粒状活性炭的吸附层约几分钟就穿透了,而活性碳纤维吸附层可达100 min。

(3)脱吸附速度快。对某些气态物质活性碳纤维6 d内吸附量可达到800%,而粒状活性炭仅只有100%。然而脱吸附时,活性碳纤维可以在20min内完全去除,活性炭却在40 min内才能脱去50%。

(4)从工程观点比较,活性碳纤维具有可挠性,可以制成各种织物,加工成各种形状,无论运输、使用均十分方便。

14.5.2 活性碳纤维的制造

目前用于制造活性碳纤维的原料主要有粘胶丝、聚丙烯腈纤维、酚醛纤维、沥青纤维和聚乙烯醇纤维。除聚乙烯醇基活性碳纤维尚处于研究开发阶段外，其余几种均已实现工业化，它们的主要优缺点如表14-6所示。

表14-6 各种活性碳纤维的比较

粘胶基	聚丙烯腈基	酚醛基	沥青基	聚乙烯醇基
原料价廉，但收率低、温度低，面密度在1 600 m^2/g以下，生产工艺较繁复	面密度在1 500 m^2/g以下，结构中含有4%～8%氮，工艺较简单、成熟	原料价廉，收率高，面密度可达3 000 m^2/g，工艺简单	原料价廉，收率高，但强度低，面密度在1 800 m^2/g左右，杂质多	原料价廉，面密度在2 500 m^2/g以下，强度高，生产工艺较复杂

活性碳纤维的制造采用气体活化法，碳纤维在600℃～1 200℃的条件下，用水蒸气、CO_2、空气、烟道气等进行活化。最常用的是水蒸气，价格便宜，活化能力强，容易控制。

参考文献

[1] Fitzer E, Heym M. High temperarure-High pressures, 1978, 10 : 26

[2] Daumit G P. Carbon, 1989, 27(5) : 759

[3] 化学经济(日),1995,(7) : 34

[4] 奥田谦介．炭素纤维上复合材料．失立出版社,1988

[5] Fitzer E, kunkele F. High Temperature-High pressures, 1990, 22 : 239

[6] 有安秀之．特开昭61－174423

[7] 进藤昭男．日本复合材料学会志,1982, 8(3) : 1

[8] 贺福,王茂章．碳纤维及其复合材料．科学出版社, 1995,36 : 49

[9] Г. И. БackakОВа. Хцмицескцс Золокна, 1979, 6 : 54
[10] 健崎正已等 . 特开昭 61-186520
[11] Sawran W R, et al. U. S. Patent, 4671864, 1987
[12] 古河腾,伊藤正 . 强化ズラステックス, 1988, 34 : 89
[13] 松本泰次 . 特开昭 61-179319

第15章 高性能无机纤维概况

15.1 前 言

无机纤维中除了碳纤维之外，还有玻璃纤维、氧化铝纤维、碳化硅、氮化硼纤维以及其它以晶须形式出现的无机化合物等。其中玻璃纤维发展比较早，作为工业用纤维材料已经确立了应有的地位，近十多年来，随着空间技术、新型发动机等高新产业的兴起，对材料提出更高的要求，在轻量高强度的同时，还耐更高的温度，例如在500℃以上还可保持高强度，最高使用温度可达1 000℃以上，另外，氧化铝纤维等与陶瓷和金属的相容性良好，可以作为金属基复合材料和陶瓷基复合材料的纤维增强材料，这些是目前的碳纤维与有机纤维所没有的优异特性。

15.2 玻璃纤维

玻璃是非常古老而又到处可见的材料，它由氧化硅与氧化铝等金属氧化物组成的无机盐类混合物经熔融而成，冷却固化可制得多种玻璃产品，熔融的玻璃经过喷丝小孔，拉制成玻璃长纤维，起始于30年代，用玻璃纤维增强塑料，当时称为玻璃钢的复合材料，最早出现于40年代，并在航空工业上得到应用。经过近70年的生产发展，现在的玻璃纤维工业已经具有众多类型和牌号的玻璃纤维产品，玻璃纤维按成分可分为有碱玻璃纤维(A-玻纤)、无碱玻璃纤维(E-玻纤)、耐化学药品玻璃纤维(C-玻纤)等,按性能可分为普通玻璃纤维和高性能玻璃纤维(S-玻纤、T-玻纤)等,在纤维复合材料中最常用的两种代表性的玻璃纤维是E-玻纤和S-玻纤。

玻璃纤维具有强度高、模量适中、吸湿性小、耐热性好以及耐化学特性优异的性能,广泛应用于各种工业用纺织物和纤维增强复合材料。用玻璃纤维增强的塑料其强度、弯曲强度、刚度、冲击强度和耐热性都有很大的提高，因此玻璃纤维在纤维增强复合材料制造业中,占有一定的重要地位,随着高性能玻璃纤维的出现,它与其它高性能纤维如芳纶和碳纤维,将相互竞争于先进复合材料领域。

15.2.1 玻璃纤维的制备

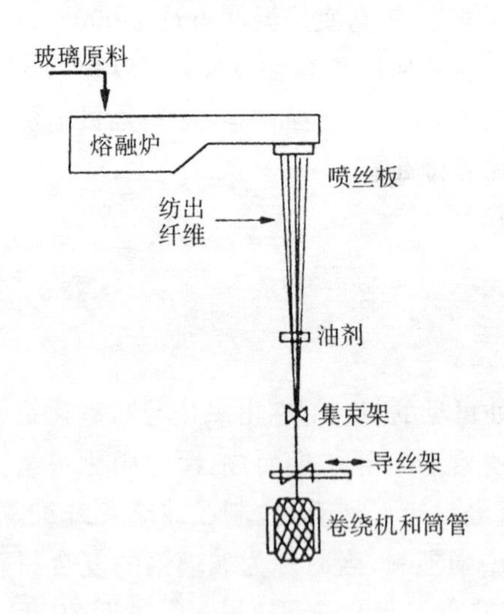

图 15-1 玻璃纤维的纺丝

按照不同的玻璃纤维要求,把硅砂、石英、硼酸及粘土等原料按不同的比例混合,送入高温炉中融炼,制成玻璃熔融体,靠自重从喷丝板的小孔中流出,冷却成形的同时,快速地卷绕而得到玻璃长纤维。典型的生产装置如图15-1所示，这种方法类似于化学纤维的熔融纺丝,炉中的熔融温度随玻璃的成分不同稍有变化，一般在 1 100℃～1 300℃左右，为了顺利地纺丝，使熔融玻璃的粘度控制在 50～100 Pa·s 左右。喷丝小孔中的流出量由高温炉里熔融玻璃的液面高度来控制，要求保持一定的液面高度。卷绕速度可达 1 000～6 000 m/min ，喷丝头与卷绕机之间距离大约为 3 m，玻璃纤维经拉伸冷却固化，其直径在 1～20 μm，纺出来的丝束在集束时经过上油轮，给予纤维表面润滑性，防止在后道工序对纤维产生损伤，玻璃纤维作为增强纤维时，还要进行表面处理剂加工，以提高纤维与树脂基体的粘结性。

玻璃短纤维用长丝切断法制成，也可由熔融玻璃直接从喷嘴中吹出，在高速气流下玻璃熔体细化冷却，发生断裂，收集吹落的玻璃短纤维即可，也常称为玻璃棉。

15.2.2 玻璃纤维的性能

玻璃纤维按成分不同，其性能有很大区别，作为增强纤维应用的玻璃纤维，它们的成分和性能列于表 15-1。

玻璃是无定形的无机材料，由氧化硅及其它氧化物组成，硅、硼、磷等元素的氧化物构成网络结构，而钠、钾、钙、镁等金属氧化物中的金属离子，填入网络中的空隙，对玻璃的性质起着重要作用，其中微量金属离子，如钛、铍等元素起到改性剂的效果，使玻璃纤维具有所要求的特性。

玻璃纤维的抗张强度较高，其直径越细强度也就越高，但很细的玻璃纤维纺丝难度极大，随之生产成本上升，所以目前高强度的玻璃纤维产量还比较低。近年来玻璃纤维增强复合材料得到很大的发展，世界总产量达到 200 多万吨，我国玻璃纤维复合材料的生产能力已达到 20 万吨左右。

表 15-1　几种玻璃纤维的成分和性能

		E-玻纤	S-玻纤	T-玻纤
组分	SiO_2	55.2	65.0	64.7
	Al_2O_3	14.8	25.0	28.8
	MgO	3.3	10.0	10.0
	B_2O_3	7.3	—	—
	CaO	18.7	—	—
	Na_2O	0.3	0.2	微量
	Fe_2O_3	0.3	0.2	微量
	TiO_2	—	—	微量
	F_2	0.3	—	—
性能	密度($g \cdot cm^{-3}$)	2.56	2.45	2.48
	强度(GPa)	1.8～2.7	3.6～4.5	3.9～4.6
	模量(GPa)	70	85	97
	伸长(%)	4.6	5.1	5.7
	折射率	1.55	1.54	1.52
	线膨胀系数($℃^{-1}$)	5×10^{-6}	7.2×10^{-6}	2.7×10^{-6}
	软化温度(℃)	840	1 000	975
	电阻率($\Omega \cdot cm$)	10^{14}	—	10^{16}

15.2.3　玻璃纤维的应用

玻璃纤维可以制成长丝、纱线、布、网、毡、玻璃棉及编织物等多种纺织品，和热固性或热塑性树脂基体复合成型，适应于各种加工成型的方法，如缠绕成型、模压成型、手糊成型以及拉挤成型等等，最常用的是玻璃纤维增强热固性塑料，通称为玻璃钢材料，代替钢材应用于壳体材料，在冷却塔、机电产品、玻璃钢船体、化工管道以及汽车箱体等方面使用，在体育运动器材如池滑雪板、钓鱼竿等，随着高性能玻璃纤维技术的逐步成熟，在高新技术产品方面的应用也得到迅速发展。由于玻璃纤维强力高、耐热性好、耐化学腐蚀，而价格相对便宜，所以作为纤维增强材料将会得到更大的发展。

15.3 氧化铝纤维

氧化铝纤维以三氧化二铝为主要成分，含有 SiO_2、B_2O_3 等成分，组成连续长丝，也有各种型号的氧化铝纤维面市，在日本是住友化学工业公司的 Altex，在美国由 3M 公司出品的 Nextel 和杜邦公司的 Alumina。氧化铝具有多种结晶结构，在高温下氧化铝容易转变成 α-氧化铝晶形，铝原子为六面配位体的稳定结合，排列紧密、硬度大、化学性能也稳定，但 α-氧化铝脆性较强，现在可添加适量的 SiO_2 改进其性能，另外氧化铝还有 γ-氧化铝结构。

15.3.1 氧化铝纤维的制备

氧化铝的熔点大约为 2 040℃，不宜采用熔融方法成形，其化学性能稳定也很难生成溶液，一般应用烧结的方法，把粉状氧化铝及少量烧结助剂 $MgCl_2 \cdot 6H_2O$，粘结剂 $Al(OH)_2Cl \cdot 2H_2O$ 混合成淤浆状纺丝液体，用干法纺丝成形为原丝，再在1 000℃～1 500℃高温下烧结处理，得到 α-氧化铝晶粒烧结集合而成的纤维。由于纤维受烧结工艺和组成的不同影响，就有不同的纤维性能。

氧化铝纤维也可用溶胶法成形，在氧化铝中加入硅溶胶和硼酸，制成纺丝溶胶原液，纺丝后原丝束先在 900℃进行预烧结，然后在张力下再高温烧结制得氧化铝纤维。在纤维组成中由于 B_2O_3 的含量不同，可使纤维有不同的性能。

日本的住友化学工业公司采用预聚合法，用聚铝氧烷-(Al-O)-为基本结构的无机高分子物，与硅酸酯一起溶于有机溶剂中（如甲苯），进行干法纺丝得到预聚合纤维，在空气中1 000℃烧结处理，除去残存的有机物，得到含有 SiO_2 的氧化铝纤维，在纤维中还同时含有 γ-氧化铝结构。

15.3.2 氧化铝纤维的性能

氧化铝纤维的性能与纤维的细度、氧化物的组成和烧结工艺有很大的关系，几种市售的氧化铝纤维的性能列于表15-2。

表 15-2 氧化铝纤维的性能

品牌	化学组成 A：S：B	强度 (GPa)	模量 (GPa)	伸长 (%)	纤维直径 (μm)	密度 ($g\cdot cm^{-3}$)
Altex	85：15：0	2.6	210	1.0	9.0	3.2
FP	99：—：—	1.4	380	0.4	20	3.9
Nextel440	70：28：2	2.0	190	—	10～12	3.1

氧化铝纤维具有很高的耐热性，在1 000℃左右其强度基本上没有变化，也没有热收缩，加工性能良好，与树脂和金属的粘结性很好，是优良的增强纤维材料。

15.4 碳化硅纤维

碳化硅具有高温下优异的耐热性能，引起纤维科学界的重视，对其进行纤维化的开发和研究，已经有工业化的产品问世。主要有日本碳素公司的Nicalon、宇部兴产公司的Tirrano，美国有几家公司也在开发研究中。

碳化硅纤维是由有机硅化合物聚碳硅烷纺丝成形，不熔化，再于1 000℃以上烧结而成，是日本东北大学的矢岛教授于1975年发明的，碳素公司对制造技术进行工业化研究。其制备工艺流程如图 15-2 所示。采用无机高分子二甲基二氯硅烷为高分子前聚体，在金属钠作用下脱氯反应，生成聚二甲基硅烷，在 400℃以上重排反应，生成聚碳硅烷，再纺丝成形，空气中热氧化不熔性处理，在 1 100℃～1 150℃高温中烧结得到碳化硅纤维，其由 Si-C-O 三成分组成，β-SiC 结构为主的微晶体，均匀与碳素及二氧化硅相结合。

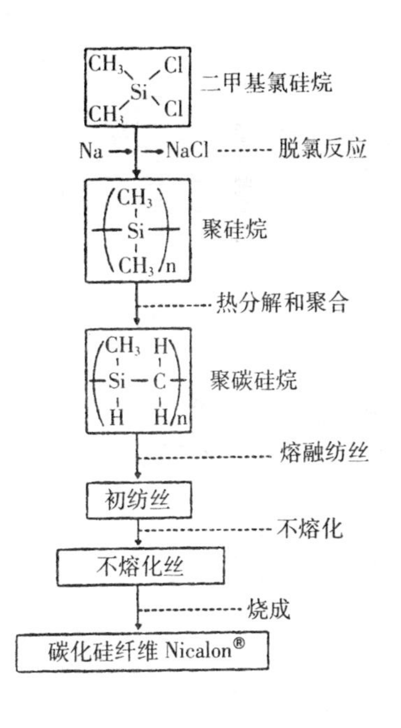

图 15-2　工艺流程示意图

碳化硅纤维也可用含钛聚碳硅烷作为聚合前驱体，与 Nicalon 同样的方法进行纺丝成形，由 Si-C-Ti-O 四种成分组成。其特征是钛含量有控制，3%左右就可提高耐热性到 1 400℃。

碳化硅纤维的一般性能列于表 15-3。

碳化硅纤维作为纤维增强材料，基体可选择塑料、金属和陶瓷等材料，考虑到碳化硅纤维、氧化铝纤维等一类陶瓷纤维的超耐热性，与金属和陶瓷的相容性，因此它们十分适合制备增强金属复合材料(FRM)和增强陶瓷材料(FRC)，同时这类纤维与基体界面的热膨胀率及导热率非常接近，所在耐热复合材料的开发中发展很快，纤维的加入可提高陶瓷基体的韧性，增加抗冲击强度，预计在火箭、喷气飞机上的耐热部件方面会得到应用。

表 15-3　碳化硅纤维的化学组成和一般特性

厂　家	纤维名	化学组成(wt%)				密度	纤维直径	拉伸强度	拉伸模量	备　注
		Si	C	O	Ti	(g/cm^3)	(μm)	(GPa)	(GPa)	
日本碳素	Nicalon	59	30	11	—	2.55	12/14	3.0	220	市贩(前驱体聚合物法)
日本碳素	Hi-Nicalon	63.7	35.8	0.5	—	2.8	14	2.8	270	市贩(同上)
日本碳素	Hi-Nicalon S	68.9	30.9	0.2	—	3.1	12	2.6	420	开发中(同上)
		(β-SiC 99%以上)								
宇部兴产	Chirano (LOXM)	54	30	13	3	2.37	8.5/11	3.3	190	市贩(同上)
	(LOXE)	59	33	5	3	2.55	8.5/11	3.5	220	样品配给中(同上)
Textron	SCS-6	70	30	—	—	3.0	140	3.45	400	在碳纤维(33 μm)上化学气相沉积 SiC 线，市售
		(包含碳纤维芯)								
Dow Corning	Sylranic	β-SiC 99%以上				3.1	10～12	2.6	420	开发中(前驱体聚合物法)
Carborundum	SiC	α-SiC 99%以上				3.1	25	1.2	7 400	开发中(烧结法)
Bayer(德)	SiBNC	$SiBN_3C$				—	—	—	—	开发中(前驱体聚合物法)

参考文献

[1] 高久明,多田尚.复合材料をつくる.高分子学会编,1995
[2] 市川宏.纤维学会志,1994,50(6):350
[3] 藤井信夫.工业材料,1995,43(3):98
[4] 宫入裕夫等.复合材料の事典,1991
[5] 今井淑夫等.高性能芳香族系高分子材料,1990
[6] 南京玻璃纤维研究设计院.产品介绍,1998

图书在版编目（CIP）数据

高科技纤维概论/王曙中，王庆瑞，刘兆峰编著
—上海：东华大学出版社，2014.6

ISBN 978-7-5669-0529-1

I. ①高… II. ①王… ②王… ③刘… III. ①功能性纤维 IV. ①TQ342

中国版本图书馆CIP数据核字(2014)第113546号

责任编辑 杜亚玲

封面设计 魏依东

高科技纤维概论

王曙中　王庆瑞　刘兆峰　编著

东华大学出版社出版

（上海市延安西路1882号　邮政编码:200051）

新华书店上海发行所发行　　江苏省南通印刷总厂有限公司印刷

开本:850mm×1168mm　1/32　印张:14　字数:348千字

2014年6月第1版第1次印刷

ISBN 978-7-5669-0529-1/TS·494

定价：32.00元